教育部地质工程教学指导分委员会推荐教材
中国地质大学“十五”规划教材

矿石学教程

王苹　主编

中国地质大学出版社
ZHONGGUO DIZHI DAXUE CHUBANSHE

内 容 简 介

本书是为适应“十五”教学规划要求而编写的教学用书。全书内容分为七章，主要包括矿石学的基本概念、反射光的基本理论及反光显微镜、吸收性矿物的物理性质、矿物鉴定及矿物鉴定表、矿石的构造和结构、矿化阶段和矿物生成顺序、矿石工艺性质研究等。对于现行教学中没有时间介绍而又有参考价值的部分，作为附录附于书后。

本书结构合理，内容丰富，文字简练，图片清晰。书中能及时反映矿石学当前研究的新成果、新进展，是当代具先进水平的矿石学教科书。

本书除供地质类专业师生使用外，还可作为岩矿鉴定研究人员的参考用书。

图书在版编目(CIP)数据

矿石学教程/王苹主编 .—武汉：中国地质大学出版社，2008.10(2020.5 重印)
ISBN 978-7-5625-2282-9

Ⅰ.矿…
Ⅱ.王…
Ⅲ.矿石学-教材
Ⅳ.P616

中国版本图书馆 CIP 数据核字(2008)第 152870 号

矿石学教程 王 苹 主编

责任编辑：赵颖弘 技术编辑：阮一飞 责任校对：林 泉

出版发行：中国地质大学出版社(武汉市洪山区鲁磨路 388 号) 邮政编码：430074
电 话：(027)67883511 传真：67883580 E-mail：cbb @ cug.edu.cn
经 销：全国新华书店 http://www.cugp.cn

开本：787 毫米×1092 毫米 1/16 字数：403 千字 印张：14.5 图版：18
版次：2008 年 10 月第 1 版 印次：2020 年 5 月第 5 次印刷
印刷：荆州市鸿盛印务有限公司 印数：5 001—6 000 册

ISBN 978-7-5625-2282-9 定价：50.00 元

前　言

《矿石学教程》是为适应"十五"教学规划要求而编写的教学用书，它适用于地质类专业的学生及相关的岩矿鉴定人员。本课程是一门独立的专业基础课，要求学生在学完基础课(普通物理学、普通化学、高等数学等)和地质基础课(普通地质学、结晶学、矿物学、岩石学)等课程的基础上，在大三时开设。

本教程是在20世纪80年代由徐国风教授主编的《矿相学教程》基础上重新编写的，它是集几代教师几十年的教学经验，同时结合矿石学研究的新成果并参阅兄弟院校的同类教材编写而成。它的内容除了基本理论和反光显微镜介绍之外，主要分为两大部分：第一部分为矿物鉴定，第二部分为矿石研究。矿物鉴定主要依据矿物的光学物理性质及其他特征给矿物定名，尤其强调常见矿物的简易鉴定，基本属于金属矿物学的内容。矿石研究主要包括矿石组构研究、矿化期、矿化阶段和矿物生成顺序研究，还兼顾矿石工艺性质研究，这部分属于矿床学的内容。由此我们认为，矿石学应属于矿物学和矿床学之间的边缘学科。

本教程在内容和结构上较以往教材有了较大改进，除单列绪论一章外，新增加了"反射光基本理论"部分，并且把矿物的物理性质归总放在一章中。同时由于现行教学的时间限制，考虑到教学内容的连贯性，把教材中有些不在课堂上讲解的内容放在书后作为附录登出，以便学生自学或参考。调整后的教材显得内容更充实，结构更合理，条理更清楚。

考虑到矿石学主要为一门方法实验课，在教学方法上除了介绍基本知识、基本理论外，还安排了大量的实验课，以期通过实验加深学生对理论的理解，培养和锻炼学生的动手能力。

本教程由王苹担任主编，具体分工如下：绪论及第一、二、三、四、五、六章、附录Ⅳ、Ⅴ由王苹编写，第七章由李立平编写，附录Ⅰ、Ⅱ、Ⅲ由左大华编写，全书文字处理、图件绘制及第四章中的鉴定表核对由陆建培担任，最后由王苹统一修改、定稿。

由于编者水平和时间有限，书中不当之处，欢迎使用者不吝赐教。

编　者

二〇〇八年八月

目 录

第一章　绪　论

一、矿石学

矿石学(ore petrology)是以矿石为研究对象的一门基础地质科学，主要是研究固体矿石中的金属矿石、煤及宝玉石等。

众所周知，矿石是成矿物质在特定的地质环境和物理化学条件下经漫长的地质成矿过程演化的最终产物，是在当前经济技术条件下能够直接利用或从中提取有用组分的单晶矿物或矿物集合体。显然，矿石学通过研究矿石，利用反序的工作方法，为研究矿床的形成、演化、成矿作用及地质找矿、矿石利用等提供可靠信息，无疑具有重要的理论和实际意义。

矿石学的研究方法在许多方面与以合金为研究对象的金相学相似。矿石学是矿床学、找矿勘探地质学、矿石工艺学(选矿学和冶金学)等的基础学科。在实际应用上，矿石学与数学、物理学、化学等基础理论科学的关系密切，它必须充分利用这些学科的基本知识和新的研究成果；同样，矿石学还要应用结晶学、矿物学、岩石学、地球化学、古生物学、地层学等基础地质科学的基本理论和方法；当然，矿石学的研究成果也可以反过来为上述学科提供资料，通过不同学科之间的交叉渗透，从而促进共同发展。

二、矿石学的研究内容

(1)研究矿石的矿物成分：矿石往往由多种矿物组成，由单一矿物组成的矿石比较少见，因此，鉴定、识别矿石中矿物(主要是金属矿物)的种类和含量，是矿石学研究的首要任务。

(2)研究矿石的构造、结构(组构)：主要研究矿物集合体或单个矿物颗粒的形态、大小及相互接触关系。

(3)研究矿化规律：通过不同位置上矿石特征的差异(例如沿钻孔岩芯由上到下采样，在不同标高开采坑道采样，沿矿体倾斜方向采样等)，研究矿化在空间上分布的规律性；通过划分不同矿化期、矿化阶段及矿物生成顺序等，研究矿化在时间上发育的规律性。

(4)研究矿石的技术加工性能：作为选矿、冶炼的基础资料，主要是测量有用矿物的含量，有用矿物的嵌布特征、连接关系、嵌布粒度、解离度、元素在矿石中的赋存状态等。

从上可知，矿石学的研究领域包括金属矿物学和矿床学的若干内容，从这个意义上可以说，矿石学是矿物学和矿床学之间的边缘学科。

三、矿石学的研究意义

(一)为矿床成因提供信息

我们知道，在地质上时间是以百万年为单位的，每一个矿床的形成都经历了几十至几百个百万年的地质演化过程，也就是说，每一个矿床的形成都有一个长期、复杂的地质过程，这个过程是不可逆过程，而这个过程的终端产物是矿石，因此矿石中必然蕴含着丰富的成矿作用信息。我们利用反序的工作方法，通过深入研究矿石，可以从微观尺度上揭示这些信息，从而帮助阐明矿床成因。

1. 帮助确定成矿的物理化学条件

某些特殊的构造、结构类型可以指示成矿的物理化学条件，如温度、压力、氧逸度(f_{O_2})、硫逸度(f_{S_2})、Eh、pH 等。如通过对具有出溶结构的斑铜矿(主矿物)-黄铜矿(客矿物)矿石做退火加温试验以及结合自然界矿石出溶结构的研究，可知形成稠密细小的叶片结构和格状结构者的温度是 250℃以下(由快速冷却、强烈过饱和、扩散速度慢所致)，而 300～375℃则形成较稀疏而粗大的液滴状、蠕虫状乃至细脉状结构(由缓慢冷却、过饱和程度低、扩散速度快所致)。

磁铁矿被赤铁矿交代形成假象赤铁矿，说明成矿环境由相对还原变为氧化，Eh 值升高了；反过来，若赤铁矿被磁铁矿交代形成穆磁铁矿，则表示成矿环境由氧化变为相对还原，Eh 值降低了。多金属硫化物矿石中硫化物交代石英形成的交代结构表明成矿溶液的 pH 值升高，为碱性溶液，磁黄铁矿(含硫 36.5%)被白铁矿(含硫 53.4%)交代，指示含矿溶液硫离子浓度增大。

某些标型矿物与标型组构的组合可以直接指示矿石的形成条件。如铬铁矿和豆状构造组合表示高温高压下岩浆熔离的成矿条件；孔雀石、褐铁矿和蜂窝状构造组合则是原生矿石在常温常压下经历氧化作用的结果。

2. 帮助判断成矿方式，确定矿物生成顺序

热液矿床中广泛发育的交代结构，如反应边结构、骸晶结构、细脉穿插结构、假象结构等，反映出成矿过程中交代作用相当强烈，被交代矿物往往是形成较早的矿物；而接触边界圆滑的乳浊状结构、格状结构、结状结构等则是由固溶体分解作用形成的，表明组成这种结构的矿物是同时形成的。

(二)为找矿勘探提供资料

矿石研究与找矿勘探的关系密不可分，它提供的资料是找矿勘探工作中矿石评价的重要根据，直接决定着找矿勘探的方向。

例如，陕西二台子金矿为产于泥盆系沉积岩系中的微细浸染型金矿床。有一种观点认为金与矿区西南侧之辉绿岩有关，另一种观点则认为金与岩浆热液活动无关。对于矿床成因的争论涉及到找矿方向的问题。经过野外详细地质调查及矿石学研究，发现该矿床的矿石结构主要为凝胶再结晶作用和填隙作用形成的结构，围岩蚀变也不发育，这些结构特征说明成矿温度较低，溶蚀交代作用不显著，与岩浆热液交代矿床的矿石结构有明显差异，应属于渗流热卤水型热液矿床。因此，提出寻找这类金矿床应在岩性、构造有利的沉积岩地段进行，排除了在辉绿岩周围找矿的可能性，为找矿提供了有益资料。

(三)为矿石的技术加工提供依据

对一个矿床进行工业评价，仅仅知道工业品位、储量、矿体形态、产状和一般物质组成是不够的，还应对矿石技术加工性质进行研究。一般矿石在冶炼之前都要先经过选矿，那么有用矿物的粒度大小及矿物之间的镶嵌关系都直接影响到矿物最佳破碎直径的选择问题；另外要提取矿石中的有用组分，就要搞清楚哪些是有用组分，哪些是有害组分，哪些是有益组分，它们的赋存状态怎样，这些都需要做矿石学的研究工作。通过这些研究，可以帮助查定矿石的可选性，帮助确定矿石的工艺加工流程以及帮助确定矿石综合利用方案等，从而为矿石技术加工提供依据。

众所周知，选矿的第一道工序是碎矿。碎矿时，若破碎直径过大，会使矿石矿物与脉石矿物解离不开；若过小，则不但增加碎矿工作量，提高成本，而且会发生矿粉“泥化”，在尾砂中流

失有用金属。因此，选择合适的“破碎直径”是一个很重要的问题。而由矿石学研究查明矿石中有用矿物的粒度特性和连晶特性在这方面起着决定性作用。如某铁锌综合矿石，矿石学的研究资料证明，磁铁矿粒度大于 0.2mm 者占 99.87%，闪锌矿的粒度大于 0.2mm 者占 97.15%，如果把矿物的连晶特性当作简单的“平直接触关系”处理，可确定该矿石最终破碎直径为 0.2mm。实际上，该矿石的矿物间接触关系复杂，接触界线参差不平，综合考虑到矿物间的这种连接特性，显然最终的破碎直径要小些才合理。经过进一步地研究确定应将弯曲边界构成的“半岛”状分支作为颗粒测定其粒径，一般仅 0.1mm。选矿试验最终也证明：当磨矿细度到 0.2mm 时，解离度仅 10%，仍有 90%的复合粒；当磨矿至 0.1mm 的粒径时，解离度达到 90%。因此，综合考虑矿物颗粒特点与连晶关系，确定矿石最终的合理磨矿直径为 0.1mm。

又如江西某铜矿，由于铜精矿中含砷量>1%，大大超出了工业上对铜精矿含砷量的要求(含砷量<0.3%)，因此一度造成铜精矿积压。要想重新打开销路，就要想办法降低铜精矿中砷的含量，要达到此目的就要搞清楚砷的赋存状态(即砷以类质同象混入物方式存在，还是以独立矿物形式存在，亦或是机械混入物、吸附形式等等)，从而解决铜、砷分离问题。通过大量细致的矿石学研究，查明了砷主要以独立的砷矿物存在，它们以砷黝铜矿为主，其次是硫砷铜矿，有少量毒砂和砷铜矿。由于该矿床中主要含砷矿物砷黝铜矿与主要铜矿物黄铜矿的浮选性能相近，因而导致铜精矿中砷的含量增高。原因找出以后，就可以选用抑制砷的抑制剂和选择铜的捕收剂，扩大分选矿物之间的差异，达到铜、砷分离的目的。

四、矿石学发展简史

矿石学的发展历史表明它是一门比较年轻的学科，是在矿物学、矿床学、金相学的基础上发展起来的。20 世纪初才把金相学研究合金成分、结构特点的方法应用于研究天然矿石。20 世纪 50 年代以前国外学者 H. Schneiderhöhn, M. Berek, A. Г. Бетехтин, J. Orcel, R. W. Van der Veen, P. Ramdohr, E. S. Bastin, G. M. Schwartz, И. С. Волынский, M. N. Short, A. B. Edwards 等在不透明矿物晶体光学、显微镜下鉴定方法、矿石组构研究等方面作出了重要贡献，为早期矿石学的发展奠定了基础。这一时期矿石学研究以定性的理论解释和主要为定性、半定量的测试数据鉴定矿物为特征，矿石构造、结构的研究也是在传统地质学范畴内进行观察和描述。后来，R. Galopin, N. F. M. Henry, W. Uytenbogaardt, P. Ramdohr, S. H. U. Bowie, E. Stumpfl, Л. Н. Вяльсов, H. Piller, С. А. Ющко, М. С. Безсмертная, Т. Н. Чвилева, E. N. Cameron, A. F. Hallimond, R. L. Stanton, J. R. Craig, A. Criddle, L. J. Cabri, B. Cervelle, A. Sugaki 等为光学定量理论、显微镜下近代鉴定法、在相关系实验基础上矿物共生组合、矿石组构研究作了研讨和综合。我国矿相学家陈正、徐国风等在矿物反射色颜色指数、旋转性定量理论与新测定方法、矿石构造结构、矿石工艺性质研究等方面，为解决我国现代化建设中的实际矿石学问题和探索矿石学领域中的某些理论问题作出了显著的成绩。可以预见，今后不透明金属矿物鉴定与研究将向微粒、微区、快速、定量方向发展，矿石组构的研究与近代成矿理论和实验以及各种先进选矿、冶炼方法相结合的方向发展；测试仪器自动化及与电子计算机相结合，将量子化学、固体物理学最新研究成果引进矿石学领域乃是不可忽视的发展趋势；矿石学必然要为矿床成因、地质找矿和矿石加工以及新材料研制等方面作出更大的贡献。

五、矿石学的研究方法

研究矿石的方法很多，归纳起来主要有以下几种：

(1)野外(或现场)实地观察及放大镜研究：可以取得有关矿石特征的原始资料，可以从宏观上直接了解矿石的产出状态，初步认识矿石中主要矿物的种类及矿化特点，确定并采集进一步研究用的标本，为室内的详细研究打下可靠的基础。

(2)反光显微镜研究：是研究矿石的最主要、最基础的方法，有着其他任何方法不可替代的作用。它除了能满足矿石的常规研究外，还能为其他研究方法提供可靠的测试样品。本教材将对反光显微镜研究方法作详细的介绍。

(3)电子探针分析：是利用磁透镜，将来自电子枪的高能电子束聚焦于直径为 0.01～1μm 的范围内，轰击欲测样品(矿石)，使其中各元素发射特征 X 射线，经分光识别进行定性、定量分析。它可分析元素周期表中从第 4 个元素 Be 到第 92 个元素 U 的所有元素，分析微区范围小至 1 μm，其相对灵敏度达 100×10^{-6}。它具有微区、微量、快速、直观、不破坏样品等特点。

(4)电子显微镜研究：光学显微镜的放大倍数最大不超过 2 000 倍，分辨本领最高不超过 0.2μm，而电子显微镜却能够把物体放大几十万倍，甚至上百或千万倍，分辨本领高达 0.1nm。超高压电子显微镜可以研究晶体结构和晶体缺陷；在辅助装置的配合下，电子显微镜还能连续观察金属在外力作用下内部变化的过程。

(5)X 射线分析：可以测定矿物晶体的晶胞大小、格子类型、空间群和原子排列形式等，主要用于矿物晶体结构研究和矿物鉴定。此外，还有激光光谱分析、拉曼光谱分析、红外光谱分析等。

六、矿石学研究的工作程序

矿石学研究的工作程序可分为以下 3 个阶段：

(一)野外研究阶段

首先收集已有地质资料来了解区域及矿床的地层、构造、岩浆活动、地质发展史、矿体构造、矿石及围岩等方面的情况，在此基础上再选择有意义的矿化露头、探槽、坑道、钻孔、采场进行地质观察和编录，同时采集研究用标本。采集的原则是：各个矿体或重要矿体有代表性的标本以及特征性的标本(包括各种矿物、典型矿石构造结构、共生组合的标本和重要围岩标本等)。

(二)室内研究阶段

主要任务是进行显微镜下鉴定和研究，必要时还须进行其他一些专门性研究(如电子探针分析、X 射线分析、单矿物化学分析、激光显微光谱分析、红外吸收光谱分析、电子显微镜分析、X 光荧光光谱分析、中子活化分析、图像分析仪测定、同位素年龄分析等)。

研究用标本根据不同情况分别制成磨光块(矿块)、磨光片(光片)、薄片、光薄片、砂光片等。对上述这些加工过的标本进行显微镜下研究主要是能比在野外更精确地研究矿石(围岩)的物质成分特点(矿物成分、化学成分、矿物共生组合)和形态特征(矿石的结构、矿物粒度和含量、矿物晶粒内部结构等)。

(三)综合整理研究阶段

主要是综合野外、室内研究的成果和文献资料，编写矿石研究报告书。其报告内容主要应包括：①区域及矿床地质特征；②矿石类型、矿物成分及化学成分特点；③矿石的组构特征及矿化期、矿化阶段、矿物生成顺序、矿物世代等研究成果；④矿石中有益有害组分赋存状态，有用矿物嵌布特征、嵌布粒度、连接关系等。最后，在分析实际资料的基础上提出矿床成因的见解及找矿评价、矿石技术加工方案的建议。

七、矿石磨光片的制备

(一)光片

光片是一面磨光的矿石块，大小可以略有不同，一般为 2cm×3cm 左右见方，根据其制作方法及用途可以分为不同的类型。

(二)光片类型

(1)磨光块：一般为 10cm×10cm 左右见方的矿石块，主要用于研究矿石构造。

(2)光片：一般为 2cm×3cm 左右见方的矿石块。

(3)砂光片：把天然重砂或人工重砂样品用电木粉或环氧树脂固结成型，经磨制后成为砂光片。

(4)光薄片：厚度与薄片相同或略厚，一面磨平后粘在载玻片上，另一面是抛光的矿石片。

光片、砂光片、光薄片除了用于光学显微镜鉴定外，还可以作为电子探针、电子显微镜、激光拉曼光谱仪、红外光谱仪等仪器的测试样品。

(三)光片制备的步骤

光片制备一般要经过切割、粗磨、细磨、精磨、抛光、编号 6 个步骤，如果遇到疏松多孔、易碎的矿石标本，磨制前需要用松香加松节油煮胶，目的是使其固结、便于磨制。

(1)切割：在切片机上将矿石标本中所需观测部分切割成 30mm×25mm×8mm 大的长方扁块。对具特殊研究意义的矿石构造和结构光片，可根据研究任务的要求切出较大的光块。

(2)粗磨：在铁盘磨片机上用 150 号金刚砂(直径约 100μm)粗磨成型。

(3)细磨：用更细的金刚砂(320 号)在磨片机上将粗磨好的矿石一面继续磨平。

(4)精磨：这是磨制光片的关键工序，对光片质量起决定性作用。用 1200 号(M14 号)、M12 号金刚砂(或 2 号白泥浆)在玻璃板上人工精磨，必要时换一块玻璃板用 M7 号金刚砂精磨，直到矿石块表面具备一定反射光线能力为止。

(5)抛光：这是光片制备工作的最后一道工序。将细磨好的矿石块放在帆布磨盘上，加用水调好的三氧化二铬或三氧化二铁溶液初步抛光，其中三氧化二铬研磨力最强，光片易抛光。然后再将矿石块置于呢料磨盘上加用水调好的氧化镁溶液进行抛光。氧化镁在研磨过程中本身就具有愈磨愈细的特点，特别适合作为最后抛光材料。

光片最后的抛光工作应根据不同硬度的矿物采用不同的蒙布。如方铅矿、黄铜矿、辉锑矿等软矿物以法兰绒、金丝绒为宜；黄铁矿、毒砂、磁铁矿等硬矿物以用帆布、尼龙织物为好。磨制更软的矿物，例如煤光片等，需要在绸子磨盘上进行。

光片在抛光过程中需将光片经常洗净擦干置于显微镜下检查，直至粗擦痕和麻点消失，光面平滑如镜为止。如果软矿物间有强烈突起，表明抛光时间过长；如果软矿物发亮而硬矿物粗糙，表示在玻璃板上的精磨不够；如果软矿物擦痕很多，则是由于抛光用布料较粗糙造成的。由于光片的磨光面显露在空气中容易氧化，蒙沾灰尘，故在镜下观察前需在呢绒质擦板上擦拭干净，必要时需重新抛光才能观察。

(6)编号：光片磨好后应立即编号，以免错混。编号的名称与顺序应与野外采集的标本一致。

(四)矿石光片的质量要求

矿石光片质量的好坏,直接影响到在显微镜下观测的精确程度。因此,在磨制矿石光片的过程中,一定要满足以下3点要求:

(1)光片表面平滑如镜,无麻点(小坑)、细裂缝和粗大的擦痕存在;

(2)同一种矿物在光片的中心部分和边缘部分,其磨光程度应完全一致;

(3)光片中软矿物和硬矿物之间相对突起不应过于明显。

第二章　反射光的基本理论及反光显微镜

第一节　反射光的基本理论

一、光的本质

现代物理学认为光是一种电磁振动。1905 年爱因斯坦提出光具有波动性和粒子性，叫光的二象性。如干涉、衍射等是波所特有的现象，光电效应则说明光有粒子性，即光是由一个个的光子组成的。用测量波动性的方法测出光是一种波，用测量粒子性的方法测出光是一束电子流。光的二象性的表现并不是时刻同步的。在某些情况下光的波动本质表现得较为明显（如光的反射、折射等），在另一些情况下光作为一束粒子的性能又占首要地位（如发光作用）。

在矿石学研究中，主要是应用光的波动性对矿物的光学性质进行研究，以达到鉴定矿物的目的。电磁波的波长范围很宽，可见光仅是其中很窄的一段（图 2－1－1）。

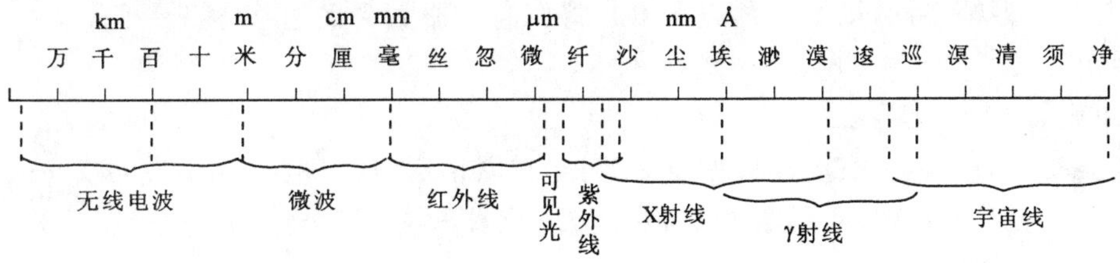

图 2－1－1　电磁波谱

二、自然光

自然光是在垂直光波传播的方向上，沿一切可能的方向振动的光波总和。也就是说，光源发出的光波其振动方向虽然永远与光的传播方向垂直，但在某一瞬间，振动方向在垂直于光的传播方向的平面内可以取所有可能方向，没有一个方向较其他方向占优势，即光波的振动方向是在瞬间变化的，在所有可能方向上，光的振幅都相等[图 2－1－2(a)]。

三、偏光

偏光有 3 种，即直线偏光（平面偏光）、椭圆偏光和圆偏光。

1. 直线偏光

就是我们通常所说的偏光，指的是只在一个固定方向上作有规律振动的光。因为光波振动的方向彼此平行，同时在一个平面内振动，因此也叫平面偏光[图 2－1－2(b)]。

2. 椭圆偏光和圆偏光

虽然二者属于偏光范畴，但从成因上讲它们是直线偏光合成的结果。

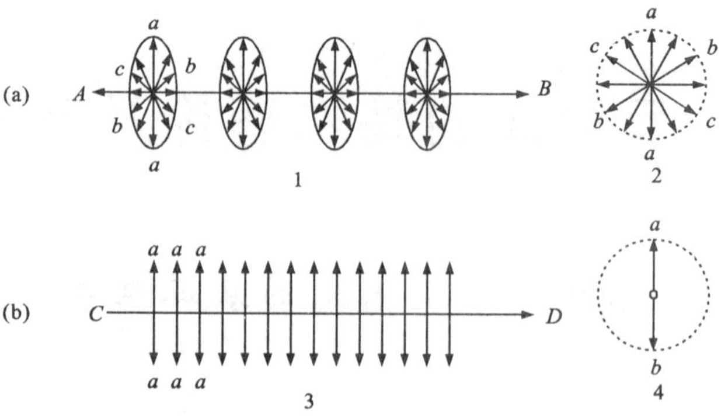

图 2-1-2　自然光与直线偏光

四、互相垂直振动的直线偏光的合成

当两条振动方向互相垂直的直线偏光相加时，在不同条件下，将发生下列 3 种情况：

1. 直线偏光

两条振动方向互相垂直的同频率直线偏光，在周相相同（周相差 Δ 为 0 或 $n\pi$，$n=1,2,3\cdots$）的情况下，合成光波仍然是一条直线偏光，若二者振幅相同，合成的直线偏光为一正方形的对角线；若二者振幅不同，则合成的直线偏光将偏向于振幅大的直线偏光一侧，也就是说合成偏光发生了旋转[图 2-1-3(a)、(e)、(i)]。

2. 椭圆偏光

两条振动方向互相垂直的同频率直线偏光，在周相不同（周相差 Δ 不为 0 或 $n\pi$，$n=1,2,3\cdots$）的情况下，若二者振幅不同，合成光波必然形成种种椭圆偏光[图 2-1-3(b)、(c)、(d)、(f)、(g)、(h)、(j)]。

3. 圆偏光

两条振动方向互相垂直的同频率直线偏光，在周相不同（周相差 Δ 不为 0 或 $n\pi$，$n=1,3,5\cdots$）、振幅相同的情况下，合成光波将形成圆偏光。

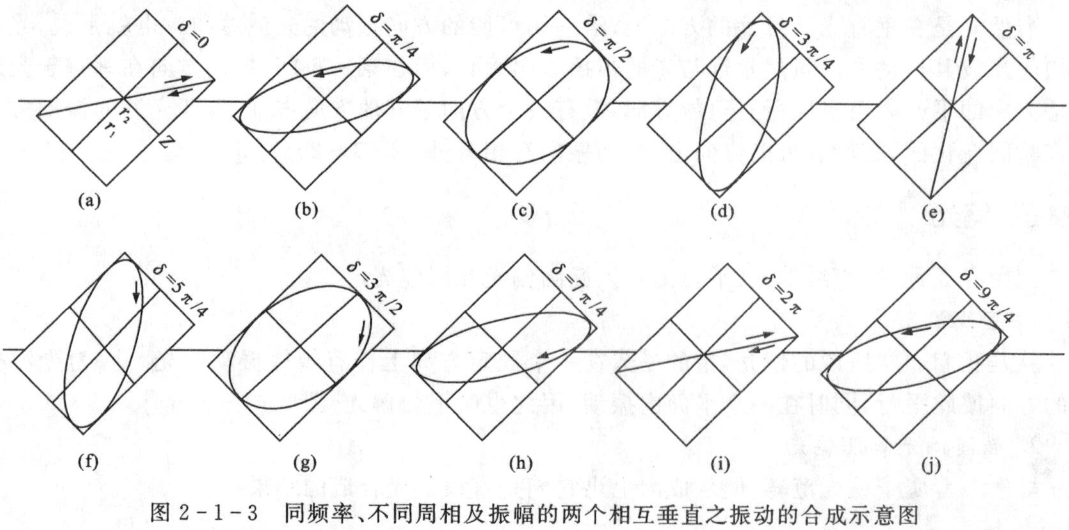

图 2-1-3　同频率、不同周相及振幅的两个相互垂直之振动的合成示意图

实际上，直线偏光和圆偏光都是椭圆偏光的特例。直线偏光相当于椭圆短轴趋近于0，当椭圆短轴增大到与长轴相等时则形成圆偏光。

4. 直线偏光、椭圆偏光和圆偏光的检测

置检偏镜于光路中，如果是直线偏光，检偏镜转动一周出现两次消光；如果是椭圆偏光，检偏镜转动一周可看到两次较明、两次较暗，且不出现全消光；如果是圆偏光，检偏镜转动一周无明暗变化。

上述自然光、直线偏光、椭圆偏光等，在反光显微镜、矿物物理性质观测等章节中都要用到，要求一定要把概念弄清楚。

五、斜照光外反射光的分解

当自然光以入射角 α 由空气斜射到某一电解质表面时，入射光的一部分折射入电解质内，另一部分则发生反射。反射光将分解为垂直入射面振动的光强（$R_{/\!/}$）和平行入射面振动的光强（$R_{/\!/}$）。实验证明，$R_{\perp}$ 总是大于 $R_{/\!/}$，这样，反射光必然是垂直入射面振动占优势的部分偏振光。入射角 α 增大时，反射光中垂直入射面的光振动所占比例也加大，即反射光偏振程度增加。到某一特殊角 α 时，反射光全部是垂直入射面的光振动，即是纯粹的直线偏光。角 α 叫起偏角或布雷斯特角。如图 2-1-4 表示钙铝石榴石反射光中 $R_{\perp}$ 与 $R_{/\!/}$ 曲线。从图中可看出，$R_{\perp}>R_{/\!/}$，反射光为 $R_{\perp}$ 占优势的部分偏振光。至 $\alpha=60°$ 时，$R_{/\!/}=0$，反射光全部为 $R_{\perp}$，即为纯粹的偏振光。

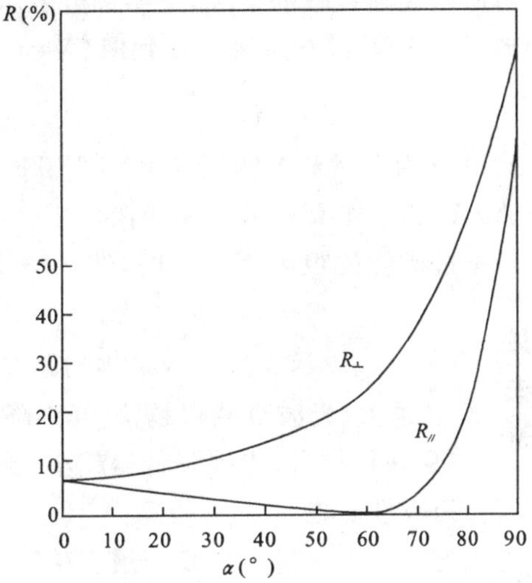

图 2-1-4　钙铝石榴石的反射率曲线

由于上述原因，当光线斜射到透明矿物光面上，产生 $R_{\perp}>R_{/\!/}$，且二者之间不存在周相差，因此合振动的振幅必然偏向 $R_{\perp}$，从而产生反射旋转。此时合成偏光为直线偏光，当偏振器垂直合振动方向时可显示完全的消光。当光线斜射到金属矿物表面，除产生 $R_{\perp}>R_{/\!/}$ 外，$R_{\perp}$ 与 $R_{/\!/}$ 之间还存在不为 0、$\pi/2$、π 的周相差，从而产生椭圆偏光旋转作用。此时当检偏振器垂直椭圆长轴时，显示"不完全的黑暗"。

另外，这种斜照光外反射光的分解产生的 $R_{\perp}>R_{/\!/}$，还影响到反光显微镜的玻片式反射器用自然光照明时的光线变化。反光显微镜的玻片反射器，用自然光照射时，入射角 α 为 45°，是一种斜射状态，所以从反射器反射出来的光已经不是自然光，而是垂直入射面的分振动（$R_{\perp}$）占优势的部分偏振光。因此，在自然光照射条件下，偶尔能见到某些强非均质性矿物的双反射（如辉钼矿、辉锑矿、铜蓝等），其原因就在于此。由于垂直入射面的分振动为左右方向振动，为获取较大的光源强度，反光显微镜的前偏光镜一般都设置为左右向。

六、矿物的吸收性和吸收性矿物

（一）矿物的吸收性

光波照射到矿物表面，会引起价电子的振动和跃迁，消耗了入射光的部分能量，从而使透射光线或反射光线的强度比入射光强度小，这一物理现象叫做矿物对光的吸收。

兰伯特(J. H. Lambert)论证：光射入吸收性矿物后，其振幅随透入深度的增大而逐渐减小。也就是说，光波进入矿物其强度逐渐衰减的现象称为矿物的吸收性。吸收性强弱可以用吸收系数(K)表示，吸收系数 K 越大，矿物的吸收性越强(图 2－1－5)。

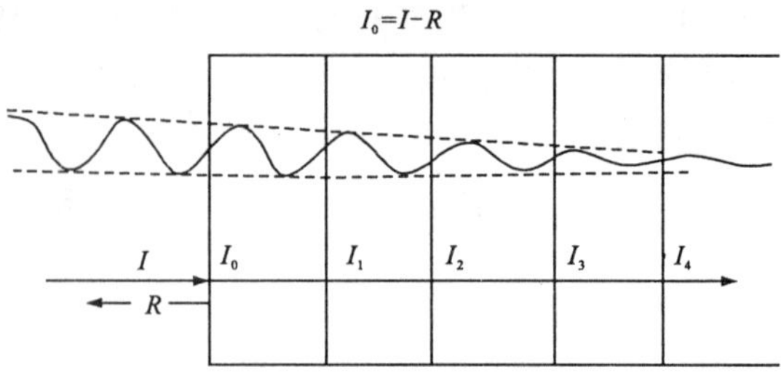

图 2－1－5　矿物对光波的吸收示意图

图 2－1－5 上半部分表示光波进入矿物后振幅逐渐衰减的情况，下半部分表示光波进入矿物不同深度后的不同光强。透过矿物 X 距离后的光强 I_X 与刚进入矿物时($X=0$)的光强 I_0 的关系为：

$$I_X=I_0 e^{-\frac{4\pi K}{\lambda_0}X} \tag{2-1-1}$$

式中：e 为自然对数的底，$e=2.718\ 29\cdots$；π 为圆周率，$\pi=3.141\ 5\cdots$；K 为吸收系数；λ_0 为光波透入矿物一个真空波长中距离。

当透过矿物的距离 $X=\lambda_0$ 时，(2－1－1)式就变为：

$$I_X=I_0 \cdot e^{-4\pi K} \tag{2-1-2}$$

(2－1－2)式表示光波透入矿物的距离为一个真空波长(λ_0)时，光强降为原值的 $1/4\pi K$。这说明 K 值越大，光波衰减得越快，光强降低得越多，矿物的吸收性越强。反之，矿物的 K 值越小，光波衰减得越慢，光强降低得越小，矿物的吸收性越弱。

(二)吸收性矿物

能使光波自由透过的矿物叫透明矿物。严格地讲，自然界没有一种矿物是严格透明的，只要它有足够的厚度，光波透过后总有些光能损失。所谓吸收性矿物，是指那些对入射光吸收相当强烈的矿物(一般指金属矿物)。

矿物的透明度与吸收系数(K)关系密切。邵洁涟等(1974)根据矿物吸收系数(K)把矿物分为透明矿物($K<0.025$)、半透明矿物($0.73>K>0.025$)和不透明矿物($K>0.73$)。不透明矿物和半透明矿物又统称为吸收性矿物。

实际应用时，把矿物磨制成 0.03mm 厚的薄片仍然不透光就称为不透明矿物。显然，它们不能像透明矿物那样制成薄片在透射光(偏光显微镜)下观察，而只能制成光片在反射光(反光显微镜)下研究了。

第二节　反光显微镜

反光显微镜是进行矿石学研究的重要工具，虽然现今有很多的新方法、新仪器被用于矿石研究中，但作为最基本的工具，反光显微镜的作用无可替代。除了满足常规的矿石研究外，它可为其他的研究方法提供可靠的资料，是其他研究方法的基础。

反光显微镜的结构主要由机械系统、光学系统、光源系统三部分组成。机械系统包括镜座、镜臂、镜筒、载物台和升降螺旋。光学系统由物镜、目镜、垂直照明系统组成。反光显微镜与偏光显微镜的机械系统构成一样，现今各厂家生产的偏光、反光显微镜有统一的机械系统，更有偏反光两用显微镜是共体显微镜，二者只有一套机械系统。因此，有关机械系统的结构，本书不再赘述，这里只着重介绍反光显微镜的光学系统和光源系统。

一、反光显微镜的光学系统

反光显微镜的光学系统由物镜、目镜、垂直照明系统和上偏光镜四部分组成。

(一)物镜(接物镜)

物镜是由复杂透镜组成的光学放大系统,其作用是将微小物体造成一个放大实像,人眼则通过目镜来观察这个实像。物镜具有放大能力和分辨本领(分辨率)两种基本特性。一般将放大数倍的物镜称为低倍物镜,放大十倍左右为中倍物镜,放大数十倍的为高倍物镜。物镜分辨物像细微结构的能力为分辨率,通常以分辨物像的实际距离 L(分开两个点或两条平行线的最短距离)来表示:

$$L=0.61\frac{\lambda}{n\cdot\sin\delta}=0.61\frac{\lambda}{A\cdot N} \qquad (2-2-1)$$

式中:L 为物镜的分辨率;n 为物镜前透镜与矿石光片之间介质(空气、油、水)的折射率;λ 为观察时所用的光线之波长(用白光观察时可用人眼最敏感的 550nm 黄绿色光来代表);δ 为物镜的半孔径角;$A\cdot N$ 为物镜的"数值孔径"。

如图 2-2-1(a)所示和上式可知,物镜的分辨率主要与"数值孔径"有关(λ 为相当固定的因素),而 $A\cdot N$ 又与介质的折射率 n 及物镜的半孔径角 δ 有关。因而在油浸时观察($n=1.515$)比干镜头($n=1$)观察物镜的分辨本领大(即分辨率大,可看出细微结构)。半孔径角 δ 越大物镜的分辨本领也越大,δ 理论值最大为 90°,但实际只能达到 72°,故干镜头的最大"数值孔径"为 sin72°(0.95),即物镜前透镜与矿石光片之间的距离(自由工作距离)不能为 0,实际上最小为 0.1mm。

物镜可以分为干燥物镜和浸没物镜两大类。干燥物镜在使用时,物镜与光片之间为空气($n=1.00$);浸没物镜使用时,物镜与光片之间充满浸没液体,如最常用的液体为香柏油($n=1.515$),浸没物镜也常叫油浸物镜。

如图 2-2-1(b)所示,自透镜中央附近透过所成的像(O_1)和自透镜边缘透过所成的像(O_2)不能重合,这就构成"球面像差"。如图 2-2-1(c)所示,白光中不同光波透过透镜时会

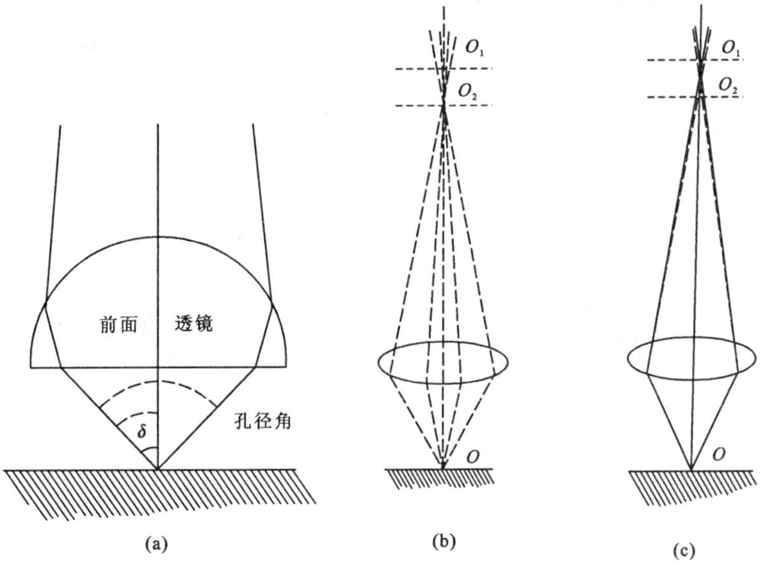

图 2-2-1 物镜孔径角(2δ)、球面像差和色差示意图

产生“色散”，如 O 点透过透镜后红光成像于 O_1 处，蓝光则成像于 O_2 处，这就使物像显出红色和蓝色的边缘，即构成“色差”。所以，需要选用一组不同折射率和不同色散的凹凸透镜（如选用光学玻璃配合萤石或特殊的光学玻璃磨制透镜）组合制成消除上述像差、色差的物镜。

物镜上一般刻有较多符号，它们通常分别代表消色差程度、介质符号、倍数和数值孔径以及机械筒长等。例如，消色差物镜没有符号；复消色差物镜刻有“APO”或“Apochromatic”；平像物镜刻有“planachromate”、“plan”、“pl”、“NPL”等；干燥物镜无符号，油浸物镜刻有“oil”、“oel”等；P 表示无应变（物镜透镜玻璃因退火不当或安装时压力过大而常有应变，使玻璃呈现异常非均质现象）（表 2-2-1）。放大倍数用数字表示，有时数字后有“x”号，数值孔径亦用数字表示，二者用斜线隔开或用空格隔开，如 10/0.25 或 10× 0.25 都是表示 10 倍，数值孔径为 0.25；机械筒长用数字或“∞”表示。

表 2-2-1　莱资(Leitz)反光显微镜专用物镜

物　镜	自由工作距离(mm)	物　镜	自由工作距离(mm)	物　镜	自由工作距离(mm)
NPL　P 5×/0.09	12.50	NPL　P 50×/0.85	0.38	P　oel 32×/0.65	0.30
NPL　P 10×/0.20	14.20	NPL　P 100×/0.90	0.10	P　oel 50×/0.85	0.35
NPL　P 20×/0.40	0.80	P　oel　20×/0.40	0.46	P　oel 125×/1.30	0.28

(二)目镜(接目镜)

显微镜的物镜将微小物体造了一个放大的实像，在这个物体与实像之间须再加上一个放大镜以将实像进一步放大并变成物体虚像便于观察。这个放大镜就是显微镜的目镜。目镜基本上由两个正透镜组成，靠近人眼的为“眼透镜”，靠近物镜所成实像位置的为“场透镜”。如图 2-2-2(a)所示，最常用的惠更斯目镜由两个平凸透镜组成，都是凸面朝下，焦平面(F)在眼透镜和场透镜之间。兰姆斯登目镜则是眼透镜凸面朝下，场透镜凸面朝上，焦平面(F)在场透镜之下[图 2-2-2(b)]，这种目镜安装“测微尺”、“测微网”(测量粒度大小、百分含量)较为合适。但由于近年来发展了专门设计的平像补偿目镜与平像物镜配合使用，兰姆斯登目镜已被淘汰。平像目镜与平像物镜配合使用可以得到完全平坦的像场。新型反光显微镜多采用惠更斯目镜和平像目镜(表 2-2-2)。

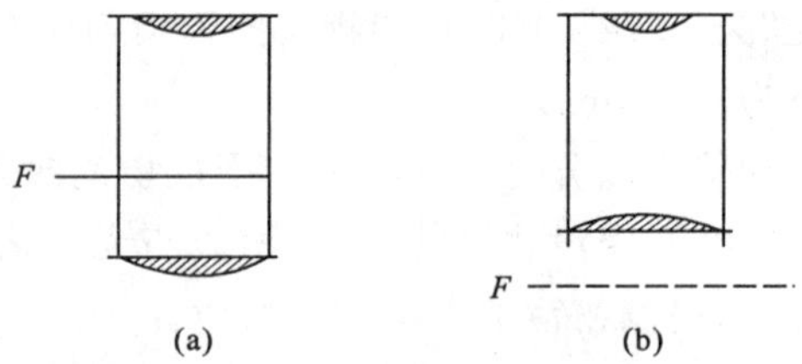

图 2-2-2　惠更斯目镜(a)和兰姆斯登目镜(b)示意图

表 2-2-2　莱资厂反光显微镜目镜性能表

符号及倍数	目镜类型	外壳直径(mm)	焦平面安装物
P　6.3×M	惠更斯	30	测微尺
P　8×⊕	惠更斯	30	十字丝
P　10×M	平　像	23.2	测微网
H　6.3×⊕	惠更斯	23.2	十字丝
GF10×⊕	平　像	23.2	十字丝
GF10×M	平　像	23.2	测微尺

显微镜的放大倍数为目镜放大倍数与物镜放大倍数及镜筒内透镜系统放大倍数的乘积。但显微镜放大倍数的实际意义在于显微镜下长度的测量。考虑到摄影照片可能放大或缩小，故用放大倍数表示显微照片是不合适，也是不方便的。因此表示镜下素描或显微照片大小用测量视域直径长度或照片对角线长度更为合适与准确。它一般采用载物台测微尺测量法。如图 2-2-3 所示，载物台测微尺（或称物镜测微尺）为一块在 2mm 长度内划分 200 个分格（每 1 分格为 0.01mm）的金属刻度尺，图 2-2-3 表明视域直径为物台测微尺的 71 格，即为 0.71mm。目镜测微尺 100 格相当于物镜测微尺的 50 分格（0.5mm），即在该目镜、物镜组合情况下，目镜测微尺每 1 小格物像相当于 $5\mu m$ 的长度。即：

$$\text{显微镜视域直径}=\text{量出视域直径占物台测微尺的格数}\times 0.01\text{mm}$$

$$\text{目镜测微尺刻度值}=\frac{\text{物台测微尺格数}\times 0.01\text{mm}}{\text{目镜测微尺格数}}$$

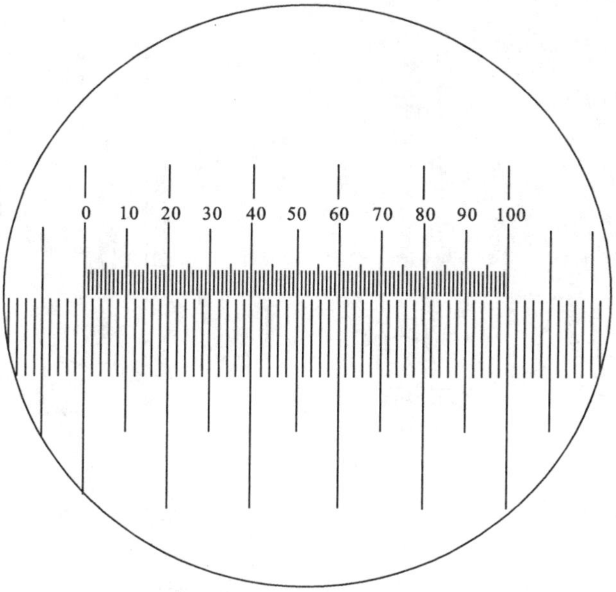

图 2-2-3　目镜测微尺刻度值测量示意图

(三)垂直照明系统

垂直照明系统是反光显微镜的主要部件，安装在显微镜镜筒下端和接物镜之间（图 2-2-4），它由入射光管和反射器两部分组成。

1. 入射光管

入射光管是连接光源和反射器起通道作用的装置，并附有多种调节光线的部件。它主要有：

(1)光源聚光透镜：位于入射光管最前端靠近光源的地方（图 2-2-4 中之 2），它的作用是把光源发出的光聚焦到视域光圈上。

(2)孔径光圈：位于光源聚光透镜的后面（图 2-2-4 中之 3），是一个可任意开缩的虹膜式光圈。用于控制入射光束直径。缩小孔径光圈可消除物镜球面像差和色差的不良影响，提高物像清晰度，但同时又使物镜的有效孔径减小，分辨率降低。如孔径光圈开得过大，将使镜筒内有害的杂乱光线（矮光）增强，降低物像对比度（反差），故应调节适当为宜。

(3)前偏光镜:位于孔径光圈和视域光圈之间(图 2-2-4 中之 4)。其作用是使入射光线变为平面偏光,即为一“起偏振器”。前偏光镜的振动方向一般采用东西(左右)方向。

(4)视域光圈:安置在前偏光镜的后方(图 2-2-4 中之 5),一般也是虹膜光圈。其作用是控制视域大小。适当缩小视域光圈,可减少“耀光”的影响,提高物像清晰度。一般观察时,将此光圈调至与视域边缘重合即可。

(5)准焦透镜:位于入射光管的最后方(图 2-2-4 中之 6),由二三片透镜组成。其作用是使视域光圈焦距准确,成为清晰物像落在视域中。

需要指出,入射光管内装置的完善程度和装置方法因反光显微镜的生产厂家不同或型号不同而有所差异。

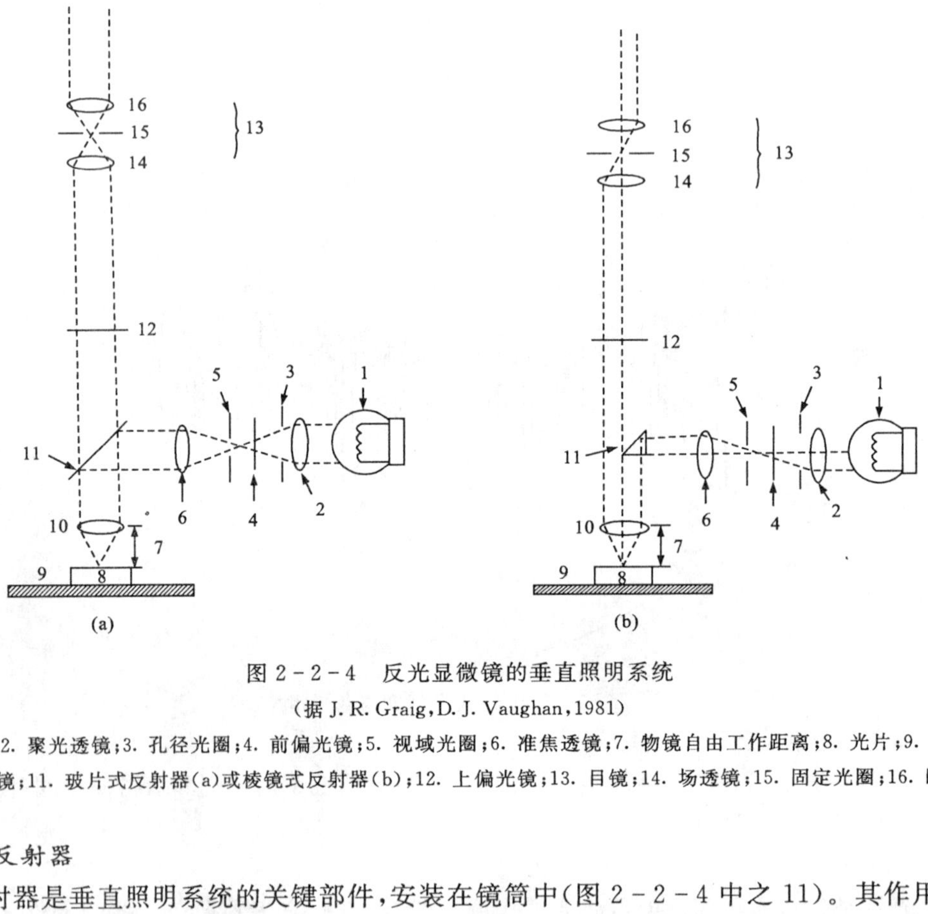

图 2-2-4　反光显微镜的垂直照明系统

(据 J. R. Graig, D. J. Vaughan, 1981)

1. 灯丝;2. 聚光透镜;3. 孔径光圈;4. 前偏光镜;5. 视域光圈;6. 准焦透镜;7. 物镜自由工作距离;8. 光片;9. 载物台;10. 物镜;11. 玻片式反射器(a)或棱镜式反射器(b);12. 上偏光镜;13. 目镜;14. 场透镜;15. 固定光圈;16. 眼透镜

2. 反射器

反射器是垂直照明系统的关键部件,安装在镜筒中(图 2-2-4 中之 11)。其作用是将从入射光管进来的水平光线垂直向下反射到矿石光片上,起照明作用,用以研究矿石。一般最常用的反射器有玻片式(图 2-2-5)和棱镜式(图 2-2-6)两种类型。

(1)玻片式反射器:是一片以 45°倾斜的透明玻璃片,玻璃片正反射面镀有一层硫化锌增亮膜,以提高反射能力;背面(上表面)镀有一层氟化镁增透膜,以降低二次反射。当光线经入射光管到达玻璃片上,一部分光线透过玻璃片而损失,另一部分光线则被玻璃片反射向下通过物镜而到达矿石光面。当光线经矿石光面反射向上再次到达玻璃片时,又有一部分光线反射转向光源而损失掉,另一部分光线则透过玻璃片到达目镜。假定光线在矿石光片上的反射过程中没有损失,那么到达目镜时光强度的理论值应为原入射光强度的 25%。但实际上不可

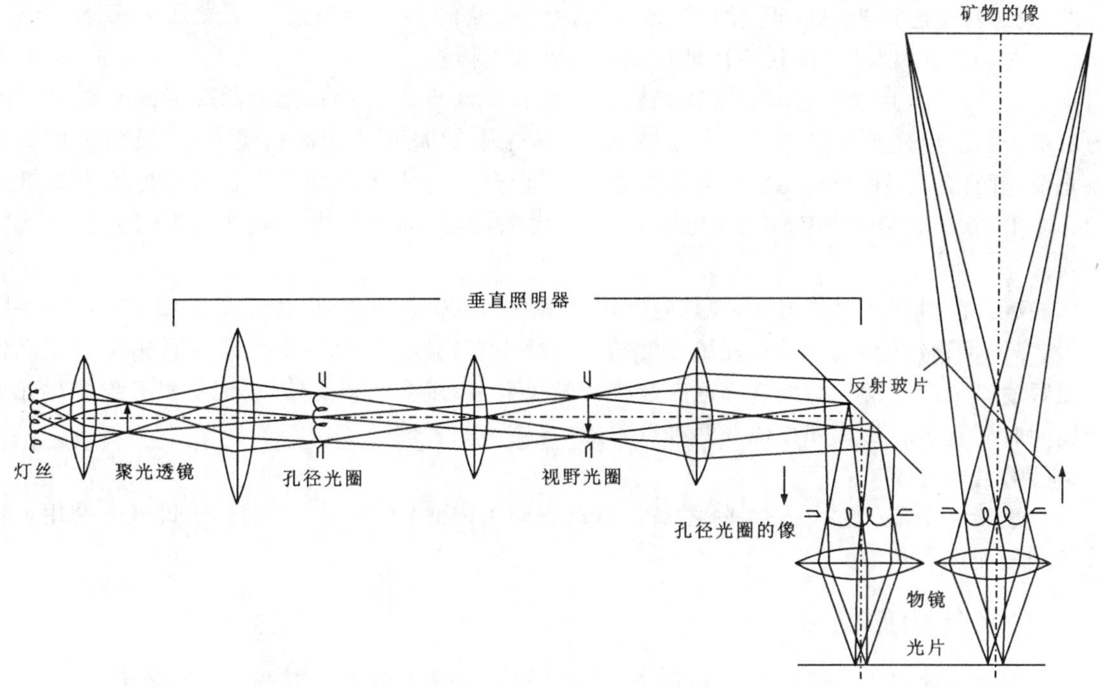

图 2－2－5　玻片式反射器垂直照明系统光路图

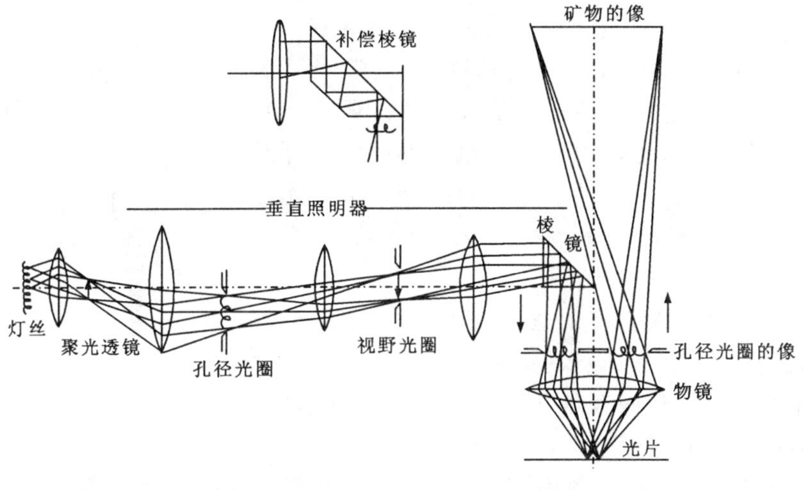

图 2－2－6　棱镜式反射器垂直照明系统光路图

能，经计算，到达目镜时光的强度为 12.5％左右。但玻璃片正反面上镀有增亮膜和增透膜，可使到达目镜的光强提高到 20％左右。由此可知，玻片式反射器最大缺点就是反射光强度较弱。

(2)棱镜式反射器：为一等腰的直角全反射三棱镜。斜面上涂有一层水银，斜面的倾角为 45°，二等腰面一为直立，一为水平，棱镜在镜筒中占据内径的 1/2 位置。当光线经入射光管到达棱镜向下反射到光面，再自光面向上反射时，经由物镜进入镜筒的另一半空间而抵达目镜。所以，到达目镜的反光强度理论上应为原入射光强度的 50%，经计算，反光强度实际上也有 30%左右。因此，视域亮度较使用玻片式反射器者大得多。

如上所述，玻片式反射器和棱镜式反射器各有优缺点。玻片式反射器反射的光线通过物镜后不论是下射还是上射都是全孔径的，分辨力较强，因此可用于高倍镜观察、显微照相及聚敛光偏光图研究。对于其反射能力弱的缺点，可以通过加大光源强度来解决。把反光显微镜的光源由 30W 改用 100W，其反射能力将大为增强，因此新型反光显微镜大都安装玻片式反射器。

棱镜式反射器反射能力强，视域亮度大，宜做中、低倍镜观察，但由于其遮住了镜筒一半的位置，降低了物镜的分辨率，对视域亮度的均匀性也有影响，因此不能作显微照相及聚敛光偏光图观察。早期的反光显微镜普遍安装棱镜式反射器，现今已很少使用，但仍然有少数反光显微镜同时配备有玻片式和棱镜式两种反射器，可供研究者选择使用。

(四)上偏光镜

位于镜筒中部(图 2-2-4 中之 12)，振动方向为南北(前后)向，与前偏光镜联合使用可构成正交偏光观察条件。

二、光源系统

光源是反光显微镜重要组成部分，它直接影响各种光学性质的观测和摄影效果。

旧式反光显微镜多配备钨丝白炽灯，电流强度为 2.5A，所用变压器输出电压为 6V。灯泡以磨砂玻璃为宜，灯丝尽量密集。光源多与垂直照明系统联装在一起，随显微镜镜筒升降，使用较方便。另也有单用支柱的低压钨丝白炽灯，一般功率为 12V 30W，由于亮度较大，可用于观察内反射(斜照)和正交偏光下做均质非均质性观测。钨丝白炽灯发出红橙色光较多，蓝紫色光较少，故灯光呈黄色。因此，必须在灯泡前加配一片深度合适的蓝色滤光片以吸收多余的红橙色光，使灯光接近白色。钨丝白炽灯具有发光效率低，灯丝寿命短的缺点。新型的分体单柱光源采用光纤管冷光源，它输出功率低，亮度大，寿命长，灯光呈纯白色，是老式光源的最新替代品。

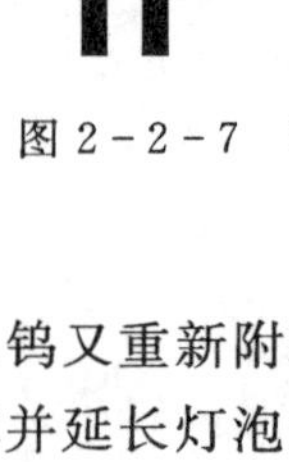

图 2-2-7　溴钨灯泡结构简图

20 世纪 80 年代以来生产的显微镜全部使用卤钨灯(图 2-2-7)。它是在装有钨丝的石英玻璃壳内充填一定数量的卤族元素(溴或碘)或其他化合物。灯丝在燃点时，蒸发的钨沉淀在石英玻璃壳壁上，当温度高于 200℃时，溴或碘的蒸气与石英玻璃壳壁上的钨结合形成溴(碘)化钨蒸气，钨又重新附着在钨丝上，这样就形成以上卤钨化学循环，可大大提高钨丝温度以增高发光效率并延长灯泡寿命。

三、反光显微镜的调节与维护

(一)校正物镜中心

显微镜的物镜、镜筒、目镜和物台四者的中心线必须重合一致，视域中各点在物台上旋转时，才能以目镜十字丝交点为中心而旋转，四者不重合时，就会发生视域中某些部位转入转出视域的情况。一般小调，以调物镜为最简便。物镜的旋转盘上相对物镜的两侧都有校正孔，用校正螺丝即可调整。校正时，对准矿物光片准焦后，仔细观察视域旋转中心点的所在位置，最好以光片中的某矿物颗粒或污点（粒径越小越精确）为参照物，后利用校正螺丝将中心点（矿物颗粒或污点）移到十字丝焦点处便可，此法称为“中心点法”。此外还有一种“连线法”，首先找一颗粒（越小越好）移到十字丝焦点处，旋转物台 360°，观察颗粒移动的位置，待颗粒移至与十字丝焦点处最大距离处时停下来，用校正螺丝调整，将颗粒移至十字丝中心与颗粒两点距离的一半处，然后移动光片，将颗粒再移至十字丝中心，旋转物台观察校正结果，如此反复几次即可。

（二）调节光圈

反光显微镜在垂直照明系统中设有孔径光圈和视域光圈。顺时针旋转缩小孔径光圈后往往见视域中物体的界限不清，光线变暗并带红、蓝等颜色，表明有球面像差和色差存在，调节孔径光圈直至物体界线清晰、亮度适中且无色散为止。调节视域光圈，首先将视域光圈缩至最小，然后逐渐调大，使光亮圈边界与视域同等大时为止，这样可减少反射光斑数值，提高成像清晰度。

（三）校正偏光镜

反光显微镜的前偏光镜其振动方向为东西向。一般调整时，首先推入前偏光镜（前偏光镜手柄推至“IN”的位置），放上石墨或辉钼矿，然后旋转物台进行观察，若这两种矿物的延长方向平行于东西向时其反射率最大，平行南北向时其反射率最低，都表明前偏光镜振动方向为东西向。再推入上偏光镜观察方铅矿，旋转上偏光镜至 90°的位置（其振动方向为南北向，与前偏光镜振动方向垂直），此时视域中应为全黑（完全正交），若不完全正交视域中为暗灰色，则要调整偏光镜片直至完全正交。

（四）简单维护

显微镜属精密贵重仪器，使用时必须严格遵守操作规程，养成轻拿轻动轻放、随手关灯的好习惯。

（1）显微镜最好不要经常搬动，以免振动或损坏光学部件。

（2）保持室内清洁，防止灰尘落入显微镜中，影响机械系统的正常使用，机械系统经一定时间需卸下除油腻及污物。

（3）保持室内温度和湿度，防止光学部件长霉和脱胶，影响显微镜的使用寿命。

最后应该指出，反光显微镜还将不断改善与提高。现在已有大型万能显微镜联装自动照相机、自动硬度仪、自动测微光度计、自动图像分析仪。展望未来，预期还会有能够得到快速、自动、精确测量、鉴定不透明矿物所必需之定量数据并与储存在电子计算机系统中的已知矿物数据对比，可以自动给出鉴定的矿物名称和自动给出各种矿物相对含量、粒度累计曲线、嵌布特性和连接关系数据并自动摄影的现代化反射光学研究系统装置出现。

第三章　矿物的物理性质

第一节　矿物的反射率

一、基本概念

(一)矿物反射率的定义

在反光显微镜下观测矿物时，我们通常会发现不同的矿物明亮程度是不同的。这说明虽然入射光的强度相同，但同一强度的入射光照射到矿物磨光面以后，不同矿物对入射光的反射能力是不同的。因此，把矿物磨光面对垂直入射光的反射能力称为反射力，表征反射力大小的数值叫反射率。反射率指的是矿物磨光面在反光显微镜垂直入射光照射下反射光强与入射光强的百分比率。若反射率用 R 表示，反射光强用 I_r 表示，入射光强用 I_i 表示，则反射率就可以用下面公式表示：

$$R=\frac{I_r}{I_i}\times 100\% \qquad (3-1-1)$$

由(3－1－1)式可知，当入射光强 I_i 一定时，反射率 R 与反射光强 I_r 成正比。反射率的大小，在镜下表现为不同程度的亮度。反射光强度大，说明反射出来的光亮多，矿物的反射率大，镜下表现为视域明亮；反之，反射光强度小，反射出来的光量少，反射率低，视域亮度亦暗。

矿物不同，反射光强 I_r 也不同，因此不同的矿物就具有不同的反射率，这样就可以根据反射率的大小来鉴定矿物。

反射率是不透明矿物的重要光学性质，其重要程度可与透明矿物的折射率相比。由于矿物的这一性质较为稳定且再现性好，不因某些次要因素如矿物含杂质等而发生很大变化，因此反射率已成为鉴定金属矿物必不可少的重要性质和数据，同时还是编制某些矿物鉴定表的基础。

(二)矿物反射率的形成机理

关于矿物反射率的形成机理，目前有两种说法：一为自由电子理论，二为能带理论。

1. 自由电子理论

众所周知，可见光是一种电磁波。当光线照射矿物光面即产生透过、吸收、折射、反射等光学现象。但不同的矿物发生的这些光学现象可以有很大的差异。这取决于矿物的化学成分和晶体结构的不同，而最主要的是取决于“矿物化学键”的特点。

透明矿物主要由离子键、分子键和共价键构成，透明矿物的电子都是固定电子(束缚电子)，它固定在各自原子核的周围而不能在晶体内自由移动。当光线照射到矿物光面后，由于固定电子能级间(电子的基态和激发态具有一定的能级)的能量差大于各种可见光“光子”的能量，或者说，固定电子固有的振动频率通常比可见光的频率高得多，因此，只发生频率与可见光相近似的强迫振动而不发生共振，可见光被吸收得很少及次生波的强度很弱。结果大部分光被透过，所以反射光的强度小。含有金属键的不透明矿物具有自由电子，它们可以在晶体内自由移动，电子能量间隔比可见光"光子"能量小得多，同时存在有较多的激发态，其能量差与可见光"光子"能量相当者较多，因而可见光撞击到金属键或部分金属键矿物表面可激发其基态电子到一定的激发态。可见光本身的能量从而被吸收，其中一部分转变成热能而被消耗，大部分能量当激发态电子重返基态时再发射出来成为较强的反射光，绝大部分"光子"被反射。因此，这些矿物的反射率较高(一般高于 40%)。

2. 能带理论

用近代固体物理学中的一种新的理论"能带理论"来解释矿物反射光的形成机理可能更为充分。根据能带理论，如自然金等"导体"矿物的"能带"是重叠的，外部电子可以在整个晶体中自由运动，它吸收各种能量的可见光(不透过)，并在返回时大多数电子的能量仍以光的形式放出强反射光，因而反射率很高(一般高于 60%)。而黄铁矿、方铅矿、辰砂、雄黄、纯闪锌矿、纯金刚石等"半导体"矿物的"能带"为被"禁带"隔开的下部"价电子带"(充满电子)和上部"传导带"(未充填电子、全空)所组成。当"禁带"宽度小于可见光的能量时(如黄铁矿、方铅矿)，电子吸收光的能量由"价电子带"跃迁到"传导带"上，返回时放出相当一部分反射光，故显示较高的反射率(40%～60%)。当"禁带"宽度中等时(如辰砂、雄黄)，在透过一部分可见光的同时，电子还吸收一部分的能量，也放出一小部分反射光，显示中等的反射率(20%～30%)。当"禁带"宽度大于可见光的最大能量值(紫端)时(如纯闪锌矿、纯金刚石)，则可见光大部分透过而不被吸收，导致显示较低的反射率(15%～17%)。上述"禁带"的宽度(能隙的大小)，对于硫化物矿物而言，决定于金属和硫的"S 轨道"和"P 轨道"共价键的混合程度，而它又决定于阳离子和阴离子的电负性的差别。

(三)矿物的反射率公式

1. 透明矿物的反射率公式

弗雷斯内尔(A. Fresnel)已推导出透明矿物反射率的著名公式为：

$$R=\frac{(N-n_1)^2}{(N+n_1)^2} \tag{3-1-2}$$

式中：N 为矿物的折射率；n_1 为观察介质的折射率。当观察介质为空气时($n_1=1$)，透明矿物的反射率公式变为：

$$R=\frac{(N-1)^2}{(N+1)^2} \tag{3-1-3}$$

由(3-1-2)式和(3-1-3)式可知，透明矿物反射率的大小与 N 和 n_1 密切相关。当 $n_1=1$ 时，仅取决于 N 的大小。

2. 不透明矿物的反射率公式

据德鲁迪和贝瑞克等人的研究，不透明矿物的折射率为复数折射率 N'。$N'=N-iK$(N 为不透明矿物的折射率，为实数部分；K 为吸收系数；i 为 $\sqrt{-1}$)。仍沿用透明矿物的反射率公式(3-1-2)，通过替换，得出不透明矿物的反射率公式为：

$$R=\frac{(N-n_1)^2+K^2}{(N+n_1)^2+K^2} \tag{3-1-4}$$

当观察介质为空气时($n_1=1$)，(3-1-4)式变为：

$$R=\frac{(N-1)^2+K^2}{(N+1)^2+K^2} \tag{3-1-5}$$

由(3－1－4)式和(3－1－5)式可知，不透明矿物反射率的大小与 N、n_1 和 K 的关系密切。当 $n_1=1$ 时，取决于 N、K。

二、决定矿物反射率大小的因素

决定矿物反射率大小的因素分为内因和外因两种：内因是矿物本身的特点，包括矿物的折射率、吸收系数、矿物成分等；外因则是其他原因引起的，如观察介质的折射率、入射光波长等。

(一)矿物的折射率和吸收系数

从上述矿物的反射率公式(3－1－5)中我们知道矿物的反射率(R)与矿物的折射率(N)和吸收系数(K)有密切关系，但在不同情况下，N、K 对 R 影响的权重是不同的，下面通过图 3－1－1 R 与 N、K 的关系图解和表 3－1－1 来讨论这种关系。图中纵坐标为吸收系数 K，横坐标为折射率 N，曲线为反射率 R。从图中可以看出：

(1)当 $K<0.025$ 时，主要是透明矿物，R 为直立的直线，矿物的反射率 R 主要取决于折射率 N，几乎与 K 值无关。如 N 从 1.5～5.5，R 值从 5%～48%。

(2)当 $0.73>K>0.025$ 时，主要是半透明矿物，图 3－1－1 中 R 为斜率很陡的近于直立的直线，R 主要取决于 N，与 K 的关系较小。如表 3－1－1 中硫汞锑矿、纯闪锌矿、富镁铬铁矿和石墨(K_p)等反射率 R(依次为 34.70%、16.64%、14%和 5%)的次序主要由这 4 个矿物的折射率 N(依次为 3.00、2.38、2.16 和 1.50)的次序决定，而与这 4 个矿物的吸收系数 K(依次为 0.488 1、0.023 8、0.241 9 和 0.256 5)的次序关系不大。

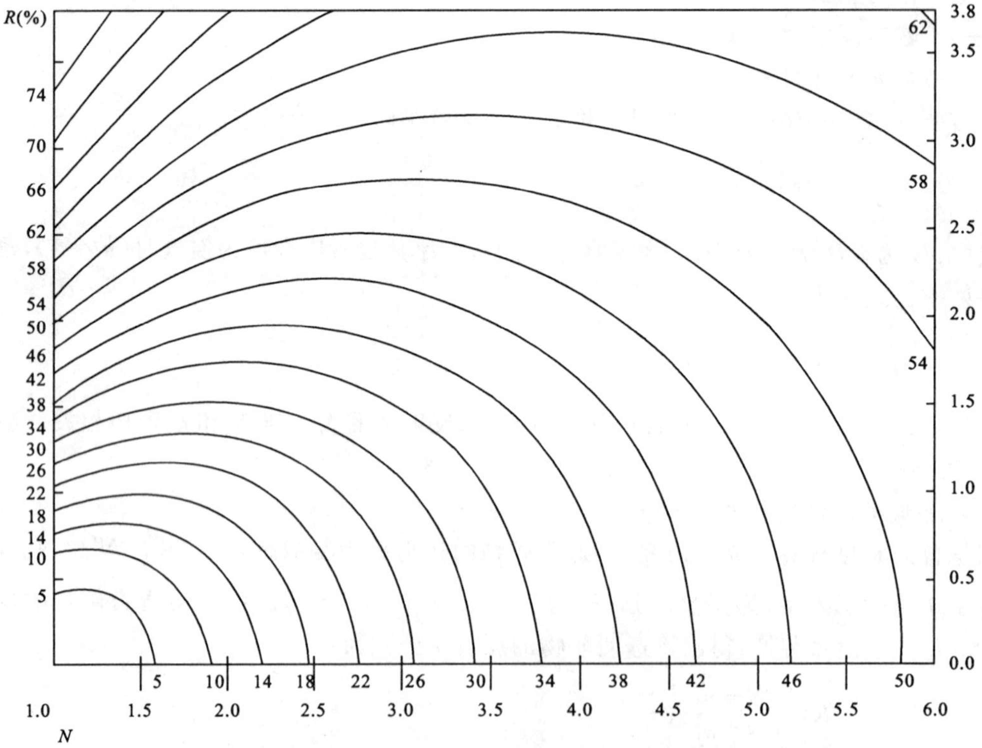

图 3－1－1 在空气中反射率 R 与光学常数 K、N 的关系图解

(据 R. Galopin，等，1972)

表 3-1-1　某些矿物的光学常数表

	吸收系数 K	折射率 N	空气中反射率(%)($n_1=1$)	浸油中反射率(%)($n_1=1.515$)
富镁铬铁矿	0.241 9	2.160 0	14.00	3.50
石墨	1.1620	2.050 0	23.00	11.42
	0.2565	1.500 0	5.00	0.72
纯闪锌矿	0.023 8	2.380 0	16.46	4.94
铁闪锌矿	0.420 9	2.369 0	17.80	5.94
硫汞锑矿	0.488 1	3.000 0	34.70	11.85
硫砷铅矿	1.750 6	2.800 0	36.00	21.75
毒砂	2.399 9	1.507 5	49.91	38.67
红砷镍矿	2.575 0	1.677 5	51.00	39.57

(3)当 $K>0.73$ 时，主要指不透明矿物，分两种情况：①$2.0>K>0.73$ 时，R 为具一定斜率(斜率≈45°)的斜线，R 大小主要受 N、K 的双重控制。当 $K=1.5$ 时，N 从 3.0～4.5，R 从 35%～44%；当 $N=4.0$ 时，K 从 0.73～2.0，R 为 37%～45%。如表 3-1-1 中的硫砷铅矿和石墨高主反射率。②$K>2.0$ 时，R 为近于水平的微弯曲线，R 主要受 K 的控制，而与 N 的关系不大。如 $K=2.0$～3.5 时，N 为 4.0，R 为 45%～58%；如 $K=3.5$ 时，N 为 3.0～4.5，R 为 58%～59%。如表 3-1-1 中红砷镍矿($K=2.575$)和毒砂($K=2.399\ 9$)，虽然 N 值(1.677 5 和1.507 5)明显地小于硫汞锑矿和硫砷铅矿(N 为 3.0 和 2.8)，但反射率在 40%以上(R 为 51%和 49.91%)，而且显著地大于 N 值较高的硫汞锑矿和硫砷铅矿(R 为 34.7%和 36%)。

(4)单以吸收系数而言，当 K 值大于 1 时，R 值必大于 16%；K 值大于 1.5 时，R 值必大于 30%；K 值大于 2.0 时，R 值必大于 38%；K 值大于 2.5 时，R 值必大于 46%；K 值大于 3.0 时，R 值必大于 52%；K 值大于 3.5 时，R 值必大于 58%。

(二)矿物的化学成分

矿物的化学成分不同，尤其是某些成分发生类质同象替代时，会影响到矿物反射率发生变化。如在闪锌矿中 Fe 替代 Zn 十分普遍，铁的含量最高可达 26.2%，此种闪锌矿称为铁闪锌矿。由于成分发生变化，影响到反射率发生变化。如表 3-1-1 中铁闪锌矿的反射率高于纯闪锌矿。

(三)观察介质折射率

矿物的反射率和观察介质折射率的关系由反射率公式(3-1-4)$R=\dfrac{(N-n_1)^2+K^2}{(N+n_1)^2+K^2}$可知，若观察介质的折射率 n_1 不同，则反射率的大小也不一样。因为浸油的折射率总是大于 1，所以在浸油下矿物的反射率必低于在空气中矿物的反射率，且反射率大的矿物(如表 3-1-1 中的毒砂和红砷镍矿)降低得少，反射率小的矿物(如表 3-1-1 的富镁铬铁矿和纯闪锌矿)降低得多。

(四)入射光波长

矿物的折射率 N 和吸收系数 k 是随入射光的波长而变化的，因此矿物的反射率大小亦随入射光波长而变化。如自然金、金银矿和自然银用不同波长单色光测定的反射率数值有较大的差异(见表 3-1-2)。因此，国际矿物学协会矿相学委员会(IMA/COM)统一规定，以

470nm、546nm、589nm 和 650nm 波长的蓝、绿、橙和红色单色光作为入射光测定的反射率为鉴定矿物的特征波长反射率。由表 3-1-3 可以看出，由 470nm 和 546nm 波长测得的 R_{470} 和 R_{546} 对于准确鉴定自然金-自然银类质同象系列矿物的含金量具有重要的实用意义(表 3-1-3)。

现将常见的几十种金属矿物和 3 种非金属矿物用 4 种规定波长单色光测定的反射率列于表 3-1-4，供参考。

表 3-1-2 矿物的反射率随入射光波长不同的变化

数据 特征 矿物	在不同单色光(波长单位为 nm)下的反射率 R(%)														
	420	440	460	480	500	520	540	560	580	600	620	640	660	680	700
自然金	34.4	35.2	37.0	42.2	53.9	66.5	73.7	79.1	82.6	84.8	86.5	88.1	89.4	90.1	90.6
金银矿	66.3	69.2	71.9	74.5	76.9	78.9	80.6	82.0	83.3	84.3	85.2	86.1	86.7	87.4	88.0
自然银	79.8	82.3	84.3	85.6	86.9	87.7	88.2	88.8	89.4	90.0	90.4	90.7	90.7	91.2	91.4

表 3-1-3 金-银系列矿物的反射率随入射光波长不同的变化

数据 特征 矿物	含金量(%)	R_{470}(%)	R_{546}(%)
自然金	100	36.4	71.6
含银自然金	90	43.5	77.9
含银自然金	85	50.9	—
银金矿	80	56.0	83.1
银金矿	70	66.8	86.2
银金矿	60	75.1	88.0
金银矿	50	81.5	89.4
自然银	～0	92.4	94.5

三、反射率的观测方法

(一)观测方法

反射率的观测一般是采用“光学法”和“光电法”两种，现分别介绍如下：

1. 光学测定方法

此法是借助安装在显微镜上的视测光度计对矿物的反光强度与标准矿物的反光强度进行比较，计算欲测矿物的反射率；或在显微镜下同一视域中直接比较欲测矿物与标准矿物的反光强度。前者称视测光度法，后者称视测对比法(标准矿物对比法)。

视测光度法有贝瑞克裂隙光度计法、视觉测微光度计法和光度目镜法等多种，但都是凭借观察者的视觉判断两种光强是否相等，受观察者视觉灵敏度的限制，所得定量测定数据精确度差。视测光度法目前一般已不采用，只在半定量或定性测定中采用。视测对比法(标准矿物对比法)是目前在常规矿石研究和教学中广泛采用的方法，虽然同样受到观察者灵敏度的影响，但此法的设备简单，具有易于理解和操作简便的优点，在常规矿石研究和教学中具有重要的实际意义。

表 3-1-4　常见金属矿物的反射率特征

矿物 \ 特征数据	在不同单色光(波长单位为 nm)下的反射率 R(%)			
	470	546	589	650
自然银	92.2	94.3	95.1	94.8
自然金	38.5	77.8	85.5	90.0
自然铋	62.5	66.7	68.8	71.2
自然铜	52.9	60.7	87.0	94.6
毒　砂	48.7～55.3	51.9～53.7	50.9～54.4	49.5～53.7
黄铁矿	45.6	52.0	53.4	54.3
白铁矿	43.1～50.6	47.5～56.3	48.3～54.6	47.8～53.7
红砷镍矿	38.5～46.8	48.9～52.9	54.4～56.9	59.6～62.4
镍黄铁矿	40.5	47.8	50.0	42.3
辉铋矿	39.6～48.9	38.5～48.8	38.1～47.9	37.6～46.4
方铅矿	46.3	42.7	42.2	41.7
黄铜矿	31.0	42.5	44.7	45.8
紫硫镍矿	38.3	42.3	44.1	42.3
方黄铜矿	30.1～32.2	37.6～40.3	40.0～42.4	42.4～44.4
磁黄铁矿	30.8～35.5	34.8～39.9	36.9～41.6	39.5～43.3
软锰矿	30.5～39.9	29.0～40.0	28.1～39.3	27.5～38.1
辉铜矿	35.5～36.7	32.5～33.4	30.5～31.8	28.7～30.2
黝铜矿	31.6	32.2	31.8	30.2
螺状硫银矿	32.5～34.0	30.3～31.3	29.0～29.8	28.3～29.0
钡硬锰矿	28.7～36.0	26.4～36.9	25.2～31.2	24.5～29.7
砷黝铜矿	31.5	30.0	29.8	28.8
辉钼矿	22.0～46.9	19.8～40.4	19.2～38.8	18.9～40.0
赤铁矿	27.4～32.6	26.0～31.0	25.3～29.6	23.1～26.3
辰　砂	27.4～29.9	25.0～29.3	24.5～28.2	23.9～26.6
黝(黄)锡矿	25.1～25.7	27.2～27.8	27.1～27.7	27.0～27.4
赤铜矿	30.9～31.1	26.4～26.6	24.6～25.1	23.0～23.4
硫砷铜矿	26.0～28.8	25.1～28.4	24.6～28.3	25.6～28.2
蓝辉铜矿	27.2	23.1	21.0	18.3
硫锰矿	24.4	22.8	22.3	21.9
斑铜矿	17.8	20.1	22.4	26.0
磁铁矿	20.2	20.0	20.8	20.7
钛铁矿	15.5～20.5	15.8～20.1	16.4～20.2	17.1～20.4
闪锌矿	17.7	16.6	16.4	16.1
黑钨矿	15.5～16.6	15.0～16.2	14.7～15.9	14.6～15.8
针铁矿	15.3～18.1	14.2～16.5	14.3～15.5	13.1～14.8
铜　蓝	13.4～29.1	7.2～23.7	4.2～21.2	5.9～23.0
石　墨	6.6～16.1	6.8～17.4	7.0～18.1	7.3～19.3
锡　石	12.0～12.8	11.5～12.4	11.3～12.2	11.2～12.2
方解石	4.0～6.0	4.0～6.0	4.0～6.0	4.0～6.0
石　英	～4.5	～4.5	～4.5	～4.5
萤　石	～3.0	～3.0	～3.0	～3.0

注:方解石、石英、萤石是与金属矿物伴生的重要非金属矿物,常在光片中看到。

具体操作时，将未知反射率的矿物和已知反射率的标准矿物毗连在一起压平（垫用胶泥），在反光显微镜下比较其光亮程度，较亮者反射率高，较暗者反射率低，以此确定未知矿物的反射率大小范围（等级），即确定未知矿物的反射率大于某一标准矿物或小于另一标准矿物。

2. 光电学测定方法

"光电法"的基本原理是利用光电效应测量矿物的反射率。光电效应为物质在光的作用下发射电子的现象，物质释放出的电子称光电子，它在电场中形成的电流称光电流。根据光电效应的基本定律可知，在单位时间和单位面积内受光照射的物质释放出的电子数与入射光的强度成正比。因此，在同一条件下，比较欲测矿物与标准物质所测的光电流强度即可算出欲测矿物的反射率值。

反射率的光电学测定法，按所采用接收的光电元件种类的不同有硒光电池法、硅光电池法和光电倍增管法等多种。硒光电池的灵敏度不高并易于老化，而且其最严重的缺点是在较弱光线下光强与光电流不成直线关系，故不能测弱光，也不能测定微粒矿物的反射率；硅光电池虽具有不易老化、经济、耐用的优点，但对可见光灵敏度低（特别是对蓝、绿光更低，只对近红外光灵敏度较高）和不能测微小面积光强，也使其失去了广泛应用的价值；目前较好的光电受光器件是"光电倍增管"，它具有很高的灵敏度，能测定直径小至 0.5μm 面积的光强，用途很广，下面着重介绍光电倍增管法。

光电倍增管法因其接收光的光电元件为光电倍增管而得名。光电倍增管置于反光显微镜的顶端，如图 3－1－2，图 3－1－3 所示，它由阳极、阴极和多个"二次发射靶屏极"组成。光电倍增管工作时，光线照射阴极发出光电子，多次落入"二次发射靶屏极"上产生二次电子，使光电流放大几百万倍，从而大大提高了它的灵敏度，阳极的输出电流可用灵敏检流计测定。

用光电倍增管法装置的仪器称为光电倍增管测微光度计，国外成套出售的光电倍增管光度计有原 Leitz 厂的 MPV－Ⅰ型、MPV－Ⅱ型、MPV－Ⅲ型和 Opton 厂的 MPM 型。这些仪器的结构虽稍有差别，但原理是相同的。例如 MPV－I 型测微光度计（图 3－1－2）可装在 ORTHOPLAN 型或 ORTHOLUX Ⅱ－BK 型反光显微镜上使用。其基本组成部分包括：带有稳压器和干涉滤光器的光源、光电倍增管及其高压稳压电源、测定光电流的仪表等。MPV－Ⅱ型测微光度计（图 3－1－3）结构紧凑，在测定的同时可于显微镜接目镜中观察被测物体影像及控制被测部位的光圈，不用另加 MPV－I 型那样的侧视接目镜。另还可连接以下自动化精密仪器附件：①光栅单色仪；②扫描测定装置（包括快速扫描台和精细扫描台）；③操纵扫描台及测定过程的程序计算机；④数据输出用数字直读式显示器及记录器；⑤数据加工用的电子计算机、电传打字机等。20 世纪 80 年代又生产出更完备的 MPV－Ⅲ型测微光度计。

（二）反射率测定中标准矿物或标准材料的选择

在反射率的测定中，不论是采用哪种方法，都需要和已知反射率的标准矿物或标准材料进行对比，因此标准矿物或材料选择的正确与否直接影响确定欲测矿物反射率的准确度。

1. 反射率标准矿物或材料的基本要求

（1）化学成分固定，不易与其他元素形成类质同象。

（2）硬度高，易于磨成镜面。表面平整，没有解理、擦痕、裂缝、麻点等缺陷。

（3）化学性质稳定，不易因氧化而沾污表面。

（4）均质性，若是等轴晶系矿物，则任何方向的切面均可用；如果是一轴晶系的矿物，则只能用底切面。

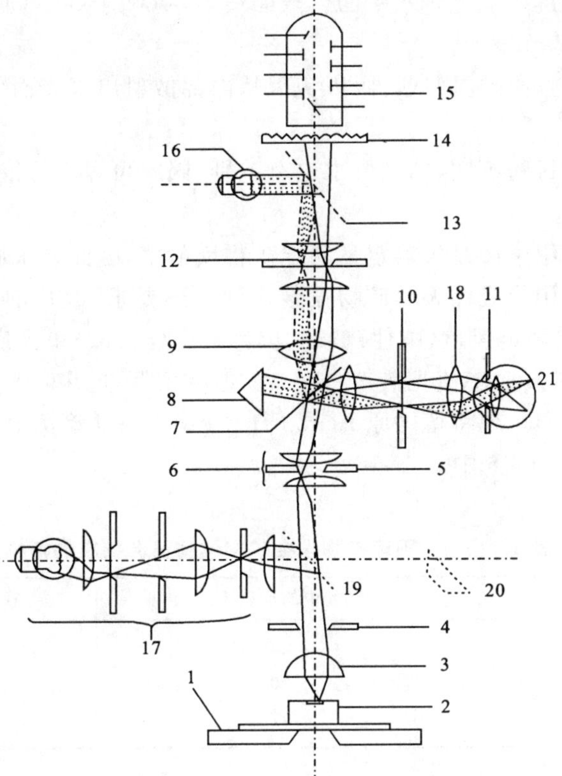

图 3-1-2　MPV-Ⅰ型光电倍增管测微光度计光路图

1. 物台；2. 光片；3. 物镜；4. 孔径光圈；5. 目镜光圈；6. 目镜；7. 半透明反射器；8. 反射棱镜；9. 透镜；10. 测量光圈的像；11. 孔径光圈的像；12. 测量光圈；13. 半透明反射器；14. 毛玻璃；15. 光电倍增管；16. 照明测量光圈用灯泡；17. 反光显微镜垂直照明系统；18. 透镜；19. 反射玻片；20. 补偿棱镜；21. 人眼

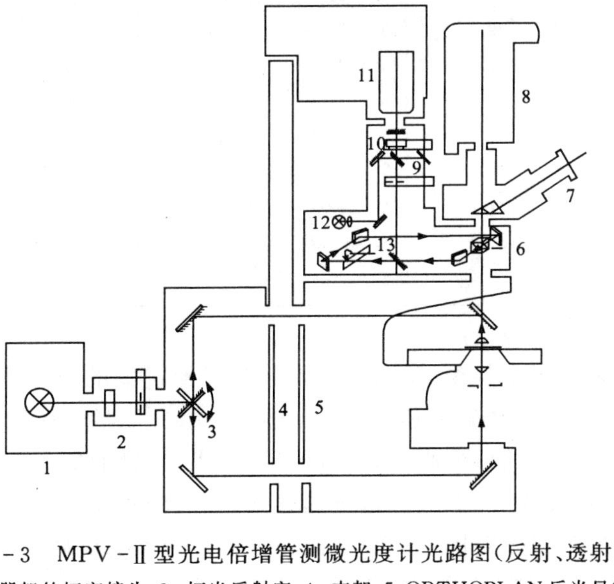

图 3-1-3　MPV-Ⅱ型光电倍增管测微光度计光路图(反射、透射两用)

1. 光源；2. 带光圈和滤光器架的灯室接头；3. 灯光反射室；4. 支架；5. ORTHOPLAN 反光显微镜；6. 光度计反射室；7. FSA 三管镜筒；8. ORTHOMAT 全自动显微照相机；9. 测量光圈；10. 干涉滤光器；11. 光电倍增管；12. 照明测量光圈用灯泡；13. 遮光板

(5)反射率色散弱，且要求近于水平的色散曲线，这有利于在不同波长光波下都能作反射率标准使用。

(6)不能有内反射，且必须具吸收性，以免因从内部散射出来光而使反射率升高。

2. 反射率标准

由于反射率测定的目的不同，精度要求也有差别，因此可以把标准矿物或材料分为一级标准和二级标准。

(1)一级标准：主要用于通过仪器定量测定矿物反射率，因此要求必须全部符合上述条件，而在自然界中由地质作用形成的天然矿物很难达到上述要求，故目前采用人工材料。国际矿相学委员会(COM)正式规定黑色(中性)玻璃、黑色碳化硅(SiC)单晶底面和碳化钨(W、Ti)的单晶底面为一级标准，其反射率值见表 3-1-5。但在实际应用时还要以制造厂商所给出的每一套标样的反射率为准。现将德国原 Leitz 厂产的 MPV-I 型测微光度计所附的 3 种标样的反射率数值列于表 3-1-6 中。

表 3-1-5　国际矿物学会矿相学委员会批准的标样

标样(标准)	在空气中的反射率(%)	在浸油中的反射率(%)
黑色中性玻璃，牌号 NG_1	4.5	—
黑色碳化硅(SiC)单晶底面	20	7.5
碳化钨(W、Ti)单晶底面	47	33

表 3-1-6　MPV-I 型测微光度计所附标样

R(%) / 波长(nm)	黑色中性玻璃	碳化硅		碳化钨		R(%) / 波长(nm)	黑色中性玻璃	碳化硅		碳化钨	
	空气	空气	浸油	空气	浸油		空气	空气	浸油	空气	浸油
400	4.66	22.5	8.6	45.7	29.7	560	4.40	20.6	7.5	41.0	28.2
420	4.61	22.2	8.5	45.1	29.6	580	4.40	20.4	7.4	43.9	28.3
440	4.56	21.9	8.3	45.4	29.7	589	4.40	20.3	7.4	43.8	28.2
460	4.52	21.6	8.1	45.7	29.5	600	4.39	20.2	7.3	43.6	28.1
480	4.49	21.4	8.0	45.6	29.5	620	4.39	20.1	7.2	43.5	28.2
500	4.46	21.2	7.9	45.1	29.3	640	4.38	20.0	7.2	43.4	28.3
520	4.43	21.0	7.7	44.5	29.0	660	4.38	20.0	7.2	43.3	28.2
540	4.41	20.8	7.7	44.1	28.6	680	4.37	19.9	7.1	43.2	28.1
546	4.41	20.7	7.6	44.1	28.5	700	4.37	19.9	7.1	42.9	27.8

(2)二级标准：主要用于定性观测矿物反射率，对标准矿物的要求不十分严格。常规实验室中普遍采用天然矿物，但这些矿物必须是常见的、均质的、化学性质比较稳定、矿物反射率之间有一定间隔的矿物。根据这些原则，选定黄铁矿、方铅矿、黝铜矿、闪锌矿 4 种矿物为二级标准矿物，它们的反射率值见表 3-1-7。这样通过未知矿物同 4 种标准矿物进行视测对比就可很快地确定未知矿物的反射率范围(等级)。视测对比法把矿物反射率分为以下 5 级。

Ⅰ级：反射率高于黄铁矿($R>53\%$)表示为 $R>$黄铁矿；

Ⅱ级：反射率介于黄铁矿和方铅矿之间($53\%>R>43\%$)，表示为黄铁矿$>R>$方铅矿；

Ⅲ级：反射率介于方铅矿和黝铜矿之间($43\%>R>31\%$)，表示为方铅矿$>R>$黝铜矿；

Ⅳ级：反射率介于黝铜矿和闪锌矿之间（31%>R>17%），表示为黝铜矿>R>闪锌矿；

Ⅴ级：反射率低于闪锌矿（R<17%），表示为闪锌矿>R。

表 3-1-7　常用的4种二级标准矿物的反射率值（空气中）

矿物 \ 反射率(%) \ 波长(nm)	470	546	589	650	白光
黄铁矿	53.1～56.7	52.5～55.4	52.2～54.6	51.8～53.8	55.8
方铅矿	46.3～47.7	42.7～43.6	42.2～43.0	41.7～43.4	43.2
黝铜矿	30.3～31.6	30.3～32.2	29.8～31.8	28.2～30.2	30.7
闪锌矿	17.7	16.6	16.4	16.1	

四、影响反射率正确测定和判断的因素

（1）磨光质量：应用光电倍增管测微光度计测量矿物和标样的反射光强时，要求有高质量的磨光（MgO和Al_2O_3磨料比Cr_2O_3和C磨料的磨光效果好，50nm比250nm磨料的效果好）。

（2）光片安装质量：要求安装精确水平。在光电倍增管测微光度计的附件中常有安装水平的专用装样台，可保证使光片上表面与显微镜镜筒严格垂直（即保持水平）；用视测对比法确定反射率大小时，亦必须将光片压平，否则会因反射光强度不均匀而影响判断。

（3）光源强度的稳定性：不论采用何种方法都必须在同光源强度条件下对欲测矿物和标准矿物进行测量或对比。因此，在测量或对比时需要使用稳压器，使光源强度稳定。

（4）入射光波长和观察介质的条件：不同波长的入射光和不同的观察介质测定的矿物反射率是不相同的，因此，要求测定和判断反射率的大小时需在相同的入射光波长和相同的观察介质条件下进行。

（5）反射率标准的选取：若选用的反射率标准矿物或物质的磨光程度和平整程度不一样或选用的“反射率标准值”不一样，都会造成反射率数值的误差。

（6）温差控制：应使测定时温度变化不超过5℃。

（7）包裹体的影响：用视测对比法测量呈包裹体状之细粒矿物的反射率时，由于凹凸不一，光线入射之反射光会发生发散或集中现象（图3-1-4）。硬包裹体凸出使光线发散，亮度降低[图3-1-4(a)]；软包裹体凹下使光线集中，亮度增加[图3-1-4(b)]。这些都可能会歪曲欲测矿物的反射率。

（8）化学成分和风化程度的影响：同种矿物的化学成分，尤其是所含类质同象成分的种类和多少，以及矿物标本的风化程度都会影响反射率数值的测定。

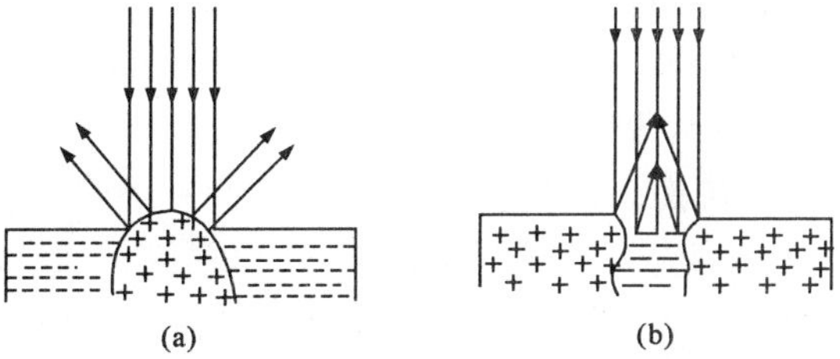

图3-1-4　包裹体凹凸对反射光的影响

第二节 矿物的反射色

一、基本概念

(一)矿物反射色的定义

矿物的反射色是指矿物磨光面在反光显微镜垂直入射光照射下所显示的颜色。由于其为表面反射产生的颜色,故又称为表色。它在概念上与我们通常所说的"矿物颜色"不同。矿物颜色指的是肉眼下观察矿物自然表面反射普通光线(以各种不同方向照射矿物)产生的颜色,有表色(表面反射光的颜色)和体色(透射光的颜色)之分。

反射色是一个很直观的光学性质。当我们在反光显微镜下观测光片时,首先感觉到的就是矿物的反射色。而人眼对颜色的判断能力是很强的,如自然金、黄铜矿、黄铁矿三矿物,虽然反射色都是黄色,但在镜下金黄色、铜黄色、浅黄色一般不会混淆。因此,矿物的反射色在鉴定矿物方面是很有用的,尤其对那些具有鲜明反射色特征的矿物,更具有重要的鉴定意义。

(二)矿物的反射色与矿物颜色的关系

透明矿物由于光线容易透过,而对光的吸收能力很弱,反射光线极少,反射色(表色)表现为明显的暗灰色。如果白光中所有的色光都能通过,矿物为无色透明;若白光中某些色光被吸收而只能通过部分色光时,则为有色透明矿物。所以,透明矿物的颜色是透射光的颜色,又称体色,即透明矿物的反射色和矿物的颜色不一致。如石英的颜色为无色,反射色为暗灰色;孔雀石的颜色为翠绿色,反射色亦为暗灰色。

不透明矿物由于对光的吸收能力强,光线基本不能透过,反射光线亦强,矿物的反射色为反射光的颜色。而矿物的颜色则表现为表面反射光的颜色,它与矿物的反射色具有一致性。如黄铁矿的反射色为浅黄色,矿物的颜色与其相同。

半透明矿物中,光线一部分透过形成体色,一部分不能透过而反射形成表色。体色和表色构成互补色。例如辰砂的颜色(体色)为朱红色、雄黄为橙黄色,而它们的反射色都为灰—灰白色微带蓝色或青色。

二、反射色的形成机理

矿物的反射色是由于矿物的反射率色散而产生的,或者说是由于矿物对不同波长的入射光选择性反射(选择性吸收)的结果。

(一)反射率色散

矿物的反射率随入射光的波长不同而变化的现象叫反射率色散,也称为选择性反射。我们知道,白光是由7种不同色光组成的,而不同的矿物在化学成分、化学键型、晶格类型、晶体构造等方面也是不同的,因此不同矿物对白光中的7种色光的反射强度各不相同。换句话说,不同的矿物对白光中的不同色光会进行选择性反射。当选择性反射明显(色散强)时,矿物显示出鲜艳的反射色,如自然金、斑铜矿、铜蓝等;选择性反射不明显(色散弱)时,矿物的反射色不显示鲜艳的颜色,或者说是无色,多为白色至暗灰色,如方铅矿、黝铜矿、石英等。

(二)反射率色散曲线

反射率色散曲线是表示反射率色散特征的一条曲线,如图3-2-1为黝铜矿、方铅矿等矿物的反射率色散曲线。图中横坐标代表可见光范围内(400～700nm)入射光波长,纵坐标代表矿物的反射率，曲线上的任意一点代表一定波长中的反射率值；曲线的形态表征反射率色散的强弱，即反射色特点。从图中看出，若矿物的反射率色散强，反射率色散曲线呈弯曲状态，色散越强，其弯曲度越大，如自然铜、铜蓝等。色散曲线在某个波段上升，矿物的反射色就呈现那个波段的颜色，如自然金、自然铜的反射率色散曲线，分别在黄、红波段上升，它们的反射色为黄色、红色。若矿物的反射率色散弱，反射率色散曲线呈水平或近水平状态，矿物的反射色则为无色。根据曲线对应纵坐标的位置高低代表矿物反射率的大小，反射色依次分别为亮白色、纯白色、灰白色、灰色、深灰色等。

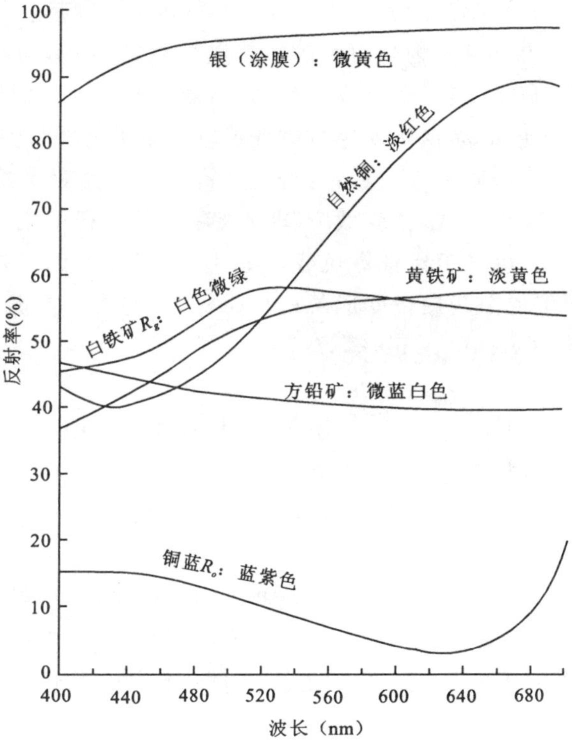

图 3-2-1　黝铜矿、方铅矿等矿物的反射率色散曲线示意图

(三)反射率和反射色的关系

反射率和反射色是在相同的观测条件下相伴同时出现的两个光学物理性质，二者关系极为密切，这种关系可以通过反射率色散曲线表示出来。当矿物对自然光的某种色光反射率最大时，反射率色散曲线则在对应波长的位置上形成波峰，矿物的反射色显示为此种色光的颜色。当矿物对白光中的某几种色光反射率同时显示较大时，反射率色散曲线在相应波长位置显示几个峰值，矿物的反射色就显示几种色光的混合色。当矿物对白光中的 7 种色光反射率相差不大时，反射率色散曲线为水平或近水平状态，矿物的反射色呈现无色。

反射率和反射色的这种密切对应关系，在实际观测时对鉴定矿物，尤其是无色类矿物非常有用。例如纯白色或亮白色的矿物，其反射率一般在 50%左右，暗灰色的矿物其反射率必小于 10%。同样，反射率 30%左右的矿物，其反射色一定为灰白色，若定为暗灰色或亮白色，说明鉴定出了错误。

三、反射色的观测方法

反射色的观测方法有定性观测和定量观测两种。

(一)定性观测方法

反射色常见的定性观测方法是在反光显微镜下用白光照射直接观察矿物的颜色。一般是根据观察者的色感定性地描述矿物的反射色特征。

1. 视觉色变效应

需要指出,矿物的反射色常因受连生矿物的影响,使视觉上感到反射色发生了变化,这种变化称“视觉色变效应”。这是因为两种矿物的反射色一起同时刺激观察者的视网膜,不同于看一种矿物的颜色印象。如灰色矿物与白色矿物连生会显得更暗,而与暗色矿物连生时则显得较淡;淡黄色矿物与黄色矿物连生会显成白色,而与灰色矿物连生时则显得很黄。例如磁铁矿本为灰色,但当其与蓝灰色的赤铁矿连生时就变成淡粉红色;黄铜矿本为铜黄色,若与磁黄铁矿连生就变成黄绿色。黄铁矿本为浅黄色,若与黄铜矿连生会变得发白,与方铅矿连生则显出明显的黄色。有时某些矿物这种“色变效应”非常特征,可以利用之作为该矿物特殊的鉴定特征。如砷黝铜矿本为灰白色微带橄榄绿色或蓝绿色,当其与方铅矿连生时则呈明显的淡绿色(橄榄绿色色调);黝铜矿也由灰白色变成灰白色带棕色(与方铅矿连生)。各种矿物的色变效应可参阅有关书籍(W. Uytenbogaadt 等,1971)。

2. 视测分级

据 R. Galopin, N. F. M. Henry,(1972)分类,从大的方面来说,矿物的反射色可划分为无色类、微弱颜色类、显著颜色类等色类,如表 3-2-1。

无色类:没有明显的颜色,一般为亮白色、白色、灰白色、灰色、暗灰色等。如毒砂、方铅矿等。

微弱颜色类:指主色为无色微带不同颜色色调。如辉铜矿,其反射色为灰白色微带蓝色色调。

显著颜色类:具较鲜艳的颜色。如铜蓝的蓝色,自然金的金黄色,斑铜矿的玫瑰色等。

表 3-2-1　矿物的反射色分类

无色类(A类)		微弱颜色类(B类)		显著颜色类(C类)	
锡石	自然锑	自然银	黑钨矿	自然金	辉铜矿
毒砂	辉铋矿	辉铜矿	辉银矿	自然铜	针镍矿
方铅矿	辉锑矿	黝铜矿	针铁矿	方黄铜矿	白铁矿
硫锰矿	辉钼矿	砷黝铜矿	镍黄铁矿	蓝辉铜矿	黝(黄)锡矿
白钨矿	雌黄	闪锌矿	自然铋	黄铜矿	硫砷铜矿
黑钨矿	雄黄	铬铁矿	赤铁矿	斑铜矿	钛铁矿
针铁矿	辉银矿	褐锰矿	纤铁矿	红砷镍矿	黄铁矿
闪锌矿	钎铁矿	石墨	软锰矿	磁黄铁矿	
磁铁矿		磁铁矿		铜蓝	

从表 3-2-1 所列较常见金属矿物中可以看出不少矿物(闪锌矿、磁铁矿、针铁矿、纤铁矿、辉银矿、辉铜矿等)同时在相邻两个色类中出现,这既与这些矿物的反射色特征处于中间过渡状态有关,也可能与矿物中所含类质同象混入物杂质的种类和数量不同有关。如辉铜矿可

能因仅含有极少量铜蓝或蓝辉铜矿而呈现浅灰色微带蓝色色调(属微弱颜色类),因含有较多的斑铜矿而呈现浅黄棕色反射色(属显著颜色类)。现将常见金属矿物(包括石英、方解石两种常见非金属矿物)的反射色特征列于表 3-2-2,供参考。

表 3-2-2　常见金属矿物的反射色

矿物(反射色特征)	矿物(反射色特征)
毒　砂(白色微带玫瑰黄色)	赤铜矿(浅灰色微带浅蓝色)
黄铁矿(浅黄白色)	赤铁矿(浅灰白色微带蓝色)
白铁矿(浅黄白色微带粉红至黄绿色)	磁铁矿(灰色微带棕色)
红砷镍矿(浅玫瑰色微带黄色或棕色)	黝(黄)锡矿(黄灰色带橄榄绿色)
自然银(亮白色微带乳黄色)	硫砷铜矿(浅粉红灰白色)
自然金(亮金黄色)	斑铜矿(玫瑰色)
自然铋(乳白色,易变为粉红乳色)	闪锌矿(灰色微带淡棕色)
自然铜(铜红色,易变为淡棕色)	蓝辉铜矿(灰蓝色)
镍黄铁矿(浅黄白色微带棕色)	硫锰矿(浅灰色微带绿色)
紫硫镍矿(白色微带紫色,黄色或棕色)	钛铁矿(灰白色带棕色)
黄铜矿(铜黄色)	黑钨矿(灰色)
辉铋矿(白色微带淡黄色)	针铁矿(灰微带淡蓝色)
方铅矿(纯白色)	锡　石(灰色带棕色)
辉锑矿(白色—浅灰白色)	铜　蓝(深蓝微带紫色—蓝白色)
磁黄铁矿(乳黄色,微带玫瑰棕色)	石　墨(浅棕灰色—深灰色)
黝铜矿(灰白色微带浅棕色)	辉钼矿(灰白色—灰色)
砷黝铜矿(灰白色微带橄榄绿色)	软锰矿(白色微带乳黄色)
螺状硫银矿(灰白色带绿色)	钡硬锰矿(浅灰白色微带黄色)
辉铜矿(浅灰色微带蓝色)	石　英(深灰色)
辰　砂(浅蓝灰白色)	方解石(深灰色—灰黑色)

3. *反射色定性观测的影响因素*

(1)光源的强度和稳定性:要求在较强而稳定的白光下观察,否则观察的结果不可靠。

(2)光片的质量:要求平整而无氧化膜,光面不平整和因氧化而产生的锖色会使反射色失真。

(3)周围矿物的影响:即前面所述的“视觉色变效应”的影响。

(4)观察介质的种类:反射色是观察介质的函数,它随观察介质的不同而有变化。如铜蓝在空气中的反射色为蓝色,在香柏油中则为红紫色。

(5)矿物化学成分的差异性:如黝铜矿,含 Ag 或 As 增高时,其反射色为灰白色微带浅绿色色调。

(二)定量观测方法——反射色颜色指数

定性观测矿物的反射色,方法简单、直观,有经验的矿石工作者常可根据反射色,迅速、准确地鉴定许多常见矿物。但是由于观测者的辨色力和色感性不同,有时会使同一矿物在同样观测条件下得出不同的颜色印象,导致作出不同的描述。如磁黄铁矿的反射色曾被不同观测者描述为乳黄色、浅玫瑰色、浅棕黄色、浅黄褐色、淡古铜色、奶酪黄色带棕红色色调等等,如不经亲自观测很难体会磁黄铁矿到底显示什么样的反射色。

近几十年来，一些矿石工作者开始将色度学领域中定量数字化测量颜色的方法引进到矿物学领域，试图用亮度、色调和纯度3个数字指标表征矿物的反射色。亮度是指反射色的明亮程度，色调指反射色的种类，纯度则指反射色的纯粹程度，这就是反射色颜色指数。

但是由于矿物是天然形成的，与人工配制的颜色不同，它的反射色会受到诸多因素影响，同一种矿物可以因产出环境不同、所含微量元素不同等原因，使得测出的颜色指数存在一定误差，因而影响了反射色颜色指数的普遍应用。有关反射色颜色指数的测量及计算方法，详见本教材附录Ⅱ。

第三节　矿物的双反射及反射多色性

一、基本概念

(一)双反射和反射多色性的定义

矿物的双反射及反射多色性是在单偏光下观测的一种光学物理性质。矿物的双反射指的是矿物的亮度（反射率）随结晶方位的改变而变化的性质。

矿物的反射多色性指的是矿物的反射色随结晶方位的改变而变化的性质。

双反射和反射多色性是非等轴晶系矿物特有的性质，对一部分非等轴晶系的金属矿物，双反射和反射多色性具有重要鉴定意义。

(二)双反射和反射多色性的形成机理

我们已经知道，等轴晶系的矿物，所有切面都是同半径的圆切面，所有方向只有一个反射率，当然反射率的色散（选择性反射）也相同，因此，单偏光下转动物台时看不到亮度或反射色的变化。一轴晶（除垂直光轴的圆切面外）和二轴晶矿物在主切面和任意切面上均有两个互相垂直且不相等的反射率，而且这些反射率对不同色光的色散（选择性反射）也不相同，因此单偏光下转动物台时，随着矿物结晶方位的改变，会出现亮度（反射率）和反射色的变化，这就是矿物的双反射和反射多色性。图3-3-1是辉钼矿的双反射和反射多色性示意图。辉钼矿为一轴负晶，图中为辉钼矿的主切面，当R_e与前偏光镜振动方向一致时，$R_e=15\%$，矿物显灰色；当R_o与前偏光镜振动方向一致时，$R_o=35\%$，矿物呈灰白色；当R_e、R_o与前偏光镜斜交时，显示灰白色与灰色的过渡色。旋转物台矿物结晶方位随之改变，反射率在15%～35%之间变化，

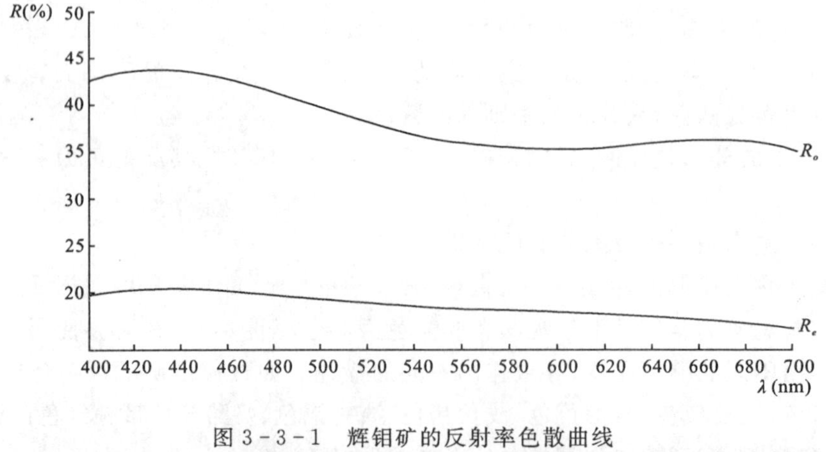

图3-3-1　辉钼矿的反射率色散曲线

而反射色在灰白色与灰色之间变化。表 3-3-1 列出了一些矿物双反射和反射多色性的特征。

表 3-3-1　一些矿物的双反射和反射多色性实例

(据 R. Galopin, N. F. M. Henry, 1972 修改)

矿物	双反射		反射多色性	
	低主反射率(%)	高主反射率(%)	低主反射率颜色	高主反射率颜色
铜蓝	7.0	22.0	深紫蓝色	蓝白色
蓝硒铜矿	9.8	33.8	深橄榄绿灰色	浅蓝灰色
辉钼矿	15.0	37.0	白灰色	白色
辉铁锑矿	30.0	40.0	粉红褐色	白色
辉铋矿	42.0	46.1	白灰色	黄白色
淡红银矿	28.4	30.8	蓝灰色	黄白色
磁黄铁矿	38.0	42.5	粉红褐色	褐黄色
红砷镍矿	54.4	56.6	鲜明粉红褐色	蓝白色
红锑镍矿	45.3	54.6	紫红色	鲜明粉红黄色
方黄铜矿	40.0	42.5	粉红褐色	鲜明黄色
墨铜矿	14.2	22.0	褐灰色	乳黄色
针镍矿	54.0	60.0	黄色	亮黄色

双反射和反射多色性都是由矿物的非均质性引起的,二者具有相同的成因,镜下观测时总是相伴同时出现,只是明显程度不同,往往是无色类和微弱颜色类矿物主要表现为双反射,而显著颜色类矿物则主要表现为反射多色性。这是因为无色类和微弱颜色类矿物本来就没有鲜明的反射色,它们的反射率色散曲线形态相似,只是位置不同,因而双反射明显,反射多色性不明显。图 3-3-2 是金红石的两条反射率色散曲线,从图上看,两条曲线形态一致,近于水平,说明它是一个无色类矿物;两条曲线位置高低不同,反映出两个方向反射率大小有差异,单偏光下转动物台时亮度变化清楚,反射色变化不明显。

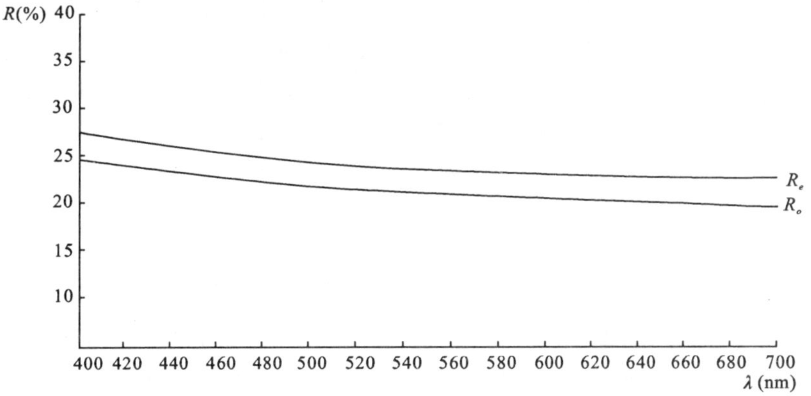

图 3-3-2　金红石的反射率色散曲线

显著颜色类矿物的反射率色散曲线位置高低不同，形态也不同，它们的双反射和反射多色性就比较明显，但由于人的视觉对反射色的变化比较灵敏，因而显著颜色类矿物往往主要表现为反射多色性。铜蓝(图 3-3-3)的两条反射率色散曲线位置高低和形态都不相同，转动物台改变铜蓝的结晶方位，铜蓝的反射多色性比双反射明显得多。

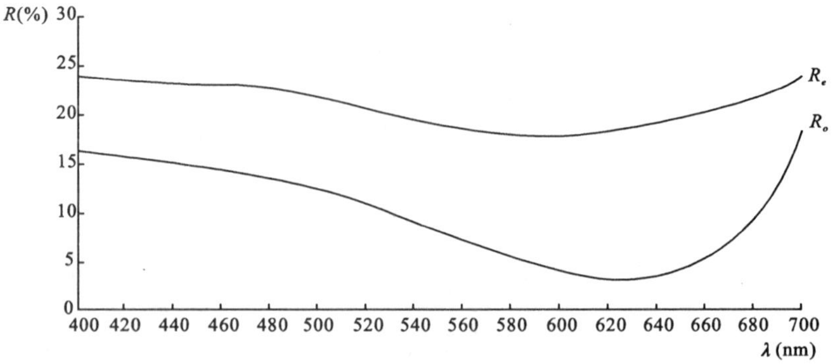

图 3-3-3　铜蓝的反射率色散曲线

二、决定矿物双反射和反射多色性显著程度的因素

(一)绝对双反射率(ΔR)

非等轴晶系的矿物之所以显双反射，是因为它们不同结晶方位存在着不同的反射率，即存在着反射率差值(ΔR)，$\Delta R=R_1-R_2$，ΔR 为绝对双反射率(R_1、R_2分别代表矿物最大和最小的主反射率)。

从理论上讲，非等轴晶系矿物的任何切面(均质切面除外)都具有不同的反射率，因而存在着反射率差值，即绝对双反射率(ΔR)，且 $\Delta R\neq 0$，因此都应该有双反射，转动物台应该在镜下观测到不同的亮度或反射色变化。等轴晶系及一轴晶矿物的均质切面，任何方向反射率相等，即 $\Delta R=0$，因此无双反射，这说明有无 ΔR 是有无双反射和反射多色性的决定因素。

(二)相对双反射率($\Delta R'$)

事实上有些矿物的非均质切面上双反射现象并不明显，这是因为双反射的显著程度并不单单取决于 ΔR，还与反射率数值本身的大小也有关系。两个 ΔR 相同的矿物，其中反射率较低的矿物双反射必定较反射率高的矿物为显著。如金红石和磁黄铁矿，二者的 ΔR 均为 4.5，由于金红石的反射率低于磁黄铁矿，因此镜下的视觉印象是，金红石的双反射比磁黄铁矿显著得多。一般认为非均质矿物双反射的显著程度取决于矿物的相对双反射率($\Delta R'$)。

$$\Delta R=R_1-R_2,\quad \Delta R'=\Delta R/\frac{1}{2}(R_1+R_2) \tag{3-3-1}$$

显而易见，相对双反射率包含了绝对双反射率和矿物本身的反射率大小，可以很好地表征矿物双反射和反射多色性的显著程度。这就好比摄影，背景值(相当于平均反射率)越低反差(相当于双反射现象)越大，背景值太高则反差不大一样，如毒砂和硼镁铁矿(表 3-3-2)。

十分明显，$\Delta R'_{\text{硼镁铁矿}}\gg\Delta R'_{\text{毒砂}}$，镜下观察时硼镁铁矿的双反射现象比毒砂显著得多。同理，在浸油中观察，同一矿物的反射率较在空气中观察时低(即背景值低)，故其在油浸镜头下看到的双反射比在干镜头下看到的双反射现象明显。

表 3-3-2　毒砂和硼镁铁矿的反射率比较

矿　物	R_1(%)	R_2(%)	ΔR(%)	$\Delta R'$(%)
毒　砂	54.4	50.9	3.5	6.6
硼镁铁矿	11.6	7.8	3.8	39.0

关于非均质矿物反射多色性的显著程度则取决于相对双色散率($\Delta F'$)。

$$\Delta F=|F_1-F_2|,\quad \Delta F'=\Delta F/\frac{1}{2}(|F_1|+|F_2|) \tag{3-3-2}$$

式中：F_1和F_2分别为高主反射率的色散率和低主反射率的色散率，两条竖线内不管正、负符号只取绝对数值。

据 Л. Н. Вяльсов(1973)：

$$F_1=R_{1(680)}-R_{1(480)},\quad F_2=R_{2(680)}-R_{2(480)} \tag{3-3-3}$$

式中：$R_{1(680)}$、$R_{2(680)}$和$R_{1(480)}$、$R_{2(480)}$分别为高主反射率方位、低主反射率方位在 680nm 单色光和 480nm 单色光下的反射率，亦可用$R_{(650)}$、$R_{(470)}$代替(表 3-3-3)。

表 3-3-3　矿物反射多色性与相对双色散率、绝对双色散率的关系示意表

矿物	$R_{1(650)}$ (%)	$R_{1(470)}$ (%)	$R_{2(650)}$ (%)	$R_{2(470)}$ (%)	F_1 (%)	F_2 (%)	ΔF (%)	$\Delta F'$ (%)	视觉效应
磁黄铁矿	43.25	35.5	39.5	30.8	7.75	8.7	0.95	0.12	反射多色性微弱
红砷镍矿	60.3	59.6	46.2	38.5	0.7	7.7	7.0	1.67	反射多色性较明显
辉钼矿	40.0	46.9	18.9	22.0	−6.9	−3.1	3.8	0.76	反射多色性较微弱
毒　砂	53.7	55.3	49.5	48.7	−1.6	0.8	2.4	2.0	反射多色性明显

注：F_1、F_2为正值时表示矿物红光反射率高于蓝光反射率，为负值时表示矿物蓝光反射率高于红光反射率。

如表 3-3-3 所示，一组显著颜色类矿物(磁黄铁矿和红砷镍矿)的反射多色性显著程度取决于相对双色散率(红砷镍矿的 $\Delta F'$>磁黄铁矿的 $\Delta F'$，决定了红砷镍矿的反射多色性较磁黄铁矿显著)。一组无色类矿物(辉钼矿和毒砂)，虽然辉钼矿的绝对双色散率 ΔF 大于毒砂，但因其相对双色散率 $\Delta F'$小于毒砂而导致辉钼矿的反射多色性比毒砂微弱。

应该指出，若将显示双反射和反射多色性的矿物精确地测量最大和最小反射率位置之反射色颜色指数(色度坐标值 x、y，视觉反射率 R_{vis}，主波长 λ_d，纯度 P_e)，并将 $R_1(x_1,y_1)$和 $R_2(x_2,y_2)$投在色度图上，则这两个色点在色度图上的差异可以精确地表示该矿物之双反射和反射多色性的特征。

(三)反射多色性

双反射的显著程度与反射多色性也有密切关系。如果相对双反射率($\Delta R'$)较低而反射多色性较强，双反射的明显程度也可以提高。例如毒砂的相对双反射率很低(<10%)，但因反射多色性较显著，双反射现象仍较清楚。

(四)切片方位

双反射的显著程度还与矿物的切片方位有关。同一个矿物，主切面上的双反射现象要比斜切面上明显。

三、矿物双反射及反射多色性的观测方法和视测分级

(一)矿物双反射及反射多色性的观测方法

由于矿物的双反射和反射多色性是随着非均质矿物方位改变显示出来的反射率和反射色的变化,故要求在反光显微镜单偏光条件下观察。此时不断转动物台,观察欲测矿物的单个颗粒或集合体亮度和颜色的变化即可。由于多颗粒集合体中不同颗粒的方位不同,因此可以产生不同晶粒之间的反射率和反射色的差异。这种亮度和颜色的差异能够在反光显微镜视域内同时显示出来。而单个颗粒的亮度和颜色的差异则只能在转动物台改变晶粒方位的不同时间内显示出来。十分明显,后者要经过"视觉暂留"作用将前后的印象叠加起来对比才能显示,故其远不如前者于同一时间内在镜下直接感觉出来明显。事实上,只有少数很强双反射和反射多色性的矿物才能在单个晶粒中观察到亮度和颜色的变化,大多数较弱双反射和反射多色性的矿物须在多颗粒集合体中观察不同颗粒之间的反射率和反射色的变化。观察集合体时可先在正交偏光下转动物台,看到不同颗粒的轮廓或界线之后再用单偏光观察双反射和反射多色性效果较好。

(二)双反射和反射多色性的视测分级

矿物双反射和反射多色性视测分级的详细程度与观察条件有关。在高质量的反光显微镜下观察时由于光学成像清晰度高、单偏光偏振化程度高和光源强度(光通量)大可使微弱的亮度和颜色变化显示出来并能较详细地划分等级。在这种条件下,矿物双反射和反射多色性的视测分级一般可分为特强(单个晶粒特别显著)、显著(单个晶粒清楚可见)、清楚(多颗粒集合体清楚可见)、微弱(多颗粒集合体隐若可见)、无(多颗粒集合体在浸油中也不显示亮度和颜色的差异)5 级。

一般的实验室条件下不需要详细区分很多等级,故本教程采用两级视测分级。

(1)可见:反光显微镜单偏光下转动物台观察矿物单个晶粒或多颗粒集合体可显示反射率或反射色变化者属于本级。

(2)未见:在上述条件下未显示亮度和颜色变化者属于本级。

本教程提出的双反射和反射多色性分级的常见矿物实例见表 3-3-4。

表 3-3-4　常见矿物的双反射和反射多色性分级

可见			未见		
石墨	辉锑矿	辉铋矿	方黄铜矿	黝锡矿	石英
铜蓝	雌黄	白铁矿	辰砂	赤铁矿	斑铜矿
辉钼矿	黑柱石	毒砂	硫砷铜矿	钨锰矿	镍黄铁矿
蓝硒铜矿	软锰矿	磁黄铁矿	针镍矿	黑钨矿	方铅矿
墨铜矿	硼镁铁矿	纤铁矿	褐锰矿	雄黄	黝铜矿
红锑镍矿	方解石	金红石	锡石	黄铜矿	闪锌矿
红砷镍矿	菱铁矿	深红银矿	针铁矿	辉铜矿	磁铁矿

在实际生产和科研工作中,由于配备有较精密的反光显微镜以及使用浸油,因而双反射和反射多色性的分级较为复杂(3 级、4 级或 5 级分级)。而且还可以定量地测定最大和最小反射

率的精确数值以至颜色指数 x、y、R_{vis}、λ_d、P_e，确切地表示矿物的双反射和反射多色性的特征。

四、观测矿物双反射及反射多色性的影响因素

(1)切片方位的影响：矿物切片方位不同，直接影响双反射和反射多色性的观测。一般地讲，垂直或近于垂直光轴的切面不显双反射及反射多色性；平行光轴的切面，其 ΔR 最大，$\Delta R'$ 亦最大，双反射及反射多色性现象最明显，斜切面的情况介于上述两者之间。对于双反射现象不很清晰的矿物，要用低倍镜选择矿物集合体进行观测，这样容易观测到双反射及反射多色性现象。

(2)观测介质的影响：同一种矿物的反射率在浸油中观测比在空气中低，因此背景值低，反差大，易显出双反射及反射多色性。

(3)人的视觉影响：由于人的视觉条件的限制，我们只能观测出 $\Delta R'>5\%$ 的矿物，对于 $\Delta R'<5\%$ 的矿物则人眼不易辨别。如果 $\Delta R'$ 较低而反射多色性较强，故而双反射现象仍较清楚。但是总有一部分 $\Delta R'<5\%$ 而反射多色性又不明显的非均质矿物，在镜下观测不到双反射现象，因此可见双反射的矿物，仅为一部分非均质矿物。

(4)测量仪器精度的影响：仪器精度低，不太明显的双反射现象观测不到；仪器精度高，微弱的双反射现象也能观测到。

第四节 矿物的均质性及非均质性

一、基本概念

(一)矿物的均质性、非均质性及偏光色的定义

矿物的均质非均质性是在正交偏光下观察的光学物理性质。

矿物在正交偏光下呈现黑暗(或显示微弱亮度)，转动物台一周，黑暗或亮度均无变化，这种性质称为均质性。

正交偏光下，矿物的亮度和颜色随结晶方位的改变而变化的性质称为非均质性。

正交偏光下，非均质矿物位于45°位时所显示的颜色称为矿物的偏光色。

观察正交偏光下矿物的均质性、非均质性，不仅可鉴别均质矿物与非均质矿物，也可区分非均质矿物非均质性的强弱，对鉴定矿物有重要实际意义。在定向切片45°位置时，矿物的偏光色是固定的，任意切片的偏光色是有变化的，因此偏光色只能作为辅助鉴定特征，但对于具有特殊偏光色的矿物(如铜蓝的橙红色偏光色、石墨的淡褐黄色偏光色)有重要的鉴定意义。

(二)矿物的均质性、非均质性及偏光色的形成机理

1. 矿物均质性的形成机理

均质矿物(非晶质矿物和晶质的等轴晶系矿物)对垂直入射的平面偏光没有方向性的影响，也就是不改变入射平面偏光的振动方向，入射光可按原来的方向产生简单反射，反射光与入射平面偏光的振动方向一致，而与上偏光镜振动方向垂直，当反射平面偏光到达上偏光镜时被上偏光镜截住不能通过，故视域呈现黑暗。因为同半径圆切面各方向都是均一的，因而旋转物台一周，黑暗状况无变化。

对一些吸收性特强、反射率很高的均质不透明矿物(如自然金、自然银等)，由于物镜的聚敛作用产生斜射光，反射光发生反射旋转和反射椭圆偏化，使得视域可保持微弱的亮度。转动

物台一周，亮度不变化。

2. 矿物非均质性的形成机理

(1)非均质矿物的反射偏光振动面的旋转(非均质旋转)

为了说明不透明非均质矿物的反射偏光旋转，特先阐明透明非均质矿物之反射偏光振动面旋转的情况。如图 3-4-1 所示，图中光片为双折射率高的一轴晶透明矿物方解石平行光轴的切面。光片中入射光被分解为两组互相垂直振动的反射平面偏光，它们之间不存在周相差(位相差)。图 3-4-1 中 PP 代表前偏光镜的振动方向，圆代表反光显微镜的视域，圆中为矿物光片。CC 代表矿物的 C 轴方位，AA 代表水平轴方位，二者同为矿物的主反射率方向。图中 AA、CC 和 PP 偏光振动方向成 45°交角。假设入射光的强度为 E，OE 的长度为其振幅。入射光在投射到方解石光片后必被矿物分解成为两组互相垂直的平面偏光，一组沿 AA 方向振动，其强度为 E_1(振幅为 OE_1)；另一组沿 CC 方向振动，其强度为 E_2(振幅为 OE_2)。这两组平面偏光的反射率有所不同，假设 E_1 经反射后，其光强为 R_1(振幅为 OR_1)；E_2 经反射后，其光强为 R_2(振幅为 OR_2)。从示意图解看出，OR_1 与 OE_2 可根据平行四边形合成原理合成 OP'，OP' 代表合成反射平面偏光的振动方向，合成反射平面偏光的强度可用 OP' 的长度为其振幅来表示。由于 R_1 和 R_2 不等，R_1 大于 R_2，导致反射偏光 OP' 的振动面不能与入射偏光 OE 的振动面重合，二者之间产生了一个夹角 $A_{r\beta}$。这种反射偏光振动方向不同于入射偏光振动方向产生一夹角($A_{r\beta}$)的现象可称为“非均质矿物的反射偏光振动面的旋转”，简称“非均质旋转”，夹角 $A_{r\beta}$ 称为“非均质旋转角”。十分明显，这种“非均质旋转”总是偏向反射率高的一边(图 3-4-1 中的 OR_1 一边)。由于反射合成偏光振动面与入射偏光振动面不一致，如推入上偏光镜，会有振幅为 $OP' \cdot \sin A_{r\beta}$ 的光线通过上偏光镜，使矿物在正交偏光下显示一定程度的光亮。

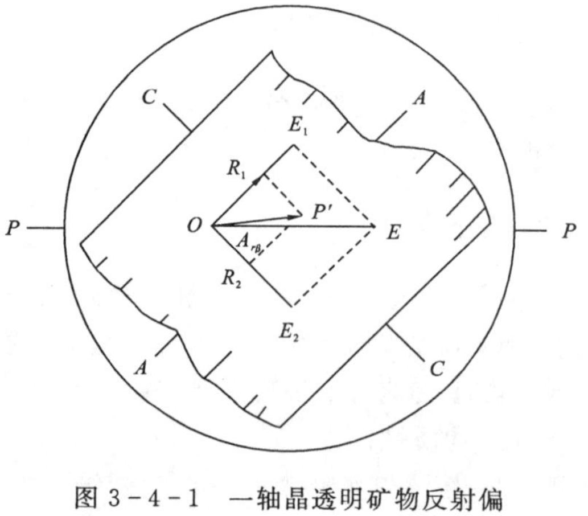

图 3-4-1 一轴晶透明矿物反射偏光振动面旋转示意图

(2)非均质矿物的反射偏光的椭圆偏化

对于不透明非均质矿物，除了产生上述偏光面非均质旋转以外，还能使反射平面偏光产生不为 0 和 π 的周相差，导致合成反射偏光变为椭圆偏光。从物理光学得知，二互相垂直振动的平面偏光如有周相差，其合成光波必然形成种种椭圆偏光，只有在特殊情况下才变成平面偏光，如图 3-4-2 所示，r_1、r_2 为代表非均质矿物在 45°位置时二主反射率方向的反射光振幅，r_1 为慢光，r_2 为快光，二者之间的周相差(δ)自 0 变至 $9\pi/4$。δ 为 0 时表示没有周相差，其合成光波为一平面偏光，其振动方向即为 r_1、r_2 所组成之长方形的一、三象限对角线方向。δ 渐增至 $\pi/4$、$\pi/2$、$3\pi/4$ 时，合成光波变成各种形式的椭圆偏光，这些椭圆振动的方向为逆时针方向。δ 为 π 时，又合成为平面偏光，但其振动方向为上述长方形二、四象限的对角线方向。δ 至 $5\pi/4$、$3\pi/2$、$7\pi/4$ 时，又合成椭圆偏光，但其振动方向为顺时针方向。当 δ 为 2π 时，与 δ 为 0 时相同。δ 自 2π 到 4π 时，完全重复自 0 到 2π 的情况。反射平面偏光与反射椭圆偏光可利用能旋转 360°的顶偏光镜加以鉴别。将显微镜的上偏光镜拉出，当旋转顶偏光镜一周显示两次完

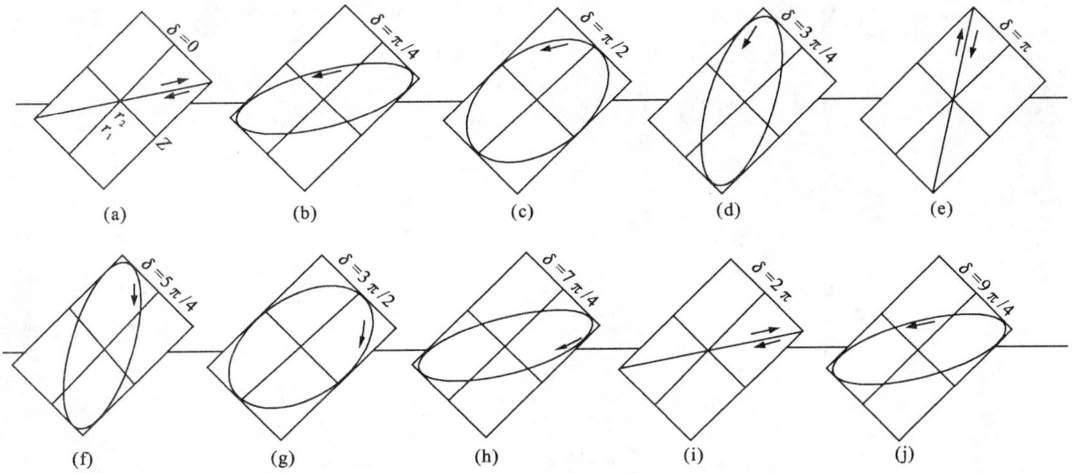

图 3-4-2　同频率、不同周相及振幅的两个互相垂直之振动的合成示意图

全消光时即为平面偏光，偏光振动面在与顶偏光镜振动面垂直的方位上。如显示两次较暗两次较亮(不是上面的全明全暗)即为椭圆偏光。

非均质不透明矿物在反射中的椭圆偏化及偏光振动面旋转如图 3-4-3 所示，基本形式与图 3-4-1 相似。OP'此时是周相差为 0 时合成反射偏光，为平面偏光的振动方向。由于非均质不透明矿物二主向间有周相差存在，合成反射偏光变为椭圆偏光(此即为“椭圆偏化作用”)。与图 3-4-1 非均质透明矿物上偏光镜振动方向垂直于 OP'方向可测出透明矿物的“非均质旋转角 $A_{r\beta}$”不同(此时显示消光)，图 3-4-3 中非均质不透明矿物上偏光镜振动方向垂直于反射偏光振动轨迹椭圆长轴 a 时(显示“最暗”但不完全消光)只能测出不透明矿物的“非均质视旋转角 A_r”。事实上，非均质视旋转角 A_r 与非均质旋转角 $A_{r\beta}$ 差别甚微，只有当周相差很大时(这在不透明矿物中极为少见)两者的差别才有实际意义。

由上述可知，非均质矿物的非均质旋转角 $A_{r\beta}$ 的大小取决于 R_1(振幅长 OR_1)与 R_2(振幅长 OR_2)的差别。OR_1/OR_2 越大于 1，$A_{r\beta}$ 越大；OR_1/OR_2 越近于 1，$A_{r\beta}$ 越小；OR_1/OR_2 等于 1 时，$A_{r\beta}$ 为 0。图 3-4-4 表示了 $A_{r\beta}$ 随 OR_1/OR_2 值(即 $\sqrt{R_1/R_2}$ 值)增长而加大的关系。

如果矿物二主反射率之一与前偏光镜振动面 PP 平行，另一就与其垂直。平行前偏光镜方向的反射光向上反射，垂直方向的分振动振幅为 0，其反射光的强度亦为 0。因此，当光波到达上偏光镜时全被截去，没有光线能透过上偏光镜。故在正交偏光下，矿物为黑暗。这种非均质矿物的二主反射率之一与前偏光镜平行所发生的黑暗现象，称为消光。出现消光的方位，称为矿物的消光位。

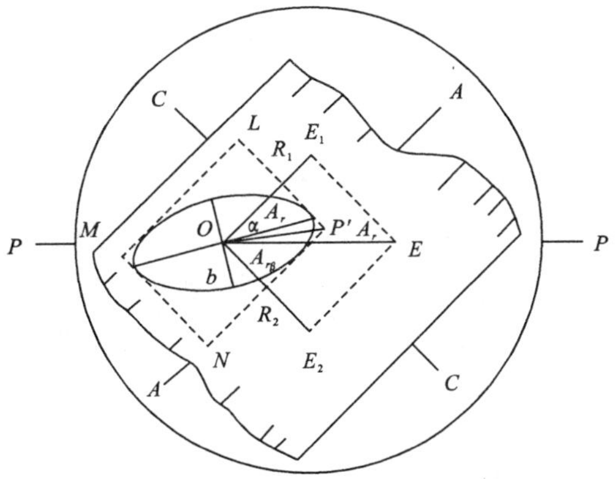

图 3-4-3　非均质不透明矿物在反射中的椭圆偏光及偏光振动旋转示意图

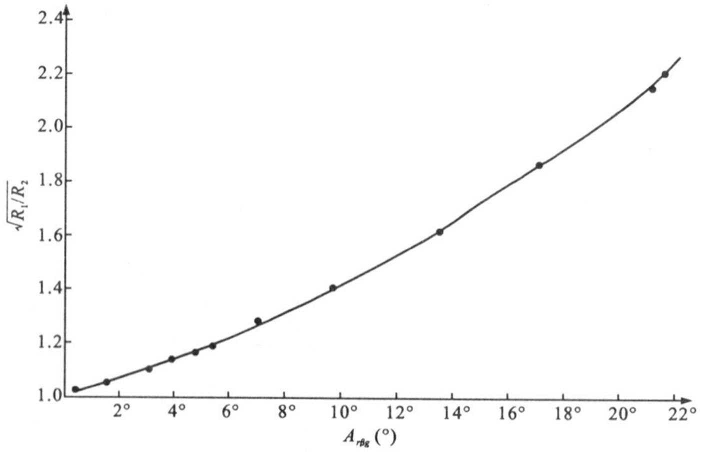

图 3-4-4　非均质旋转角与 $\sqrt{R_1/R_2}$ 的关系曲线

(据徐国风,1979)

分析图 3-4-1 和图 3-4-3,在严格正交偏光下消光时,一个主反射率方向与 PP 平行,OP'、E 与一主反射率方向三者重合,此时非均质旋转角 $A_{r\beta}$ 等于 0。若主反射率方向与 PP 渐有交角,$A_{r\beta}$ 也逐渐增大,通过上偏光镜的光亮也逐渐增大,45°时最亮,即旋转物台一周,可见矿物 4 次消光和 4 次明亮交替出现。4 次消光各距 90°,4 次明亮出现于两相邻消光位间的 45°方位。这就是在严格正交偏光下旋转物台一周显示的"正四明四暗"光学现象。若系不完全正交偏光时(即上偏光镜偏离一定方位,其偏离与前偏光镜振动方向正交的角度称为"偏离角"),上述"正四明四暗"现象就发生改变。如偏离角小于矿物的最大非均质旋转角(透明矿物的 $A_{r\beta g}$)或最大非均质视旋转角(不透明矿物的 A_{rg})时将显示"歪四明四暗"现象:4 次消光或"最暗"不在"正位置"(主反射率方向)且其间隔不为 90°,"四明"中有两个"最最亮"和"次最亮"。如偏离角等于或大于矿物的 $A_{r\beta g}$ 或 A_{rg} 时则显示"两明两暗"现象:两次消光(透明矿物)或"最暗"(不透明矿物)和两次"最亮"相间出现且都不是准确的 45°位置。以上为非均质矿物典型的光学"非均质效应"的一部分(还有颜色效应,详见下面偏光色的论述),以此可区别均质矿物和非均质矿物。非均质矿物的 $A_{r\beta g}$ 或 A_r 可以测量和计算,这些数据对于鉴别和研究非均质矿物具有一定的意义,详见专门文献。

从图 3-4-1 和图 3-4-3 还可以看出,反射平面偏光振动面和反射椭圆偏光轨迹椭圆长轴偏转总是偏向高反射率的一边。当矿物的某一种结晶学要素(如晶体延长、解理、双晶等)方向与高反射率一致时称为"正旋向"矿物。相反,当矿物的某一结晶学要素方向与低反射率一致时则为"负旋性(负旋向)矿物"。矿物的旋转性(旋向)正负具有一定的鉴定意义,如其他许多性质相近的 α-水锰矿和羟锰矿就可利用对板状晶体延长 α-水锰矿为"正旋性"、羟锰矿为"负旋性"来鉴别二者。关于旋性(旋向)正负的详细测定方法和测定结果可参阅有关专门著作。

3. 非均质矿物偏光色的形成机理

简单地说,非均质矿物偏光色决定于在严格正交偏光下 45°位置时透过上偏光镜之"光亮"的色散,主要是图 3-4-5 所示的偏光振动面旋转色散($A_{r\beta}$ 色散)和反射合成椭圆偏光的色散。如图 3-4-5 所示,由于矿物反射率随入射光的波长而变化,故对于不同色光的非均质

旋转角 $A_{r\beta}$ 也会不同。图中 PP 为前偏光镜振动方向，AA 为上偏光镜振动方向，OE 为入射偏光的振幅，矿物处在 45°位置。不同色光合成反射偏光的非均质旋转量($A_{r\beta}$)也有所不同，如 OP' 为红色、OQ' 为橙光、OR' 为绿光合成反射偏光的振幅，则 AA 线上的投影 Oa、Ob、Oc 为能够透过上偏光镜的红、橙、绿单色光的振幅，其合成的混合色就构成偏光色的最主要部分。图 3-4-5 表示绿光透过上偏光镜的光强(c)最大、橙光次之(b)、红光最小(a)，此时透过上偏光镜的混合光不是白光，而是蓝绿灰色的混合光，即偏光色显示蓝绿灰色。

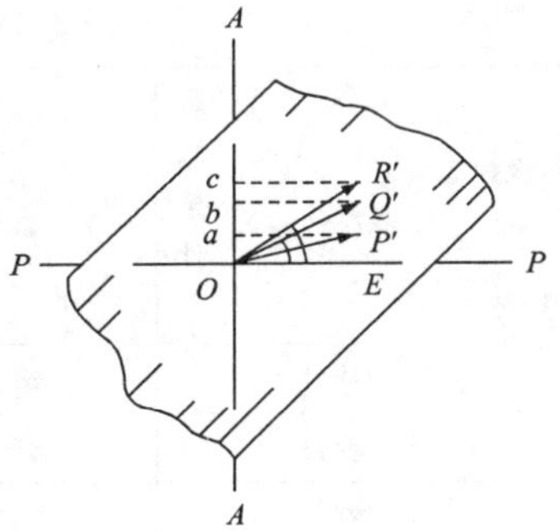

图 3-4-5　非均质矿物偏光振动面旋转的色散现象示意图

对于非均质不透明矿物，由于二主向间的周相差也可随光波波长改变而变化，即合成之反射椭圆偏光也有色散作用，不透明矿物的非均质视旋转角 A_r 也因光波波长不同而有所差异。这样不同色光透过上偏光镜的光强也有与椭圆偏光色散作用相关的差异，这也对非均质不透明矿物偏光色的形成具有一定的影响。

值得强调的是，非均质金属矿物的偏光色颜色指数 R_{vis}、x、y、λ_d、P_e 可以测算，对于鉴别和研究这类矿物具有一定的意义，详见专门矿相学文献。

二、矿物均质、非均质性的观测方法和视测分级

(一)矿物均质性、非均质性的观测方法

矿物均质性、非均质性的观测方法常用的有以下 3 种：

1. 严格正交偏光法

即使前、上偏光镜两者严格正交(可用铜蓝、辉钼矿等在 4 个 45°位置的偏光色完全相同为标准)，对非均质性较强的矿物，其合成平面偏光或椭圆偏光通过上偏光镜的光量较大，因而旋转物台暗亮变化比较显著；对非均质性较弱的矿物，则通过上偏光镜的光量甚小，因而旋转物台暗亮变化不甚明显。

2. 不完全正交偏光法

将上偏光镜偏离 1°～3°的角度以增加通过上偏光镜的光量使“非均质效应”更加清楚，特别是颜色效应将显著加强。许多在严格正交偏光下显示不太清楚的“非均质效应”可以在不完全正交偏光下显示清楚。

3. 油浸法

在严格正交或不完全正交偏光下用油浸镜头将矿物光片置于浸油中观察“非均质效应”。由于在浸油中 $\sqrt{R_1/R_2}$ 值比在空气中大(R_1 和 R_2 都降低，导致 $\sqrt{R_1/R_2}$ 值增大，如第三章第一节表 3-1-1 中的石墨在浸油中的 $\sqrt{R_1/R_2}$ 值为 3.983，远大于在空气中的 2.15)，从而使 $A_{r\beta}$ 增大(见图 3-4-4)，故增强了“非均质效应”。

(二)矿物均质性、非均质性的视测分级

科研工作中对矿物均质性、非均质性的视测分级要求标准较高，在高质量的反光显微镜下可把矿物的非均质性划分为特强、显著、清楚、微弱 4 级。在教学中，比照国内外教学实践的结果及现有教学实验条件，我们将矿物均质性、非均质性视测分级分为强非均质性、弱非均质性和均质性 3 级，具体分级标志如下(表 3-4-1)。

表 3-4-1 矿物的均质性、非均质性视测分级

分级标志（旋转物台）＼观测条件／视测初级	严格正交偏光	不完全正交偏光
强非均质性	暗亮变化显著、可见颜色变化	暗亮和颜色变化都显著
弱非均质性	有暗亮变化、颜色变化不清楚	暗亮变化较显著、可见颜色变化
均质性	暗亮、颜色无变化	暗亮、颜色无变化

常见金属矿物的均质性、非均质性分级情况见表 3-4-2。

表 3-4-2 常见金属矿物的均质性、非均质性分级

非均质性矿物				均质性矿物	
强非均质性矿物		弱非均质性矿物			
辉铋矿	墨铜矿	黄铜矿	赤铁矿 *	自然金	砷黝铜矿
辉锑矿	钨锰矿	辉铜矿	硫铜锑矿 *	自然银	硫锰矿
辉钼矿	硬锰矿	自然铋	钛铁矿 *	自然铜	闪锌矿
铜蓝	赤铁矿 *	自然锑	锡石 *	自然铂	蓝辉铜矿
毒砂	硫铜锑矿 *	砷硫锑铅矿	雄黄（内反射掩盖）	砷铂矿	铬铁矿
白铁矿	钛铁矿 *	车轮矿	红锌矿（内反射掩盖）	黄铁矿	沥青铀矿
红砷镍矿	锡石 *	钴硫砷铁矿	白钨矿（内反射掩盖）	镍黄铁矿	赤铜矿（内反射掩盖）
脆硫锑铅矿	硫砷铜矿	四方斑铜矿	纤锌矿（内反射掩盖）	方铅矿	锌铁尖晶石（内反射掩盖）
方黄铜矿	雌黄（内反射掩盖）	螺状硫银矿		等轴斑铜矿	
石墨	辰砂（内反射掩盖）	针铁矿		磁铁矿	
纤铁矿	金红石（内反射掩盖）	黑钨矿		辉银矿	
磁黄铁矿		褐锰矿		黝铜矿	

注：带“*”号的矿物（赤铁矿、硫铜锑矿、钛铁矿、锡石）的非均质性分级处于过渡状态。

三、观测矿物均质性、非均质性的影响因素

观测矿物均质、非均质性主要受以下几种因素的影响。

(1)切面方向：非均质矿物也有“均质切面”（均质矿物全为“均质切面”），应多观测几个颗粒以排除非均质矿物刚好切出“均质切面”的影响。

(2)磨光质量：磨光质量不佳时出现的凹坑、突起、擦痕的影响会出现“异常的非均质效应”，这些暗亮变化都与正常的“非均质效应”（加大上偏光镜偏离角可依次出现“正四明四暗”、“歪四明四暗”、“两明两暗”光学现象）不同。

(3)光片安装：光片安装不水平转动物台 180°会出现暗亮变化，也与正常的“非均质效应”

不同。

(4)强内反射：具强内反射的矿物在严格正交偏光下显示有透明感的内反射效应，将严重干扰“非均质效应”和“均质效应”的观测。可偏转上偏光镜一定角度以减小内反射的影响，再旋转物台观测矿物的均质性和非均质性。

(5)光源强度：光源强度对镜下显示的暗亮变化有直接影响。光源太弱可将弱非均质性矿物误认为均质矿物。同一个非均质矿物，用 30W 灯泡作光源“非均质效应”不太明显，用 100W 灯泡作光源则“非均质效应”显著得多。

第五节　矿物的内反射

一、基本概念

透射光从矿物内部反射出来的性质称为矿物的内反射。其显示的颜色称为内反射色。

矿物的内反射是在斜照光或正交偏光下观测的光学性质。

当光线斜射入不透明矿物表面时，由于吸收系数大，光强很快被吸收并产生表面反射，因而不能透入矿物内部，也就不能从内部反射出来。若光线斜射入透明、半透明矿物表面，除部分光线产生表面反射外，其余光线经折射透入矿物内部，遇到矿物内部的解理、裂隙、空洞、晶粒界面、包裹物等不同介质分界面，透入矿物内部的光线会被反射或散射开。当这些介面的倾斜度合适时，这些光线会被反射入镜筒，使矿物内部明亮，呈现透明感，这就是矿物的内反射。因此，内反射是透明半透明矿物特有的性质。

从矿物内部反射出来的光如果具有选择性反射的特点而显示颜色，这种颜色就是矿物的内反射色。如果没有发生选择性反射，反射出来的色光混合后仍为白色(无色)。

由上可知，内反射色是从矿物内部反射出来的色光的颜色，就是矿物的透射色，即体色。前已述及，反射色是矿物表面反射光色散作用造成的表色。体色和表色互为补色(互为补色的二波长光以相等强度混合后，人眼看来是白色)。当电子较多地吸收了白光中的某些波长并发射出来形成表色(以这些波长为主)后，透射光必然是被吸收波长的补色或近似补色(图 3-5-1)。表 3-5-1 列出了互补色的关系。

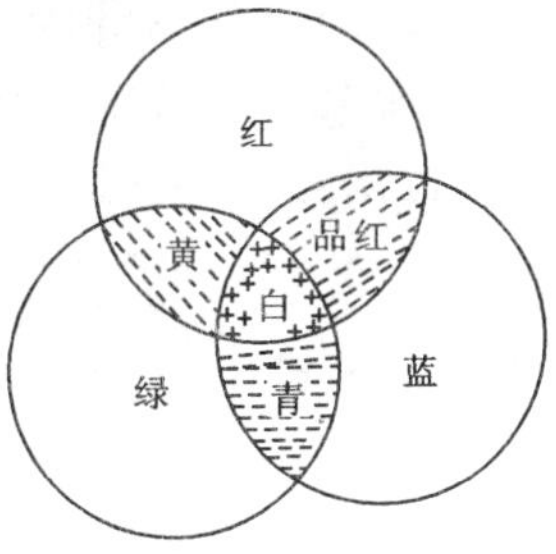

图 3-5-1　三原色互补图解

虽然矿物表色(反射色)与体色(内反射色)互为补色的原则是普遍适用的，但其显露程度与矿物的透明度直接有关。透明矿物和不透明矿物的互补现象不明显，只有半透明矿物互补现象较为明显，肉眼观察矿物的颜色与内反射色和反射色都不雷同，而是内反射色和反射色的综合，如赤铁矿的反射色(灰白色带淡蓝色调)和内反射色(深红色)的互补现象较为典型。

表 3-5-1　被吸收光与透射光的互补关系

被吸收光的波长(nm)	400	425	450	490	510	530	550	590	640	730
反射色(表色)	紫色	紫蓝色	蓝色	青色	绿色	黄绿色	黄色	橙色	红色	深红色
内反射色(体色)	绿黄色	黄色	橙色	红色	紫红色	紫色	深蓝色	蓝色	青色	绿色
透射光的波长(nm)	568	569	570	594	505	504	512	489	495	596

内反射是透明、半透明矿物的重要性质，尤其对某些具有显著内反射特征的半透明矿物具有重要鉴定意义。

二、内反射与矿物反射率、反射色、矿物颜色的关系

(一)透明矿物

绝大部分光波可以自由通过，因此反射的光量很少，反射率很低(1.8%～19%)，反射色都近于暗灰色。由于绝大部分光波可以透入矿物内部，因此具有强烈内反射。如果所有白光中的各色光波都能自由透过矿物，则该矿物的内反射色为无色或乳白色(云雾状或毛玻璃状)，若矿物允许白光中的部分色光通过，则此矿物内反射色带有一定颜色，其颜色种类为透过矿物的那一部分色光的颜色。肉眼观察矿物的颜色与内反射色(体色)相近或相同，体色与表色的互补现象不明显。

(二)不透明矿物

吸收系数大，光波透入矿物后在极短的距离内便迅速被吸收、减弱、消失，致使光波极少能透过矿物，故不能产生内反射，亦没有内反射色。这类矿物吸收性强，反射率高(14%～95%)。入射光波经矿物表面反射后若没有发生反射率色散，则反射色为无色类；若发生反射率色散，则反射色带有鲜明颜色(如铜蓝的天蓝色、黄铜矿的铜黄色等)，这些颜色是表色。肉眼观察矿物颜色与反射色即表色相近或相同，如自然银都为银白色，自然铜都为铜红色，体色与表色的互补现象亦不明显。

(三)半透明矿物

吸收系数中等。这类矿物可以吸收一部分光，也可以透过一部分光，反射光和透射光都能起较大作用，因此反射率中等(9%～35%)。反射的一部分色光构成反射色(表色)，透入矿物的一部分色光形成内反射色(体色)。如赤铁矿的反射色(灰白色带淡蓝色调)和内反射色(血红色)的互补现象较典型。矿物表色与体色的互补现象较为明显。肉眼观察矿物的颜色与反射色和内反射色都不雷同，而是表色与体色的综合反映(表3-5-2)。

表3-5-2　矿物内反射与反射率、反射色、矿物颜色的关系

	反射率	反射色(表色)	内反射	内反射色(体色)	矿物颜色
透明矿物 ($K<0.025$)	低	暗灰色	强烈	无色或鲜明颜色	与体色一致
不透明矿物 ($K>0.73$)	高	无色或显著颜色	不显	不显	与表色一致
半透明矿物 ($0.73>K>0.025$)	中等	无色或带有颜色	不显或显	不显或显 (无色或鲜明颜色)	体色与表色的 综合反映

三、内反射的观测方法

内反射的观测方法常用的有斜照光法、正交偏光法和油浸法3种。

(一)斜照光法

通常在用斜照光法观测矿物内反射时，可以有下列两种情况：

1. *直接观测矿物光面*

如图3-5-2所示，将光源从侧面斜照在光片上(如图中左边的7条斜射光线)，此时矿物

表面反射光线（如图中右边的7条斜反射光线）不会射入物镜，故显微镜的视域是暗黑的。只有当光线斜射到透明或半透明矿物时，除被斜反射掉一小部分之外，其余都透入矿物内部，遇到倾斜度合适的解理、裂隙、包裹物等界面，再从矿物内部反射出来进入物镜（图中之向上反射的5条垂线）。此时这些光线使矿物内部明亮，在镜下有透明的视感。如果只是透明而无颜色，表示矿物有内反射而无内反射色；如果矿物不但透明，同时还显示某种颜色则表示矿物有内反射色。斜照光法要求强光源并为白色，斜入射角不宜太大（不能平射），以30°～45°左右（即较陡）为宜。斜照方向和角度应有变化，找出适宜方向和角度以增大进入物镜的光量，加强镜下透明视感。注意不要把堆积在矿物光片裂隙、凹坑中磨料的颜色（氧化铬和氧化铁等会显示鲜艳的绿色和红色）误认为是矿物的内反射色。此外，斜射白光射入某些无色透明矿物（如石英、方解石等）内部时，有时会像射入三棱镜似的发生色散，产生少量干涉现象，使得矿物内部显示“彩色”，应勿将这种现象误认为系“彩色内反射色”。

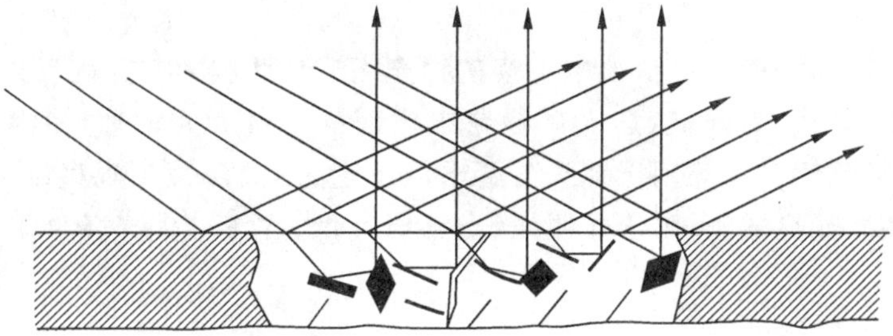

表3-5-2　内反射斜照光法示意图

斜照光法直接照射矿物光面，操作简便，对一些内反射显著的矿物如赤铜矿、孔雀石、雌黄等，效果很好。但内反射的显现与矿物的透明度及其内部的反射界面的有无直接有关，有些矿物虽有内反射，因其透明度差或内部反射界面少，不一定能看到，如铁闪锌矿、铬铁矿、硫锰矿等常常看不出内反射，光片呈现黑色，故不能认为用斜照光法观测时镜下显黑色就一定不显内反射，此时应观察矿物粉末以进一步确定有无内反射。

2. 观测矿物粉末

用斜照光法观察矿物粉末以测定内反射的方法，灵敏度较斜照光法观察矿物光片高得多。操作步骤是用钢针或金刚石笔等（对高硬度矿物）刻划矿物光面，在镜下用斜照光观察堆在划痕两侧的粉末，因为矿物粉末体积小，减小了矿物块的厚度，透明度比光片中矿物高，比起较大的矿物颗粒有更多的反射界面，更易透光，同时还因为刻划粉末时矿物受压使矿物内部产生大量微细裂纹，有利于透入光线的反射，故使矿物内反射现象明显起来。在观测矿物粉末时，凡粉末为黑色或黑灰色者可认为不显内反射；粉末是白色者为无色透明矿物（强内反射）所特有；粉末有各种颜色（如绿色、橙色、红色）即为显内反射（内反射色为见到的绿色、橙色、红色）。斜照光法只能用于低、中倍物镜，高倍物镜因自由工作距离太短无法使光线斜照进入光片。

（二）正交偏光法

用正交偏光法观测矿物内反射时亦可采用直接观测矿物光面或观测矿物粉末两种。

1. 直接观测矿物光面

正交偏光法最好是用高倍物镜在正交偏光下观察，因为透过物镜边缘的光线因强烈聚敛作用变成各种方向、各种入射角的斜照光，使矿物显现内反射的机会增加而变显著，此法宜采用强光源效果才好。均质矿物任何方位都可用正交偏光法观察内反射，非均质矿物只有在消光位观察才能排除非均质性和偏光色的影响。入射平面直线偏光被矿物表面反射时，反射光基本上是直线偏光，会被上偏光镜阻断而使矿物表面黑暗。射入矿物内部的直线偏光，被矿物内部的解理、包裹物等反射出来的光波却常呈椭圆偏光或产生反射旋转使得一部分内反射光透过上偏光镜被观察到，这就使得正交偏光下显示出内反射现象。

2. 观测矿物粉末

用正交偏光法观察矿物粉末效果更好。有一些无内反射但反射色鲜艳的矿物（如黄铜矿），其粉末在正交偏光下常可见到闪亮的铜黄色，这不是内反射色而是反射色。区别点在于转动物台时这种表面反射因斜面方向改变而变黑，另一些表面却又可能变亮并呈现颜色（反射色）。真正有内反射的粉末旋转物台时亮度、颜色不变。刻划时造成的沟槽、磨片时磨料刻划留下的擦痕等在斜射方向角度合适时也会出现亮线，旋转物台即变暗。故观察内反射现象应看堆在沟槽两边的粉末，而不要被刻痕沟槽的表面反射所干扰。

（三）油浸法

在正交偏光下用油浸镜头于浸油中观察矿物光面或矿物粉末有无内反射最为灵敏。矿物在浸油中的反射率一般大为降低，透入矿物粉末内部的光量大大增加，使内反射现象更易显现。例如辉锑矿、脆硫锑铅矿等用干镜头看不出内反射，用油浸镜头观察则可以看出内反射。现代化研究用大型反光显微镜，由于光线强、光路损耗低，在正交偏光条件下观察内反射异常清晰。

四、内反射的镜下特征及视测分级

（一）内反射的镜下特征

（1）内反射色通常为乳白色或具鲜艳、鲜明的颜色，有透明感，有色内反射其色感柔和、不刺眼，乳白色内反射常呈云雾状或毛玻璃状。

（2）有色内反射的颜色深浅不均匀，有的比较鲜、淡，有的则比较暗、浓。转动物台变化无规律。

（3）透明度差或内部反射界面少的矿物内反射分布不均匀，常呈斑点状或条带状出现，在凹坑、裂隙和解理两侧易见到。

（4）内反射在不完全正交偏光下不显，在斜照光下更清楚。

（二）内反射的视测分级

根据地质类专业的教学要求，本教程不采用以油浸镜头观察矿物内反射的分级方法。第四章教学用矿物鉴定表中采用的内反射分级为：

（1）显内反射：用干镜头以斜照光法或正交偏光法观察矿物，显示内反射镜下特征属于此级，刻划粉末后才显示内反射者应注明系矿物粉末的内反射色。

（2）不显内反射：在上述条件下观察不显示内反射特征者属于此级。

常见金属矿物的内反射分级见下表（表 3－5－3）。

在科研工作中常常采用更复杂的内反射分级，详见有关鉴定手册和工具书籍。

表 3-5-3 一些常见矿物的内反射分级

显内反射的矿物		不显内反射的矿物		
孔雀石(翠绿色)	赤铁矿(深红色)	自然金	黄铜矿	黝铜矿
蓝铜矿(蓝色)	黑钨矿(棕红色)	自然银	方铅矿	斑铜矿
硫锰矿(淡绿色或棕红色)	红锌矿(黄红色)	自然铜	辉铋矿	辉铜矿
雌黄(稻草黄色)	硫汞锑矿(血红色)	毒砂	辉锑矿	石墨
雄黄(桔红色)	金红石(红棕色)	红砷镍矿	磁黄铁矿	磁铁矿
辰砂(朱红色)	淡红银矿(鲜红色)	黄铁矿	辉钼矿	软锰矿
赤铜矿(血红色)	针铁矿(棕黄色)	白铁矿	铜蓝	硬锰矿

五、内反射观测的影响因素

(1)矿物杂质成分的影响:矿物含有不同的类质同象混入物杂质时会引起内反射现象的差异。如闪锌矿含铁 0.15%时内反射色为浅黄色,含铁 11.9%时为棕红黄色。铬铁矿铁含量高时不显内反射,而富镁或富铝时则呈现较明显的棕红色内反射。有意义的是,据近年研究的新成果,纯硫锰矿(含铁<1%)显绿色内反射,当其铁含量较高(含铁>5%)时即显示棕红色内反射。

(2)漫反射的影响:若光片抛光质量欠佳,往往有较多的擦痕和微细凹坑,在斜照光或正交偏光下转动物台时,这些擦痕和凹坑处会发生漫反射(刺眼的金属闪光),使初学者误认为是内反射。注意掌握漫反射和内反射的特征仔细加以区分。

(3)偏光色的影响:用正交偏光法观测矿物内反射时,有时会受到某些强非均质性矿物偏光色的影响,这时应将矿物转至消光位再观测内反射。当内反射非常强烈时,也会把矿物的非均质性和偏光色掩盖掉。

(4)残留抛光粉的影响:光片抛光时常用带色的抛光粉,如氧化铬(绿色)、氧化铁(红色)等,抛光时它们充填在矿物的裂隙或凹坑内,观测时亦会显出绿色或红色内反射,应将它们与矿物的内反射区分开。

(5)光源强度的影响:特别对于内反射不太显著的矿物以及利用正交偏光法观测时,必须用强光源才能得出正确结论。

第六节 矿物的显微硬度

一、基本概念

矿物抵抗外来机械作用的能力称为矿物的硬度。

矿物的硬度可以在肉眼下鉴定,也可以在显微镜下鉴定。在显微镜下鉴定的矿物硬度,通常称为显微硬度。

外来机械作用的类型大致有 3 种:刻划作用、研磨作用和压入作用,与之相对应则有 3 种类型的硬度:刻划硬度、抗磨硬度、抗压硬度。

矿物抵抗刻划作用的能力为刻划硬度。

矿物抵抗研磨作用的能力为抗磨硬度。

矿物抵抗压入作用的能力为抗压硬度，也叫压入硬度。

硬度是矿物的重要属性，也是矿物的重要鉴定特征之一。多数的教科书中常把反射率和刻划硬度作为编制矿物鉴定表的基础，更有荷兰矿相学家乌顿布格用抗压硬度为纲编制矿物鉴定表，所以近年来许多矿相学家都把硬度提高到与反射率同等重要的位置。随着各种新型显微硬度仪的问世，矿物显微硬度的测定会越来越精确，硬度在矿物鉴定中的作用也会越来越大。

二、影响矿物硬度的内在因素

影响矿物硬度的内在因素较多，主要有下列几种：

(一)化学键型

由共价键构成的矿物，原子间以共用电子对连结，键力强，硬度大，如金刚石、刚玉等；由离子键构成的矿物，正负离子间以静电引力相连结，键力较强，硬度较大，如赤铁矿、磁铁矿等；由金属键构成的矿物，金属原子间以自由电子连结，键力较弱，硬度较低，如自然铜、自然金等；由分子键构成的矿物，分子间用范德华力连结，键力微弱，硬度最小，如碘晶体、干冰等。

(二)晶体结构

晶体结构不同，会使矿物的硬度也不相同。即使由同一种物质组成的矿物，由于晶体结构上的差异，会引起矿物硬度的极大差别。如金刚石和石墨都由碳原子组成，金刚石为等轴晶系，晶体具立方面心结构，碳原子间以共价键连结，因此其硬度极高，在摩氏硬度分级中为10，而石墨具有典型的层状结构，层内为共价键—金属键，层间为分子键，因而硬度极低，摩氏硬度分级中为1～2。

在自然界，矿物晶体中一种键往往沿一定方向发育，使晶体具有明显的方向性。比如石墨，具典型的层状结构，层内为共价键—金属键，层间为分子键，层内原子间距为0.142nm，层间间距为0.340nm，层间的价键较层内弱，因此它在硬度上表现出明显的异向性。即使是等轴晶系的矿物晶体，由于方向不同，其质点的堆积紧密程度，排列方式甚至键的类型都会有所差别，故硬度各不相等。事实上，即使在同一个晶面上，方向不同，硬度也有差异。一般地说，等轴晶系的异向性较小，中、低级晶系的异向性较大。据 S. H. U. Bowie 和 K. Taylor 的试验，许多矿物由于方位不同引起的硬度差异可达其平均数的5%～35%。

(三)化学成分及类质同象混入物的含量

化学成分对硬度的影响表现在类质同象的矿物中。一般地说，类质同象成分增加，会引起矿物硬度增大。这种情况类似于合金，例如铁中加入不同含量的碳、锰等成分可使硬度大为提高而形成各种合金钢材。Au－Ag 为无限混溶的类质同象系列，自然金中随着银含量增加，其成色(纯度)降低，而硬度则增加(表3－6－1)。铌铁矿和钽铁矿类质同象系列以及含铁闪锌矿也有与此相似的特点。

表3－6－1　金的成色与硬度的关系

成色(‰)	VHN 硬度(kg/mm^2)
950～850	60～80
850～700	70～87
700～450	85～105

(四)原子半径、离子半径和电价

一般地说，当键型和晶格类型相同时，如果电价相同，硬度随半径而变化，原子或离子半径小的矿物硬度高，如赤铁矿和刚玉都是三价氧化物，都具刚玉结构，但 Fe^{3+} 的离子半径为 0.073nm，Al^{3+} 则为 0.061nm，所以赤铁矿的摩氏硬度为 5.5～6，刚玉为 9。

当键型和离子半径大小都相同时，硬度随电价而变化。例如黄铜矿中的铜呈正二价，比自然铜中零价铜的电价高，所以黄铜矿的摩氏硬度(3.5～4)比自然铜(2.5～3)大。

应当指出，刻划硬度、抗压硬度和抗磨硬度三者的形成机理是不完全相同的。刻划硬度反映矿物的弹性极限、屈服极限、强度极限和破裂极限*，受方向性的影响较大；抗磨硬度系较硬物质(磨料)在矿物表面上沿着不同方向长时间刻划的积累，其形成机理与刻划硬度相似，除了抵抗塑性变形以外，主要反映矿物抵抗破裂、剥离的能力；抗压硬度则主要反映矿物对塑性变形的阻力，一般反映矿物的强度极限，弹性、破裂居从属地位。矿物的解理面系质点作最紧密堆积的面，故解理面的抗压硬度最大。但解理面上的刻划硬度和抗磨硬度却往往最小，这主要是由于这两种硬度机械作用力除了挤压、推移晶格以外，还具有剥离和撕裂的作用(解理面容易剥离和撕裂)。因此，由于 3 种硬度的形成机理不尽相同，故三者数值不能完全对比。当然，3 种硬度都能在一定程度上反映矿物受机械力以后的机械特征(弹性极限、屈服极限、强度极限及破碎强度)，故在一定程度上 3 种硬度又具有可比性。

三、矿物硬度的观测方法

矿物硬度有不同的测定方法，用肉眼鉴定时常常使用摩氏硬度计法确定欲测矿物的硬度。在反光显微镜下，使用金属针刻划法、接触亮线移动法和显微硬度仪分别测定矿物的刻划硬度、抗磨硬度、抗压硬度。

(一)刻划硬度——金属针刻划法

在反光显微镜下使用金属针刻划矿物光面来确定硬度的方法称为金属针刻划法。一般使用的金属针为钢针和铜针。根据钢针、铜针的刻划结果，把矿物的刻划硬度分为高硬度、中硬度、低硬度 3 级。

高硬度——钢针刻不动；

中硬度——钢针刻得动、铜针刻不动；

低硬度——铜针刻得动。

用金属针刻划时，要正确判断刻动、刻不动的镜下特征。如果刻针刻得动，会在矿物光面上显露出明显刻痕，有些脆性矿物不仅有刻痕，还会在刻痕两侧堆积矿物粉末，在手感上觉得刻针刻进矿物中，矿物光面有被划破的感觉。如果刻不动，矿物光面上没有任何划痕，也不会有矿物粉末，手感上感觉刻针刻不进去，在矿物光面上打滑。

刻划硬度的优点是操作简便，结果直观，能迅速获得矿物硬度的定性资料。但它损伤矿物光片，对于颗粒细小的矿物不容易准确判断刻划结果。

---

* 根据金属学拉伸试验，金属受应力变形，先为弹性变形，后为塑性变形，最后破裂或断开。由弹性变形开始转为塑性变形的最大应力称为“弹性极限”。以后应力增大到某种程度时发生显著塑性变形，此时应力为“屈服极限”。随后在金属内部发生“冷作硬化”作用，产生抵抗变形的阻力。此后应力越大，抵抗变形的阻力也越大，这种阻力的极大值为“强度极限”。最后阻力不足以抵抗外应力时即行破碎，开始破碎时的外应力即为“破裂强度”。

(二)抗磨硬度——接触亮线移动法

1. 接触亮线的成因

矿石光片用帆布等加磨料抛光时，由于矿石中各种矿物的抗磨硬度不同，如图 3－6－1 所示，软矿物（黄铜矿和方铅矿）容易凹下而硬矿物（黄铁矿）则比较突出，在两种矿物交界处形成过渡的斜面。图 3－6－1 中，黑箭头表示反射光线。在平面部分反射光都垂直向上，在斜面上的光线，则根据反射面上入射角与反射角相等的原理，偏向硬度较低的矿物反射。因此，在反光显微镜下观察，正对矿物交界线的位置显得黑暗，而在交界线的外围，由于光线重叠，显得较为明亮，形成一条"亮线"，这就是接触亮线。

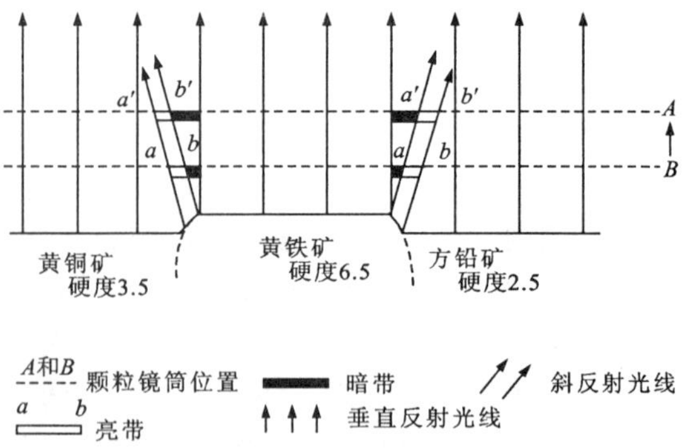

图 3－6－1　接触亮线成因及接触亮线移动法示意图解

2. 抗磨硬度的观测方法——接触亮线移动法

当物台下降，使物镜焦点上升时（如图 3－6－1 中由 B 升到 A 水平虚线处），亮线向低硬度矿物方向移动。反之，当物台上升，使物镜焦点下降，亮线就向高硬度矿物方向移动。

根据提升及下降物台时亮线的移动方向可以帮助判断相邻两矿物的硬度大小。

在实际操作时，应使用高倍物镜，注意将光圈缩小一点，以降低整个视域的亮度，使得亮线"清晰度"提高。同样，选用提升或下降物台可考虑以使亮线向较低反射率的矿物方向（亮线"清晰度"较高）移动为准则，确定这点之后再判断低反射率矿物是抗磨硬度较小的矿物或较大的矿物。

抗磨硬度不用专门工具，不损伤光片，可以判断相邻两矿物的相对硬度大小，不仅可观测颗粒较大的矿物，尤其对颗粒细小的矿物同样可以测定。但当相邻两矿物硬度相差太大时，两矿物交界线倾斜面太陡，使光线成近水平的方向反射出去，产生很宽的暗带，此时不宜用"接触亮线移动法"确定抗磨硬度。

刻划硬度和抗磨硬度都是定性观测矿物硬度的方法，观测时两种方法可以结合使用。先用金属针刻划法测定颗粒较大的矿物的刻划硬度，对其相邻的颗粒细小的矿物可以用接触亮线移动法测定其抗磨硬度，进而可以间接地判断该矿物的刻划硬度。

此外，根据矿物的其他磨光特性来判定矿物硬度，同样具有很大的实际意义。我们知道，矿石通常都是由多种矿物组成的集合体，由于这些矿物的硬度、脆性、解理等性质不同，在制片时抵抗摩擦的能力亦存在差异。高硬度的矿物常常具有粗糙不平的表面，凹坑处常呈麻点，如黄铁矿、锡石等；硬度低而不脆的矿物如辉铜矿、方铅矿等表面常具擦痕；黄铜矿、磁黄铁矿等中硬度矿物则容易磨成光滑平面。高硬度与低硬度矿物连生时，高硬度矿物突出出来（突起高），低硬度的矿物凹陷进去，且在高硬度矿物边缘产生黑色暗边。根据这些特征，常常能极有效地帮助我们鉴定矿物。

(三)抗压硬度

与上述刻划硬度、抗磨硬度等定性观测矿物硬度的方法不同，抗压硬度是用仪器定量测定矿物硬度的方法。它可以给出矿物硬度的定量数值（如黄铜矿的硬度为 183～276kg/mm^2），是矿物鉴定的重要内容之一。

1. 硬度仪的结构

测定矿物抗压硬度的仪器叫硬度仪。由反光显微镜和压锥共体构成。显微镜的目镜上装有微尺，物台可以左右移动，显微镜的作用有两个，一是找到欲测矿物，二是用测微尺测量压痕对角线的长度。

压锥是用硬质合金或金刚石制成，形状为圆形、方形或菱形，外加一定负荷压入矿物表面，使其形成永久性的压痕。

对一种矿物而言，一般是压痕的表面积与负荷的大小成正比关系。对于不同矿物而言，在相同的压力条件下，硬度越高，抵抗压入的应力（阻力）越大，产生的压痕越小，即矿物的抗压硬度与应力成正比，与压痕面积成反比。

2. 抗压硬度的计算

矿物抗压硬度的计量单位为 kg/mm^2。最常用的压头为维克（Vicker）压头和诺普（Knoop）压头。维克压头为用金刚石制成的正方形锥体，各锥面角为 136°[图 3-6-2(a)]。维克硬度值（VHN 或 H_V）的计算公式为：

$$VHN(H_V)=\frac{P}{d^2/2\sin\frac{136^\circ}{2}}=1.854\frac{P}{d^2} \quad (3-6-1)$$

式中：P 为负荷重（以 kg 为单位）；d 为正方形压痕的对角线长度（以 mm 为单位）*。

3. 抗压硬度的测定方法

现以国产 71 型显微硬度仪和 HVS-1000 型数显显微硬度仪为例简要介绍维克硬度值的测量方法。

71 型显微硬度仪由测微反光显微镜、载物台和加荷装置等部件构成。显微镜安装在仪器主件之左半部。由物镜、测微目镜、折射棱镜和照明装置等部件组成。物镜放大倍数为 40 倍。测微目镜固定在目镜管上，由放大倍数为 15 倍的补偿目镜和测微装置构成。测微装置为装于目镜内的一块可动分划板及与它相连的鼓轮组成。分划板上刻有瞄准压痕棱边的交叉线（图 3-6-3）。鼓轮一周等分为 100 小格。转动鼓轮时，分划板可左右移动，以测量压痕对角线长度。载物台安装在升降轴上，升降时有粗调摇动手柄和微调转动手轮可资调节。载物台还附有纵、横向微分筒用以调节载物台纵向和横向移动，使样品从显微镜视场中心准确地移动到金刚石压头下进行加荷。加荷装置安放在仪器主体之右半部，有 5 种负荷（10g、25g、50g、100g、200g）供使用时选择。金刚石压头固定在保护套内，按动按钮油阻尼起动，通入压缩空气使金刚石压头匀速缓慢下降并压入矿物。具体测算步骤为：

(1)压平光片。

(2)将载物台推至左端，开灯准焦。

(3)调节载物台纵、横向微分筒找准视域中矿物欲测部位。

(4)将载物台向右端推移，使欲测部位准确地移动至压头下端。

(5)按选定的负荷和加荷时间（15min 为宜）加荷并保荷一定时间（以 30min 为宜）后卸荷（选择上述 5 种负荷的原则是尽量使压痕直径达到 20μm 为宜）。

(6)将载物台向左端推回至反光显微镜下测量压痕对角线长度。先调节载物台上的纵横向微分筒和测微目镜的鼓轮，使压痕的棱边和目镜中交叉线精确地重合[如图 3-6-3(a)]，然

---

* 若负荷以 g 为单位，对角线长度以 μm 为单位时，则公式计算值应加大 1 000 倍。

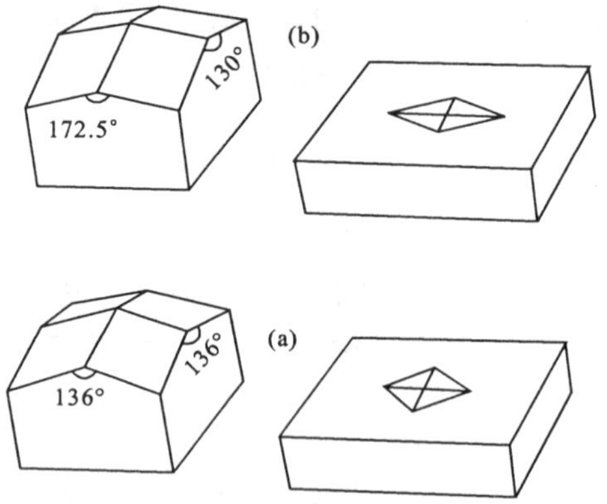

图 3-6-2　维克压头(a)、诺普压头(b)及其相应压痕示意图

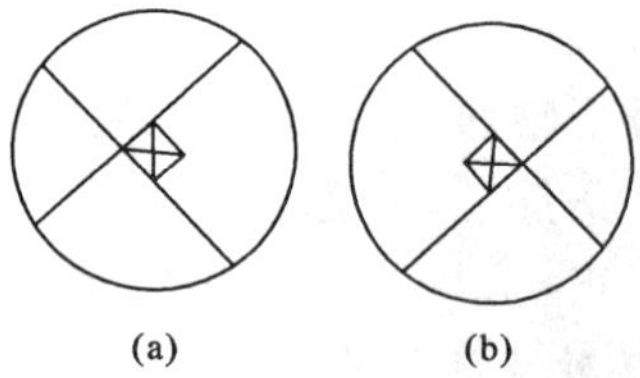

图 3-6-3　测量压痕对角线长度的测微目镜

后转动鼓轮，对准压痕的另一个棱边[如图 3-6-3(b)]，记下鼓轮两次读数。压痕对角线的实际长度即为两次读数之差（鼓轮实际转动的格数）和鼓轮每小格格值（71 型硬度仪为 0.25μm）的乘积。

(7)至此用前面公式求出欲测矿物的硬度值。

HVS-1000 型数显显微硬度计由机体、工作台、升降丝杠、加载系统、软键显示操作面板、高倍率光学测量系统等部分组成（图 3-6-4）。通过软键输入，能调节光源强度、预置保荷时间以及维氏诺普压头的切换。在软键面板上的 LCD 显示屏上，能显示测量方法、负荷、压痕长度、硬度值、保荷时间、测量次数等，并能键入测量时间。测量结果由打印机输出。具体测量步骤如下：

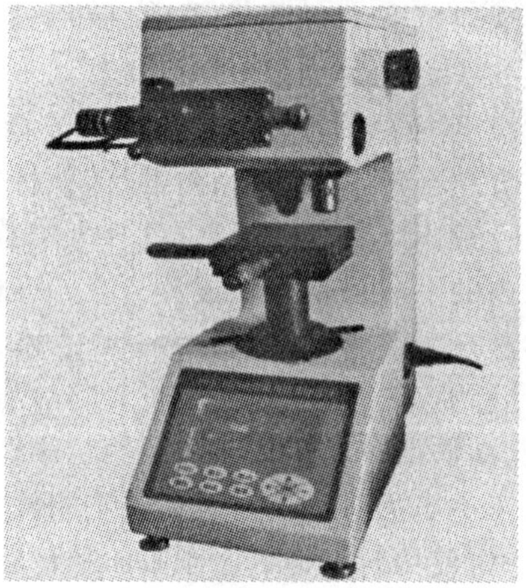

图 3-6-4　HVS-1000 型数显显微硬度计

(1)设置负荷：转动负荷变换手轮，选择符合要求的负荷。

(2)设置日期：打开电源开关，LCD 显示屏上显示初始化日期，按动“Time＋”或“Time－”键选择年、月、日。

(3)镜下聚焦：将预测矿物安放在工作台上，将显微镜聚焦。根据需要，可在 10×、40×物镜之间切换。

(4)压入压痕：将转换手柄逆时针转动，使压头位于试样之上，按下“START”键，开始施加压力，LED 指示灯亮，当加荷时间到，卸荷时 LED 灯熄，表示加荷过程结束，预测矿物上留下压痕。

(5)测量压痕长度：先转动左侧鼓轮，使左边刻线对准压痕一角，再转动右侧鼓轮，使右侧刻线对准压痕另一角，此时按下测微目镜下方的按钮输入，硬度值就会立即在显示屏上显示出来。

应该指出，硬度值测定是一件很精细的工作。测量时必须注意：

(1)选定测量硬度的矿物颗粒不应过小，至少超过压痕直径数倍。

(2)不能只测一二个压痕，以15～30个为宜(计算硬度值范围和算术平均值)，压痕之间的距离也至少要超过压痕对角线长数倍。

(3)严格防止震动，硬度仪不能安装在木桌上，而必须安装在水泥台上(在水泥台与硬度仪座台之间应以海绵或橡皮垫隔开)，还必须在压入金刚石压头之前将硬度仪照明灯关掉(防止电流震动)。

(4)消除光片抛光过程中产生的非晶质薄膜对矿物硬度的影响(由于冷作硬化作用，薄膜的硬度高于矿物的硬度)。当前多采用统一磨片方法(在一湿润的薄毛织品上用极细的磨料轻抛3min)解决，应避免用粗呢织品长时间使劲抛光。

(5)合理选定负荷及加荷时间，压痕后应详细描述压痕形态(如完整与否，有无裂隙和内凹、外凸现象)。如压痕不是正方形，则应测过一对角线之后将测微目镜转动90°测量另一对角线的长度，取两个不等对角线的平均值即为等效正方形的对角线长。

(6)测量前调节好压头的高低使仪器所附硬度值标准块的实测数值误差不超过5%，或者符合岩盐解理面加5g负荷，沿对角线方向测5次硬度值都在20～22.5kg/mm²范围内的要求即可。

维克硬度值与摩氏硬度值有大致的线性关系(图3-6-5)。这种关系可用以下公式表达：

$$H_M = 0.675\sqrt[3]{H_V} \text{ 或 } H_V = 3.25H_M^3 \quad (3-6-2)$$

前已说明，由于抗磨硬度与刻划硬度的形成机理有所不同，故上述公式和两者线性关系不是很精确的。

现将最常见的金属矿物的刻划硬度(本教程用金属针三级分法)、抗磨硬度(相对突起)和抗压硬度(维克硬度值)数据列于表3-6-2供参考。

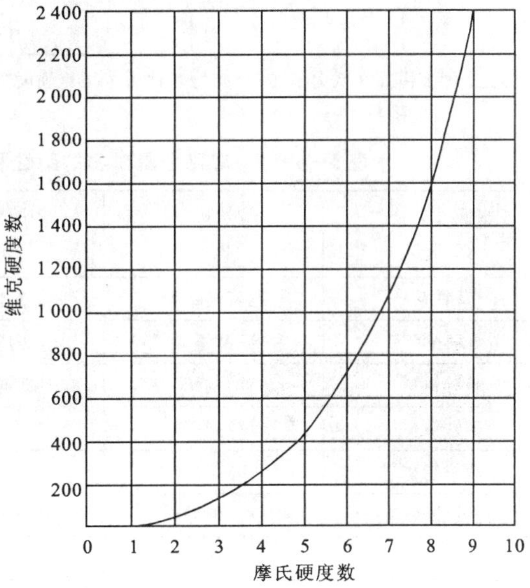

图3-6-5　维克硬度值与摩氏硬度值的线性关系曲线

在刻划矿物时可以发现，有一类矿物的刻痕发生破碎，形成粉末；另一类矿物的刻痕形成刻槽，不发生破碎，没有粉末；再一类矿物是既形成刻槽又发生破碎形成粉末。十分明显，第一类为脆性矿物，不发生塑性变形；第二类为强塑性矿物，难以破碎；第三类为弱塑性矿物，应力超过破碎强度时就刻出粉末。可见，脆性和塑性也属于矿物鉴定特征之列，有一种意见建议以测量维克硬度值时开始产生裂隙的最小负荷来划分矿物的脆性和塑性等级(表3-6-3)。

应当指出，脆性应以硬度数与以压痕对角线长度度量，表3-6-3单以负荷的大小来度量脆性则不够全面，1959年张志雄正确地提出应以产生第一条裂纹时压痕对角线长度的倒数作为度量矿物脆性单位。

表 3-6-2　常见矿物的硬度

高硬度矿物	中硬度矿物	低硬度矿物
锡　石　1 168～1 332	磁黄铁矿　373～409	辰　砂　51～98
黄铁矿　750～1 820	镍黄铁矿　198～409	自然银　41～63
白铁矿　1 097～1 682	闪锌矿　170～279	自然金　53～58
赤铁矿　973～1 114	硫锰矿　240～251	辉铋矿　110～136
毒　砂　870～1 168	黝锡矿　152～216	方铅矿　59～72
黑钨矿　312～342	赤铜矿　188～207	辉铜矿　67～87
白钨矿　387～409	自然铜　96～103	铜　蓝　128～138
钛铁矿　473～707	硫砷铜矿 ∥解理　194～228	辉锑矿　71～86
磁铁矿　585～698	硫砷铜矿 ⊥解理　205～230	雌　黄　31～50
针铁矿　464～627	黝铜矿　285～380	雄　黄　50～52
纤铁矿　464～514	黄铜矿　183～276	自然铋　15～18
	斑铜矿　101～174	辉银矿　20～26

注：抗磨硬度由高往低向下排列，矿物名称后为维克硬度数，其单位为 kg/mm^2。

表 3-6-3　常见金属矿物的脆性和塑性分级（产生裂隙的最小负荷）

极脆性矿物 (0.5g)	脆性矿物 (20g)	弱脆性矿物 (50g)	塑性矿物 (100g)	弱塑性矿物 (200g 仍不破裂)
黄铁矿	脆硫锑铅矿	黄铜矿	自然铋	辉银矿
辰砂	镍黄铁矿	闪锌矿	磁铁矿	自然银
硫砷铜矿	黝铜矿	磁黄铁矿	斜方砷铁矿	方铅矿
硫铁镍矿	黝锡矿	锡石	红砷镍矿	自然锑
圆柱锡矿	砷镍矿	辉锑矿	黑钨矿	赤铜矿
脆硫锑银矿	斜方砷镍矿	斜方砷钴矿	自然铜	斑铜矿
	钛铁矿	铬铁矿	方黄铜矿	自然金
	铌铁矿	赤铁矿	雌黄	铜蓝
	砷黝铜矿	白钨矿	辉钼矿	硫锑铅矿

第四章　矿物鉴定

第一节　矿物的综合鉴定

一、矿物的综合鉴定

在反光显微镜下，系统观测未知矿物的各项鉴定特征，然后与已知矿物的标准鉴定资料进行对比以确定矿物名称的方法叫综合鉴定。

综合鉴定使用的方法，其实质是对比法，即拿未知矿物的鉴定特征与已知矿物的鉴定特征进行对比，从而达到鉴定矿物的目的。

众所周知，在一定的地质条件和物理-化学条件下形成，具有固定化学成分和晶体构造以至共生组合特点的各种矿物，在一定的范围内都具有某些共同的与相互不同的各种属性（鉴定特征）。在矿石学领域内，概括起来是物理性质、化学性质和产出状态三大方面的鉴定特征。事实上，在这三大方面之间以及各方面内部的各种特征之间都存在有内部的联系与相互的依赖性、制约性。它们分别从不同的侧面反映了矿物形成作用的本质。据此，必须全面地利用以上三大方面的鉴定特征综合鉴定矿物。十分明显，对比鉴定矿物时所根据的鉴定特征越广泛，数据越精确，则其鉴定结果越可靠。近代由于科学迅速发展和技术长足进步，不透明金属矿物鉴定特征研究正向着"微粒、微区、快速、定量、自动化、电子计算机化"方向发展，故广泛利用各种先进测试手段研究矿物以提高鉴定精度乃是不容忽视的发展趋势。鉴定的综合性也是明确无疑的。从 20 世纪 40 年代以来由化学性质为主转向以物理性质为主，20 世纪 60 年代突出反射率和硬度值的主导作用，20 世纪 70 年代以物理性质为主并综合考虑产出状态（W. Uytenbogaardt，1951；中国地质科学院地质矿产所，1978）以及突出化学成分数据及反射率（C. A. Юшко，1975）等，都启示应该全面地综合利用物理性质、化学成分和产出状态三方面的鉴定特征深入地研究不透明金属矿物。

二、矿物鉴定表

（一）矿物鉴定表的定义

前已指出，矿物综合鉴定主要是利用未知矿物的鉴定特征同已知矿物鉴定特征进行对比以确定矿物的名称。但不透明和半透明矿物已发现有近千种之多，若无一定的顺序，查起来就十分困难，因此，必须依照一定的规律编出鉴定表来解决这个问题。把矿物的各项性质按一定规律编排成表，即为矿物鉴定表。实际上，任何一个研究矿石的地质工作者都必须利用鉴定表来鉴定不透明金属矿物。

（二）矿物鉴定表的类型

鉴定表的类型多种多样，在鉴定特征的重点选择上和编排方式上都有不同。关于鉴定的重点，有的以化学试剂浸蚀鉴定的资料为主（M. N. Short，1931）；有的以抗磨硬度为主（W. Uytenbogaardt，1951）；有的以反射率为主（陈正，1959）；有的以均质、非均质性和反射色为主(R. Galopin 和 N. F. M. Henry,1972);有的则将各种物理性质平列对待(И. С. Волынский,1947);有的以最确定的物理性质鉴定特征反射率和硬度为主(И. Г. Магакьян,1954;北京地质学院矿床教研室,1961)。此外,也有单纯依靠物理性质来鉴定矿物的鉴定表(С. А. Вахромеев,1956)。从鉴定表的编排方式来看主要有表格分组式(如 С. А. Юшко,1949;北京地质学院矿床教研室,1961);穿孔卡片式(И. С. Волынский,1947)以及顺序排列式(W. Uytenbogaardt,1951;陈正,1959)。此外,尚有坐标图表式鉴定表(Bowie 和 Taylor,1958),此法一般只表示两项性质,鉴定矿物时仍需查阅其他详细鉴定表,而且此法受仪器设备限制,仪器误差会导致鉴定的错误,因此这种类型的鉴定表实际上未被采用。

现阶段使用的鉴定表主要有两种类型,即顺序式鉴定表和表格分组式鉴定表。

1. *顺序式鉴定表*

以矿物的某一种鉴定性质为纲,根据其大小顺序依次排列。显而易见,这种鉴定表必须要有某种性质的定量测定数据。在目前条件下,能够测出定量数据的物理性质只有反射率和硬度两项,因此,顺序式鉴定表也只有两种,一种是以反射率为纲编制的鉴定表(陈正,1959),另一种则是以硬度为纲编制的鉴定表(W. Uytenbogaardt,1951)。

2. *表格分组式鉴定表*

以矿物的一二项主要性质为纲,分门别类地编制若干个鉴定表,把主要特征相似的矿物编制在一张表中,从而将矿物圈定在一个较小的范围内,通过对比淘汰,将矿物定名。

(三)本教材使用的鉴定表特征

根据当前教学实验室条件,教学用鉴定表力求简明扼要,通俗实用,不仅使初学者易于掌握,同时对生产、科研单位的矿石研究也能有所帮助。因此,本教程采用的鉴定表具有以下特征:

(1)鉴定表为表格分组式鉴定表。

(2)鉴定表的编制以矿物物理性质为基础,并结合化学性质及产出状态全面综合鉴定矿物。

(3)在物理性质中,不宜平列等同对待,应挑选几项最重要、最确定且测定方法简便的性质作为主要依据。我们持将反射率放在首位,硬度居于第二重要地位的观点。因为矿物的反射率是矿物化学成分和晶体构造特点的直接反映,是诸物理性质中最确定的一种物理性质,并可作定量测定。硬度也是确定的物理性质之一,亦可作定量测量。根据反射率和硬度,我们把鉴定表中 131 种矿物按照反射率分级分为五大组,再根据每组反射率可有高、中、低三级硬度,因此共分为 15 个鉴定表,详见矿物鉴定表索引表 4-1-1。在鉴定表中,反射率和硬度的定量数据应得到反映。

(4)根据矿床学和矿石学发展的要求,我们认为在鉴定工作中不能离开对矿物产出状态的研究。矿物的成分和组构特点是成矿作用、成矿环境和成矿过程的客观证据。因此,此次编制的鉴定表着重加强了对矿物产出状态的阐述,以利于矿物的综合鉴定。

(5)鉴定表中各项性质的分级应结合当前教学实验的设备条件来考虑,而不宜过细,使学生便于掌握和判断。如对均质、非均质性只分强非均质性、弱非均质性和均质性 3 级;内反射只分在空气中显内反射和不显内反射两级;双反射只分在空气中可见和未见双反射两级。而对聚敛偏光下的某些光学性质则不列入教学用鉴定表。同时,鉴定表中包括的矿物数目不宜过多,本教学鉴定表选定 131 种最主要的造矿矿物,基本可以满足学生学习利用鉴定表鉴定矿物之教学要求。

表 4-1-1　矿物鉴定表索引表

反射率	硬度	鉴定表号及所在页码	矿物名称及绿光平均反射率(%)			
Ⅰ级 R>黄铁矿	高硬度矿物组	第一鉴定表 p61～63	锇铱矿	70.9	斜方砷铁矿	53.2
			斜方砷钴矿	58.0	毒砂	52.8
			斜方砷镍矿	55.2	黄铁矿	52.7
			砷铂矿	55.5	白铁矿	51.9
			辉砷镍矿	54.2	红砷镍矿	50.9
			方钴矿	53.9	铁硫砷钴矿	50.3
	中硬度矿物组	第二鉴定表 p64～66	自然铂	70.4	辉砷镍矿	54.2
			锑银矿	62.6	自然砷	53.8
			微晶砷铜矿	61.5	斜方砷铁矿	53.2
			斜方砷钴矿	58.0	针镍矿	51.8
			斜方砷镍矿	55.2	红砷镍矿	50.9
	低硬度矿物组	第三鉴定表 p67～69	自然银	94.5	碲金矿	64.4
			银金矿	86.4	碲铋矿	63.4
			自然金	77.8	微晶砷铜矿	61.5
			自然锑	72.0	自然铜	60.6
			碲铅矿	69.8	针碲金银矿	54.6
			自然铋	66.7		
Ⅱ级 黄铁矿>R>方铅矿	高硬度矿物组	第四定表 p70～74	斜方砷镍矿	55.2	红砷镍矿	50.9
			砷铂矿	55.5	铁硫砷钴矿	50.3
			辉砷镍矿	54.2	辉砷钴矿	49.5
			方钴矿	53.9	硫钴矿	47.0
			斜方砷铁矿	53.2	锑硫镍矿	46.4
			毒砂	52.8	硫镍钴矿	45.4
			黄铁矿	52.7	紫硫镍矿	42.2
			白铁矿	51.9	硫铜钴矿	42.2
	中硬度矿物组	第五鉴定表 p75～80	斜方砷镍矿	55.2	砷镍矿	48.0
			辉砷镍矿	54.2	镍黄铁矿	48.0
			自然砷	53.8	硫钴矿	47.0
			斜方砷铁矿	53.2	锑硫镍矿	46.4
			针镍矿	51.8	硫镍钴矿	45.4
			红砷镍矿	50.9	黄铜矿	43.9
			铁硫砷钴矿	50.3	紫硫镍矿	42.2
			辉砷钴矿	49.5	硫铜钴矿	42.2
			砷铜矿	48.1	红锑镍矿	41.8
	低硬度矿物组	第六鉴定表 p81～82	针碲金银	54.6	方铅矿	43
			黄铜矿	43.9	硫锑铋铅矿	43.0
			辉铋矿	43.6	辉锑矿	39.6
Ⅲ级 方铅矿>R>黝铜矿	高硬度矿物组	第七鉴定表 p83～83	硫铜钴矿	42.2	钡硬锰矿	29.6
			软锰矿	34.5		
	中硬度矿物组	第八鉴定表 p84～87	黄铜矿	43.9	磁黄铁矿	37.3
			紫硫镍矿	42.2	软锰矿	34.5
			硫铜钴矿	42.2	黝铜矿	31.2
			红锑镍矿	41.8	银黝铜矿	30.9
			硫铜锑矿	39.5	砷黝铜矿	30.0
			方黄铜矿	38.9		

续表 4-1-1

反射率	硬度	鉴定表号及所在页码	矿物名称及绿光平均反射率(%)			
Ⅲ级 方铅矿>R >黝铜矿	低硬度 矿物组	第九鉴定表 p88～93	黄铜矿	43.9	碲银矿	37.5
			辉铋矿	43.6	车轮矿	34.8
			方铅矿	43.1	软锰矿	34.5
			硫锑铋铅矿	43.0	辉铁锑矿	34.4
			块硫锑铅矿	40.3	硒银矿	34.0
			脆硫锑铅矿	40.1	辉铜矿	32.9
			辉锑矿	39.6	辉锑银矿	32.8
			硫铜锑矿	39.5	硫砷铜银矿	31.9
			方黄铜矿	38.9	螺状硫银矿-辉银矿	30.8
			硫铜铋矿	38.7	辉钼矿	30.1
			辉锑铅矿	38.5		
Ⅳ级 黝铜矿>R >闪锌矿	高硬度 矿物组	第十鉴定表 p94～98	钡硬锰矿	29.6	锌铁尖晶石	18.4
			赤铁矿	28.8	钛铁矿	17.9
			铅硬锰矿	27.6	铌铁矿-钽铁矿	16.9
			磁赤铁矿	22.3	钛铁晶石	16.6
			方铁锰矿	22.2	纤铁矿	16.0
			金红石	20.3	晶质铀矿	16.0
			磁铁矿	19.5	钨铁矿	≥15.6
			黑镁铁锰矿	19.4	黑钨矿	15.6
			黑锰矿	18.6	钨锰矿	≤15.6
			褐锰矿	18.4		
	中硬度 矿物组	第十一鉴定表 p99～104	黝铜矿	31.2	斑铜矿	20.1
			银黝铜矿	30.9	硫镉矿	≈20.0
			砷黝铜矿	30.0	水锰矿	17.8
			铅硬锰矿	27.6	墨铜矿	17.2
			黝锡矿	27.5	闪锌矿	16.6
			硫砷铜矿	26.7	纤锌矿	≈16.6
			赤铜矿	26.5	晶质铀矿	16.0
			块硫砷铜矿	24.8	钨铁矿	≥15.6
			黑铜矿	23.4	黑钨矿	15.6
			硫锰矿	22.8	钨锰矿	≤15.6
			磁赤铁矿	22.3		
	低硬度 矿物组	第十二鉴定表 p105～109	辉铜矿	32.9	淡红银矿	26.4
			辉锑银矿	32.8	蓝辉铜矿	23.1
			硫砷铜银矿	31.9	雄黄	21.6
			螺状硫银矿-辉银矿	30.8	雌黄	21.0
			辉钼矿	30.1	锑华	≈16.0
			深红银矿	29.3	铜蓝	15.4
			硫铜银矿	28.8	石墨	12.1
			辰砂	27.1		

续表 4-1-1

反射率	硬度	鉴定表号及所在页码	矿物名称及绿光平均反射率(%)			
V级 R<闪锌矿	高硬度矿物组	第十三鉴定表 p110～114	铌铁矿-钽铁矿	16.9	沥青铀矿	15.0
			钛铁晶石	16.6	铬铁矿	12.3
			纤铁矿	16.6	锡石	11.9
			晶质铀矿	16.0	硼镁铁矿	≈10.0
			钨铁矿	≥15.6	白钨矿	9.9
			黑钨矿	15.6	黑柱石	8.5
			钨锰矿	≤15.6	菱锌矿	5～9
			针铁矿	15.3	石英	4.5
	中硬度矿物组	第十四鉴定表 p115～119	闪锌矿	≈16.6	白钨矿	9.9
			纤锌矿	≈16.6	白铅矿	≈10.0
			纤铁矿	16.6	黄钾铁矾	≈9.5
			晶质铀矿	16.0	铅矾	9.5
			钨铁矿	≥15.6	菱铁矿	6～10
			黑钨矿	15.6	菱锌矿	5～9
			钨锰矿	≤15.6	菱锰矿	5～8
			沥青铀矿	15.0	孔雀石	6～9.5
			针铁矿	15.3	蓝铜矿	7～8.5
			红锌矿	11.8	方解石	5
			硼镁铁矿	≈10.0	萤石	3
	低硬度矿物组	第十五鉴定表 p120～121	锑华	≈16	黄钾铁矾	≈9.5
			铜蓝	15.4	铅矾	9.5
			自然硫	12.5	方解石	5
			石墨	12.1		

遵循以上原则，我们编制出适用于地质类专业矿石学教学的鉴定表。本教程矿物鉴定表是以矿物反射率的大小(用黄铁矿、方铅矿、黝铜矿、闪锌矿为标准矿物划分为5级)和硬度不同(用金属针刻划分为高、中、低3级)分为5个组15个鉴定表(表4-1-1及表4-1-2到表4-1-16)。对于“边界矿物”(包括4种标准矿物和少数硬度及反射率不固定的矿物)分别放在2个甚至4个相应的鉴定表中。每一鉴定表中内容共分10栏。具体说明如下：

第一栏：矿物名称、化学组成、晶系、矿物名称下附列英文名称。

第二栏：反射率。根据国际矿相学委员会的规定，大部分矿物分别列出波长470nm(蓝光)、546nm(绿光)、589nm(橙光)和650nm(红光)4种单色光的反射率(Bowie等，1975)，同时列举了白光的反射率(Bowie和Taylor，1958)。鉴定表(表4-1-2至表4-1-16)及其索引表(表4-1-1)以546nm绿光平均反射率由大到小顺序排列，无绿光数值的则以橙光反射率的平均值为准。

第三栏：反射色。直接描述在直射光下空气中观察所见到的反射色。反射色描述的格式以砷黝铜矿的描述为例：灰白色微带橄榄绿色或灰绿色、明显的淡绿色(方铅矿)、淡绿色(辉铜矿)、淡蓝灰色(黄铜矿)。

上述第一项表示砷黝铜矿的一般反射色，也就是矿物单独出现而没有与其他金属矿物密切伴生时的反射色。其后列各项系反映砷黝铜矿与其他金属矿物邻接时和该矿物比较产生的“视觉色变”效应后得出的反射色，比较的矿物写在括号内。

第四栏：双反射，反射多射性。分两级：

可见双反射——指在空气中普通光源(100W)的单偏光下转动物台矿物单个晶粒或多颗粒集合体可见亮度或者颜色的变化。括号内注明反射多色性的具体颜色。

未见双反射——上述条件下转动物台未见矿物单个晶粒或多个颗粒集合体显示亮度或颜色的变化。

第五栏：均质非均质性(偏光色)、*Ar*、旋向符号。

均质非均质性(偏光色)分 3 级：

均质性——指在空气中普通光源下(100W)用严格正交偏光法或不完全正交偏光法，转动物台一周矿物都无亮度或颜色的变化。

弱非均质性——指在上述条件下转动物台一周可见微弱的亮度或颜色的变化，由于颜色变化微弱，大部分矿物未注明偏光色的具体颜色，只有少数矿物在括号内注明偏光色的具体颜色。

强非均质性——在上述条件下转动物台一周可见明显的亮度或颜色的变化，括号内注明偏光色的具体颜色。

Ar：矿物的非均质视旋转角。注明不同波长中的实际角度(E. N. Cameron，1961)，详细资料见有关文献。

旋向符号中"正"系指矿物的某一结晶要素(如晶体延长、解理、双晶等)方向与高反射率的方向一致；"负"系指矿物的某一结晶要素方向与低反射率的方向一致。

第六栏：内反射。分两级：

显内反射——指在空气中矿物(包括刻划的粉末)以斜照光法或正交偏光法能见到内反射现象者。括号内注明内反射的具体颜色。如辰砂，显内反射(朱红色)。

不显内反射——在上述条件下未见到内反射现象者。

第七栏：硬度。栏内列举了摩氏硬度、显微硬度和相对突起。

显微硬度为维氏压入硬度，以 *VHN* 为代号，主要引用 Simpson 和 Cope(1975)的资料(单位为 kg/mm^2)。

相对突起即为抗磨硬度，列出与其比较的矿物(主要的)。以＞(大于)、＜(小于)、＝(相等)、≥(稍大或近似)、≤(稍小或近似)表示其相对大小。主要引用 W. Uytenbogaardt(1951)的资料。

第八栏：浸蚀反应。采用常用的 6 种试剂(HNO_3、HCl、KCN、$FeCl_3$、$HgCl_2$、KOH)，有反应者在栏内注明为"＋"，并叙述其反应现象；无反应者注明为"－"。少数矿物加入第七种试剂，如对锰矿物加入双氧水浸蚀等。

第九栏：形态特征、矿物组合特点、产状和其他特征统称产出状态。

第十栏：主要鉴定特征和与类似矿物的区别。前者指该矿物的特殊点，后者指该矿物与同一鉴定表中类似矿物的区别点。

利用表内十栏资料对比鉴定未知矿物时，首先是利用目测对比法确定未知矿物的反射率范围(以前面提到的 4 种矿物的反射率为标准)，其次是利用金属针刻划法确定矿物的硬度等级，根据这两项结果查阅鉴定表索引(表 4－1－1)，确定未知矿物在哪个表(见本章末表 4－1－2 到表 4－1－16)，然后按照由简入繁的顺序观测和确定矿物的其他鉴定特征，综合分析、对比，最后确定矿物的名称。

表 4-1-2 第一鉴定表 反射率大于黄铁矿的高硬度矿物组

矿物名称 化学组成 晶系	反射率 (%)	反射色	双反射 反射多 色性	均非性 (偏光色) *Ar* 旋向符号	内反射	摩氏硬度 抗压硬度 抗磨硬度	浸蚀反应							形态特征、矿物组合特征、 组构和磨光性、产状等	主要鉴定特点和 与类似矿物区别
							HNO_3	HCl	KCN	$FeCl_3$	$HgCl_2$	KOH	其他试剂		
锇铱矿 Osmiridium $Ir_{62-80}\ Os_{20-38}$ 或 $Ir_{50-80}\ Os_{20-50}$ (可含少量 Ru, Pt)等轴晶系	470:71.9 546:70.9 589:68.3 650:72.5	亮乳白色,稍暗(自然铂)	未见	均质	不显	6-7 *VHN* 642~782 ≪尖晶石 >自然铂	—	—	—	—	—	—	王水 —	'易磨光。在自然铂、铱锇矿中形成连晶,包含不规则状或自形板状铱锇矿。共生伴生矿物:铂族矿物、铬铁矿、橄榄石。产于超基性岩铬铁矿型铂矿床及有关砂矿床	以高硬度及与王水负反应区别于自然铂
斜方砷钴矿 Safflorite (Co,Ni,Fe)As_2 其中 $CoAs_2$>60% 斜方晶系	目测值 绿:58.0 橙:52.0 红:51.5	亮白色微带浅蓝色,白色(斜方砷镍矿),灰白色(自然银)	未见	强非均质(强烈的蔷薇—绿色),589nm *Ar*(1.14±0.1)°旋向正(延长)	不显	4.5~5 *VHN* 430~988 ≥红砷镍矿 斜方砷镍矿 ≪毒砂 <斜方砷铁矿	+ 有时微泡、染褐、显结构	—	—	+ — 染褐	—	—		磨光性良好。常呈类似毒砂的菱形、楔形自形晶以及放射状或星状聚晶。解理少见,星状双晶普遍。系塑性矿物。与红砷镍矿、铁硫砷钴矿及方钴矿互成带状。在自然铋、自然银表面呈被膜状产出。常交代斜方砷镍矿、自然银。多产于中低温的 Co-Ni-Ag 热液矿床中,偶见于高温热液矿床	以星状双晶、反射色色调,硬度较低及与 HNO_3 有反应可与毒砂、斜方砷镍矿、斜方砷铁矿相区别
斜方砷镍矿 Rammelsbergite (Ni,Co,Fe) $NiAs_2$ 其中 $NiAs_2$ >70% 斜方晶系	470:53.6~58.0 546:53.2~57.2 589:53.5~57.1 650:53.5~56.6 白:58.0~60.0	亮白色,纯白色(红砷镍矿),白色(毒砂),稍带黄色(斜方砷钴矿)	未见	强非均质(强烈的蔷薇—蓝绿色),旋向正(延长)	不显	5.5 *VHN* 642~698 =红砷镍矿 ≪毒砂 ≤斜方砷钴矿 <斜方砷铁矿	+ 强泡、染黑、显结构	—	—	+ 染褐、显结构	+ — 染褐	—		磨光性极好。呈板条状自形晶及其聚晶,细粒他形晶集合体或放射纤维状集合体。解理偶见,叶片双晶普遍,环带结构常见。系脆性矿物。与红砷镍矿、方钴矿构成同心圆状连晶,亦可呈被膜状分布在自然银、自然铋表面。多产于中温热液(镍-钴、镍-钴-银建造)矿床	以叶片状双晶、脆性及与 HNO_3 强烈发泡等与斜方砷钴矿、斜方砷铁矿区别
砷铂矿 Sperrylite $PtAs_2$ 等轴晶系	460:55.0 540:55.5 580:55.5 660:52.0	白色,较亮(黄铁矿),明显较暗(自然铂)	未见	均质	不显	6~7 *VHN* 960~1277 ≫自然铂 ≥黄铁矿	—	—	—	—	—	—	王水 ± 慢泡染淡棕 $KClO_3$ 加 H_2CO_4 染桔黄然后变褐色	不易磨光。常呈细小等轴自形晶产出。解理偶见。与自然铂、磁铁矿构成连晶,常在黄铜矿、磁黄铁矿、镍黄铁矿、铬铁矿中形成包体,在自然铂中呈棒状包体,亦可含有黄铜矿、磁黄铁矿、自然金等包体。可被镍黄铁矿、方黄铜矿、闪锌矿、自然铂、方铅矿交代。其他共生伴生矿物有镍-砷化物、铂族矿物等。主要产于与基性—超基性岩有关的铜镍硫化物矿床中	其硬度、反射率、反射色与黄铁矿相似,以浸蚀反应区别之

续表 4-1-2

矿物名称 化学组成 晶系	反射率 (%)	反射色	双反射 反射多 色性	均非性 (偏光色) Ar 旋向符号	内反射	摩氏硬度 抗压硬度 抗磨硬度	浸蚀反应 HNO$_3$	HCl	KCN	FeCl$_3$	HgCl$_2$	KOH	其他试剂	形态特征、矿物组合特征、 组构和磨光性、产状等	主要鉴定特点和 与类似矿物区别
辉砷镍矿 Gersdorffite NiAsS 等轴晶系	470:53.7 546:54.2 589:54.3 650:54.6 白:47.5	白色微带玫瑰色，较黄(方钴矿)，玫瑰乳色(黄铜矿、方铅矿)，白色(毒砂)	未见	均质	不显	5～5.5 *VHN* 782～853 >硫钴矿 =方钴矿 ≪黄铁矿、毒砂	+ 慢泡、晕色、显结构熏污	−	−	+ −	+ − 污染	−	KMnO$_4$ (饱和) + 染褐	磨光性良好，常呈自形晶，也呈细粒他形晶集合体。//{100}解理清楚。常见三角形陷孔，聚片双晶可见，内部环带结构普遍。系导电性矿物。可在磁黄铁矿与红砷镍矿之间形成反应边。交代黄铁矿、红砷镍矿、针镍矿和被黝铜矿、紫硫镍矿、斜方砷钴矿交代。主要产于中温热液矿床，偶见于矽卡岩矿床	以反射色，三角孔及浸蚀反应区别于方钴矿
方钴矿 Skutterudite (Co,Ni,Fe)As$_3$ 等轴晶系	470:53.1～56.7 546:52.5～55.4 589:52.2～54.6 650:51.8～53.8 白:55.8	乳白色微带灰蓝色或淡黄色，微黄(斜方砷钴矿、斜方砷镍矿)，纯白色(黄铁矿)，黄白色(方铅矿)	未见	均质	不显	5.5～6 *VHN* 613～1 081 ≥红砷镍矿 <斜方砷铁矿 ≪黄铁矿、毒砂	+ − 慢染褐、含镍时发泡	−	−	+ − 含镍时染褐、显结构	+ − 含镍时染褐、能拭去	−	H$_2$O$_2$ + 晕色，染褐	磨光性良好。常呈自形晶，晶粒较粗，似黄铁矿。纯方钴矿可形成均匀的自形晶，含其他成分的方钴矿则构成细密环带结构。属脆性矿物。显强导电性。可交代黄铁矿；可被斜方砷铁矿、斜方砷镍矿、斜方砷钴矿等交代。富镍的方钴矿常与自然银共生，富钴的方钴矿则常与自然铋共生。多见于高温热液和矽卡岩矿床，偶见于变质矿床	以反射色、环带结构和对 H$_2$O$_2$ 的浸蚀反应与表内其他类似矿物区别
斜方砷铁矿 Loellingite (Fe,Ni,Co)As$_2$ 以 Fe 为主 斜方晶系	470:52.4～56.4 546:52.4～54.1 589:51.2～55.2 650:49.7～54.5 白:53.0～54.7	白色微带黄色，相似微蓝白色(毒砂)，相似(斜方砷镍矿、斜方砷钴矿)	未见	强非均质(柔和的蔷薇蓝绿色) *Ar* 白 2.9°(观察值)旋向负(延长)	不显	5～5.5 *VHN* 446～560 >磁黄铁矿、斜方砷钴矿 ≪毒砂	+ 晕色	−	−	+ 染褐、显结构	−	−		磨光性良好。常呈类似毒砂的菱形自形晶及自形变晶，偶为放射状聚晶及细粒状集合体，解理未见。双晶普遍，环带结构见于大晶粒中，为塑性矿物。具强导电性。可构成自然砷的外壳，或与斜方砷钴矿构成镶嵌状集合体，与红砷镍矿、斜方砷钴矿、毒砂构成连晶，主要产于中温热液矿床	以对 FeCl$_3$ 反应及强导电性与毒砂区别
毒砂 Arsenopyrite FeAsS 单斜晶系	470:48.7～55.3 546:51.85～53.7 589:50.9～54.4 650:49.5～53.7 白:51.7～55.7	白色微带玫瑰黄色，稍白(黄铁矿)	可见(微蓝一淡红黄色)	强非均质(柔和的蔷薇一蓝绿色) *Ar* 白 1.1°{010}旋向负(延长)	不显	6.5 *VHN* 870～1168 ≫方钴矿，斜方砷铁矿，磁铁矿 <黄铁矿	+ 慢泡、晕色、显结构	−	+ −	−	−	−		磨光性好。常呈菱形，长柱状自形晶和骸晶，半自形粒状集合体。解理少见，聚片双晶普遍，可见内部环带结构。系塑性矿物。弱导电性。毒砂与黄铁矿、斜方砷铁矿、磁黄铁矿等构成连晶；含有叶片状铁硫砷钴矿的固溶体分解物。交代斜方砷铁矿、砷钴矿、黄铁矿、辉钼矿、黑钨矿等；也可被黝铜矿和铜、铅、锌硫化物交代。主要产于矽卡岩型和高温热液矿床中	以反射色较浅与白铁矿区别；以硬度、反射色、双反射和对 FeCl$_3$ 负反应与斜方砷铁矿、斜方砷钴矿、斜方砷镍矿区别

续表 4-1-2

矿物名称 化学组成 晶系	反射率 (%)	反射色	双反射 反射多 色性	均非性 (偏光色) Ar 旋向符号	内 反 射	摩氏硬度 抗压硬度 抗磨硬度	浸蚀反应							形态特征、矿物组合特征、 组构和磨光性、产状等	主要鉴定特点和 与类似矿物区别
							HNO_3	HCl	KCN	$FeCl_3$	$HgCl_2$	KOH	其他 试剂		
黄铁矿 Pyrite FeS_2 等轴晶系	470:45.6～46.3 546:52.0～53.4 589:53.4～54.5 650:54.3～55.5 白:54.5	浅黄白色,较黄(毒砂,白铁矿),较亮和更淡的黄色(黄铜矿),淡黄色(方铅矿)	未见	均质	不显	6～6.5 VHN 1 452～1 626 >毒砂、白铁矿、赤铁矿 <锡石、砷铂矿	+ 慢泡	—	—	—	—	—		不易磨光。常为自形晶,有正方形、矩形及五角十二面体断面的晶形,还有粗粒他形、粗粒圆球状集合体及细粒自形晶、极细的骸晶等。大多数胶状黄铁矿为隐晶质。双晶少见,晶粒内部环带结构常见。为脆性矿物。常被白铁矿、铜、铅、锌硫化物、毒砂、黝铜矿、斑铜矿等交代;又可交代斜方砷钴矿、硫锰矿、闪锌矿、黄铜矿、磁铁矿等。黄铁矿分布广泛,可产于内生、沉积和变质矿床中	以高硬度、不易磨光、均质和等轴粒状与白铁矿、毒砂区别
白铁矿 Marcasite FeS_2 斜方晶系	470:43.1～50.6 546:47.5～56.3 589:48.3～54.6 650:47.8～53.7 白:48.9～55.5	浅黄白色微带粉红至黄绿色,较白(黄铁矿),浅黄色(毒砂)	可见 (黄白—黄绿色)	强非均质(黄—绿—紫)589nm Ar 1.63°±0.1°旋向正(延长)	不显	6～6.5 VHN 1 097～1 682 >磁黄铁矿、胶状黄铁矿 ≤黄铁矿	+ 慢泡、染褐至晕色	—	—	—	—	—		不易磨光。常呈胶状产出,自形晶少见,偶见放射纤维状集合体。可见清楚解理,聚片双晶和内部环带普遍。常与黄铁矿交互成层,或在胶状黄铁矿上形成皮壳。白铁矿可由磁黄铁矿、黝锡矿分解而成。与毒砂、黄铁矿、黄铜矿和铜蓝构成连晶。常产于酸性条件的地表或近地表的矿床中,一般为次生矿物。亦可产于低温热液矿床中	以晶形、反射色和强非均质区别于黄铁矿;以反射色略黄和偏光色较浓区别于毒砂
红砷镍矿 Niccolite NiAs 六方晶系	470:38.5～39.2 至 46.2～46.8 546:48.9～49.1 至 52.6～52.9 589:54.4～54.8 至 56.6～56.9 650:59.6～61.6 至 60.3～62.4	浅玫瑰色微带黄色或棕色,明显粉红色(方钴矿),较亮带粉红色,无棕色色调(磁黄铁矿),亮得多(斑铜矿)	可见 (淡玫瑰色—淡棕色)	强非均质(蔷薇色—黄绿色)589nm Ar 0.81°±0.1°旋向负(柱晶延长)	不显	5～5.5 VHN 308～533 >黄铜矿 =磁黄铁矿 <黄铁矿	+ 发泡、染黑、显结构	—	—	—	+ 晕色、染褐	—		磨光性良好。常为他形晶集合体。具肾状、柱状、树枝状、网状等构造,晶粒内部环带结构普遍。可见格状和聚片双晶。为塑性矿物。具强导电性。常与斜方砷钴矿、斜方砷镍矿一起形成同心圆状集合体或近于平行状集合体。与镍黄铁矿、黄铜矿、磁黄铁矿、方铅矿等构成连晶,与辉铜矿构成文象结构。交代镍黄铁矿、磁黄铁矿等;也可被辉钴矿、辉砷镍矿等交代。主要产于热液矿床,如 Ni-Co-Ag 矿床和贵金属方解石建造中	以反射色、双反射及浸蚀反应与白铁矿、毒砂区别
铁硫砷钴矿 Glaucodot (Co,Fe)AsS 斜方晶系	470:48.4～49.2 546:50.0～50.6 589:50.4～50.7 650:51.1～51.3 白:52.5	白色微带浅黄玫瑰色,相似带蓝白色(毒砂)	未见	弱非均质旋向负(延长)	不显	5 VHN 1 097～1 115 >黄铜矿、闪锌矿 ≤毒砂	+ 慢泡、晕色、染棕	—	—	—	—			磨光性良好。常呈粗粒自形晶或他形粒状集合体。解理清楚,可见细长的聚片双晶和内部环带结构,为弱塑性矿物。含有方铅矿包体;在辉钴矿中形成包体。在黄铁矿、辉钴矿表面形成皮膜,在钴毒砂中形成叶片状固溶体分解物。主要产于高温热液矿床,偶见于矽卡岩矿床	以未见双反射和弱非均质性区别于毒砂

表 4-1-3 第二鉴定表 反射率大于黄铁矿的中硬度矿物组

矿物名称 化学组成 晶系	反射率 (%)	反射色	双反射 反射多 色性	均非性 (偏光色) *Ar* 旋向符号	内反射	摩氏硬度 抗压硬度 抗磨硬度	浸蚀反应							形态特征、矿物组合特征、 组构和磨光性、产状等	主要鉴定特点和 与类似矿物区别
							HNO_3	HCl	KCN	$FeCl_3$	$HgCl_2$	KOH	其他 试剂		
自然铂 Platinum Pt 等轴晶系	470:66.4 546:70.4 589:71.9 650:74.3 白:70.0	亮白色微带蓝色或黄色色调,相似无乳黄色(自然银),较亮(砷铂矿)	未见	均质	不显	4~4.5 *VHN* 122~129 >闪锌矿 <磁黄铁矿	−	−	−	−	−	−	王水 +	磨光性良好,有擦痕。常为不规则的晶粒。无解理,可见双晶和内部环带结构。无磁性。自然铂可含固溶体分解作用形成的板状或粒状锇铱矿、铱锇矿;可在铬铁矿中形成包体或含砷铂矿和赤铁矿包体。可交代砷铂矿和铬铁矿。主要产于岩浆型铜-镍硫化物矿床及铬铁矿矿床中,也可产于矽卡岩型和热液石英脉型矿床中	以高反射率和亮白色为特征,以均质性、反射色和浸蚀反应区别于自然砷
锑银矿 Dyscrasite Ag_3Sb 斜方晶系	470:60.2~61.0 546:62.1~63.2 589:62.8~64.0 650:63.9~65.2 白:62.0~64.5	亮白色至黄白色,微带黄色(自然锑),较灰(自然银)	未见	弱非均质	不显	3.5~4 *VHN* 146~166 ≫方铅矿 ≥自然银 ≤自然砷、黄铜矿	+ 晕色、染棕	−	−	+ 晕色、沉淀	+ 褐黄色沉淀			极易磨光,具擦痕。常呈柱状自形晶和他形粒状集合体。解理和双晶少见。常呈细包体分布于方铅矿中;含有固溶体分解物自然银片晶。只产于少数的热液矿床中	以反射率较低和具弱非均质性与自然银区别;自然铋则硬度更低,具聚片双晶
微晶砷铜矿 Algodonite $Cu_{6-7}As$ (有 α、β 2 个相) 六方晶系	550:61.5	α 相:黄绿灰色;β 相:粉红黄色;较亮较白(砷铜矿)	可见	强非均质旋向正(延长)	不显	3~3.5 *VHN* 248~255 >辉铜矿 =砷铜矿	+ 发泡、染黑、显结构	+ 染棕、显结构	+ − 染棕、发泡、显结构	+ 染黑	+ 染棕	+ − 晕色		易磨光,但常有擦痕。常呈细粒他形晶集合体,具皮壳状构造。解理、双晶和环带结构未见。与淡红砷铜矿、砷铜矿构成连晶,三者可互成叶片状、针状包含于二矿物中。被辉铜矿、铜蓝交代形成假象。本矿物的 α 相和 β 相成不混溶连晶。其他共生伴生矿物有自然银、赤铜矿、黑铜矿。主要产于含铜热液矿床中	以较高的反射率和强非均质性与砷铜矿区别
斜方砷钴矿 Safflorite $(Co,Ni,Fe)As_2$ 其中 $CoAs_2$>60% 斜方晶系	目测值: 绿:58.0 橙:52.0 红:51.5	亮白色微带浅蓝色,白色(斜方砷镍矿),灰白色(自然银)	未见	强非均质(强烈的蔷薇—绿色) 589nm *Ar*1.14°±0.1° 旋向正(延长)	不显	4.5~5 *VHN* 430~988 ≥红砷镍矿 ≪毒砂、辉钴矿、铁硫砷钴矿	+ 微泡、显结构	−	−	+ − 染褐	−	−		磨光性良好。常呈类似毒砂的菱形、楔形自形晶及放射状或星状聚晶。解理少见,星状双晶普遍。系塑性矿物。与红砷镍矿、铁硫砷钴矿及方钴矿互成带状。在自然铋、自然银表面呈被膜状产出。常交代斜方砷镍矿、自然银。多产于中低温的 Co-Ni-Ag 热液矿床中	以星状双晶、反射色色调、硬度较低及与 HNO_3 反应可与毒砂、斜方砷镍矿、斜方砷铁矿区别

续表 4－1－3

矿物名称 化学组成 晶系	反射率 (%)	反射色	双反射 反射多 色性	均非性 (偏光色) *Ar* 旋向符号	内 反 射	摩氏硬度 抗压硬度 抗磨硬度	浸蚀反应							形态特征、矿物组合特征、 组构和磨光性、产状等	主要鉴定特点和 与类似矿物区别
							HNO_3	HCl	KCN	$FeCl_3$	$HgCl_2$	KOH	其他 试剂		
斜方砷镍矿 Rammelsbergite $NiAs_2$ 斜方晶系	470:53.6～58.0 546:53.2～57.2 589:53.5～57.1 650:53.5～56.6 白:58.0～60.0	亮白色微带淡黄色，纯白色（红砷镍矿），白色（毒砂），稍带黄色（斜方砷钴矿）	未见	强非均质（强烈的蔷薇－蓝绿色）旋向正（延长）	不显	5.5 *VHN* 642～698 ＝红砷镍矿 ≪毒砂、 辉钴矿	＋ 强泡、 染黑、 显结构	－	－	＋ 染褐、 显结构	＋ － 染褐	－		磨光性极好。呈板条状自形晶及其聚晶，细粒他形晶集合体或放射纤维状集合体。解理偶见，叶片双晶普遍，环带结构常见。系脆性矿物。与红砷镍矿、方钴矿构成同心圆状连晶，亦可呈被膜状分布在自然银、自然铋表面。多产于中温热液（镍-钴、镍-钴-银建造）矿床	以叶片状双晶、脆性及与 HNO_3 作用强烈发泡等与斜方砷钴矿、斜方砷铁矿区别
辉砷镍矿 Gersdorffite NiAsS 等轴晶系	470:53.7 546:54.2 589:54.3 650:54.6 白:47.5	白色微带玫瑰色，较黄（方钴矿），玫瑰乳色（黄铜矿、方铅矿），白色（毒砂）	未见	均质	不显	5～5.5 *VHN* 782～853 ＞硫钴矿 ＝方钴矿 ≪黄铁矿、 毒砂	＋ 慢泡、 晕色、 显结构	－	＋	＋ －	＋ － 污染	－	$KMnO_4$ (饱和) ＋ 染褐	磨光性良好。常呈自形晶，也呈细粒他形晶集合体。{100}解理清楚，常见三角形陷孔，聚片双晶可见，内部环带结构普遍。系导电性矿物。可在磁黄铁矿和红砷镍矿之间形成反应边。交代黄铁矿、红砷镍矿、针镍矿和被黝铜矿、紫硫镍矿、斜方砷钴矿交代。主要产于中温热液矿床，偶见于矽卡岩矿床	以反射色、三角孔及浸蚀反应区别于方钴矿
自然砷 Arsenic As 六方晶系	470:53.6～57.4 546:51.3～56.4 589:50.4～55.8 650:50.0～56.0 白:48.0～51.0	白色（空气中易变色），较暗浅灰色（自然锑），微亮带乳色（方铅矿）	未见	弱非均质 589nm *Ar* 0.97° ±0.2 旋向负（延长）	不显	3～3.5 *VHN* 83～149 ≫自然铋 ＞自然银、 自然锑 ≥锑银矿	＋ 慢泡、 晕色 至黑 褐色	－	－	＋ 染黑	＋ － 染褐	－		磨光性良好。常呈细粒－粗粒集合体，细粒多为等粒状，粗粒多为羽毛状或束状。常具胶状和放射状结构。常见{0001}解理，叶片状双晶普遍，内部环带结构发育。无磁性，可含自然银、自然锑、锑银矿和斜方砷镍矿包体，交代方钴矿、斜方砷镍矿、自然铋；被淡红银矿交代。常产于镍-钴-银-铀的热液矿床	以反射率较低，空气中易变色与自然锑、自然铋区别
斜方砷铁矿 Loellingite (Fe,Ni,Co)As_2 以 Fe 为主 斜方晶系	470:52.4～56.4 546:52.4～54.1 589:51.2～55.2 650:49.7～54.5 白:53.0～54.7	白色微带黄色，相似微蓝色（毒砂），相似（斜方砷镍矿、斜方砷钴矿）	未见	强非均质（柔和的蔷薇蓝绿色） *Ar* 白 2.9°（观察值）旋向负（延长）	不显	5～5.5 *VHN* 446～560 ＞磁黄铁矿、 斜方砷钴矿 ≪毒砂	＋ 晕色	－	－	＋ 染褐、 显结构	－	－		磨光性良好。常呈类似毒砂的菱形自形晶及自形变晶，偶为放射状聚晶及细粒状集合体，解理未见。双晶普遍，环带结构见于大晶粒中，为塑性矿物。具强导电性。可构成自然砷的外壳，或与斜方砷钴矿构成镶嵌状集合体，与红砷镍矿、斜方砷钴矿、毒砂构成连晶，主要产于中温热液矿床	以对 $FeCl_3$ 反应及强导电性与毒砂区别

续表 4-1-3

矿物名称 化学组成 晶系	反射率 (%)	反射色	双反射 反射多 色性	均非性 (偏光色) Ar旋向符号	内反射	摩氏硬度 抗压硬度 抗磨硬度	浸蚀反应							形态特征、矿物组合特征、 组构和磨光性、产状等	主要鉴定特点和 与类似矿物区别
							HNO_3	HCl	KCN	$FeCl_3$	$HgCl_2$	KOH	其他试剂		
针镍矿 Millerite NiS (可含 Co) 六方晶系	470:42.8～43.4 546:49.6～54.0 589:51.4～56.5 650:53.6～58.9 白:54.0～60.0	黄色略带乳黄色,较亮(黄铜矿),略黄(黄铁矿),较黄无棕色色调(镍黄铁矿)	未见	强非均质 589nm Ar 1.79° ±0.1°旋向负(延长)	不显	3～3.5 VHN 196～222 >黄铜矿 <闪锌矿、镍黄铁矿、硫钴矿	+ - 慢泡、染褐、薰污	-	-	-	+ - 染褐	-		磨光性良好。多呈针状晶体或由针状晶体组成的放射状或束状集合体,偶见他形粒状集合体。//{1011}解理常见,双晶普遍,底切面常见环带结构。为脆性矿物。针镍矿可呈叶片状固溶体分解物分布于硫钴矿中;在紫硫镍矿和磁黄铁矿之间呈反应边。可蚀变成辉铁镍矿和紫硫镍矿。针镍矿可在内生和外生条件下形成。内生针镍矿产于岩浆型铜-镍硫化物矿床、热液矿床。外生针镍矿产于富镍硫化物矿床氧化带和胶结带之间,亦可由含镍超基性岩风化而成	以针状晶体、反射色、强非均质性和黄铁矿及镍黄铁矿区别
红砷镍矿 Niccolite NiAs 六方晶系	470:38.5～39.2 至 46.2～46.8 546:48.9～49.1 至 52.6～52.9 589:54.4～54.8 至 56.6～56.9 650:59.6～61.6 至 60.3～62.4	浅玫瑰色微带黄色或棕色,明显粉红色(方钴矿),较亮带粉红色无棕色色调(磁黄铁矿),亮得多(斑铜矿)	可见 (淡玫瑰色—淡棕色)	强非均质 (蔷薇色—黄绿色) 589nm Ar 0.81° ±0.1°旋向负(柱晶延长)	不显	5～5.5 VHN 308～533 >黄铜矿 =磁黄铁矿 ≪黄铁矿	+ 发泡、染黑、显结构	-	-	-	+ 晕色	-		磨光性良好。常为他形晶集合体。具肾状、柱状、树枝状、网状等构造,晶粒内部环带结构普遍。可见格状和聚片双晶。为塑性矿物。具强导电性。常与斜方砷钴矿、斜方砷镍矿一起形成同心圆状集合体或近于平行状集合体。与镍黄铁矿、黄铜矿、磁黄铁矿、方铅矿等构成连晶,与辉铜矿构成文象结构。交代镍黄铁矿、磁黄铁矿等;也可被辉钴矿、辉砷镍矿等交代。主要产于热液矿床,如Ni-Co-Ag矿床和贵金属方解石建造中	以反射色、双反射及浸蚀反应与白铁矿、毒砂区别

表 4-1-4 第三鉴定表 反射率大于黄铁矿的低硬度矿物组

矿物名称 化学组成 晶系	反射率 (%)	反射色	双反射 反射多 色性	均非性 (偏光色) *Ar* 旋向符号	内反射	摩氏硬度 抗压硬度 抗磨硬度	浸蚀反应							形态特征、矿物组合特征、 组构和磨光性、产状等	主要鉴定特点和 与类似矿物区别
							HNO_3	HCl	KCN	$FeCl_3$	$HgCl_2$	KOH	其他试剂		
自然银 Silver Ag 等轴晶系	470:92.2～92.5 546:94.3～94.8 589:95.1～95.5 650:94.8～95.7 白:95.0	亮白色微带乳黄色(空气中易变色),较亮白色(自然铜),较亮微带乳黄色(自然铂),较亮乳黄白色(自然锑)	未见	均质	不显	2.5～3 *VHN* 80～87 =黄铜矿 <黝铜矿 >方铅矿及其他银矿物	+ 发泡、染黑	+ 薰污	+ 染褐(弱)	+ 晕色、染黑	+ 晕色、染褐	−	碘酒 + 白色薄膜	易磨光,但常具擦痕。呈细粒他形晶集合体,具树枝状、骸晶状、分散的叶片状和结核状等形态。为极塑性矿物。强导电性。自然银常成辉银矿、深红银矿、黄铜矿、磁黄铁矿的包体,可由辉银矿、银黝铜矿或含银方铅矿分解而成。自然银分布广泛,但数量少。主要产于低中温热液矿床和硫化物矿床次生富集带	以高反射率、亮白色、低硬度为特征。以浸蚀反应和在空气中易变色与自然铂区别
银金矿 Electrum Au Ag 等轴晶系	470:77.3 546:86.4 589:88.7 650:90.0 白:83.0	乳白色或淡黄白色,黄白较浅(自然金),淡黄色(黄铜矿)	未见	均质	不显	2～3 *VHN* 61～67 =自然金、黄铜矿 >方铅矿 <闪锌矿、黝铜矿	+ − 有时微泡	−	+ − 染黑(弱)	+ − 有时显晕色、染褐	+ 晕色、染黑	−		易磨光,但常具擦痕。多为等轴粒状或不规则粒状集合体,亦有呈脉状或树枝状产出。无解理,生长双晶{111}普遍,环带结构可见。常在硫化物,碲化物等矿物中形成包体。交代黄铁矿、铜、铅、锌硫化物、银-锑矿物、辉银矿、硫砷铜矿等。产于高、中、低温热液脉状矿床及砂矿床中	以反射色及浸蚀反应与自然银、自然铜和自然金区别
自然金 Gold Au 等轴晶系	470:38.5 546:77.8 589:85.5 650:90.0 白:74.0	亮金黄色,较黄(银金矿),亮得多淡黄色(黄铜矿)	未见	均质	不显	2.5～3 *VHN* 53～58 =黄铜矿 >方铅矿 <闪锌矿、黝铜矿	−	−	+ 染黑	−	−	−	王水 + 微泡、染褐、薰污	易磨光,但常具擦痕。多呈大小不一的粒状,细针状集合体。具脉状、骸晶状等结构。无解理,叶片状双晶//{111}普遍,具晶粒内部环带结构。为极塑性矿物。常在铁、铜、铅、锌、锑、铋、银等硫化物及镍黄铁矿、黝铜矿、车轮矿中呈细小包体。在黄铁矿、黄铜矿及方铅矿的外围构成环边。次生自然金常呈充填物产于铜蓝、辉铜矿、褐铁矿和赤铁矿中。主要产于高、中、低温热液矿床、砂矿床和受变质矿床中	以鲜明的反射色,高反射率、低硬度、均质性与黄铜矿、黄铁矿区别;以反射色及浸蚀反应与自然铜、自然银区别
自然锑 Antimony Sb 六方晶系	470:71.6～73.2 546:71.1～73.0 589:70.0～72.1 650:68.5～71.3 白:72.0～77.1	亮白色微带淡黄色,明显较暗(自然银),明显较亮(方铅矿)	未见	弱非均质	不显	3～3.5 *VHN* 84～98 >辉锑矿、自然铋 <锑银矿、自然砷	+ 晕色、染褐、染黑	−	+ − 染褐	+ 晕色、染黑	+ − 染褐	−		磨光性极好。常为细粒他形晶集合体。压力聚片双晶常见。交代辉锑矿,可含辉锑矿、红锑矿的细小包体;亦可呈包体分布于自然砷和辉锑矿中。主要产于低温热液矿床	以反射色及浸蚀反应不同与自然铋区别

续表 4-1-4

矿物名称 化学组成 晶系	反射率 (%)	反射色	双反射 反射多 色性	均非性 (偏光色) Ar 旋向符号	内反射	摩氏硬度 抗压硬度 抗磨硬度	浸蚀反应							形态特征、矿物组合特征、 组构和磨光性、产状等	主要鉴定特点和 与类似矿物区别
							HNO_3	HCl	KCN	$FeCl_3$	$HgCl_2$	KOH	其他试剂		
碲铅矿 Altaite Pb Te 等轴晶系	470:70.0 546:69.8 589:67.5 650:63.2 白:65.5	亮纯白色,浅灰色(碲金矿)、浅灰色微带绿色(针碲金银矿)	未见	均质	不显	3 *VHN* 47~51 >碲铋矿 <方铅矿	+ 发泡、染棕、显结构	+ 晕色	−	+ 晕色、显结构	−	−		磨光性良好。常为细粒他形晶集合体。解理常见,偶见三角形陷孔。可呈浸染状或沿方铅矿{001}解理分布。在斑铜矿、碲银矿、碲汞矿中形成包体;也可含碲金矿、碲银矿、硒银矿的细小包体。与方铅矿、碲银矿形成黄铁矿的薄边。产于少数热液矿床中	以高反射率与方铅矿区别
自然铋 Bismuth Bi 六方晶系	470:62.4 546:66.7 589:68.8 650:71.2 白:67.9	亮乳白色易变成粉红乳色,微带乳色(自然银),较亮(自然锑),较白(红砷镍矿)	未见	弱非均质 589nm Ar 2.12° ± 0.2°旋向负(延长)正 {0001}解理	不显	2~2.5 *VHN* 15~18 <辉铋矿	+ 慢泡、染褐	+ 染褐、有时显结构	−	+ 染褐、显结构	+ 染褐	−		易磨光,但常具擦痕。常为他形晶粒状集合体,亦可呈骸晶状或树枝状产出。聚片双晶普遍。为塑性矿物。可与方铅矿、辉铋矿、黄铜矿、磁黄铁矿构成文象状连晶。交代方铅矿、黝铜矿、铋-碲化物和其他硫化物等;亦可被辉铋矿、红砷镍矿、斜方砷镍矿和其他硫化物交代。主要产于高温热液矿床及含铋的钨锡砂卡岩型矿床	以高反射率、低硬度、非均质性及聚片双晶为特征。以反射色、聚片双晶及浸蚀反应与自然锑区别
碲金矿 Calaverite $AuTe_2$ (Au 可被少量 Ag 置换) 单斜晶系	480:61.0 540:64.4 580:65.8 640:67.3	白色微带棕色,较亮,颜色略重(针碲金银矿),较亮微带粉红黄色(黄铁矿)	未见	弱非均质(灰红、绿、绿棕) Ar 白 2.5°旋向正(延长)	不显	2.5~3 *VHN* 198~209 >深红银矿、针碲金银矿 ≤方铅矿 <黄铜矿	+ 慢泡、染棕至黑	−	−	+ 染淡棕(慢)	−	−		易磨光。常呈板条状、叶片状、细针状自形晶和放射状聚晶,不规则粒状及其集合体,有时晶粒极细。解理、环带未见,偶见聚片双晶。交代碲金银矿、自然金、黄铜矿、黄铁矿;也可被自然金交代而成假象。可含自然金、碲铅矿等包体。其他共生伴生矿物有碲化物、黝铜矿和铁、铅、铜、锌的硫化物。主要产于高温和低温含金石英脉中	以反射率较高和弱非均质性与针碲金银矿区别
碲铋矿 Tellurobismuthite Bi_2Te_3 六方晶系	470:62.1 546:63.4 589:64.0 650:65.5 白:61.5	白色微带浅玫瑰色,较亮带白色(黄铜矿),微带浅红白色(碲铅矿)	未见	弱非均质	不显	1.5~2 *VHN* 31~33 <辉铋矿、方铅矿	+ 起泡、染深褐色(快)	−	−	+				不易磨光。解理{0001}和{1010}常见,聚片双晶可见。在辉碲铋矿中呈纺缍状或似文象状的不混溶连晶;在黄铜矿中呈自形晶包体。其他共生矿物有碲铅矿、碲金矿、辉铋矿、自然金和其他铋的碲化物等。产于高-中温热液矿床	以常与其他碲化物,特别易与辉碲铋矿共生为特征

续表 4-1-4

矿物名称 化学组成 晶系	反射率 (%)	反射色	双反射 反射多 色性	均非性 (偏光色) *Ar* 旋向符号	内反射	摩氏硬度 抗压硬度 抗磨硬度	浸蚀反应 HNO_3	HCl	KCN	$FeCl_3$	$HgCl_2$	KOH	其他 试剂	形态特征、矿物组合特征、 组构和磨光性、产状等	主要鉴定特点和 与类似矿物区别
微晶砷铜矿 Algodonite $Cu_{6-7}As$ (有 α、β 2 个相) 六方晶系	550:61.5	α 相：黄绿灰色；β 相：粉红黄色；较亮较白(砷铜矿)	可见	强非均质旋向正(延长)	不显	3～3.5 *VHN* 248～255 >辉铜矿 =砷铜矿	+ 发泡、染黑、显结构	+ 染棕、显结构	+ － 染棕、发泡、显结构	+ 染黑	+ 染棕	+ － 晕色		易磨光，但常有擦痕。常呈细粒他形晶集合体，具皮壳状构造。解理、双晶和环带结构未见。与淡红砷铜矿、砷铜矿构成连晶，三者可互成叶片状、针状包含于二矿物中。被辉铜矿、铜蓝交代形成假象。本矿物的 α 相和 β 相成不混溶连晶。其他共生伴生矿物有自然银、赤铜矿、黑铜矿。主要产于含铜热液矿床中	以较高的反射率和强非均质性与砷铜矿区别
自然铜 Copper Cu 等轴晶系	470:52.9 546:60.7 589:87.0 650:94.6 白:81.2	铜红色，空气中易变成浅棕色，较暗明显的品红色(自然银)	未见	均质	不显	2.5～3 *VHN* 96～103 >辉铜矿、黄铜矿，<赤铜矿、褐铁矿	+ 发泡、有时染褐	+ － 染褐	+ 染褐 (慢)	+ 迅速染褐	+ 晕色、染黑	+ 晕色、染褐		易磨光，但常有擦痕。常呈粗粒和细粒他形晶或半自形晶集合体。具肾状和结核状构造。次生自然铜可呈树枝状、矛状和骸晶状。解理未见，可见聚片双晶和内部环带结构。为极塑性矿物。导电性强。可呈微细包体分布于赤铜矿、斑铜矿、硫砷铜矿、辉铜矿和磁黄铁矿中；含方黄铜矿、赤铜矿的定向连晶。交代辉铜矿，可氧化成赤铜矿或被赤铜矿交代。主要产于低温热液矿床和铜矿床氧化带	以高反射率和铜红色为主要特征。以反射色和均质性与自然铋、自然锑区别；以反射色及浸蚀反应与自然银、自然金和银金矿区别
针碲金银矿 Sylvanite $AuAgTe_4$ 单斜晶系	480:47.8～57.6 546:50.3～59.0 580:50.8～59.0 650:51.7～59.4 白:48.0～60.0	乳白色，较暗(碲金矿)，稍带粉红色(碲铅矿)	可见 (乳白色一乳白棕色)	强非均质 (淡蓝灰一褐)589nm *Ar* 3.6°±0.1°	不显	1.5～2 *VHN* 91～104 ≫辉银矿、碲银矿 >碲铅矿、铋的碲化物 <深红银矿	+ 染褐、显二组垂直解理	－	－	+ － 染黄棕				磨光性良好。常呈柱状、板状、片状、骸晶状晶体。//{010}解理发育，//{100}的较差，聚片双晶普遍。与碲银矿和叶碲金矿构成连晶。可含自然金包体；也可被包含于辉银矿、黄铁矿、斑铜矿和铜、铅、锌硫化物中。交代方铅矿和碲银矿。主要产于低温热液矿脉中，也产于中-高温热液矿脉	以明显的双反射、非均质性及双晶区别于其他的碲金矿物

表 4-1-5 第四鉴定表 反射率在黄铁矿和方铅矿之间的高硬度矿物组

矿物名称 化学组成 晶系	反射率 (%)	反射色	双反射 反射多 色性	均非性 (偏光色) *Ar* 旋向符号	内 反 射	摩氏硬度 抗压硬度 抗磨硬度	浸蚀反应 HNO_3	HCl	KCN	$FeCl_3$	$HgCl_2$	KOH	其他 试剂	形态特征、矿物组合特征、 组构和磨光性、产状等	主要鉴定特点和 与类似矿物区别
斜方砷镍矿 Rammelsbergite $NiAs_2$ $NiAs_2>70\%$ 斜方晶系	470:53.6~58.0 546:53.2~57.2 589:53.5~57.1 650:53.5~56.6 白:58.0~60.0	亮白色微带淡黄色,纯白色(红砷镍矿),白色(毒砂),稍带黄色(斜方砷钴矿)	未见	强非均质(强烈的蔷薇一蓝绿色),旋向正(延长)	不显	5.5 *VHN* 642~698 =红砷镍矿 ≪毒砂 ≤斜方砷钴矿 <斜方砷铁矿	+ 强泡、 染黑	−	−	+ 染褐、 显结构	+ − 染褐	−		磨光性极好。呈板条状自形晶及其聚晶,细粒他形晶集合体或放射纤维状集合体。解理偶见,叶片双晶普遍,环带结构常见。系脆性矿物。与红砷镍矿、方钴矿构成同心圆状连晶,亦可呈被膜状分布在自然银、自然铋表面。多产于中温热液(镍-钴、镍-钴-银建造)矿床	以叶片状双晶、脆性及与HNO3强烈发泡等与斜方砷钴矿、斜方砷铁矿区别
砷铂矿 Sperrylite $PtAs_2$ 等轴晶系	460:55.0 540:55.5 580:55.5 660:52.0	白色,较亮(黄铁矿),明显较暗(自然铂)	未见	均质	不显	6~7 *VHN* 960~1 277 ≫自然铂 ≥黄铁矿	−	−	−	−	−	−	王水 + − 慢泡、 染淡棕 $KClO_3$ 加 H_2CO_4 染桔黄, 然后变 褐色	不易磨光。常呈细小等轴自形晶产出。解理偶见。与自然铂、磁铁矿构成连晶,常在黄铜矿、磁黄铁矿、镍黄铁矿、铬铁矿中形成包体,在自然铂中呈棒状包体,亦可含有黄铜矿、磁黄铁矿、自然金等包体。可被镍黄铁矿、方黄铜矿、闪锌矿、自然铂、方铅矿交代。其他共生伴生矿物有镍-砷化物、铂族矿物等。主要产于与基性一超基性岩有关的铜镍硫化物矿床中	其硬度、反射率、反射色与黄铁矿相似,以浸蚀反应区别之
辉砷镍矿 Gersdorffite NiAsS 等轴晶系	470:53.7 546:54.2 589:54.3 650:54.6 白:47.5	白色微带玫瑰色,较黄(方钴矿),玫瑰乳色(黄铜矿、方铅矿),白色(毒砂)	未见	均质	不显	5~5.5 *VHN* 782~853 >硫钴矿 =方钴矿 ≪黄铁矿、 毒砂	+ 慢泡、 晕色、 显结构	−	−	+ −	+ − 污染	−	$KMnO_4$ (饱和) + 染褐	磨光性良好,常呈自形晶,也呈细粒他形晶集合体。//{100}解理清楚。常见三角形陷孔,聚片双晶可见,内部环带结构普遍。系导电性矿物。可在磁黄铁矿与红砷镍矿之间形成反应边。交代黄铁矿、红砷镍矿、针镍矿和被黝铜矿、紫硫镍矿、斜方砷钴矿交代。主要产于中温热液矿床,偶见于矽卡岩矿床	以反射色,三角孔及浸蚀反应区别于方钴矿

续表 4-1-5

矿物名称 化学组成 晶系	反射率 (%)	反射色	双反射 反射多 色性	均非性 (偏光色) *Ar* 旋向符号	内反射	摩氏硬度 抗压硬度 抗磨硬度	浸蚀反应							形态特征、矿物组合特征、 组构和磨光性、产状等	主要鉴定特点和 与类似矿物区别
							HNO_3	HCl	KCN	$FeCl_3$	$HgCl_2$	KOH	其他试剂		
方钴矿 Skutterudite $(Co,Ni,Fe)As_3$ 等轴晶系	470:53.1～56.7 546:52.5～55.4 589:52.2～54.6 650:51.8～53.8 白:55.8	乳白色微带灰蓝色或淡黄色，微黄(斜方砷钴矿、斜方砷镍矿)，纯白色(黄铁矿)，黄白色(方铅矿)	未见	均质	不显	5.5～6 *VHN* 613～1 081 ≥红砷镍矿 <斜方砷铁矿 ≪黄铁矿、毒砂	+ − 慢染褐、含镍时发泡	−	−	+ − 含镍时染褐、显结构	+ − 含镍时染褐、能拭去	−	H_2O_2 + 晕色，染褐	磨光性良好。常呈自形晶，晶粒较粗，似黄铁矿。纯方钴矿可形成均匀的自形晶，含其他成分的方钴矿则构成细密环带结构。属脆性矿物。显强导电性。可交代黄铁矿；可被斜方砷铁矿、斜方砷镍矿、斜方砷钴矿等交代。富镍的方钴矿常与自然银共生，富钴的方钴矿则常与自然铋共生。多见于高温热液和矽卡岩矿床，偶见于变质矿床	以反射色、环带结构和对 H_2O_2 的浸蚀反应与表内其他类似矿物区别
斜方砷铁矿 Loellingite $(Fe,Ni,Co)As_2$ 以 Fe 为主 斜方晶系	470:52.4～56.4 546:52.4～54.1 589:51.2～55.2 650:49.7～54.5 白:53.0～54.7	白色微带黄色，相似微蓝白色(毒砂)，相似(斜方砷镍矿、斜方砷钴矿)	未见	强非均质(柔和的蔷薇蓝绿色) *Ar* 白 2.9°(观察值)旋向负(延长)	不显	5～5.5 *VHN* 446～560 >磁黄铁矿、斜方砷钴矿 ≪毒砂	+ 晕色	−	−	+ 染褐、显结构	−	−		磨光性良好。常呈类似毒砂的菱形自形晶及自形变晶，偶为放射状聚晶及细粒状集合体，解理未见。双晶普遍，环带结构见于大晶粒中，为塑性矿物。具强导电性。可构成自然砷的外壳，或与斜方砷钴矿构成镶嵌状集合体，与红砷镍矿、斜方砷钴矿、毒砂构成连晶，主要产于中温热液矿床	以对 $FeCl_3$ 反应及强导电性与毒砂区别
毒砂 Arsenopyrite FeAsS 单斜晶系	470:48.7～55.3 546:51.85～53.7 589:50.9～54.4 650:49.5～53.7 白:51.7～55.7	白色微带玫瑰黄色，稍白(黄铁矿)，较亮较白(辉钴矿)	可见(微蓝一淡红黄色)	强非均质(柔和的蔷薇一蓝绿色) *Ar* 白 1.1°{010}旋向负(延长)	不显	6.5 *VHN* 870～1 168 ≫方钴矿、斜方砷铁矿、磁铁矿 <黄铁矿	+ 慢泡、晕色、显结构	−	+ −	−	−	−		磨光性尚好。常呈菱形，长柱状自形晶和骸晶，半自形粒状集合体。解理少见，聚片双晶普遍，可见内部环带结构。系塑性矿物。弱导电性。毒砂与黄铁矿、斜方砷铁矿、磁黄铁矿等构成连晶；含有叶片状铁硫砷钴矿的固溶体分解物。交代斜方砷铁矿、砷钴矿、黄铁矿、辉钼矿、黑钨矿等；也可被黝铜矿和铜、铅、锌硫化物交代。主要产于矽卡岩型和高温热液矿床中	以反射色较浅与白铁矿区别；以硬度、反射色、双反射和对 $FeCl_3$ 负反应与斜方砷铁矿、斜方砷钴矿、斜方砷镍矿区别

续表 4-1-5

矿物名称 化学组成 晶系	反射率 (%)	反射色	双反射 反射多 色性	均非性 (偏光色) *Ar* 旋向符号	内反射	摩氏硬度 抗压硬度 抗磨硬度	浸蚀反应 HNO_3	HCl	KCN	$FeCl_3$	$HgCl_2$	KOH	其他 试剂	形态特征、矿物组合特征、 组构和磨光性、产状等	主要鉴定特点和 与类似矿物区别
黄铁矿 Pyrite FeS_2 等轴晶系	470:45.6~46.3 546:52.0~53.4 589:53.4~54.5 650:54.3~55.5 白:54.5	浅黄白色,较黄(毒砂,白铁矿),较亮和更淡的黄色(黄铜矿),淡黄色(方铅矿)	未见	均质	不显	6~6.5 *VHN* 1 452~1 626 >毒砂、白铁矿、赤铁矿 <锡石、砷铂矿	+ 慢泡	−	−	−	−	−		不易磨光。常为自形晶,有正方形、矩形及五角十二面体断面的晶形,还有粗粒他形、粗粒圆球状集合体及细粒自形晶、极细的骸晶等。大多数胶状黄铁矿为隐晶质。双晶少见,晶粒内部环带结构常见。为脆性矿物。常被白铁矿、铜、铅、锌硫化物、毒砂、黝铜矿、斑铜矿等交代;又可交代斜方砷钴矿、硫锰矿、闪锌矿、黄铜矿、磁铁矿等。黄铁矿分布广泛,可产于内生、沉积和变质矿床中	以高硬度、不易磨光、均质和等轴粒状与白铁矿、毒砂区别
白铁矿 Marcasite FeS_2 斜方晶系	470:43.1~50.6 546:47.5~56.3 589:48.3~54.6 650:47.8~53.7 白:48.9~55.5	浅黄白色微带粉红至黄绿色,较白(黄铁矿),浅黄色(毒砂)	可见 (黄白—黄绿色)	强非均质 (黄—绿—紫) 589nm *Ar* 1.63°±0.1°旋向正 (延长)	不显	6~6.5 *VHN* 1 097~1 682 >磁黄铁矿、胶状黄铁矿 ≤黄铁矿	+ 慢泡、染褐至晕色	−	−	−	−	−		不易磨光。常呈胶状产出,自形晶少见,偶见放射纤维状集合体。可见清楚解理,聚片双晶和内部环带普遍。常与黄铁矿交互成层,或在胶状黄铁矿上形成皮壳。白铁矿可由磁黄铁矿、黝锡矿分解而成。与毒砂、黄铁矿、黄铜矿和铜蓝构成连晶。常产于酸性条件的地表或近地表的矿床中,一般为次生矿物。亦可产于低温热液矿床中	以晶形、反射色和强非均质区别于黄铁矿;以反射色略黄和偏光色较浓区别于毒砂
红砷镍矿 Niccolite NiAs 六方晶系	470:38.5~39.2 至 46.2~46.8 546:48.9~49.1 至 52.6~52.9 589:54.4~54.8 至 56.6~56.9 650:59.6~61.6 至 60.3~62.4	浅玫瑰色微带黄色或棕色,明显粉红色(方钴矿),较亮带粉红色无棕色色调(磁黄铁矿),亮得多(斑铜矿)	可见 (淡玫瑰色—淡棕色)	强非均质 (蔷薇色—黄绿色) 589nm *Ar* 0.81°±0.1°旋向负 (柱晶延长)	不显	5~5.5 *VHN* 308~533 >黄铜矿 =磁黄铁矿 ≪黄铁矿	+ 发泡、染黑、显结构	−	−	−	+ 晕色	−		磨光性良好。常为他形晶集合体。具肾状、柱状、树枝状、网状等构造,晶粒内部环带结构普遍。可见格状和聚片双晶。为塑性矿物。具强导电性。常与斜方砷钴矿、斜方砷镍矿一起形成同心圆状集合体或近于平行状集合体。与镍黄铁矿、黄铜矿、磁黄铁矿、方铅矿等构成连晶,与辉铜矿构成文象结构。交代镍黄铁矿、磁黄铁矿等;也可被辉钴矿、辉砷镍矿等交代,主要产于热液矿床,如 Ni-Co-Ag 矿床和贵金属方解石建造中	以反射色、双反射及浸蚀反应与白铁矿、毒砂区别

续表 4-1-5

矿物名称 化学组成 晶系	反射率 (%)	反射色	双反射 反射多 色性	均非性 (偏光色) *Ar* 旋向符号	内 反 射	摩氏硬度 抗压硬度 抗磨硬度	浸蚀反应							形态特征、矿物组合特征、 组构和磨光性、产状等	主要鉴定特点和 与类似矿物区别
							HNO_3	HCl	KCN	$FeCl_3$	$HgCl_2$	KOH	其他 试剂		
铁硫砷钴矿 Glaucodot (Co,Fe)AsS 斜方晶系	470:48.4～49.2 546:50.0～50.6 589:50.4～50.7 650:51.1～51.3 白:52.5	白色微带浅黄玫瑰色,相似带蓝白色(毒砂)	未见	弱非均质旋向负(延长)	不显	5 *VHN* 1 097～1 115 >黄铜矿、闪锌矿 ≤毒砂	+ 慢泡、晕色、染棕	—	—	—	—			磨光性良好。常呈粗粒自形晶或他形粒状集合体。解理清楚,可见细长的聚片双晶和内部环带结构,为弱塑性矿物。含有方铅矿包体;在辉钴矿中形成包体。在黄铁矿、辉钴矿表面形成皮膜,在钴毒砂中形成叶片状固溶体分解物。主要产于高温热液矿床,偶见于矽卡岩矿床	以未见双反射和弱非均质性区别于毒砂
辉砷钴矿 Cobaltite CoAsS 斜方晶系 800℃以上为等轴晶系	470:47.0 546:49.5 589:51.3 650:53.2 白:52.7	白色微带粉红色、淡紫色或棕色色调,较白、无黄色色调(黄铁矿),明显淡玫瑰色(毒砂)	未见	弱非均质	不显	5.5 *VHN* 1 187～1 246 >毒砂 <黄铁矿	+ — 晕色、发泡	—	—	—	—	—		不易磨光。常呈自形晶和他形晶集合体,偶见骸晶。粗粒晶体解理清楚,聚片双晶常见,偶见内部环带。为脆性矿物。含斜方砷铁矿、自然金、自然银、红砷镍矿、黄铜矿的包体。交代斜方砷铁矿、斜方砷镍矿;也可被磁黄铁矿、钴毒砂、毒砂和铜、铅、锌硫化物等交代。主要产于高温热液矿床及含金石英脉中,也可产于中温热液矿床	以反射色、弱非均质性与黄铁矿区别;以浸蚀反应区别于砷镍矿
硫钴矿 Linnaeite Co_3S_4 等轴晶系	绿:47 橙:46.5 红:45.2 白:46	白色微带乳白或淡红棕色,灰白色(方钴矿),明显粉红色(黄铜矿),淡玫瑰色带棕色(针镍矿)	未见	均质	不显	4.5～5.5 *VHN* 351～566 =方钴矿 >闪锌矿、磁黄铁矿 ≫黄铜矿 ≪毒砂	+ — 薰污	—	—	—	+ 晕色、显结构	—		磨光性良好。常呈八面体自形晶粒和他形晶粒集合体。常见//{100}解理,双晶和环带未见。钴镍黄铁矿、镍黄铁矿在硫钴矿中成格状的固溶体分解结构;而硫钴矿则在磁黄铁矿中成叶片状的固溶体分解结构。交代方钴矿;也被辉铜矿、黄铜矿、黄铁矿、自然铋交代。产于岩浆型铜-镍硫化物矿床、钴-镍热液矿床及沉积矿床中	以反射色及浸蚀反应与锑硫镍矿、辉砷镍矿区别
锑硫镍矿 Ullmannite NiSbS 等轴晶系	470:47.6 546:46.4 589:45.7 650:46.5 白:47.5	白色微带乳黄色,较黄(方钴矿),较白(硫钴矿)	未见	均质	不显	5～5.5 *VHN* 536～592 >硫钴矿、辉砷镍矿 ≪黄铁矿	+ 晕色	—	—	+ 染褐	—	—	溴蒸气 —	易磨光。常呈自形晶。//{100}解理常见,偶见黑三角孔和内部环带。可被黄铜矿、红锑镍矿交代;也交代红锑镍矿。与黄铜矿、方铅矿构成连晶。产于热液矿床	以黑三角孔较少和对溴蒸气不起作用与辉砷镍矿区别;以高硬度和黑三角孔少见与方铅矿区别

续表 4-1-5

矿物名称 化学组成 晶系	反射率 (%)	反射色	双反射 反射多 色性	均非性 (偏光色)Ar 旋向符号	内反射	摩氏硬度 抗压硬度 抗磨硬度	浸蚀反应							形态特征、矿物组合特征、 组构和磨光性、产状等	主要鉴定特点和 与类似矿物区别
							HNO_3	HCl	KCN	$FeCl_3$	$HgCl_2$	KOH	其他试剂		
硫镍钴矿 Siegenite $(Co,Ni)_3S_4$ 等轴晶系	470:42.6～43.6 546:45.2～45.6 589:46.8～47.3 650:49.5～50.0 白:47.3～49.8	乳白色微带粉红色	未见	均质	不显	4.5～5.5 *VHN* 503～536 =硫钴矿	+ 薰污、 染棕	−	−	−	+ − 薰污	−		磨光性良好。以八面体自形晶粒和他形晶粒为主。偶见解理，双晶和环带未见。可被Cu-硫化物交代；交代辉铋矿、黄铁矿、黄铜矿。与钴镍黄铁矿构成连晶。产于岩浆型铜-镍硫化物矿床、钴-镍热液矿床和沉积矿床中	以反射色、磨光性和略低的反射率与黄铁矿区别
紫硫镍矿 Violarite $(Ni,Fe)_3S_4$ 等轴晶系	470:38.3 546:42.25 589:44.1 650:48.2	白色微带紫色偶带黄色或棕色，粉红乳色（黄铜矿），淡紫色（镍黄铁矿），相似（磁黄铁矿）	未见	均质（偶见微弱异常非均质性）	不显	4.5～5.5 *VHN* 241～373 >黄铜矿、 闪锌矿 ≥镍黄铁矿 ≤磁黄铁矿 ≪毒砂、 黄铁矿	+ 发泡、 染棕紫	−	−	−	+ − 淡棕	−		磨光性良好。自形晶少见，常为他形晶集合体。立方体和八面体解理发育，双晶和环带未见。常为镍黄铁矿、针镍矿蚀变产物，蚀变一般沿解理进行。可交代镍黄铁矿、磁黄铁矿、辉砷镍矿、黄铁矿；也可被黄铜矿、磁黄铁矿、黄铁矿交代。可含针镍矿不混溶片晶。主要产于岩浆型铜-镍硫化物矿床和热液矿床中	以反射色较深和立方体及八面体解理、反射率较低与镍黄铁矿区别
硫铜钴矿 Carrollite Co_2CuS_4 等轴晶系	470:41.0 546:42.3 589:42.7 650:43.8 白:44.0	乳白色。相似较淡（硫钴矿）	未见	均质	不显	4.5～5.5 *VHN* 548～585 =硫钴矿								磨光性良好。常呈自形、半自形晶与他形晶粒。被黄铜矿、斑铜矿、蓝辉铜矿、铜蓝以及黄铁矿、磁黄铁矿交代。在黄铜矿中形成包体；也可含闪锌矿等包体。产于岩浆型铜-镍硫化物矿床，钴-镍热液矿床和沉积矿床中	特征与硫钴矿很相似，可用微化分析鉴别

表 4-1-6 第五鉴定表 反射率在黄铁矿和方铅矿之间的中硬度矿物组

矿物名称 化学组成 晶系	反射率 (%)	反射色	双反射 反射多 色性	均非性 (偏光色) Ar旋向符号	内反射	摩氏硬度 抗压硬度 抗磨硬度	浸蚀反应 HNO₃	HCl	KCN	$FeCl_3$	$HgCl_2$	KOH	其他试剂	形态特征、矿物组合特征、 组构和磨光性、产状等	主要鉴定特点和 与类似矿物区别
斜方砷镍矿 Rammelsbergite (Ni,Co,Fe)$NiAs_2$ 其中 $NiAs_2$ >70% 斜方晶系	470:53.6～58.0 546:53.2～57.2 589:53.5～57.1 650:53.5～56.6 白:58.0～60.0	亮白色微带淡黄色,纯白色(红砷镍矿),白色(毒砂),稍带黄色(斜方砷钴矿)	未见	强非均质(强烈的蔷薇一蓝绿色),旋向正(延长)	不显	5.5 *VHN* 642～698 =红砷镍矿 ≪毒砂 ≤斜方砷钴矿 <斜方砷铁矿	+ 强泡、染黑	−	−	+ 染褐、显结构	+ − 染褐	−		磨光性极好。呈板条状自形晶及其聚晶,细粒他形晶集合体或放射纤维状集合体。解理偶见,叶片双晶普遍,环带结构常见。系脆性矿物。与红砷镍矿、方钴矿构成同心圆状连晶,亦可呈被膜状分布在自然银、自然铋表面。多产于中温热液(镍-钴、镍-钴-银建造)矿床	以叶片状双晶、脆性及与 HNO_3 强烈发泡等与斜方砷钴矿、斜方砷铁矿区别
辉砷镍矿 Gersdorffite NiAsS 等轴晶系	470:53.7 546:54.2 589:54.3 650:54.6 白:47.5	白色微带玫瑰色,较黄(方钴矿),玫瑰乳色(黄铜矿、方铅矿),白色(毒砂)	未见	均质	不显	5～5.5 *VHN* 782～853 >硫钴矿 =方钴矿 ≪黄铁矿、毒砂	+ 慢泡、晕色、显结构	−	−	+ −	+ − 污染	−	$KMnO_4$ (饱和) + 染褐	磨光性良好,常呈自形晶,也呈细粒他形晶集合体。//{100}解理清楚。常见三角形陷孔,聚片双晶可见,内部环带结构普遍。系导电性矿物。可在磁黄铁矿与红砷镍矿之间形成反应边。交代黄铁矿、红砷镍矿、针镍矿和被黝铜矿、紫硫镍矿、斜方砷钴矿交代。主要产于中温热液矿床,偶见于矽卡岩矿床	以反射色、三角孔及浸蚀反应区别于硫钴矿
自然砷 Arsenic As 六方晶系	470:53.6～57.4 546:51.3～56.4 589:50.4～55.8 650:50.0～56.0 白:48.0～51.0	白色(空气中易变色),较暗浅灰色(自然锑),微亮带乳色(方铅矿)	未见	弱非均质 589nm *Ar* 0.97°±0.2 旋向负(延长)	不显	3～3.5 *VHN* 83～149 ≫自然铋 >自然银、自然锑 ≥锑银矿	+ 慢泡、晕色至黑褐色	−	−	+ 染黑	+ − 染褐	−		磨光性良好。常呈细粒一粗粒集合体,细粒多为等粒状,粗粒多为羽毛状或束状。常具胶状和放射状结构。常见{0001}解理,叶片状双晶普遍,内部环带结构发育。无磁性,可含自然银、自然锑、锑银矿和斜方砷镍矿包体,交代方钴矿、斜方砷镍矿、自然铋;被淡红银矿交代。常产于镍-钴-银-铀的热液矿床	以反射率较低,空气中易变色与自然锑、自然铋区别
斜方砷铁矿 Loellingite (Fe,Ni,Co)As_2 以 Fe 为主 斜方晶系	470:52.4～56.4 546:52.4～54.1 589:51.2～55.2 650:49.7～54.5 白:53.0～54.7	白色微带黄色,相似微蓝白色(毒砂),相似(斜方砷镍矿、斜方砷钴矿)	未见	强非均质(柔和的蔷薇蓝绿色) *Ar* 白 2.9°(观察值)旋向负(延长)	不显	5～5.5 *VHN* 446～560 >磁黄铁矿、斜方砷钴矿 ≪毒砂	+ 晕色	−	−	+ 染褐、显结构	−	−		磨光性良好。常呈类似毒砂的菱形自形晶及自形变晶,偶为放射状聚晶及细粒状集合体,解理未见。双晶普遍,环带结构见于大晶粒中,为塑性矿物。具强导电性。可构成自然砷的外壳,或与斜方砷钴矿构成镶嵌状集合体,与红砷镍矿、斜方砷钴矿、毒砂构成连晶,主要产于中温热液矿床	以对 HNO_3 的浸蚀反应及强导电性与斜方砷镍矿区别

续表 4-1-6

矿物名称 化学组成 晶系	反射率 (%)	反射色	双反射 反射多 色性	均非性 (偏光色) *Ar* 旋向符号	内反射	摩氏硬度 抗压硬度 抗磨硬度	浸蚀反应 HNO_3	HCl	KCN	$FeCl_3$	$HgCl_2$	KOH	其他试剂	形态特征、矿物组合特征、 组构和磨光性、产状等	主要鉴定特点和 与类似矿物区别
针镍矿 Millerite NiS (可含 Co) 六方晶系	470:42.8~43.4 546:49.6~54.0 589:51.4~56.5 650:53.6~58.9 白:54.0~60.0	黄色略带乳黄色，较亮(黄铜矿)，略黄(黄铁矿)，较黄无棕色色调(镍黄铁矿)	未见	强非均质 589nm *Ar* 1.79°±0.1°旋向负(延长)	不显	3~3.5 *VHN* 196~222 >黄铜矿 <闪锌矿、镍黄铁矿、硫钴矿	+ − 慢泡、染褐、薰污	−	−	−	+ − 染褐	−		磨光性良好。多呈针状晶体或由针状晶体组成的放射状或束状集合体，偶见他形粒状集合体。//{1011}解理常见，双晶普遍，底切面常见环带结构。为脆性矿物。针镍矿可呈叶片状固溶体分解物分布于硫钴矿中；在紫硫镍矿和磁黄铁矿之间呈反应边。可蚀变成辉铁镍矿和紫硫镍矿。针镍矿可在内生和外生条件下形成。内生针镍矿产于岩浆型铜-镍硫化物矿床、热液矿床。外生针镍矿产于富镍硫化物矿床氧化带和胶结带之间，亦可由含镍超基性岩风化而成	以针状晶体、反射色、强非均质性与镍黄铁矿区别
红砷镍矿 Niccolite NiAs 六方晶系	470:38.5~39.2 至 46.2~46.8 546:48.9~49.1 至 52.6~52.9 589:54.4~54.8 至 56.6~56.9 650:59.6~61.6 至 60.3~62.4	浅玫瑰色微带黄色或棕色，明显粉红色(方钴矿)，较亮带粉红色无棕色色调(磁黄铁矿)，亮得多(斑铜矿)	可见 (淡玫瑰色—淡棕色)	强非均质 (蔷薇色—黄绿色) 589nm *Ar* 0.81°±0.1°旋向负(柱晶延长)	不显	5~5.5 *VHN* 308~533 >黄铜矿 =磁黄铁矿 ≪黄铁矿	+ 发泡、染黑、显结构	−	−	−	+ 晕色、染褐	−		磨光性良好。常为他形晶集合体。具肾状、柱状、树枝状、网状等构造，晶粒内部环带结构普遍。可见格状和聚片双晶。为塑性矿物。具强导电性。常与斜方砷钴矿、斜方砷镍矿一起形成同心圆状集合体或近于平行状集合体。与镍黄铁矿、黄铜矿、磁黄铁矿、方铅矿等构成连晶，与辉铜矿构成文象结构。交代镍黄铁矿、磁黄铁矿等；也可被辉钴矿、辉砷镍矿等交代。主要产于热液矿床，如 Ni-Co-Ag 矿床和贵金属方解石建造中	以反射色、双反射及晶形与针镍矿区别

续表 4-1-6

矿物名称 化学组成 晶系	反射率 (%)	反射色	双反射 反射多 色性	均非性 (偏光色) *Ar* 旋向符号	内反射	摩氏硬度 抗压硬度 抗磨硬度	浸蚀反应							形态特征、矿物组合特征、 组构和磨光性、产状等	主要鉴定特点和 与类似矿物区别
							HNO_3	HCl	KCN	$FeCl_3$	$HgCl_2$	KOH	其他试剂		
铁硫砷钴矿 Glaucodot (Co,Fe)AsS 斜方晶系	470:48.4～49.2 546:50.0～50.6 589:50.4～50.7 650:51.1～51.3 白:52.5	白色微带浅黄玫瑰色,相似带蓝白色(毒砂)	未见	弱非均质旋向负(延长)	不显	5 *VHN* 1 097～1 115 >黄铜矿、闪锌矿 ≤毒砂	+ 慢泡、晕色、染棕	−	−	−	−			磨光性良好。常呈粗粒自形晶或他形粒状集合体。解理清楚,可见细长的聚片双晶和内部环带结构,为弱塑性矿物。含有方铅矿包体;在辉钴矿中形成包体。在黄铁矿、辉钴矿表面形成皮膜,在钴毒砂中形成叶片状固溶体分解物。主要产于高温热液矿床,偶见于矽卡岩矿床	以未见双反射和弱非均质性区别于毒砂
辉砷钴矿 Cobaltite CoAsS 斜方晶系 800℃以上为等轴晶系	470:47.0 546:49.5 589:51.3 650:53.2 白:52.7	白色微带粉红色、淡紫色或棕色色调,较白、无黄色色调(黄铁矿),明显淡玫瑰色(毒砂)	未见	弱非均质	不显	5.5 *VHN* 1 187～1 246 >毒砂 <黄铁矿	+ − 晕色、发泡	−	−	−	−	−		不易磨光。常呈自形晶和他形晶集合体,偶见骸晶。粗粒晶体解理清楚,聚片双晶常见,偶见内部环带。为脆性矿物。含斜方砷铁矿、自然金、自然银、红砷镍矿、黄铜矿的包体。交代斜方砷铁矿、斜方砷镍矿;也可被磁黄铁矿、钴毒砂、毒砂和铜、铅、锌硫化物等交代。主要产于高温热液矿床及含金石英脉中,也可产于中温热液矿床	以反射色、弱非均质性与黄铁矿区别;以浸蚀反应区别于砷镍矿
砷铜矿 Domeykite Cu_3As α相:等轴晶系 β相:六方晶系	550:47.5～48.7	α相:乳黄色,稍暗较灰黄(微晶砷铜矿) β相:乳黄色带蓝灰	α-砷铜矿未见 β-砷铜矿可见	α相:均质 β相:强非均质	不显	3～3.5 *VHN* 206(α相) ～ 250(β相) >辉铜矿 <红锑镍矿 =微晶砷铜矿	+ 发泡、染黑、显结构	+ 染黑、显结构	+ − 染黑、显结构	+ 晕色至染黑	+ 染黑、 + − 显结构	+ 晕色、显结构		易磨光,有少量擦痕。常成细圆粒状集合体,未见自形晶,具肾状、葡萄状或浸染状构造。常与微晶砷铜矿构成文象状连晶,或二者互呈针状、叶片状包含于另一矿物中。交代微晶砷铜矿;或被微晶砷铜矿、辉铜矿交代。在红砷镍矿、辉铜矿、斜方砷镍矿上形成皮膜。α-砷铜矿可含β-砷铜矿叶片,也可在微晶砷铜矿、淡红砷铜矿中形成叶片。其他共生伴生矿物有自然铜、赤铜矿、黑铜矿、自然银等	α-砷铜矿以均质性与微晶砷铜矿区别;以浸蚀反应与镍黄铁矿区别

续表 4-1-6

矿物名称 化学组成 晶系	反射率 (%)	反射色	双反射 反射多 色性	均非性 (偏光色) *Ar* 旋向符号	内 反 射	摩氏硬度 抗压硬度 抗磨硬度	浸蚀反应							形态特征、矿物组合特征、 组构和磨光性、产状等	主要鉴定特点和 与类似矿物区别
							HNO_3	HCl	KCN	$FeCl_3$	$HgCl_2$	KOH	其他 试剂		
砷镍矿 Maucherite $Ni_{11}As_8$ 四方晶系	470:45.4～46.1 546:47.6～48.5 589:49.9～50.7 650:53.7～54.3 白:51.2	白色微带粉红灰色,微带紫红色(红砷镍矿、黄铜矿),蓝灰色(红锑镍矿)	未见	弱非均质	不显	5 *VHN* 665～743 · >黄铜矿、 闪锌矿 ≥红砷镍矿 <斜方砷钴矿	+ 发泡、 染黑	—	—	+ 染棕 彩至 黑、 显结构	+ 染棕	—		磨光性极好。常为他形晶集合体及纤维状集合体,偶见板状或柱状自形晶。解理未见,双晶可见。可呈包体分布在红砷镍矿中。交代红砷镍矿和辉砷镍矿;可被红砷镍矿、黄铜矿、方黄铜矿交代。主要产于与基性、超基性岩有关的岩浆型铜-镍硫化物矿床及铬铁矿床中	以弱非均质性、反射色与斜方砷镍矿区别;以不显双反射和弱非均质性与红砷镍矿区别
镍黄铁矿 Pentlandite $(Fe,Ni)_9S_8$ 等轴晶系	470:40.5～41.5 546:47.8～48.2 589:50.0～50.3 650:42.3～52.6 白:52.0	浅黄白色微带棕色,浅黄色(磁黄铁矿),较亮无粉红色(硫钴矿)	未见	均质	不显	3.5～4 *VHN* 198～409 >黄铁矿 ≤磁黄铁矿	+ 染褐、 薰污	—	—	—	—	—		磨光性良好。常呈粗粒至细粒的自形晶或他形晶。//{111}解理发育。常呈火焰状、羽毛状或星状分布于磁黄铁矿中;可呈固溶体分解物分布于磁黄铁矿晶粒的外缘,形成结状结构。可交代红砷镍矿、磁黄铁矿;也可被黄铜矿、磁黄铁矿、磁铁矿、紫硫镍矿、针镍矿交代。可蚀变成紫硫镍矿,并生成细粒的黄铁矿和白铁矿,也可蚀变为针镍矿。主要产于岩浆型铜-镍硫化物矿床中	以反射色、均质性、具解理和反射率略高与其密切共生的黄铜矿、磁黄铁矿区别
硫钴矿 Linnaeite Co_8S_4 等轴晶系	绿:47 橙:46.5 红:45.2 白:46	白色微带乳色或淡红棕色,灰白色(方钴矿),明显粉红色(黄铜矿),浅玫瑰色带棕色(针镍矿)	未见	均质	不显	4.5～5.5 *VHN* 351～566 =方钴矿 >闪锌矿、 磁黄铁矿 ≫黄铜矿 ≪毒砂	+ — 薰污	—	—	—	+ 晕色、 显结构	—		磨光性良好。常呈八面体自形晶粒和他形晶粒集合体。//{100}解理常见,双晶和环带结构未见。钴镍黄铁矿、镍黄铁矿在硫钴矿中成格状的固溶体分解结构;而硫钴矿则在磁黄铁矿中成叶片状的固溶体分解结构。交代方钴矿;也被辉铜矿、黄铜矿、自然铋交代。产于岩浆型铜-镍硫化物矿床、钴-镍热液矿床及沉积矿床中	以反射色及浸蚀反应与锑硫镍矿、辉砷镍矿区别

续表 4-1-6

矿物名称 化学组成 晶系	反射率 (%)	反射色	双反射 反射多色性	均非性 (偏光色) *Ar* 旋向符号	内反射	摩氏硬度 抗压硬度 抗磨硬度	浸蚀反应 HNO_3	HCl	KCN	$FeCl_3$	$HgCl_2$	KOH	其他试剂	形态特征、矿物组合特征、 组构和磨光性、产状等	主要鉴定特点和 与类似矿物区别
锑硫镍矿 Ullmannite NiSbS 等轴晶系	470:47.6 546:46.4 589:45.7 650:46.5 白:47.5	白色微带乳黄色,较黄(方钴矿)较白(硫钴矿)	未见	均质	不显	5~5.5 *VHN* 536~592 >硫钴矿、辉砷镍矿 ≪黄铁矿	+ 晕色	−	−	+ 染褐	−	−	溴蒸气 −	易磨光。常呈自形晶,//{100}解理常见,偶见黑三角孔和内部环带。可被黄铜矿、红锑镍矿交代;也交代红锑镍矿。与黄铜矿、方铅矿构成连晶。产于热液矿床	以黑三角孔较少和对溴蒸气不起作用与辉砷镍矿区别;以高硬度和黑三角孔少见与方铅矿区别
硫镍钴矿 Siegenite $(Co,Ni)_3S_4$ 等轴晶系	470:42.6~43.6 546:45.2~45.6 589:46.8~47.3 650:49.5~50.0 白:47.3~49.9	乳白色微带粉红色	未见	均质	不显	4.5~5.5 *VHN* 503~536 =硫钴矿	+ 薰污、染棕	−	−	−	+ − 薰污	−		磨光性良好。以八面体自形晶粒和他形晶粒为主。偶见解理,双晶和环带未见。可被Cu-硫化物交代;交代辉铋矿、黄铁矿、黄铜矿。与钴镍黄铁矿构成连晶。产于岩浆型铜-镍硫化物矿床,钴-镍热液矿床和沉积矿床中	以反射色、磨光性和略低的反射率与黄铁矿区别
黄铜矿 chalcopyrite $CuFeS_2$ 四方晶系	470:31.0~34.2 546:42.5~45.4 589:44.7~47.5 650:45.8~47.8 白:42.0~46.1	铜黄色,黄较浓(黄铁矿),较暗强烈黄绿色(自然金、自然银),相似较黄无棕色(磁黄铁矿)	未见	弱非均质 589nm *Ar* 0.32°±0.1°旋向正 (双晶)	不显	3.5~4 *VHN* 183~276 >方铅矿 <闪锌矿、镍黄铁矿、磁黄铁矿	+ 薰污	−	−	−	−	−		易磨光,但有擦痕。常呈他形粒状集合体。聚片双晶普遍,偶见解理和内部环带结构。为弱塑性矿物。可含方黄铜矿、墨铜矿(板状和蠕虫状)、磁黄铁矿(束状)、黝锡矿、闪锌矿和黝铜矿(叶片状和星状)的固溶体分解包体。黄铜矿的固溶体分解物亦可呈小乳滴状定向或不定向分布于闪锌矿、黝铜矿、黝锡矿、蓝辉铜矿、硫砷铜矿中。主要产于岩浆型铜-镍硫化物矿床、高一中温热液矿床和沉积型铜矿床中	以铜黄色、弱非均质性和常呈固溶体分解结构为特征。以反射色、弱非均质性与方黄铜矿区别
紫硫镍矿 Violarite $(Ni,Fe)_3S_4$ 等轴晶系	470:38.3 546:42.3 589:44.1 650:48.2	白色微带紫色偶带黄色或棕色,粉红乳色(黄铜矿),淡紫色(镍黄铁矿),相似(磁黄铁矿)	未见	均质(偶见微弱异常非均质性)	不显	4.5~5.5 *VHN* 241~373 >黄铜矿、闪锌矿 ≥镍黄铁矿 ≤磁黄铁矿 ≪毒砂、黄铁矿	+ 发泡、染棕紫	−	−	−	+ − 淡棕	−		磨光性良好。自形晶少见,常为他形晶集合体。立方体和八面体解理发育,双晶和环带未见。常为镍黄铁矿、针镍矿蚀变产物,蚀变一般沿解理进行。可交代镍黄铁矿、磁黄铁矿、辉砷镍矿、黄铁矿;也可被黄铜矿、磁黄铁矿、黄铁矿交代。可含针镍矿不混溶片晶。主要产于岩浆型铜-镍硫化物矿床和热液矿床中	以反射色较深和立方体及八面体解理、反射率较低与镍黄铁矿区别

续表 4-1-6

矿物名称 化学组成 晶系	反射率 (%)	反射色	双反射 反射多 色性	均非性 (偏光色) *Ar* 旋向符号	内反射	摩氏硬度 抗压硬度 抗磨硬度	浸蚀反应 HNO$_3$	HCl	KCN	FeCl$_3$	HgCl$_2$	KOH	其他试剂	形态特征、矿物组合特征、组构和磨光性、产状等	主要鉴定特点和与类似矿物区别
硫铜钴矿 Carrollite Co_2CuS_4 等轴晶系	470:41.0 546:42.3 589:42.7 650:43.8 白:44.0	乳白色，相似较淡（硫钴矿）	未见	均质	不显	4.5～5.5 *VHN* 548～585 ＝硫钴矿								磨光性良好。常呈自形、半自形晶和他形晶粒。被黄铜矿、斑铜矿、蓝辉铜矿、铜蓝以及黄铁矿、磁黄铁矿交代。在黄铜矿中形成包体；也可含闪锌矿等包体。产于岩浆型铜-镍硫化物矿床、钴-镍热液矿床和沉积矿床中	特征与硫钴矿相似，可用微化分析鉴别
红锑镍矿 Breithauptite NiSb 六方晶系	470:37.8～44.1 546:37.0～46.7 589:43.4～51.7 650:50.7～57.0 白:45.3～54.6	粉红色微带紫色，较暗微带紫色（红砷镍矿），暗得多（自然铜）	可见（粉红色一紫红色）	强非均质（蓝绿一紫红）589nm *Ar* 3.01°±0.1°旋向负（延长）	不显	5.5 *VHN* 459～579 ≤红砷镍矿 ≪毒砂、铁硫砷钴矿 <斜方砷钴矿	+ 晕色	−	−	+ 晕色	+ − 污染	−		磨光性良好。常为他形晶集合体，偶见板状或针状自形晶。内部环带结构普遍。交代斜方砷钴矿；也可被斜方砷钴矿、红砷镍矿、银-矿物交代。呈铬铁矿、镍黄铁矿、方铅矿的包体。与磁黄铁矿构成连晶。常产于钴-镍-银的热液矿床中	以反射色较深和反射多色性区别于红砷镍矿
辉锑矿 stibnite Sb_2S_3 斜方晶系	470:30.8～52.6 546:31.1～48.1 589:30.7～45.3 650:29.4～42.2 白:30.2～40.0	白色至灰白色，较暗微带乳白色（方铅矿），较暗乳色较弱（辉铋矿）	可见（暗灰白一灰棕）一白色	强非均质（灰白一棕一粉红棕）589nm *Ar* 5.07°±0.2°旋向正（解理、延长）	不显	2～2.5 *VHN* 71～86 >雌黄、雄黄 ≤辉铁锑矿、方铅矿 ≪黄铜矿	+ 晕色、染黑（迅速）	+ − 褐	+ 染褐	−	−	+ 染褐、枯黄色沉淀		易磨光，常呈叶片状、针状、放射纤维状晶的集合体和粒状他形晶集合体，解理和内部环带结构可见，聚片双晶和受压变形结构普遍，并可见花岗变晶结构，属弱塑性矿物。交代毒砂、黄铁矿、磁黄铁矿、闪锌矿、黝铜矿和被辰砂、自然锑交代。常与辉铁锑矿、深红银矿、红锑矿、硫锑铅矿构成连晶。主要产于低温热液矿床，也有产于高温热液含金石英脉中（一般在成矿后期形成）	以双反射显著、强非均质性、聚片双晶普遍和对 KOH 作用生成枯黄色沉淀为特征。以此和辉铋矿、深红银矿、辉铁锑矿区别

表 4-1-7 第六鉴定表 反射率在黄铁矿和方铅矿之间的低硬度矿物组

矿物名称 化学组成 晶系	反射率 (%)	反射色	双反射 反射多 色性	均非性 (偏光色) *Ar* 旋向符号	内反射	摩氏硬度 抗压硬度 抗磨硬度	浸蚀反应							形态特征、矿物组合特征、 组构和磨光性、产状等	主要鉴定特点和 与类似矿物区别
							HNO_3	HCl	KCN	$FeCl_3$	$HgCl_2$	KOH	其他试剂		
针碲金银矿 Sylvanite $AuAgTe_4$ 单斜晶系	470:47.8～57.6 546:50.3～59.0 589:50.8～59.0 650:51.7～59.4 白:48.0～60.0	乳白色，较暗（碲金矿），稍带粉红色（碲铅矿）	可见（乳白色—乳白棕色）	强非均质（淡蓝灰—褐）589nm *Ar* 3.6°±0.1°	不显	1.5～2 *VHN* 91～104 ≫辉银矿、碲银矿 >碲铅矿、铋-碲化物 <深红银矿	+ 染褐、显二组垂直解理	–	–	+ – 染黄棕	–	–		磨光性良好。常呈柱状、板状、片状、骸晶状晶体。解理∥{010}发育，∥{100}的较差，聚片双晶普遍。与碲银矿和叶碲金矿构成连晶。可含自然金包体；也可被包含于辉银矿、黄铁矿、斑铜矿和铜、铅、锌硫化物中。交代方铅矿和碲银矿。主要产于低温热液矿床，也产于中一高温热液矿床	以明显的双反射、非均质性及双晶区别于其他碲金矿物
黄铜矿 Chalcopyrite $CuFeS_2$ 四方晶系	470:31.0～34.2 546:42.5～45.4 589:44.7～47.5 650:45.8～47.8 白:42.0～46.1	铜黄色，黄较浓（黄铁矿），较暗强烈黄绿色（自然金、自然银），相似较黄无棕色（磁黄铁矿）	未见	弱非均质 589nm *Ar* 0.32°±0.1°旋向正（双晶）	不显	3.5～4 *VHN* 183～276 >方铅矿 <闪锌矿、镍黄铁矿、磁黄铁矿	+ 熏污	–	–	–	–	–		易磨光，但有擦痕。常呈他形粒状集合体。聚片双晶普遍，偶见解理和内部环带结构。为弱塑性矿物。可含方黄铜矿、墨铜矿（板状和蠕虫状）、磁黄铁矿（束状）、黝锡矿、闪锌矿和黝铜矿（叶片状和星状）的固溶体分解包体。黄铜矿的固溶体分解物亦可呈小乳滴状定向或不定向分布于闪锌矿、黝铜矿、黝锡矿、蓝辉铜矿、硫砷铜矿中。主要产于岩浆型铜-镍硫化物矿床、高一中温热液矿床和沉积型铜矿床中	以铜黄色、弱非均质性和常呈固溶体分解结构为特征。以反射色、弱非均质性与方黄铜矿区别
辉铋矿 Bismuthinite Bi_2S_3 斜方晶系	470:39.6～48.9 546:38.5～48.8 589:38.1～47.9 650:37.6～46.4 白:42.0～48.7	白色微带淡黄色或黄白色，较亮（辉锑矿），蓝灰色（黄铜矿），较亮乳白色（方铅矿）	可见（∥a 淡黄白色 ∥b 灰白色 ∥c 黄白色）	强非均质（灰—黄—紫）589nm *Ar* 3.90°±0.1°旋向正（延长、解理）	不显	2～2.5 *VHN* 110～136 ≥方铅矿、硫铜铋矿 <黄铜矿 >自然铋	+ 慢泡、染黑、显结构	+ – 熏污	–	–	+ – 染浅褐	–		磨光性良好。常呈放射纤维状晶和他形晶集合体。∥{101}解理常见，可见纺锤状聚片双晶。可被铋的碲化物、金-银碲化物、黝锡矿、黝铜矿交代。与硫铜铋矿、黄铜矿、方铅矿、黝锡矿构成连晶。产于高温热液型含铋、钨、锡矿床和中一低温热液硫化物矿床中	以双反射和对 KOH 不起作用区别于辉锑矿；以反射色和微化分析区别于硫铋锑铅矿

续表 4-1-7

矿物名称 化学组成 晶系	反射率 (%)	反射色	双反射 反射多 色性	均非性 (偏光色) *Ar*旋向符号	内反射	摩氏硬度 抗压硬度 抗磨硬度	浸蚀反应							形态特征、矿物组合特征、 组构和磨光性、产状等	主要鉴定特点和 与类似矿物区别
							HNO_3	HCl	KCN	$FeCl_3$	$HgCl_2$	KOH	其他试剂		
方铅矿 Galena PbS 等轴晶系	470:46.3~47.7 546:42.7~43.6 589:42.2~43.0 650:41.7~43.4 白:43.2	纯白色(含Te时微带紫色),白色(闪锌矿)	未见	均质	不显	2~3 *VHN* 59~72 ≫辉银矿 =辉铜矿、辉铋矿 <斑铜矿、黄铜矿	+ 染褐、晕色	+ 染棕、晕色	−	+ 晕色	−	−		较易磨光,但具擦痕。常呈自形晶或他形晶集合体,立方体解理完全。具特征三角形陷孔,浸蚀后可见内部环带结构。交代现象极普遍,交代与其共生的大部分矿物;可被铜蓝、金-银碲化物、辉银矿、毒砂、黄铁矿、闪锌矿交代。常含黝铜矿、车轮矿和银矿物的包体,部分银在方铅矿中可呈固溶体。主要产于矽卡岩型和热液型铅锌矿床及黄铁矿型铅铜矿床	以具三角形陷孔、低硬度、白色和均质性为特征。以此和辉砷镍矿及其他复硫盐矿物区别
硫锑铋铅矿 Kobellite $Pb_5(Bi,Sb)_8S_{17}$ 斜方晶系	470:42.2~48.5 546:40.0~46.1 589:39.1~45.7 650:38.6~45.4 白:40.9~43.2	白色微带黄绿-棕色,稍较暗(方铅矿)	可见(浅绿色-紫灰色)	强非均质(钢灰-灰棕色)	不显	2.5 *VHN* 100~117 ≫自然铋 ≤方铅矿	+ 发泡、染黑	−	−	−				易磨光。常呈柱状自形晶,放射纤维状聚晶和他形粒状集合体。解理//{010}发育,双晶可见、交代并包围毒砂、黄铁矿、白铁矿、磁黄铁矿;被黄铜矿、黝铜矿交代。主要产于高温热液矿床	以反射色和微化分析区别于辉铋矿
辉锑矿 Stibnite Sb_2S_3 斜方晶系	470:30.8~52.6 546:31.1~48.1 589:30.7~45.3 650:29.4~42.2 白:30.2~40.0	白色至灰白色,较暗微带乳白色(方铅矿),较暗乳色较弱(辉铋矿)	可见(暗灰白-灰棕)-白色	强非均质(灰白-棕-粉红棕)589nm *Ar* 5.07°±0.2°旋向正(解理、延长)	不显	2~2.5 *VHN* 71~86 >雌黄、雄黄 ≤辉铁锑矿、方铅矿 ≪黄铜矿	+ 晕色、染黑(迅速)	+ − 褐	+ 染褐	−	−	+ 染褐、桔黄色沉淀		易磨光,常呈叶片状、针状、放射纤维状晶的集合体和粒状他形晶集合体,解理和内部环带结构可见,聚片双晶和受压变形结构普遍,并可见花岗变晶结构,属弱塑性矿物。交代毒砂、黄铁矿、磁黄铁矿、闪锌矿、黝铜矿和被辰砂、自然锑交代。常与辉铁锑矿、深红银矿、红锑矿、硫锑铅矿构成连晶。主要产于低温热液矿床,也有产于高温热液含金石英脉中(一般在成矿后期形成)	以双反射显著、强非均质性、聚片双晶普遍和对KOH作用生成桔黄色沉淀为特征。以此和辉铋矿、深红银矿、辉铁锑矿区别

表 4-1-8 第七鉴定表 反射率在方铅矿和黝铜矿之间的高硬度矿物组

矿物名称 化学组成 晶系	反射率 (%)	反射色	双反射 反射多 色性	均非性 (偏光色) *Ar* 旋向符号	内反射	摩氏硬度 抗压硬度 抗磨硬度	浸蚀反应 HNO_3	HCl	KCN	$FeCl_3$	$HgCl_2$	KOH	其他 试剂	形态特征、矿物组合特征、 组构和磨光性、产状等	主要鉴定特点和 与类似矿物区别
硫铜钴矿 Carrollite $Cu(Co,Ni)_3S_4$ 等轴晶系	470:41.0 546:42.3 589:42.7 650:43.8 白:44.0	乳白色，相似较淡(硫钴矿)	未见	均质	不显	4.5~5.5 *VHN* 548~585 =硫钴矿								磨光性良好。常呈自形、半自形晶和他形晶粒。被黄铜矿、斑铜矿、蓝辉铜矿、铜蓝以及黄铁矿、磁黄铁矿交代。在黄铜矿中形成包体；也含闪锌矿等包体。产于岩浆型铜-镍硫化物矿床、钴-镍热液矿床和沉积矿床中	特征与硫钴矿相似，可用微化分析鉴别
软锰矿 Pyrolusite MnO_2 四方晶系	470:30.5~39.9 546:29.0~40.0 589:28.1~39.3 650:27.5~38.1 白:30.0~41.5	白色微带乳黄色色调，较黄(钡硬锰矿)，黄白色亮得多(磁铁矿)，黄白色(一般硬锰矿)	可见 (黄白—蓝灰色)	强非均质 (黄绿—蓝绿—粉红) 589nm *Ar* 3.98°±0.2°旋向正 (柱晶延长)	不显	6 (随结晶类型而异、变化较大) *VHN* 129~243	—	—	—	—	—	—	H_2O_2 + 发泡	磨光困难。常呈纤维状、粒状、粉末状集合体，较粗大的自形针状晶(称黝锰矿)少见。具肾状、结核状构造，并见//c的槽线，偶见环带结构。常交代水锰矿成假象(长方块状或菱形块状)；也交代褐锰矿、硬锰矿、磁铁矿和被钡镁锰矿交代。微晶质软锰矿常与硬锰矿、褐锰矿密切共生。主要产于沉积矿床，也产于变质锰矿床和多金属矿床氧化带中	以较高的反射率、晶形及浸蚀反应与钡硬锰矿区别
钡硬锰矿 (锰钡矿) Hollandite $Ba(Mn^{2+},Mn^{4+})_8O_{16}$ 单斜晶系	470:28.7~36.0 546:26.4~36.9 589:25.2~31.2 650:24.5~29.7 白:26.6~32.5	浅灰白色微带黄色色调，相似较暗(软锰矿)，较亮无棕色或橄榄绿色色调(褐锰矿)	可见	强非均质 (淡黄—淡玫瑰—淡紫灰) 589nm *Ar* 3.33°±0.2°	不显	6 *VHN* 540~677 ≥褐锰矿 (大多数) <褐锰矿 (少数)	—	—	—	—	—	—	$SnCl_2$ + 显结构 H_2O_2 + H_2SO_4 + 显结构	磨光性差。常呈柱状、板状晶及针状晶的放射纤维状集合体，或致密状或葡萄状块体。解理{110}常见，双晶可见。可呈包体分布于褐锰矿、黑镁铁锰矿、方铁锰矿中；也可含褐锰矿、黑锰矿包体。可被褐锰矿、方铁锰矿、赤铁矿、硬锰矿沿解理交代。主要产于沉积锰矿床和高温热液矿床	以反射色，双反射及内反射不显与赤铁矿区别；以放射纤维状晶形与褐锰矿、水锰矿区别
硬锰矿(狭义) Psilomelane $A_3X_6Mn_8O_{16}$ A=Ba,Mn,Al,Fe,Si 等 X=O,OH,其中 OH=5 斜方晶系	不固定 15~30 白:28.4	浅蓝灰白色至浅灰白色，细粒集合体较暗，粗粒较亮，无黄色色调(软锰矿、钡硬锰矿)，亮得多(水锰矿、褐铁矿)	可见 //C 近白色 ⊥C 暗得多	强非均质 (白色—灰色)，平行消光，隐晶质显均质性，旋向正(针状晶体延长)	偶见 (粉末棕色)	5~6 *VHN* 203~813 细粒集合体最硬	+ 染淡棕至灰	+ — 染棕至黑	—	+ — 染浅棕	—	—	H_2O_2 + 发泡	绝大多数呈葡萄状、肾状、钟乳状等胶凝体，少数呈毛毯状、细针状集合体及柱状晶体。常具葡萄状凝胶体的同心环带，有干裂纹。软锰矿、褐铁矿也可呈环带夹于其间。主要产于沉积和各种锰的风化矿床中	以常呈胶状构造为特征。以反射色不带黄色、反射率及浸蚀反应等与软锰矿区别；以内反射微弱或不显与褐铁矿区别；与钡硬锰矿区别较难，X光粉晶分析结果区别可靠

表 4-1-9 第八鉴定表 反射率在方铅矿和黝铜矿之间的中硬度矿物组

矿物名称 化学组成 晶系	反射率 (%)	反射色	双反射 反射多 色性	均非性 (偏光色) Ar旋向符号	内反射	摩氏硬度 抗压硬度 抗磨硬度	浸蚀反应 HNO_3	HCl	KCN	$FeCl_3$	$HgCl_2$	KOH	其他 试剂	形态特征、矿物组合特征、 组构和磨光性、产状等	主要鉴定特点和 与类似矿物区别
黄铜矿 Chalcopyrite $CuFeS_2$ 四方晶系	470:31.0～34.2 546:42.5～45.4 589:44.7～47.5 650:45.8～47.8 白:42.0～46.1	铜黄色，黄较浓(黄铁矿)，较暗强烈黄绿色(自然金、自然银)，相似较黄无棕色(磁黄铁矿)	未见	弱非均质 589nm Ar 0.32°±0.1°旋向正 (双晶)	不显	3.5～4 *VHN* 183～276 >方铅矿 <闪锌矿、镍黄铁矿、磁黄铁矿	+ 薰污	–	–	–	–	–		易磨光，但有擦痕。常呈他形粒状集合体。聚片双晶普遍，偶见解理和内部环带结构。为弱塑性矿物。可含方黄铜矿、墨铜矿(板状和蠕虫状)、磁黄铁矿(束状)、黝锡矿、闪锌矿和黝铜矿(叶片状和星状)的固溶体分解包体。黄铜矿的固溶体分解物亦可呈小乳滴状定向或不定向分布于闪锌矿、黝铜矿、黝锡矿、蓝辉铜矿、硫砷铜矿中。主要产于岩浆型铜-镍硫化物矿床、高一中温热液矿床和沉积型铜矿床中	以铜黄色、弱非均质性和常呈固溶体分解结构为特征。以反射色、弱非均质性与方黄铜矿区别
紫硫镍矿 Violarite $(Ni,Fe)_3S_4$ 等轴晶系	470:38.3 546:42.3 589:44.1 650:48.2	白色微带紫色偶带黄色或棕色，粉红乳色(黄铜矿)，淡紫色(镍黄铁矿)，相似(磁黄铁矿)	未见	均质(偶见微弱异常非均质性)	不显	4.5～5.5 *VHN* 241～373 >黄铜矿、闪锌矿 ≥镍黄铁矿 ≤磁黄铁矿	+ 发泡、染棕紫	–	–	–	± 染淡棕	–		磨光性良好。自形晶少见，常为他形晶集合体。立方体和八面体解理发育，双晶和环带未见。常为镍黄铁矿、针镍矿蚀变产物，蚀变一般沿解理进行。可交代镍黄铁矿、磁黄铁矿、辉砷镍矿、黄铁矿；也可被黄铜矿、磁黄铁矿、黄铁矿交代。可含针镍矿不混溶片晶。主要产于岩浆型铜-镍硫化物矿床和热液矿床中	以反射色较深和立方体及八面体解理、反射率较低与镍黄铁矿区别
硫铜钴矿 Carrollite $Cu(Co,Ni)_3S_4$ 等轴晶系	470:41.0 546:42.3 589:42.7 650:43.8 白:44.0	乳白色，相似较淡(硫钴矿)	未见	均质	不显	4.5～5.5 *VHN* 548～585 =硫钴矿		–						磨光性良好。常呈自形、半自形晶和他形晶粒。被黄铜矿、斑铜矿、蓝辉铜矿、铜蓝以及黄铁矿、磁黄铁矿交代。在黄铜矿中形成包体；也可含闪锌矿等包体。产于岩浆型铜-镍硫化物矿床、钴-镍热液矿床和沉积矿床中	特征与硫钴矿相似，可用微化分析鉴别
红锑镍矿 Breithauptite NiSb 六方晶系	470:37.8～44.1 546:37.0～46.7 589:43.4～51.7 650:50.7～57.0 白:45.3～54.6	粉红色微带紫色，较暗微带紫色(红砷镍矿)，暗得多(自然铜)	可见(粉红一紫红色)	强非均质(蓝绿一紫红)589nm Ar 3.01°±0.1°旋向负(延长)	不显	5.5 *VHN* 459～579 ≤红砷镍矿 ≪毒砂、铁硫砷钴矿 <斜方砷钴矿	+ 晕色	–	–	+ 晕色	–	–		磨光性良好。常为他形晶集合体，偶见板状或针状自形晶。内部环带结构普遍。交代斜方砷钴矿；也可被斜方砷钴矿、红砷镍矿、银-矿物交代。呈铬铁矿、镍黄铁矿、方铅矿的包体。与磁黄铁矿构成连晶。常产于钴-镍-银的热液矿床中	以反射色较深和反射多色性区别于红砷镍矿

续表 4-1-9

矿物名称 化学组成 晶系	反射率（%）	反射色	双反射 反射多色性	均非性（偏光色） Ar 旋向符号	内反射	摩氏硬度 抗压硬度 抗磨硬度	浸蚀反应 HNO$_3$	HCl	KCN	FeCl$_3$	HgCl$_2$	KOH	其他试剂	形态特征、矿物组合特征、组构和磨光性、产状等	主要鉴定特点和与类似矿物区别
硫铜锑矿 Chalcotibite $CuSbS_2$ 斜方晶系	470:38.3～45.5 546:36.9～42.2 589:35.2～39.6 650:33.7～37.9 白:37.1～43.0	白色微带玫瑰色，粉红色（闪锌矿），较暗带黄灰色（方铅矿）	未见	强非均质旋向正（延长、解理）	不显	3～4 VHN 283～309 ＞自然银，＞黄铜矿、闪锌矿	+ 薰污、晕色	−	± 染褐（慢）	−	−	−		磨光性良好。呈板状或粗粒他形晶集合体。解理//{001}常见，偶见三角孔，聚片双晶可见。交代黄铁矿、黄铜矿、闪锌矿和被方铅矿、辉铜矿、磁黄铁矿、墨铜矿等交代。可在黝铜矿中形成包体。产于低温热液富锑的矿床中	以偶见黑三角孔和浸蚀反应与硫铋铜矿区别
辉锑矿 Stibnite Sb_2S_3 斜方晶系	470:30.8～52.6 546:31.1～48.1 589:30.7～45.3 650:29.4～42.2 白:30.2～40.0	白色至灰白色，较暗微带乳白色（方铅矿），较暗乳色较弱（辉铋矿）	可见（暗灰白—灰棕—白色）	强非均质（灰白—棕—粉红棕）589nm Ar 5.07°±0.2°旋向正（解理、延长）	不显	2～2.5 VHN 71～86 ＞雌黄、雄黄 ≤辉铁锑矿、方铅矿 ≪黄铜矿	+ 晕色、染黑（迅速）	± 染褐	+ 染褐	−	−	+ 染褐、桔黄色沉淀		易磨光，常呈叶片状、针状、放射纤维状晶的集合体和粒状他形晶集合体，解理和内部环带结构可见，聚片双晶和受压变形结构普遍，并可见花岗变晶结构，属弱塑性矿物。交代毒砂、黄铁矿、磁黄铁矿、闪锌矿、黝铜矿和被辰砂、自然锑交代。常与辉铁锑矿、深红银矿、红锑矿、硫锑铅矿构成连晶。主要产于低温热液矿床，也有产于高温热液含金石英脉中（一般在成矿后期形成）	以双反射显著、强非均质性、聚片双晶普遍和对 KOH 作用生成桔黄色沉淀为特征。以此和辉铋矿、深红银矿、辉铁锑矿区别
方黄铜矿 Cubanite $CuFe_2S_3$ 斜方晶系	470:30.1～32.2 546:37.6～40.3 589:40.0～42.4 650:42.4～44.4 白:40.0～42.5	乳白色微带玫瑰色，淡玫瑰灰色（黄铜矿），相似较灰黄，玫瑰色较浅（磁黄铁矿）	未见	强非均质 589nm Ar 0.85°±0.1°旋向正（板状晶延长）	不显	3.5 VHN 247～287 ＞黄铜矿 ＜闪锌矿 ≪磁黄铁矿	+ 染褐	−	±	−	±	−		磨光性尚好，常有擦痕。常呈不规则粒状或多边形粒状集合体。亦可呈叶片状、板状晶体。解理//{001}常见。方黄铜矿常呈叶片状的固溶体分解物分布于黄铜矿、斑铜矿和磁黄铁矿中，常与黄铜矿、黄铁矿、磁黄铁矿构成板状或格状连晶。交代黄铜矿和磁黄铁矿。主要产于岩浆型铜-镍硫化物矿床、矽卡岩型矿床和高温热液矿床	以反射色和强非均质性与其构成紧密连晶的黄铜矿区别；以反射色较浅，突起较低及对 KOH 不起作用与磁黄铁矿区别

续表 4-1-9

矿物名称 化学组成 晶系	反射率 (%)	反射色	双反射 反射多色性	均非性 (偏光色) Ar 旋向符号	内反射	摩氏硬度 抗压硬度 抗磨硬度	浸蚀反应 HNO$_3$	HCl	KCN	FeCl$_3$	HgCl$_2$	KOH	其他试剂	形态特征、矿物组合特征、组构和磨光性、产状等	主要鉴定特点和与类似矿物区别
磁黄铁矿 Pyrrhotite Fe_nS_{n+1} 单斜晶系(低温) ⇌ 六方晶系(高温)	470:30.8~35.5 546:34.8~39.9 589:36.9~41.6 650:39.5~43.3 白:38.0~42.2	乳黄色微带玫瑰棕色,较暗(镍黄铁矿),相似玫瑰色较浓(方黄铜矿)	可见(乳黄—淡红褐色)	强非均质(黄灰、绿灰、蓝灰) 589nm *Ar* 1.55°±0.5°旋向负(板状晶延长、底解理)	不显	4 *VHN* 373~409 >黄铜矿、闪锌矿 ≤镍黄铁矿 ≪毒砂	+ 染褐 (慢)	+ 液变黄	−	−	±	+ 晕色		磨光性良好。常为他形晶集合体和致密块体,板状自形晶少见。解理{0001}可见,聚片双晶和内部环带结构偶见。具磁性,为可塑性矿物。常充填于锡石晶粒之间。常见火焰状、纺锤状、粒状的固溶体分解物,镍黄铁矿沿磁黄铁矿的裂隙、解理、晶粒间隙生长或析出于磁黄铁矿外缘形成“结状结构”。可含有黄铜矿的固溶体分解物及毒砂、白铁矿、红砷镍矿包体。可蚀变成黄铁矿、白铁矿、磁铁矿和赤铁矿。磁黄铁矿可分解成细粒状黄铁矿和白铁矿,局部构成“鸟眼状结构”。产于岩浆型铜-镍硫化物矿床、矽卡岩型矿床和高—中低温热液矿床	以反射色色调和强非均质性、突起高与黄铜矿区别;以强非均质性、反射色色调、反射率略低区别于镍黄铁矿
软锰矿 Pyrolusite MnO_2 四方晶系	470:30.5~39.9 546:29.0~40.0 589:28.1~39.3 650:27.5~38.1 白:30.0~41.5	白色微带乳黄色色调,较黄(钡硬锰矿),黄白色亮得多(磁铁矿),黄白色(一般硬锰矿)	可见(黄白—蓝灰色)	强非均质(黄绿—蓝绿—粉红) 589nm *Ar* 3.98°±0.2°旋向正(柱晶延长)	不显	6 (随结晶类型而异,变化较大) *VHN* 129~243	−	−	−	−	−	−	H_2O_2 + 发泡	磨光困难。常呈纤维状、粒状、粉末状集合体,较粗大的自形针状晶(称黝锰矿)少见。具肾状、结核状构造,并见有//c 的槽线,偶见环带结构。常交代水锰矿成假象(长方块状或菱形块状);也交代褐锰矿、硬锰矿、磁铁矿和被钡镁锰矿交代。微晶质软锰矿常与硬锰矿、褐锰矿密切共生。主要产于沉积矿床,也产于变质锰矿床和多金属矿床氧化带中	以较高的反射率、晶形及浸蚀反应与钡硬锰矿区别
黝铜矿 Tetrahedrite $(Cu,Fe)_{12}Sb_4S_{13}$ 等轴晶系	470:30.3~31.6 546:30.3~32.2 589:29.8~31.8 650:28.2~30.2 白:30.7	灰白色微带浅棕色,蓝灰色(黄铜矿),浅灰色(黝锡矿),棕灰色微带绿色(方铅矿)	未见	均质	不显	3.5~4 *VHN* 285~380 >方铅矿 =黄铜矿	+ 晕色	−	± 染浅褐	−	−	−	浓 $KMnO_4$、KOH 和 H_2O_2 (6%)混合试剂 +	磨光性良好。常呈他形粒状集合体。解理偶见,浸蚀后可见内部环带结构。常含闪锌矿、黄铜矿、黝锡矿、磁黄铁矿等固溶体分解的细小包体。可与黄铜矿、方铅矿、斑铜矿构成文象状连晶。主要产于中—低温热液矿床	以反射色、中等硬度、中等反射率和均质性为特征。以反射色色调、浸蚀反应和微化分析与其相似的银黝铜矿、砷黝铜矿区别

续表 4-1-9

矿物名称 化学组成 晶系	反射率 (%)	反射色	双反射 反射多 色性	均非性 (偏光色) *Ar* 旋向符号	内反射	摩氏硬度 抗压硬度 抗磨硬度	浸蚀反应 HNO$_3$	HCl	KCN	FeCl$_3$	HgCl$_2$	KOH	其他试剂	形态特征、矿物组合特征、 组构和磨光性、产状等	主要鉴定特点和 与类似矿物区别
银黝铜矿 Freibergite $(Cu,Ag,Fe)_{12}$ Sb_4S_{13} 等轴晶系	470:30.4 546:30.9 589:30.5 650:28.5 白:29.8	灰白色微带浅绿黄色，棕色(淡红银矿)，灰棕色(方铅矿)，亮得多(闪锌矿)	未见	均质	不显	3.5~4.5 *VHN* 309~360 随银的含量而变化，甚至可<方铅矿	+ 染棕 (慢)	−	−	+ 晕色	+ 沉淀	−		磨光性良好。多呈他形粒状集合体。解理不常见，浸蚀后可见内部环带结构。可被淡红银矿、辉银矿、方铅矿、辉锑铅矿交代。其他共生矿物有自然银、铅-锑复硫盐、银-锑复硫盐、黝锡矿等。产于中一低温热液矿床	以反射色色调、微化分析及对 HgCl$_2$ 的浸蚀反应与其相似的砷黝铜矿、黝铜矿区别
砷黝铜矿 Tennantite $(Cu,Fe)_{12}As_4S_{13}$ 等轴晶系	470:31.5 546:30.0 589:29.8 650:28.8 白:28.9	灰白色微带橄榄绿色或蓝绿色，明显淡绿色(方铅矿)淡绿色(辉铜矿)淡蓝灰色(黄铜矿)	未见	均质	不显	3.5~4.5 *VHN* 297~354 ≫方铅矿 =黄铜矿	+ 晕色	−	± 染浅褐					磨光性良好。常呈他形晶粒状集合体。解理在自形晶中可见，内部环带结构普遍。与方铅矿、硫铜银矿、黄铜矿、深红银矿构成文象状连晶。交代黄铁矿、硫砷铜矿；亦可被方铅矿、硫铜银矿、硫砷铜矿、黄铜矿交代。产于中一低温热液矿床，较黝铜矿少见	以反射色色调、浸蚀反应及微化分析结果与黝铜矿区别

表 4-1-10 第九鉴定表 反射率在方铅矿和黝铜矿之间的低硬度矿物组

矿物名称 化学组成 晶系	反射率 （%）	反射色	双反射 反射多色性	均非性 （偏光色） *Ar* 旋向符号	内反射	摩氏硬度 抗压硬度 抗磨硬度	浸蚀反应 HNO$_3$	HCl	KCN	FeCl$_3$	HgCl$_2$	KOH	其他试剂	形态特征、矿物组合特征、 组构和磨光性、产状等	主要鉴定特点和 与类似矿物区别
黄铜矿 Chalcopyrite CuFeS_2 四方晶系	470:31.0～34.2 546:42.5～45.4 589:44.7～47.5 650:45.8～47.8 白:42.0～46.1	铜黄色，黄较浓（黄铁矿），较暗强烈黄绿色（自然金、自然银），相似较黄无棕色（磁黄铁矿）	未见	弱非均质 589nm *Ar* 0.32°±0.1°旋向正（双晶）	不显	3.5～4 *VHN* 183～276 ＞方铅矿 ＜闪锌矿、镍黄铁矿、磁黄铁矿	+ 薰污	−	−	−	−	−		易磨光，但有擦痕。常呈他形粒状集合体。聚片双晶普遍，偶见解理和内部环带结构。为弱塑性矿物。可含方黄铜矿、墨铜矿（板状和蠕虫状）、磁黄铁矿（束状）、黝锡矿、闪锌矿和黝铜矿（叶片状和星状）的固溶体分解包体。黄铜矿的固溶体分解物亦可呈小乳滴状定向或不定向分布于闪锌矿、黝铜矿、黝锡矿、蓝辉铜矿、硫砷铜矿中。主要产于岩浆型铜-镍硫化物矿床、高一中温热液矿床和沉积型铜矿床中	以铜黄色、弱非均质性和常呈固溶体分解结构为特征。以反射色、弱非均质性与方黄铜矿区别
辉铋矿 Bismuthinite Bi_2S_3 斜方晶系	470:39.6～48.9 546:38.5～48.8 589:38.1～47.9 650:37.6～46.4 白:42.0～48.7	白色微带淡黄色或黄白色，较亮（辉锑矿），蓝灰色（黄铜矿），较亮乳白色（方铅矿）	可见（//a 淡黄白色 //b 灰白色 //c 黄白色）	强非均质（灰－黄－紫）589nm *Ar* 3.90°±0.1°旋向正（延长、解理）	不显	2～2.5 *VHN* 110～136 ≥方铅矿、硫铜铋矿 ＜黄铜矿 ＞自然铋	+ 慢泡、染黑、显结构	± 薰污	−	−	± 染浅褐	−		磨光性良好。常呈放射纤维状晶和他形晶集合体。//{101}解理常见，可见纺缍状聚片双晶。可被铋的碲化物、金-银碲化物、黝锡矿、黝铜矿交代。与硫铜铋矿、黄铜矿、方铅矿、黝锡矿构成连晶。产于高温热液型含铋、钨、锡矿床和中一低温热液硫化物矿床中	以双反射和对KOH不起作用区别于辉锑矿；以反射色和微化分析区别于硫铋锑铅矿
方铅矿 Galena PbS 等轴晶系	470:46.3～47.7 546:42.7～43.6 589:42.2～43.0 650:41.7～43.4 白:43.2	纯白色（含Te时微带紫色），白色（闪锌矿）	未见	均质	不显	2～3 *VHN* 59～72 ≫辉银矿 ＝辉铜矿、辉铋矿 ＜斑铜矿、黄铜矿	+ 染褐、晕色	+ 染棕、晕色	−	+ 晕色	−	−		较易磨光，但具擦痕。常呈自形晶或他形晶集合体，立方体解理完全。具特征的三角形陷孔，浸蚀后可见内部环带结构。交代现象极普遍，交代与其共生的大部分矿物；可被铜蓝、金-银碲化物、辉银矿、毒砂、黄铁矿、闪锌矿交代。常含黝铜矿、车轮矿和银矿物的包体，部分银在方铅矿中可呈固溶体。主要产于矽卡岩型和热液型铅锌矿床及黄铁矿型铅锌矿床	以具三角形陷孔、低硬度、纯白色和均质性为特征。以此和辉砷镍矿及其他复硫盐矿物区别
硫锑铋铅矿 Kobellite $Pb_5(Bi,Sb)_8S_{17}$ 斜方晶系	470:42.2～48.5 546:40.0～46.1 589:39.1～45.7 650:38.6～45.4 白:40.9～43.2	白色微带黄绿－棕色，稍较暗（方铅矿）	可见（浅绿色－紫灰色）	强非均质（钢灰－灰棕色）	不显	2.5 *VHN* 100～117 ≪自然铋 ≤方铅矿	+ 发泡、染黑	−	−	−	−	−		易磨光。常呈柱状自形晶，放射纤维状聚晶和他形粒状集合体。解理//{010}发育，双晶可见，交代并包围毒砂、黄铁矿、白铁矿、磁黄铁矿；被黄铜矿、黝铜矿交代。主要产于高温热液矿床	以反射色和微化分析区别于辉铋矿

续表 4-1-10

矿物名称 化学组成 晶系	反射率 (%)	反射色	双反射 反射多色性	均非性 (偏光色) Ar 旋向符号	内反射	摩氏硬度 抗压硬度 抗磨硬度	浸蚀反应							形态特征、矿物组合特征、 组构和磨光性、产状等	主要鉴定特点和 与类似矿物区别
							HNO_3	HCl	KCN	$FeCl_3$	$HgCl_2$	KOH	其他试剂		
块硫锑铅矿 (硫锑铅矿) Boulangerite $Pb_5Sb_4S_{11}$ 单斜晶系	470:37.7~45.1 546:36.9~43.7 589:36.5~42.7 650:36.4~41.0 白:37.0~44.1	灰白色微带蓝绿色，较暗绿灰色(方铅矿)，稍亮(辉锑矿)	可见(白—灰绿—绿灰)	强非均质(淡棕—蓝灰) 589nm Ar 2.52°±0.2°旋向正(针状晶体延长)(平行消光)	不显	2.5~3 VHN 90~183 ≤方铅矿 <车轮矿	± 发泡、染黑	—	±	±	±	±		磨光性良好。常呈粒状或纤维状集合体，或呈针状、板状晶体包含于其他矿物中。解理和双晶未见。为极塑性矿物。在方铅矿、闪锌矿、车轮矿、黝铜矿、黝锡矿中形成针状或板状包体。被黄铜矿交代时，可形成车轮矿的反应边；被方铅矿交代时，则形成文象状连晶。主要产于锡石硫化物矿床、中温热液多金属矿床中	以无解理、平行消光、双反射稍弱及浸蚀反应与脆硫锑铅矿及其他类似矿物区别
脆硫锑铅矿 (毛矿) Jamesonite $4PbS \cdot FeS \cdot Sb_2S_3$ 单斜晶系	470:38.5~43.6 546:37.4~42.9 589:36.7~41.5 650:35.7~39.7 白:36.0~40.0	白色，相似或稍带棕色(方铅矿)，较亮(辉锑矿)	可见(黄白—白色带灰绿)	强非均质(灰黄绿—白色带灰绿) 589nm Ar 2.60°±0.1°旋向负(延长、解理)	不显	2~3 VHN 113~117 <方铅矿	+ 慢泡、晕色	± 薰污	—	—	—	+ 晕色	王水+发泡、染褐至黑	易磨光。呈针状及放射纤维状自形晶及其集合体。晶体横切面为菱形。⊥延长方向的解理常见，∥延长方向的聚片双晶发育。系脆性矿物。常呈针状和破碎片状包体分布于闪锌矿、黝铜矿、毒砂、黄铜矿中。可与方铅矿、车轮矿、深红银矿构成紧密连晶。可交代黄铁矿、闪锌矿、毒砂、银黝铜矿和被黄铜矿、方铅矿交代。主要产于锡石硫化物矿床、中温热液矿床中	以反射色、双晶、解理及浸蚀反应与块硫锑铅矿、硫铋锑铅矿、辉锑矿、辉铋矿区别
辉锑矿 Stibnite Sb_2S_3 斜方晶系	470:30.8~52.6 546:31.1~48.1 589:30.7~45.3 650:29.4~42.2 白:30.2~40.0	白色至灰白色，较暗微带乳白色(方铅矿)，较暗乳色较弱(辉铋矿)	可见(暗灰白—灰棕—白色)	强非均质(灰白—棕—粉红棕) 589nm Ar5.07°±0.2°旋向正(延长、解理)	不显	2~2.5 VHN 71~86 >雌黄、雄黄 ≤辉铁锑矿、方铅矿 ≪黄铜矿	+ 晕色、染黑(迅速)	± 染褐	+ 染褐	—	—	+ 染褐、桔黄色沉淀		易磨光，常呈叶片状、针状、放射纤维状晶的集合体和粒状他形晶集合体，解理和内部环带结构可见。聚片双晶和受压变形结构普遍，并可见花岗变晶结构，属弱塑性矿物。交代毒砂、黄铁矿、磁黄铁矿、闪锌矿、黝铜矿和被辰砂、自然锑交代。常与辉铁锑矿、深红银矿、红锑矿、硫锑铅矿构成连晶。主要产于低温热液矿床，也有产于高温热液含金石英脉中(一般在成矿后期形成)	以双反射显著，强非均质性、聚片双晶普遍和对 KOH 作用生成桔黄色沉淀为特征。以此与辉铋矿、深红银矿、辉铁锑矿区别

续表 4-1-10

矿物名称 化学组成 晶系	反射率 (%)	反射色	双反射 反射多 色性	均非性 (偏光色) *Ar* 旋向符号	内反射	摩氏硬度 抗压硬度 抗磨硬度	浸蚀反应 HNO_3	HCl	KCN	$FeCl_3$	$HgCl_2$	KOH	其他试剂	形态特征、矿物组合特征、 组构和磨光性、产状等	主要鉴定特点和 与类似矿物区别
硫铜锑矿 Chalcotibite $CuSbS_2$ 斜方晶系	470:38.3～45.5 546:36.9～42.2 589:35.2～39.6 650:33.7～37.9 白:37.1～43.0	白色微带玫瑰色，粉红色（闪锌矿），较暗带黄灰色（方铅矿）	未见	弱—强非均质 589nm *Ar* 5.04°±0.1°旋向正（延长、解理）	不显	3～4 *VHN* 283～309 ＞自然银， ＜黄铜矿、 闪锌矿	+ 薰污	−	± 染褐 (慢)	−	−	−		磨光性良好。呈板状或粗粒他形晶集合体。解理//{001}常见，偶见三角孔，聚片双晶可见。交代黄铁矿、黄铜矿、闪锌矿和被方铅矿、辉铜矿、磁黄铁矿、墨铜矿等交代。可在黝铜矿中形成包体。产于低温热液富锑的矿床中	以偶见黑三角孔和浸蚀反应与硫铋铜矿区别
方黄铜矿 Cubanite $CuFe_2S_3$ 斜方晶系	470:30.1～32.2 546:37.6～40.3 589:40.0～42.4 650:42.4～44.4 白:40.0～42.5	乳白色微带玫瑰色，淡玫瑰灰色（黄铜矿），相似较灰黄玫瑰色较浅（磁黄铁矿）	未见	强非均质 589nm *Ar* 0.85°±0.1°旋向正（板状晶延长）	不显	3.5 *VHN* 247～287 ＞黄铜矿 ＜闪锌矿 ≪磁黄铁矿	+ 染褐	−	±	−	±	−		磨光性尚好，常有擦痕。常呈不规则粒状或多边形粒状集合体。亦可呈叶片状、板状晶体。解理//{001}常见。方黄铜矿常呈叶片状的固溶体分解物分布于黄铜矿、斑铜矿和磁黄铁矿中，常与黄铜矿、黄铁矿、磁黄铁矿构成板状或格状连晶。交代黄铜矿和磁黄铁矿。主要产于岩浆型铜-镍硫化物矿床、矽卡岩型矿床和高温热液矿床	以反射色和强非均质性与其构成紧密连晶的黄铜矿区别；以反射色较浅，突起较低及对 KOH 不起作用与磁黄铁矿区别
硫铜铋矿 Emplectite $CuBiS_2$ 斜方晶系	470:35.7～38.6 546:36.4～41.0 589:36.1～40.8 650:36.3～39.9 白:36.0～41.0	乳白色，有时带浅棕色，较暗（黄铜矿），乳棕色（方铅矿），稍暗微带黄色（辉铋矿）	未见	弱非均质（棕—浅蓝—深紫）	不显	2 *VHN* 208～233 （//延长） 180～210 （⊥延长） ≪自然铋 ≤辉铋矿、 辉铜矿	+ 染黄棕、有时发泡	± 染黄	−	−	−	−		磨光性良好，常呈针状及纤维状聚晶，也有呈柱状晶集合体。解理{001}（⊥延长）可见，双晶亦可见。交代铋黝铜矿、硫铋铜矿、黄铜矿、脆硫铜铋矿和被辉铋矿和铋的碲化物交代。产于富铋-银矿床、镍矿床及钴-银-铋矿床和富铋的矽卡岩矿床	以解理⊥延长、弱非均质性和反射色与辉铋矿（解理//延长）区别；以大量含铋及浸蚀反应与硫铜锑矿区别
辉锑铅矿 Zinkenite $6PbS \cdot 7Sb_2S_3$ 六方晶系	470:38.8～40.5 546:37.7～39.3 589:36.6～38.0 650:34.7～36.3 白:32.3	灰白色，灰白色（方铅矿），浅灰白色（黝铜矿），相似稍亮（毛矿）	未见	弱非均质（浅灰—深灰）（平行消光）	不显	3 *VHN* 177～185	+ 发泡、染黑	+ 薰污	−	−	± 晕色	+ 晕色		磨光性良好。呈细针状、毛发状、放射纤维状集合体。常成被膜和裂隙充填物。解理//{1120}可见，双晶和环带未见。在闪锌矿中常呈乳滴状细小包体或针状集合体。产于中—低温热液矿床	以反射色、弱非均质性、浸蚀反应及微化分析与辉铋矿、辉锑矿及辉钼矿区别；以弱非均质性与脆硫锑铅矿、块硫锑铅矿区别

续表 4-1-10

矿物名称 化学组成 晶系	反射率 （%）	反射色	双反射 反射多 色性	均非性 （偏光色） *Ar* 旋向符号	内反射	摩氏硬度 抗压硬度 抗磨硬度	浸蚀反应							形态特征、矿物组合特征、 组构和磨光性、产状等	主要鉴定特点和 与类似矿物区别
							HNO_3	HCl	KCN	$FeCl_3$	$HgCl_2$	KOH	其他 试剂		
碲银矿 Hessite Ag_2Te 单斜晶系	470：37.6 546：37.5 589：37.9 650：39.0 白：38.5	灰白色微带棕色—玫瑰色，淡棕（方铅矿、碲金银矿），显著棕色（辉银矿）	未见	强非均质（暗橙—暗蓝）	不显	2～3 *VHN* 28～34 >辉银矿 ≪方铅矿 自然金	＋ 染褐 至黑	± 染黑	± 染黑	＋ 晕色	＋ 染褐 或晕 色	－		磨光困难，常具擦痕。呈圆粒状、他形粒状、骸晶状集合体，解理未见。在温度大于115℃时可见多组聚片双晶，属等轴晶系；而当温度小于155℃时，为单斜晶系。可呈包体分布于方铅矿、碲金银矿、黄铁矿中；也可含自然金、自然银和碲铅矿的包体。其他共生矿物有银金矿、辉银矿和其他碲化物。主要产于次火山岩的金矿脉和银矿脉中	以不易磨光、低硬度、浸蚀反应及与其他碲化物共生和本表其他相似矿物区别；以强非均质性及反射色与辉银矿区别
车轮矿 Bournonite $PbCuSbS_3$ 斜方晶系	470：35.5～37.7 546：34.0～35.6 589：33.0～34.7 650：31.7～32.7 白：36.0～38.2	灰白色微带蓝绿色，较暗淡蓝绿色（方铅矿），较亮淡蓝色（黝铜矿），较暗（脆硫锑铅矿）	未见	强非均质（蓝灰—绿灰—棕黄—深棕紫），有双晶时明显 589nm *Ar* 0.27°±0.1°旋向负（板状晶延长）	不显	2.5～3 *VHN* 176～205 >辉锑矿 ≥方铅矿 <黄铜矿、闪锌矿	＋ 染褐						王水 ＋ 迅速 染黑	磨光性极好。常呈多边形粒状集合体。无解理，两组双晶常正交成镶木地板状，压力变形结构和重结晶结构常见。多呈包体分布于黝铜矿、斑铜矿和方铅矿中，与方铅矿构成文象状连晶。在方铅矿与黝铜矿、黄铜矿与脆硫锑铅矿、黄铜矿与硫铜锑矿之间形成反应边。产于中—低温热液铅锌矿床中	以反射色、双晶特点及浸蚀反应与辉锑铅矿及其他铅锑硫盐矿物区别
软锰矿 Pyrolusite MnO_2 四方晶系	470：30.5～39.9 546：29.0～40.0 589：28.1～39.3 650：27.5～38.1 白：30.0～41.5	白色微带乳黄色色调，较黄（钡硬锰矿），黄白色亮得多（磁铁矿），黄色（一般硬锰矿）	可见（黄白—蓝灰色）	强非均质（黄绿—蓝绿—粉红） 589nm *Ar* 3.98°±0.2°旋向正（柱晶延长）	不显	6 （随结晶类型而异，变化较大） *VHN* 129～243	－	－	－	－	－	－	H_2O_2 ＋ 发泡	磨光困难。常呈纤维状、粒状、粉末状集合体，较粗大的自形针状晶（称黝锰矿）少见。具肾状、结核状构造，并见有//c的槽线，偶见环带结构。常交代水锰矿成假象（长方块状或菱形块状）；也交代褐锰矿、硬锰矿、磁铁矿和被钡镁锰矿交代。微晶质软锰矿常与硬锰矿、褐锰矿密切共生。主要产于沉积矿床，也产于变质锰矿床和多金属矿床氧化带中	以较高的反射率、晶形及浸蚀反应与钡硬锰矿区别
辉铁锑矿 （蓝铁矿） Berthierite $FeSb_2S_4$ 斜方晶系	470：31.4～39.2 546：30.6～38.3 589：30.5～37.3 650：30.8～36.6 白：30.0～40.0	灰白色微带玫瑰色或棕色	可见（玫瑰棕色—灰白色）	强非均质（蓝—黄—褐）589nm *Ar* 4.59°±0.1°旋向正（延长）	不显	2～3 *VHN* 158～225 ≥辉锑矿、深红银矿 ≪闪锌矿	＋ 晕色 （慢）	＋ 液变 黄	－	－	－	± 晕色		磨光性良好。常呈柱状、针状自形晶或集合体，也可呈放射纤维状集合体。常含有黄铁矿、毒砂、白铁矿和磁黄铁矿的包体。可分解成辉锑矿和胶状黄铁矿，在辉锑矿中可见有辉铁锑矿的残余。可与辉锑矿、黄铜矿构成连晶	以反射色及浸蚀反应与辉锑矿、辉铋矿、辉钼矿和铅-锑复硫盐区别；以显著的双反射与表内银硫盐区别

续表 4-1-10

矿物名称 化学组成 晶系	反射率 (%)	反射色	双反射 反射多 色性	均非性 (偏光色) *Ar*旋向符号	内 反 射	摩氏硬度 抗压硬度 抗磨硬度	浸蚀反应 HNO_3	 HCl	 KCN	 $FeCl_3$	 $HgCl_2$	 KOH	 其他 试剂	形态特征、矿物组合特征、 组构和磨光性、产状等	主要鉴定特点和 与类似矿物区别
硒银矿 Naumannite $\beta-Ag_2Se$ ⇌ $\alpha-Ag_2Se$ 斜方晶系 133℃ ⇌ 等轴晶系	470:36.4 546:34.0 589:32.4 650:31.3 白:32.6	灰白色微带棕色，浅蓝绿(硒铅矿)	未见	强非均质(亮灰白—暗灰白)	不显	2.5 *VHN* 23～33 <硒铅矿	+ 晕色、显结构	−	+ 晕色、显结构	+ 晕色	+ 晕色	−		磨光性尚好，常有擦痕，常为他形粒状集合体。立方体解理完全，可能是由同质多象转变形成的裂开。可与硒铅矿构成文象状连晶，可被硒铅矿交代。其他共生矿物有黄铁矿、黄铜矿及其他硒化物等。产于伴有硒矿物、碳酸盐的热液矿床中	以低硬度和与硒矿物密切共生为特征。以不显内反射与硫砷铜银矿区别
辉铜矿 Chalcocite Cu_2S 斜方晶系 103℃ ⇌ 六方晶系	470:35.5～36.7 546:32.5～33.4 589:30.5～31.8 650:28.7～30.2 白:32.2	浅灰色微带蓝色色调，明显蓝色(方铅矿、黝铜矿)，蓝灰色(黄铁矿、自然铜)	未见	弱非均质 589nm *Ar*0.31° ±0.1°	不显	2.5～3 *VHN* 67～87 ≫辉银矿 =蓝辉铜矿、方铅矿 <斑铜矿、黝铜矿	+ 发泡、染蓝、显结构	−	+ 迅速染黑、显结构	+ 染蓝、显结构	± 显结构 (细粒变种为负反应)	−		磨光性良好。常呈他形粒状集合体。具块状、胶状及疏松状构造。在103℃以上生成的辉铜矿，颗粒较粗，常与蓝辉铜矿构成连晶。柳叶片状双晶和解理发育(无柳叶片状双晶并不证明在103℃以下)。结晶很快的高温辉铜矿为细粒集合体，似表生辉铜矿。103℃以下形成的内生辉铜矿，亦呈粗粒集合体，偶见解理。由表生作用形成的辉铜矿有"钢灰状"和"烟灰状"两种。"钢灰状"辉铜矿呈细粒致密状集合体，与黄铜矿密切共生，二者同由斑铜矿分解而成；"烟灰状"辉铜矿一般为极细的表生辉铜矿、表生蓝辉铜矿和铜蓝的混合物，常围绕在黄铜矿的周围和充填在矿石的裂隙中。产于中、低温热液矿床和铜矿床次生富集带	以加 HNO_3 发泡、染蓝、显结构及与其他铜矿物共生为特征。以此及其弱非均质性、低硬度与黝铜矿区别；以反射色及浸蚀反应与蓝辉铜矿区别
辉锑银矿 Miargyrite $AgSbS_2$ 单斜晶系	470:32.7～37.9 546:30.3～35.4 589:28.9～34.2 650:27.4～32.2 白:31.8～36.0	灰白色微带绿灰或蓝灰色色调，较亮白色(深红银矿)，较暗微带绿灰或蓝灰(方铅矿)	可见(灰白—蓝灰)	强非均质(浅灰—蓝灰—褐)	显(深红色)	2.5 *VHN* 107～170 ≥深红银矿 <方铅矿 ≪银黝铜矿	±	± 熏污	+ 染灰	−	± 染棕	± 晕色 (快)		易磨光，常呈粗细不一的粒状集合体。双晶偶见。环带结构未见。常与深红银矿及其他银锑矿物构成连晶。交代毒砂、闪锌矿、银黝铜矿、黝铜矿、深红银矿；也被自然银、硫锑铜银矿、深红银矿交代。产于低温热液矿床中	以反射色和显内反射与硫铜银矿区别

续表 4-1-10

矿物名称 化学组成 晶系	反射率 (%)	反射色	双反射 反射多色性	均非性 (偏光色) Ar 旋向符号	内反射	摩氏硬度 抗压硬度 抗磨硬度	浸蚀反应 HNO$_3$	HCl	KCN	FeCl$_3$	HgCl$_2$	KOH	其他试剂	形态特征、矿物组合特征、组构和磨光性、产状等	主要鉴定特点和与类似矿物区别
硫锑铜银矿-硫砷铜银矿 Polybasite-Pearceite $(Ag,Cu)_{16}(Sb>As)_2S_{11}$-$(Ag,Cu)_{16}(As>Sb)_2S_{11}$ 单斜晶系(假六方系)	470:32.4~32.6 546:31.9 589:31.1~31.2 650:29.7~29.9 白:30.1 反射率随 As 含量增加略有降低	浅灰色微带绿色,较暗灰绿色(方铅矿),较暗无棕色调(黝铜矿族)	未见	强非均质(蓝—黄绿—深紫) 589nm Ar 1.2°±0.2°	显(深红色)	2~3 VHN 180~192 >辉银矿	± 薰污	± 薰污	+ 染黑(快)	± 晕色	± 染棕、染黑	± 晕色		不易磨光,常有擦痕。呈细小板状自形晶或玫瑰花状集合体。解理和双晶偶见。常呈细小包体分布在方铅矿、闪锌矿、黝铜矿、黄铁矿中。与硫铜银矿、方铅矿、深红银矿构成文象连晶。交代毒砂、黄铁矿、大多数含银矿物和铜、铅、锌硫化物;也被自然银、银金矿、辉银矿等交代。主要产于低温热液银矿床中	硫锑铜银矿与硫砷铜银矿为类质同象矿物,二者区别可借助于微化分析;以显内反射与硫铜银矿区别
螺状硫银矿 $\xrightleftharpoons{177℃}$ 辉银矿 Acanthite-Argentite Ag_2S 单斜晶系 $\xrightleftharpoons{177℃}$ 等轴晶系	470:32.5~34.0 546:30.3~31.3 589:29.0~29.8 650:28.3~29.0 白:29.0	灰白色带绿色,较暗淡绿灰色(方铅矿),明显绿色(自然银)	未见	强非均质或均质	不显	2~2.5 VHN 24~30 =辉铜银矿	± 薰污	+ 晕色	+ 染棕、染黑	+ 染灰黑	+ 晕色	—		不易磨光,具擦痕。单斜辉银矿(螺状硫银矿)在胶结带中呈胶状,偶成集合体。等轴辉银矿常呈自形晶、多边形粒状集合体,也呈隐晶质集合体。有板状双晶。为极塑性矿物。常在方铅矿中成不混溶包体,与铜蓝、辉铋矿、黄铜矿、方铅矿及其他银-锑、银-砷矿物构成连晶。可交代黄铜矿、铜蓝、闪锌矿、方铅矿及含银硫化物;也可被铜蓝、蓝辉铜矿、银金矿等交代。产于低温热液矿脉和钴-镍-银建造的矿脉中;表生辉银矿产于铅矿床的次生富集带	以极低的硬度、反射色和对 HCl 的浸蚀反应与车轮矿、辉锑铅矿、砷黝铜矿区别
辉钼矿 Molybdenite MoS_2 六方晶系 (辉钼矿-2H) 三方晶系 (辉钼矿-3R)	470:22.0~46.9 546:19.8~40.4 589:19.2~38.8 650:18.9~40.0 白:15.0-37.0	灰白色 O:白色,亮得多(石墨 O) E:灰白色微带蓝灰色,亮得多(石墨 E)	可见(灰白色—灰带蓝色)	强非均质(45°位置为白色微带玫瑰紫色) 589nm Ar 9.95°±0.1°旋向正(延长、底解理)	不显	1.5 VHN 32~33 (//延长) <石墨 >黄铜矿	—	—	—	—	—	—		不易磨光。常呈板状、鳞片状、叶片状单晶及集合体,有时亦呈玫瑰花状或细粒集合体。解理//{0001}发育,自形晶常受挠曲,平行滑动普遍,形成似双晶结构。系塑性和弱导电性矿物。常在黄铜矿、黄铁矿、毒砂、辉铋矿、黝铜矿及白钨矿中形成包体或充填在锡石和黑钨矿之间。交代黄铜矿、黄铁矿、磁黄铁矿等。主要产于矽卡岩矿床和高、中温热液矿床	以浸蚀反应几乎与所有试剂不起作用与本表其他类似矿物区别;以反射率及偏光色与石墨区别

表 4-1-11 第十鉴定表 反射率在黝铜矿和闪锌矿之间的高硬度矿物组

矿物名称 化学组成 晶系	反射率 (%)	反射色	双反射 反射多色性	均非性 (偏光色) *Ar* 旋向符号	内反射	摩氏硬度 抗压硬度 抗磨硬度	浸蚀反应 HNO_3	HCl	KCN	$FeCl_3$	$HgCl_2$	KOH	其他试剂	形态特征、矿物组合特征、组构和磨光性、产状等	主要鉴定特点和与类似矿物区别
钡硬锰矿 (锰钡矿) Hollandite $Ba(Mn^{2+},Mn^{4+})_8O_{16}$ 单斜晶系	470:28.7～36.0 546:26.4～36.9 589:25.2～31.2 650:24.5～29.7 白:26.6～32.5	浅灰白色微带黄色色调，相似较暗（软锰矿），较亮无棕色或橄榄绿色色调（褐锰矿）	可见	强非均质（淡黄－淡玫瑰－淡紫灰）589nm *Ar* 3.33°±0.2°	不显	6 *VHN* 540～677 ≥褐锰矿（大多数） <褐锰矿（少数）	—	—	—	—	—	—	$SnCl_2$＋显结构 H_2O_2加H_2SO_4＋显结构	磨光性差。常呈柱状、板状晶及针状晶的放射纤维状集合体，或致密状或葡萄状块体。解理{110}常见，双晶可见。可呈包体分布于褐锰矿、黑镁铁锰矿、方铁锰矿中；也可含褐锰矿、黑锰矿包体。可被褐锰矿、方铁锰矿、赤铁矿、硬锰矿沿解理交代。主要产于沉积锰矿床和高温热液矿床	以反射色，双反射及不显内反射与赤铁矿区别；以放射纤维状晶习与褐锰矿、水锰矿区别
赤铁矿 Hematite Fe_2O_3 三方晶系	470:27.4～32.6 546:26.0～31.0 589:25.3～29.6 650:23.1～26.3 白:25.0～30.0	浅灰白色微带蓝色，白（钛铁矿、磁铁矿）；较亮白色（针铁矿），蓝灰色（黄铁矿）	未见（针状赤铁矿偶尔可见）	弱－强非均质（蓝灰－灰黄）589nm *Ar* 2.19°±0.2°旋向正	显（深红色或粉末显棕色）	5～6 *VHN* 973～1 114 >钛铁矿 ≤黄铁矿 <锡石	—	—	—	—	—	—	王水－浓 HF＋显结构	磨光性尚好。常为板状、针状、放射纤维状等自形晶集合体（外生赤铁矿多为鲕状、肾状构造、隐晶质）。聚片双晶普遍，假解理常见。交代磁铁矿生成的假象赤铁矿，常成细脉状、格状、环状结构；也可被磁铁矿、黄铁矿和褐铁矿交代，可与钛铁矿、金红石、锡石等构成不混溶连晶。当赤铁矿中 $FeTiO_3$ 大于 10%时，称钛赤铁矿。产于内生、外生和变质矿床中	以较高的反射率和红色内反射色与针铁矿区别；以较高的反射率和浸蚀反应与纤铁矿区别
铅硬锰矿 (锰铅矿) Coronadite $Pb(Mn^{2+},Mn^{4+})_8O_{16}$ 四方晶系	470:29.5～30.1 546:27.5～27.7 589:26.3～26.6 650:25.1～25.3 白:26.0～32.0	浅灰白色微带黄色，相似较暗（软锰矿），似方铅矿（褐铁矿）	可见	强非均质	不显	5 *VHN* 591～689 >水锰矿	—	—	—	—	—	—	$SnCl_2$＋ $SnCl_2$加HCl＋	易磨光。呈粒状、板状、纤维状集合体或放射状针状晶体。常形成球状、葡萄状、肾状构造。偶见与褐铁矿、普通硬锰矿构成环带，双晶呈箭头状。交代水锰矿。常与其他锰矿物、铁的氢氧化物共生。产于含菱锰矿的低温热液矿床氧化带和富锰的石灰岩的铅交代矿床中	以反射色色调及反射率略高与一般的硬锰矿区别；以结构特点与软锰矿区别。严格区别需凭化学分析和X光分析
磁赤铁矿 Maghemite $\gamma-Fe_2O_3$ 等轴晶系	470:23.7～24.1 546:22.2～22.5 589:21.1～21.5 650:19.5～19.8 白:25.0	蓝灰色，较暗（赤铁矿），带蓝色（磁铁矿），灰色较亮（针铁矿）	未见	均质（偶见弱非均质）	显（棕红色不显著）	5 *VHN* 1 150～1 246 ≥磁铁矿 ≤赤铁矿	—	—	—	—	—	—		磨光性良好，解理、双晶、环带未见。强磁性。磁赤铁矿为磁铁矿氧化而成，多呈细斑点状、云雾状，二者界线不清。磁赤铁矿常具不规则状收缩裂纹。与赤铁矿的界线清楚可见，并可变成赤铁矿。产于含有磁铁矿的各种矿床中，为铁帽中的低温次生矿物	以反射色，均质、强磁性和产出特点为特征。以此与假象赤铁矿区别

续表 4-1-11

矿物名称 化学组成 晶系	反射率 (%)	反射色	双反射 反射多 色性	均非性 (偏光色) Ar 旋向符号	内反射	摩氏硬度 抗压硬度 抗磨硬度	浸蚀反应							形态特征、矿物组合特征、 组构和磨光性、产状等	主要鉴定特点和 与类似矿物区别
							HNO_3	HCl	KCN	$FeCl_3$	$HgCl_2$	KOH	其他试剂		
方铁锰矿 Bixbyite $(Mn \cdot Fe)_2O_3$ 等轴晶系	470:22.3 546:22.2 589:22.0 650:21.6 白:23.0	灰色带明显的黄色，较亮较黄（褐锰矿）亮得多带黄色（黑锰矿），带棕色（赤铁矿）	未见	均质	不显	6 *VHN* 946～1 402 >黑锰矿 =钡硬锰矿	—	—	—	—	—	—	王水 ±	磨光性尚好，常呈自形晶和粒状集合体。解理//{111}可见，叶片双晶普遍，具环带结构，可局部蚀变成赤铁矿和褐锰矿的连晶，也常被赤铁矿、褐锰矿及细粒黑锰矿交代，产于沉积锰矿床；在次生氧化带中较稳定	与褐锰矿、黑镁铁锰矿较相似，但无内反射，且双晶和带环结构也很特征
金红石 Rutile TiO_2 四方晶系	470:21.6 546:20.3 589:19.8 650:19.4 白:20.0	灰色微带蓝色，较亮，无淡褐色（钛铁矿），蓝带粉红（赤铁矿、针铁矿）	可见	强非均质（偏光色常被内反射掩盖） 589nm *Ar* 2.28°±0.2°旋向正（双晶）	显（黄色，棕红色，显著）	6～7 *VHN* 1 132～1 187 >钛铁矿 ≥赤铁矿 <锡石	—	—	—	—	—	—		磨光性良好，呈针状或柱状单晶及平行排列的集合体。解理//{110}和聚片双晶普遍，环带结构可见。常与钛-赤铁矿、钛-磁铁矿、富 Fe_2O_3 的钛铁矿、钽铁矿等构成连晶；或分布在钛铁矿和钛-赤铁矿连晶中。主要产于岩浆型钒-钛磁铁矿矿床或接触变质矿床中，为典型的高温矿物	以晶形、内反射、双晶结构、矿物共生组合特点及 Ti 的反应与本表其他类似矿物区别
磁铁矿 Magnetite Fe_3O_4 等轴晶系	470:20.0～20.2 546:19.1～20.0 589:19.1～20.8 650:19.4～20.7 白:21.1	灰色微带浅棕色，暗得多棕色明显（赤铁矿），浅棕色（磁赤铁矿），较亮较淡的红棕色（钛铁矿）	未见	均质	不显	5.5 *VHN* 585～698 ≫磁黄铁矿、闪锌矿 ≤赤铁矿 >钛铁矿	—	± 薰污、染褐	—	—	—	—		易磨光。常呈八面体、菱形十二面体的自形晶、等轴粒状集合体和他形晶集合体。解理、双晶和内部环带结构可见。具强磁性。可被赤铁矿交代成假象赤铁矿，氧化成磁赤铁矿。磁铁矿在高温时可与钛铁晶石形成固溶体，温度缓慢下降时，钛铁晶石可与磁铁矿形成格状或板状的固溶体分解结构。主要产于含钛磁铁矿矿床、矽卡岩型铁矿床和磁铁石英岩型铁矿床等	以自形晶、粒状、强磁性、无内反射、高硬度和略高的反射率与锌铁尖晶石区别
黑镁铁锰矿 （锰铁矿） Jacobsite (Mn,Fe,Mg) $(Mn,Fe)_2O_4$ 等轴晶系	470:19.3 546:19.4 689:19.4 650:19.3 白:18.5	灰色为主，所带色调随 Mn 含量而异，红棕色（Mn 含量低），棕灰色（Mn 含量极高），橄榄绿色（Mn 含量中等），灰色较弱（黑锰矿）	未见	均质（偶显弱非均质效应）	显（深红色）	6 *VHN* 665～707 =磁铁矿 ≤褐锰矿	—	—	—	—	—	—		易磨光。常呈粒状集合体。解理和双晶未见。在褐锰矿、软锰矿、硬锰矿、方铁锰矿中呈包体。可被软锰矿、硬锰矿交代。其他共生矿物有硫化物、其他锰矿物、铁的氢氧化物等。主要产于沉积变质锰矿床中	以反射色、显内反射和矿物组合特点与磁铁矿区别

续表 4-1-11

矿物名称 化学组成 晶系	反射率 (%)	反射色	双反射 反射多 色性	均非性 (偏光色) *Ar* 旋向符号	内反射	摩氏硬度 抗压硬度 抗磨硬度	浸蚀反应							形态特征、矿物组合特征、 组构和磨光性、产状等	主要鉴定特点和 与类似矿物区别
							HNO_3	HCl	KCN	$FeCl_3$	$HgCl_2$	KOH	其他试剂		
黑锰矿 Hausmannite $MnO \cdot Mn_2O_3$ 四方晶系	470:17.8～20.8 546:17.6～19.6 589:17.5～18.9 650:17.5～18.2 白:16.0～19.0	灰色微带棕色及蓝色，稍暗(黑镁铁锰矿)，相似(磁铁矿、褐锰矿)	可见	强非均质(黄灰—黄棕) 589nm *Ar* 4.99°±0.1°旋向负(延长)	显(血红色)	5～5.5 *VHN* 536～566 >软锰矿 >黑镁铁锰矿	—	—	—	—	—	—		磨光性尚好，呈粗粒自形晶和粗粒及细粒集合体。叶片双晶普遍，常互相交切，宽窄不一，交代方铁锰矿、褐锰矿；也常被软锰矿、褐锰矿、硬锰矿交代。可含方锰矿、褐锰矿包体。可与黑镁铁锰矿构成不混溶连晶。主要产于低温热液锰矿脉，也见于接触交代矿床	以强非均质性、内反射色和双晶特点与褐锰矿、钨铁矿区别
褐锰矿 Braunite $3Mn_2O_3 \cdot MnSiO_3$ 四方晶系	470:18.1～20.6 546:17.3～19.6 589:16.8～18.8 650:16.2～18.1 白:17.8～19.8	灰色微带棕色，暗得多，(硬锰矿)，相似未见双反射(黑锰矿、水锰矿)	未见	弱非均质(棕灰—蓝) 589nm *Ar* 0.65°±0.1°旋向正(延长)	显(暗棕色或深红色)(少见)	6～6.5 *VHN* 483～508 >磁铁矿 ≤方铁锰矿	—	—	—	—	—		H_2O_2 + 慢泡	磨光性良好，常呈致密状或细粒半自形晶集合体。解理未见，双晶稀少，环带结构可见。交代方铁锰矿、钡硬锰矿和赤铁矿；可被软锰矿、硬锰矿、黑锰矿交代。可与赤铁矿、方铁锰矿构成连晶。产于沉积变质锰矿床中	以内反射少见、双晶稀少及与 H_2O_2 作用发泡与黑锰矿区别
锌铁尖晶石 Franklinite $(Zn,Fe,Mn)O \cdot (Fe,Mn)_2O_3$ 等轴晶系	470:18.0 550:18.4 580:18.2 650:17.1	灰色微带绿色，灰绿色(磁铁矿)，较亮(闪锌矿)，较暗(赤铁矿)	未见	均质(因应力作用，可显异常非均质，但较弱)	显(深红色，不显著)	5.5 *VHN* 667～847 >红锌矿	—	± 熏污，染黄	—	—	—	—		磨光性良好。多呈自形等轴状或八面体，少呈他形晶粒。解理{111}可见，双晶及环带偶见。常与磁铁矿、赤铁矿、锌尖晶石及其他尖晶石构成不混溶定向连晶。与锌锰矿的定向连晶称锌磁锰铁矿，由锌铁尖晶石构成基质，非均质锌锰矿构成网格而成。产于矽卡岩型矿床中	以显内反射与磁铁矿区别
钛铁矿 Hmenite $FeTiO_3$ 三方晶系	470:15.5～20.5 546:15.8～20.1 589:16.4～20.2 650:17.1～20.4 白:17.8～21.1	灰色带浅棕色，明显棕色(磁铁矿、闪锌矿)，暗得多棕色(赤铁矿)	可见	弱—强非均质(绿灰—灰棕)589nm *Ar* 2.36°±0.1°旋向正(延长、双晶)	不显(富镁时显微弱的暗褐色)	5～6 *VHN* 473～707 <磁铁矿 ≤赤铁矿	—	—	—	—	—	—	王水 —	磨光性良好。板状或粒状集合体，聚片双晶普遍，环带结构偶见。常与磁铁矿、赤铁矿、金红石、钼铁矿构成不混溶的板状或格状结构。可被金红石、闪锌矿、黄铁矿、赤铁矿交代。主要产于岩浆型和高温热液型矿床中，砂矿中亦常见	以反射色、强非均质及聚片双晶与磁铁矿区别

续表 4-1-11

矿物名称 化学组成 晶系	反射率 (%)	反射色	双反射 反射多 色性	均非性 (偏光色) Ar 旋向符号	内反射	摩氏硬度 抗压硬度 抗磨硬度	浸蚀反应							形态特征、矿物组合特征、 组构和磨光性、产状等	主要鉴定特点和 与类似矿物区别
							HNO_3	HCl	KCN	$FeCl_3$	$HgCl_2$	KOH	其他试剂		
铌铁矿-钽铁矿 Columbite-Tantalite (Fe,Mn) $(Nb,Ta)_2O_6$ 斜方晶系	470:16.6～18.3 546:16.1～17.7 589:15.9～17.5 650:15.6～17.4 白:16.3～18.0	灰色微带棕色，相似棕色略浅(磁铁矿)	未见	弱非均质(平行消光) 589nm 铌铁矿 Ar 1.30°±0.1°钽铁矿 Ar 1.06°±0.2°旋向：铌铁矿负(板状晶延长)钽铁矿正(柱晶延长)	显(锰钽铁矿黄棕色，铁钽铁矿深红色)	6 VHN 599～649 ≤重钽铁矿 <金红石	—	—	—	—	—	—		磨光性尚好。呈柱状及板状自形晶和粒状集合体。解理可见。具放射性。系脆性矿物。可含金红石、钛铁矿、锡石、晶质铀矿、赤铁矿、黑钨矿的包体。与晶质铀矿构成定向连晶。铌铁矿-钽铁矿为无限混溶的类质同象系列。产于各种伟晶花岗岩类矿床及与碱性岩、酸性岩有关的矿床中	以板状晶体和具放射性为特征。以此及有Nb、Ta反应与本表其他相似矿物区别；以弱非均质性(平行消光)和不显双反射与钨锰矿区别；以平行消光与黑钨矿的斜消光不同而区别
钛铁晶石 Ulvospinel, Ulvite Fe_2TiO_4 等轴晶系	光电值 16.6	浅红褐色，相似(钛铁矿)，较暗褐色(磁铁矿)	未见	均质	不显	>磁铁矿								极少呈自形晶。常在富钛的磁铁矿中沿{100}或{110}形成不混溶片状晶，呈交织状或布纹状结构，同时沿磁铁矿的{111}尚可有钛铁矿片晶，与钛铁晶石互相穿插。钛铁晶石片晶有时在镁铁尖晶石片晶外围形成盒子状构造。钛铁晶石可分解成钛铁矿和磁铁矿，有时还有自然铁。主要产于钒钛磁铁矿床中	可据其在磁铁矿中的分布方向及在镁铁尖晶石外围呈盒子状构造与原生镁钛铁矿区别
纤铁矿 Lepidocrocite γ-FeO(OH) 斜方晶系	470:13.8～22.6 550:12.9～20.3 580:12.5～18.9 650:12.1～17.9 白:15.8～25.0	灰色，较暗微带绿色(赤铁矿)，较亮(针铁矿)	可见	强非均质(浅灰—暗灰) 589nm Ar 6.32°±0.1°	显(淡红色，显著)	5 VHN 464～514 <针铁矿	—	—	—	—	—	—	$SnCl_2$ + 显结构	磨光性尚好。呈针状、板状晶体，放射状集合体。亦常呈葡萄状、肾状等胶状构造。常呈板状晶产于针铁矿中，常与磁铁矿、赤铁矿伴生。纤铁矿为黄铁矿、毒砂、黄铜矿的氧化矿物。可构成黄铁矿假象，呈皮壳状；亦可被针铁矿交代呈假象。产于硫化物矿床氧化带中	以红色内反射与针铁矿区别；以形态、产状等与金红石区别

续表 4-1-11

矿物名称 化学组成 晶系	反射率 (%)	反射色	双反射 反射多 色性	均非性 (偏光色) *Ar* 旋向符号	内反射	摩氏硬度 抗压硬度 抗磨硬度	浸蚀反应 HNO_3	HCl	KCN	$FeCl_3$	$HgCl_2$	KOH	其他试剂	形态特征、矿物组合特征、 组构和磨光性、产状等	主要鉴定特点和 与类似矿物区别
晶质铀矿 Uraninite $U_{1-x}O_2$ 等轴晶系	470:16.4~16.5 546:16.0~16.1 589:15.8~16.0 650:16.0~16.1 白:16.8	灰色微带淡棕色	未见	均质(偶见异常弱非均质效应)	不显	4~6 *VHN* 743~920 >磁铁矿、闪锌矿 ≤黄铁矿	± 染褐 (弱)	—	—	+ 染浅褐 (弱)	—	—		磨光性尚好。常呈八面体、立方体自形晶,可与黄铁矿形成2个相的带状复晶。//{100}和//{111}解理及//{111}双晶可见。具强放射性。系脆性矿物。交代黄铁矿和被黄铁矿、沥青铀矿、闪锌矿、自然金交代。蚀变成铀钛矿。可含方铅矿包体(放射性成因)。主要产于花岗伟晶岩类矿床和接触交代矿床中	以晶形和具强放射性为特征。以形态和沥青铀矿区别;以矿物组合和强放射性与锌铁尖晶石、铬铁矿区别
钨铁矿 Ferberite $FeWO_4$ ($MnWO_4$ 最高含量达20%) 单斜晶系	略高于黑钨矿	灰色微带乳黄色,明显黄色无灰色色调(针铁矿、纤铁矿),相似(闪锌矿),稍亮(锡石)	未见	弱非均质(斜消光) 589nm *Ar* 2.19°±0.1°	不显	4.5~5.5 ≈黑钨矿	—	—	—	—	—	—		易磨光。呈粗大晶体及放射同心状集合体。大晶体中解理清楚。具磁性。交代碲化物、白钨矿;可被白钨矿、闪锌矿、辉锑矿、针铁矿交代。氧化成钨华、软锰矿。主要产于伟晶岩矿床和高、中温热液矿床	以反射色稍带乳黄色和不显内反射与黑钨矿区别
黑钨矿 Wolframite (Fe,Mn)WO_4 单斜晶系	470:15.6~16.6 546:15.0~16.2 589:14.7~15.9 650:14.6~15.8 白:16.2~18.5	灰色,淡棕灰黄色(黄铜矿)	未见(有时可见)	弱—强非均质(斜消光)旋向正(延长、解理)	显(粉末和裂隙处显棕红色)	4.5~5.5 *VHN* 312~342 >磁铁矿、白钨矿 ≪黄铁矿、毒砂、锡石	—	—	—	—	—	—		易磨光,有麻点。常呈板状自形晶和不规则粒状集合体。解理//{010}和//{100}清楚,双晶和环带结构可见。系塑性矿物。可含毒砂、辉钼矿、黄铜矿、辉铋矿、铌铁矿的包体。可蚀变成白钨矿和被白钨矿交代。可与白钨矿相互交代构成两矿物的交替互层环带。主要产于伟晶岩矿床和高、中温热液矿床	以大的比重和对试剂均不起作用为特征。以弱非均质性和内反射与钨锰矿区别;以显内反射和钨铁矿区别;以非均质性区别于闪锌矿
钨锰矿 Huebnerite MnWO ($FeWO_4$ 最高含量达20%) 单斜晶系	略低于黑钨矿	灰色,相似(闪锌矿),稍暗(磁铁矿),较亮(锡石)	可见	强非均质 589nm *Ar* 2.03°±0.1°旋向正(延长、解理)	显(红色,显著)	≈黑钨矿	—	—	—	—	—	—		易磨光,有麻点。常呈粗大板状单晶和细粒集合体。解理和双晶可见。由Fe/Mn比值不同可出现环带。系塑性矿物,交代大多数共生矿物和被白钨矿及铁的氢氧化物交代,氧化成钨华和软锰矿。主要产于伟晶岩矿床和高、中温热液矿床中	以强非均质性和显著的内反射与黑钨矿、钨铁矿区别

表 4-1-12　第十一鉴定表　反射率在黝铜矿和闪锌矿之间的中硬度矿物组

矿物名称 化学组成 晶系	反射率 (%)	反射色	双反射 反射多 色性	均非性 (偏光色) *Ar* 旋向符号	内反射	摩氏硬度 抗压硬度 抗磨硬度	浸蚀反应							形态特征、矿物组合特征、 组构和磨光性、产状等	主要鉴定特点和 与类似矿物区别
							HNO_3	HCl	KCN	$FeCl_3$	$HgCl_2$	KOH	其他试剂		
黝铜矿 Tetrahedrite $(Cu,Fe)_{12}$ Sb_4S_{13} 等轴晶系	470:30.3～31.6 546:30.3～32.2 589:29.8～31.8 650:28.2～30.2 白:30.7	灰白色微带浅棕色，蓝灰色（黄铜矿），浅灰色（黝锡矿），棕灰色微带绿色（方铅矿）	未见	均质	不显	3.5～4 *VHN* 285～380 ≫方铅矿 ≈黄铜矿 <闪锌矿	+ 晕色	－	± 染浅褐	－	－	－	浓 $KMnO_4$ KOH和 H_2O_2 (6%) 混合试剂+	磨光性良好。常呈他形粒状集合体。解理偶见。浸蚀后可见内部环带结构。常含有闪锌矿、黄铜矿、黝锡矿、磁黄铁矿等固溶体分解的细小包体。可与黄铜矿、方铅矿、斑铜矿构成文象状连晶。主要产于中－低温热液矿床	以反射色、中等硬度、中等反射率和均质性为特征。以反射色色调、浸蚀反应和微化分析与其相似的银黝铜矿、砷黝铜矿区别
银黝铜矿 Freibergite $(Cu,Ag,Fe)_{12}$ $(Sb,As)_4S_{13}$ 等轴晶系	470:30.4 546:30.9 589:30.5 650:28.5 白:29.8	灰白色微带浅绿黄色，棕色（淡红银矿），灰棕色（方铅矿），亮得多（闪锌矿）	未见	均质	不显	3.5～4.5 *VHN* 309～360 随银的含量而变化，富银的变种甚至 <方铅矿	+ 染棕 （慢）	－	－	+ 晕色	+ 沉淀	－		磨光性良好。多呈他形粒状集合体。解理不常见，浸蚀后可见内部环带结构。可被淡红银矿、辉银矿、方铅矿、辉锑铅矿交代。其他共生矿物有自然银、铅-锑复硫盐、银-锑复硫盐、黝锡矿等。产于中－低温热液矿床	以反射色色调、微化分析及对 HgCl2 的浸蚀反应与其相似的砷黝铜矿、黝铜矿区别
砷黝铜矿 Tennantite $(Cu,Fe)_{12}As_4S_{13}$ 等轴晶系	470:31.5 546:30.0 589:29.8 650:28.8 白:28.9	灰白色微带橄榄绿色或蓝绿色，明显淡绿色（方铅矿），淡绿色（辉铜矿），淡蓝灰色（黄铜矿）	未见	均质	不显	3.5～4.5 *VHN* 297～354 ≫方铅矿 ＝黄铜矿	+ 晕色	－	± 染浅褐					磨光性良好。常呈他形晶粒状集合体。解理在自形晶中可见，内部环带结构普遍。与方铅矿、硫铜银矿、黄铜矿、深红银矿构成文象状连晶。交代黄铁矿、硫砷铜矿；亦可被方铅矿、硫铜银矿、硫砷硐矿、黄铜矿交代。产于中－低温热液矿床，较黝铜矿少见	以反射色色调、浸蚀反应及微化分析结果与黝铜矿区别
铅硬锰矿 （锰铅矿） Coronadite $Pb(Mn^{2+},$ $Mn^{4+})_8O_{16}$ 四方晶系	470:29.5～30.1 546:27.5～27.7 589:26.3～26.6 650:25.1～25.3 白:26.0～32.0	浅灰白色微带黄色，相似较暗（软锰矿），似方铅矿（褐铁矿）	可见	强非均质	不显	5 *VHN* 591～689 ＞水锰矿	－	－	－	－	－	－	$SnCl_2$ + $SnCl_2$ 加 HCl +	易磨光。呈粒状、板状、纤维状集合体或放射状针状晶体。常形成球状、葡萄状、肾状构造。偶见与褐铁矿、普通硬锰矿构成环带，双晶呈箭头状。交代水锰矿。常与其他锰矿物、铁的氢氧化物共生。产于含菱锰矿的低温热液矿床氧化带和富锰的石灰岩的铅交代矿床中	以反射色色调及反射率略高与一般的硬锰矿区别；以结构特点与软锰矿区别。严格区别需凭化学分析和 X 光分析结果

续表 4-1-12

矿物名称 化学组成 晶系	反射率 (%)	反射色	双反射 反射多 色性	均非性 (偏光色) *Ar*旋向符号	内反射	摩氏硬度 抗压硬度 抗磨硬度	浸蚀反应 HNO_3	 HCl	 KCN	 $FeCl_3$	 $HgCl_2$	 KOH	 其他试剂	形态特征、矿物组合特征、 组构和磨光性、产状等	主要鉴定特点和 与类似矿物区别
黝锡矿 (黄锡矿) Stannite Cu_2FeSnS_4 四方晶系	470:25.1～25.7 546:27.2～27.8 589:27.1～27.7 650:27.0～27.4 白:28.0	黄灰色带橄榄绿色，较暗微带棕灰(黝铜矿)，较暗带绿(黄铜矿)，黄褐(闪锌矿)	未见	弱—强非均质(含闪锌矿、黄铜矿乳滴的为高温黝锡矿，非均质性较弱；不含黄铜矿、闪锌矿的黝锡矿非均质性强) 589nm *Ar* 0.89°±0.1°	不显	4 *VHN* 152～216 >黄铜矿 <闪锌矿 ≈黝铜矿	+ 晕色至黑色，显结构	±					H_2SO_4加H_2O_2+沉淀 KOH加H_2O_2+显结构	不易磨光。常呈细粒他形集合体充填在先生成的矿物之间，或呈细小晶粒晶片包含于其他矿物之中。解理偶见，可见三角形陷孔，极细的复合双晶普遍，环带结构可见。常与闪锌矿、黄铜矿构成乳滴状固溶体分解结构。可构成锡石与磁黄铁矿、锡石与黄铜矿、锡石与闪锌矿之间的反应边。主要产于高温热液锡矿床和硫化物矿床	以反射色及常与闪锌矿、黄铜矿形成乳滴状固溶体分解结构为特征。以此及浸蚀反应与斑铜矿区别
硫砷铜矿 Enargite Cu_3AsS_4 斜方晶系	470:26.0～28.8 546:25.1～28.4 589:24.6～28.3 650:25.6～28.2 白:25.0～28.1	浅粉红灰白色，粉红白色(斑铜矿)，粉红棕色(辉铜矿)、棕色(方铅矿)	未见	强非均质(淡蓝—淡绿—淡红橙) 589nm *Ar* 2.12°±0.1°旋向正(延长、解理)	不显	3 *VHN* 194～228 (∥延长) 205～230 (⊥延长) >黄铜矿、辉铜矿 <闪锌矿 ≥砷黝铜矿	± 染色	−	+ 染黑 染褐 绿、 显结构	± 显结构	± 染色 显结构	−		易磨光，呈柱状晶粒或他形晶粒，或呈他形粒状集合体。∥{110}解理常见，无双晶，浸蚀后可见环带结构。可与块硫砷铜矿互相转变。与纤维锌矿、块硫砷铜矿、闪锌矿构成连晶。可逐渐转变为砷黝铜矿。产于中温热液铅锌矿床和矽卡岩型铅锌矿床	以反射色及强非均质与斑铜矿区别；以无双晶及浸蚀反应与块硫砷铜矿区别
赤铜矿 Cuprite Cu_2O 等轴晶系	470:30.9～31.1 546:26.4～26.6 589:24.6～25.1 650:23.0～23.4 白:27.1	浅灰色微带浅蓝色色调，较暗微绿(辉铜矿)，较暗较蓝(赤铁矿)	未见	均质(显异常非均质性)	显(血红色，显著)	3～4 *VHN* >黄铜矿、自然铜 <针铁矿	+ 发泡、有铜膜	+ 白色 沉淀	± 染黑 显结构	+ 晕色	−	−		磨光性尚好。常呈八面体自形晶和细针状集合体或土状。∥{111}解理偶见，双晶未见。常交代辉铜矿、自然铜。在针铁矿中呈包体。可与铜蓝构成不混溶连晶。其他共生矿物有"褐铁矿"、黑铜矿、斑铜矿、黄铜矿、黄铁矿、白铁矿等。主要产于铜矿床氧化带	以血红色内反射和与HNO_3作用出现铜膜、与HCl作用产生白色沉淀为特征，以此与本表其他类似矿物区别
块硫砷铜矿 (四方硫砷铜矿) Luzonite Cu_3AsS_4 四方晶系	470:24.3～25.2 546:23.8～25.9 589:24.5～27.2 650:26.3～28.4 白:25.1～28.7	浅粉红灰白色(含As较高时显红橙色)，较带黄色(硫砷铜矿)	可见(橙棕色—蓝紫色)	强非均质(暗棕—灰绿)	不显	3.5 *VHN* 345～387 >斑铜矿、黄铜矿 ≤硫砷铜矿	+ 晕色 薰污	−	+ 染灰色	−	−	−		磨光性良好。呈细粒他形晶集合体。聚片双晶和复合双晶普遍，解理和环带未见。交代黄铜矿、黝铜矿、辉铜矿、闪锌矿；也被辉铋矿、硫砷铜矿交代。常与硫砷铜矿构成环带状结构，与黝锡矿、黄铜矿构成连晶。产于中温热液铅锌矿床和矽卡岩型铅锌矿床	以反射色及强非均质与斑铜矿区别；以双晶、可见双反射和浸蚀反应与硫砷铜矿区别

续表 4-1-12

矿物名称 化学组成 晶系	反射率 (%)	反射色	双反射 反射多 色性	均非性 (偏光色) Ar 旋向符号	内反射	摩氏硬度 抗压硬度 抗磨硬度	浸蚀反应 HNO$_3$	HCl	KCN	FeCl$_3$	HgCl$_2$	KOH	其他试剂	形态特征、矿物组合特征、 组构和磨光性、产状等	主要鉴定特点和 与类似矿物区别
黑铜矿 Tenorite CuO 单斜晶系	470:21.9～26.3 546:21.1～25.7 589:20.9～25.2 650:20.7～24.9 白:20.0～26.9	灰色－灰白色,浅褐(赤铜矿),较亮,灰带黄(针铁矿)	可见(灰－浅灰－白色)	强非均质(蓝－淡蓝灰色)(斜消光) Ar 6.7°±0.3°旋向负(束状延长)	不显	3.5 VHN 304～339 >辉铜矿 <赤铜矿、针铁矿	± 薰污 染褐	± 染褐 显结构	－	+ 染色	－	－		磨光性尚好。呈针状晶组成的束状集合体,或胶状和土状集合体。无解理,双晶常见。交代赤铜矿很普遍。常与褐铁矿、自然铜、辉铜矿、斑铜矿、铜蓝、砷黝铜矿、黄铁矿、白铁矿等共生。主要产于铜矿床氧化带	以常与铜的氧化带矿物共生、显双反射和不显内反射为特征。以此与水锰矿区别;以反射色和浸蚀反应与硫砷铜矿及块硫砷铜矿区别
硫锰矿 Alabandite MnS 等轴晶系	470:24.4 546:22.8 589:22.3 650:21.9 白:23.4	浅灰色微带绿色,较浅(闪锌矿)	未见	均质	显(裂隙显棕红或粉末显绿色或棕色)	3.5 VHN 240～251 <闪锌矿	+ 发泡、染褐、显结构。放 $H_2S\uparrow$	+ 发泡、染黑、放 H_2S	－	－	－	－	$KMnO_4$ 和 H_2SO_4 + 显结构	磨光性良好。光片表面极易氧化形成锖色膜。呈自形或他形粗粒集合体。可见解理、聚片双晶,偶见环带结构。可含黄铜矿、黄铁矿和细粒磁黄铁矿的包体。可被黄铁矿、白铁矿和软锰矿交代。产于低温热液矿床、矽卡岩矿床、沉积矿床或变质矿床	以反射率、内反射色和浸蚀反应与闪锌矿区别
磁赤铁矿 Maghemite $\gamma-Fe_2O_3$ 等轴晶系	470:23.7～24.1 546:22.2～22.5 589:21.1～21.5 650:19.5～19.8 白:25.0	蓝灰色,较暗(赤铁矿),带蓝色(磁铁矿)	未见	均质(偶见弱非均质)	显(棕红色,不显著)	5 VHN 1 150～1 246 ≥磁铁矿 ≤赤铁矿	－	－	－	－	－	－		磨光性良好。解理、双晶、环带未见。强磁性。磁赤铁矿为磁铁矿氧化而成,多呈斑点状、云雾状,二者界线不清。磁赤铁矿常具不规则状收缩裂纹。与赤铁矿的界线清楚可见,并可变成赤铁矿。产于含有磁铁矿的各种矿床中,为铁帽中的低温次生矿物	以反射色、均质、强磁性和产出特点为特征,以此与假象赤铁矿区别
斑铜矿 Bornite Cu_5FeS_4 四方晶系 $\underleftrightarrow{228℃}$ 等轴晶系	470:17.8 546:20.1 589:22.4 650:26.0 白:21.9	玫瑰色(空气中易变成紫色或晕色),较暗更显杂色(硫砷铜矿)	未见	均质或弱非均质	不显	3 VHN 101～174 >方铅矿、辉铜矿 ≤黄铜矿	+ 发泡、染褐黄、显假结构	－	+ 染褐	+ 染橙	－	－		磨光性良好。常为他形粒状集合体。可见//{100}和{111}两组解理,双晶在粗粒中常见,环带结构未见。常与黄铜矿、黝铜矿、辉铜矿构成格状和结状的固溶体分解结构。可交代黄铜矿、黝铜矿、方铅矿、赤铁矿;可被铜矿物和辉银矿等交代。可分解成黄铜矿和铁铜蓝的板状连晶。主要产于高、中温热液矿床	以反射色与辉铜矿区别;以反射色和均质(或弱非均质)性与硫砷铜矿区别

续表 4-1-12

矿物名称 化学组成 晶系	反射率 （%）	反射色	双反射 反射多 色性	均非性 （偏光色） *Ar* 旋向符号	内反射	摩氏硬度 抗压硬度 抗磨硬度	浸蚀反应 HNO_3	HCl	KCN	$FeCl_3$	$HgCl_2$	KOH	其他试剂	形态特征、矿物组合特征、 组构和磨光性、产状等	主要鉴定特点和 与类似矿物区别
硫镉矿 Creenockite β-CdS 六方晶系 α-CdS 等轴晶系	约为 20	灰色，相似微带蓝色（闪锌矿）	未见	弱非均质（显均质效应）	显（浅黄红棕、血红）	3.5 *VHN* 52～91 ＜闪锌矿	+ 薰污	–	–	–	–	–		磨光性良好。解理、双晶、环带未见。常呈土状、皮膜状充填于闪锌矿、黄铁矿、辉锑锡铅矿的表面和裂隙。常与纤锌矿共生，交代闪锌矿。其他共生伴生矿物有方铅矿、白铁矿、磁黄铁矿、菱锌矿等。主要产于铅锌矿床和黄铁矿型矿床的氧化带中	以明显的内反射色和常呈土状、皮膜状充填于裂隙中可区别于闪锌矿及纤锌矿
水锰矿 Manganite MnO(OH) 单斜晶系	470:14.9～21.3 546:14.8～20.8 589:14.3～20.0 650:14.0～19.3 白:14.0～20.0	灰色微带棕色，暗得多带灰色（软锰矿）	未见（有时微弱可见）	强非均质（黄—蓝灰—紫灰）（平行消光） 589nm *Ar* 5.47°±0.2°	显（粉末或裂隙处显血红色）	4 *VHN* 698～772 ＜磁铁矿、黑钨矿 ≫软锰矿	–	–	–	–	–	–	H_2O_2 + 发泡	磨光性良好。呈柱状、叶片状集合体或放射状集合体。解理//{010}和{110}可见，聚片双晶普遍。可与硬锰矿、软锰矿构成连晶。被软锰矿、硬锰矿、锌黑锰矿交代。软锰矿可形成水锰矿的交代假象。其他共生矿物有黑锰矿、褐锰矿、针铁矿、菱锌矿等。产于低温热液矿床和沉积锰矿床中	以内反射、浸蚀反应区别于黑铜矿；以强非均质、较高的反射率区别于针铁矿；以较低的反射率、显内反射区别于软锰矿
墨铜矿 Vallerite ($CuFeS_2$) 〔(Mg,Fe,Al,Ni) $(OH)_2$〕 六方晶系	450:14.0～14.3 550:14.2～20.2 589:14.2～22.0 650:14.0～23.6	棕色至青铜色，变化大	可见（Ro 较亮，淡玫瑰色；Rc 较暗，蓝灰色）	强非均质（蓝灰—黄白） 589nm *Ar* 6.7°±0.3° 旋向正（延长）	不显	中等 *VHN* 30 ＞黄铜矿 ≪磁黄铁矿 =方黄铜矿	± 薰污	–	–	± 染黑	+ 染褐黑	–	$KMnO_4$ 加 KOH + 染黑	不易磨光。常呈针状、板状、蠕虫状、星状体等包含在黄铜矿、闪锌矿、磁黄铁矿、镍黄铁矿中。双晶可见，环带未见。产于岩浆型铜-镍硫化物矿床和矽卡岩型矿床	以反射率较高与石墨区别；以反射色和偏光色与辉钼矿区别
闪锌矿 Sphalerite (Zn, Fe)S 等轴晶系	470:17.7 546:16.6 589:16.4 650:16.1 白:17.5 反射率随铁含量增加而增高	灰色微带淡蓝色或淡棕色，深灰（方铅矿），稍暗（磁铁矿），相似（纤锌矿）	未见	均质	显（红棕至黄棕色，富铁者为红棕，贫铁者为黄褐色，铁含量增高内反射明显程度降低）	3.5 *CHN* 189～279 ＞黄铜矿、黝铜矿 ＜磁黄铁矿	± 染褐，显结构	–	–	–	–	–	王水 + 发泡，染褐	易磨光。常呈他形粒状集合体。解理//{110}在粗粒中常见，聚片双晶和环带结构普遍。常与纤锌矿构成连晶。可交代黄铁矿、白铁矿、磁黄铁矿、毒砂和被上述矿物、铜的硫化物、方铅矿交代。黄铜矿、方黄铜矿、黝锡矿、磁黄铁矿在闪锌矿中常呈固溶体分解的乳滴状结构。主要产于矽卡岩型矿床、热液矿床及变质矿床中	以均质、颗粒状晶体与纤锌矿区别；以硬度、无磁性、显内反射区别于磁铁矿；以晶形、解理、均质性区别于黑钨矿

续表 4-1-12

矿物名称 化学组成 晶系	反射率 (%)	反射色	双反射 反射多 色性	均非性 (偏光色) *Ar* 旋向符号	内反射	摩氏硬度 抗压硬度 抗磨硬度	浸蚀反应							形态特征、矿物组合特征、 组构和磨光性、产状等	主要鉴定特点和 与类似矿物区别
							HNO_3	HCl	KCN	$FeCl_3$	$HgCl_2$	KOH	其他 试剂		
纤锌矿 Wurtzite ZnS (可含少量 Fe、Mn、Cd,与硫镉矿构成完全固溶体系列) 六方晶系	与闪锌矿相似	灰色微带蓝色,相似(闪锌矿)	未见	弱非均质旋向负(板状晶延长)	显(黄至棕色,显著)	3.5~4 *VHN* 146~167 (1010) 245~264 (0001) =闪锌矿	+ 染淡棕	—	—	—	—	—	王水 + 发泡, 染褐	易磨光。纤维状集合体。常构成放射状和同心环状构造。单晶可具冰花状结构。解理清楚可见。系极塑性矿物。经常与闪锌矿共生,但较稀少。交代方铅矿、硫锡铅矿;也被方铅矿、黄铁矿、白铁矿交代或穿切。纤锌矿为低温浅成酸性热液中生成的矿物,产于热液矿床中	以纤维状结构、弱非均质性、无双晶与闪锌矿区别
晶质铀矿 Uraninite $U_{1-x}O_2$ 等轴晶系	470:16.4~16.5 546:16.0~16.1 589:15.9~16.0 650:16.0~16.1 白:16.8	灰色微带淡棕色	未见	均质(偶见异常弱非均质效应)	不显	4~6 *VHN* 743~920 >磁铁矿、闪锌矿 ≤黄铁矿	± 染褐 (弱)	—	—	± 染褐 (弱)	—	—		磨光性尚好。常呈八面体、立方体自形晶,可与黄铁矿形成两个相的带状复晶。//{100}和//{111}解理及//{111}双晶可见。具强放射性。系脆性矿物。交代黄铁矿和被黄铁矿、沥青铀矿、闪锌矿、自然金交代。蚀变成铀钛矿。可含方铅矿包体(放射性成因)。主要产于花岗伟晶岩类矿床和接触交代矿床中	以晶形和具强放射性为特征。以形态和沥青铀矿区别;以矿物组合和强放射性与锌铁尖晶石、铬铁矿区别
钨铁矿 Ferberite $FeWO_4$ ($MnWO_4$ 最高含量 达 20%) 单斜晶系	略高于黑钨矿	灰色微带乳黄色,明显黄色无灰色色调(针铁矿、纤铁矿)、相似(闪锌矿),稍亮(锡石)	未见	弱非均质(斜消光) 589nm *Ar* 2.19°±0.1°	不显	4.5~5.5 ≈黑钨矿	—	—	—	—	—	—		易磨光。呈粗大晶体及放射同心状集合体。大晶体中解理清楚。具磁性。交代砷化物、白钨矿和被白钨矿、闪锌矿、辉锑矿及针铁矿交代。氧化成钨华、软锰矿。主要产于伟晶岩矿床和高、中温热液矿床	以反射色稍带乳黄色和不显内反射与黑钨矿区别
黑钨矿 Wolframite (Fe, Mn)WO_4 单斜晶系	470:15.6~16.6 546:15.0~16.2 589:14.7~15.9 650:14.6~15.8 白:16.2~18.5	灰色,淡棕灰黄色(黄铜矿)	未见(有时可见)	弱—强非均质(斜消光)旋向正(延长、解理)	显(粉末和裂隙处显棕红色)	4.5~5.5 *VHN* 312~342 >磁铁矿、白钨矿 ≪黄铁矿、毒砂、锡石	—	—	—	—	—	—		易磨光,有麻点。常呈板状自形晶和不规则粒状集合体。解理//{010}和//{100}清楚,双晶和环带结构可见。系塑性矿物。可含毒砂、辉钼矿、黄铜矿、辉铋矿、铌铁矿的包体。可蚀变成白钨矿和被白钨矿交代。可与白钨矿相互交代构成两矿物的交替互层环带。主要产于伟晶岩矿床和高、中温热液矿床	以大的比重和对试剂均不起作用为特征。以弱非均质和内反射与钨锰矿区别;以显内反射与钨铁矿区别;以非均质性区别于闪锌矿

续表 4-1-12

矿物名称 化学组成 晶系	反射率 (%)	反射色	双反射 反射多 色性	均非性 (偏光色) *Ar* 旋向符号	内 反 射	摩氏硬度 抗压硬度 抗磨硬度	浸蚀反应							形态特征、矿物组合特征、 组构和磨光性、产状等	主要鉴定特点和 与类似矿物区别
							HNO_3	HCl	KCN	$FeCl_3$	$HgCl_2$	KOH	其他 试剂		
钨锰矿 Huebnerite $MnWO_4$ ($FeWO_4$ 最高 含量达 20%) 单斜晶系	略低于黑钨矿	灰色，相似(闪锌矿)，稍暗(磁铁矿)，较亮(锡石)	可见	强非均质 589nm *Ar* 2.03°±0.1°旋向正(延长、解理)	显(红色，显著)	≈黑钨矿	—	—	—	—	—	—		易磨光，有麻点。常呈粗大板状单晶和细粒集合体。解理和双晶可见。由 Fe/Mn 比值不同可出现环带。系塑性矿物。交代大多数共生矿物和被白钨矿及铁的氢氧化物交代。氧化成钨华和软锰矿。主要产于伟晶岩矿床和高、中温热液矿床	以强非均质和显著的内反射与钨铁矿、黑钨矿区别

表 4-1-13 第十二鉴定表 反射率在黝铜矿和闪锌矿之间的低硬度矿物组

矿物名称 化学组成 晶系	反射率 (%)	反射色	双反射 反射多 色性	均非性 (偏光色) Ar 旋向符号	内反射	摩氏硬度 抗压硬度 抗磨硬度	浸蚀反应 HNO_3	HCl	KCN	$FeCl_3$	$HgCl_2$	KOH	其他试剂	形态特征、矿物组合特征、 组构和磨光性、产状等	主要鉴定特点和 与类似矿物区别
辉铜矿 Chalcocite Cu_2S 斜方晶系 $\xrightleftharpoons{103℃}$ 六方晶系	470:35.5～36.7 546:32.5～33.4 589:30.5～31.8 650:28.7～30.2 白:32.2	浅灰色微带蓝色色调，明显蓝色(方铅矿、黝铜矿)，蓝灰色(黄铁矿、自然铜)	未见	弱非均质 589nm Ar 0.31°±0.1°	不显	2.5～3 *VHN* 67～87 ≫辉银矿 =蓝辉铜矿、方铅矿 <斑铜矿、黝铜矿	+ 发泡、染蓝、显结构	−	+ 迅速染黑、显结构	+ 染蓝、显结构	± 显结构(细粒变种为负反应)	−		磨光性良好。常呈他形粒状集合体。具块状、胶状及疏松状构造。在103℃以上生成的辉铜矿，颗粒较粗，常与蓝辉铜矿构成连晶。柳叶片状双晶和解理发育(无柳叶片状双晶并不证明在103℃以下)。结晶很快的高温辉铜矿为细粒集合体，似表生辉铜矿。103℃以下形成的内生辉铜矿，亦呈粗粒集合体，偶见解理。由表生作用形成的辉铜矿有钢灰状和烟灰状两种。钢灰状辉铜矿呈细粒致密状集合体，与黄铜矿密切共生，二者同由斑铜矿分解而成；烟灰状辉铜矿一般为极细的表生辉铜矿、表生蓝辉铜矿和铜蓝的混合物，常围绕在黄铜矿的周围和充填在矿石的裂隙中。产于中、低温热液矿床和铜矿床次生富集带	以加 HNO_3 发泡、染蓝、显结构及与其他铜矿物共生为特征。以此及其弱非均质性、低硬度与黝铜矿区别；以反射色及浸蚀反应与蓝辉铜矿区别
辉锑银矿 Miargyrite $AgSbS_2$ 单斜晶系	470:32.7～37.9 546:30.3～35.4 589:28.9～34.2 650:27.4～32.2 白:31.8～36.0	灰白色微带绿灰或蓝灰色色调，较亮白色(深红银矿)，较暗微带绿灰或蓝灰(方铅矿)	可见 (灰白—蓝灰)	强非均质 (浅灰—蓝灰—褐)	显 (深红色)	2.5 *VHN* 107～170 ≥深红银矿 <方铅矿 ≪银黝铜矿	±	± 薰污	+ 染灰	−	± 染棕	± 晕色 (快)		易磨光，常呈粗细不一的粒状集合体。双晶偶见。环带结构未见。常与深红银矿及其他银锑矿物构成连晶。交代毒砂、闪锌矿、银黝铜矿、黝铜矿、深红银矿；也被自然银、硫锑铜银矿、深红银矿交代。产于低温热液矿床中	以反射色和显内反射与硫铜银矿区别
硫锑铜银矿－硫砷铜银矿 Polybasite－Pearceite $(Ag,Cu)_{16}$ $(Sb>As)_2S_{11}$－ $(Ag,Cu)_{16}$ $(As>Sb)_2S_{11}$ 单斜晶系	470:32.4～32.6 546:31.9 589:31.1～31.2 650:29.7～29.9 白:30.1 反射率随 As 含量增加略有降低	浅灰色微带绿色，较暗灰绿色(方铅矿)，较暗无棕色调(黝铜矿族)	未见	强非均质 (蓝—黄绿—深紫) 589nm Ar 1.2°±0.2°	显(深红色)	2～3 *VHN* 180～192 >辉银矿 ≈深红银矿 ≪砷黝铜矿	± 薰污	± 薰污	+ 染黑 (快)	± 晕色	± 染棕、染黑	± 晕色		不易磨光，常有擦痕。呈细小板状自形晶或玫瑰花状集合体。解理和双晶偶见。常呈细小包体分布在方铅矿、闪锌矿、黝铜矿、黄铁矿中。与硫银锡矿、方铅矿、深红银矿构成文象连晶。交代毒砂、黄铁矿、大多数含银矿物和铜、铅、锌硫化物；也被自然银、银金矿、辉银矿等交代。主要产于低温热液银矿床中	硫锑铜银矿与硫砷铜银矿为类质同象矿物，二者区别可借助于微化分析；以显内反射与硫铜银矿区别

续表 4-1-13

矿物名称 化学组成 晶系	反射率 (%)	反射色	双反射 反射多 色性	均非性 (偏光色) *Ar* 旋向符号	内反射	摩氏硬度 抗压硬度 抗磨硬度	浸蚀反应 HNO_3	浸蚀反应 HCl	浸蚀反应 KCN	浸蚀反应 $FeCl_3$	浸蚀反应 $HgCl_2$	浸蚀反应 KOH	浸蚀反应 其他试剂	形态特征、矿物组合特征、组构和磨光性、产状等	主要鉴定特点和与类似矿物区别
螺状硫银矿 ⇌(177℃) 辉银矿 Acanthite - Argentite Ag_2S 单斜晶系 ⇌(177℃) 等轴晶系	470:32.5~34.0 546:30.3~31.3 589:29.0~29.8 650:28.3~29.0 白:29.0	灰白色带绿色,较暗淡绿灰色(方铅矿),明显绿色(自然银)	未见	强非均质或均质	不显	2~2.5 *VHN* 24~30 =辉铜银矿	± 薰污	+ 晕色	+ 染棕、染黑	+ 染灰黑	+ 晕色	−		不易磨光,具擦痕。单斜辉银矿(螺状硫银矿)在胶结带中呈胶状,偶成集合体。等轴辉银矿常呈自形晶、多边形粒状集合体,也呈隐晶质集合体。有板状双晶。为极塑性矿物。常在方铅矿中成不混溶包体,与铜蓝、辉铋矿、黄铜矿、方铅矿及其他银-锑、银-砷矿物构成连晶。可交代黄铜矿、铜蓝、闪锌矿、方铅矿及含银硫矿物;也可被铜蓝、蓝辉铜矿、银金矿等交代。产于低温热液矿脉和钴-镍-银建造的矿脉中;表生辉银矿产于铅矿床的次生富集带	以极低的硬度、反射色和对HCl的浸蚀反应与车轮矿、辉锑铅矿、砷黝铜矿区别;以浸蚀反应与辉铜矿区别
辉钼矿 Molybdenite MoS_2 六方晶系 (辉钼矿-2H) 三方晶系 (辉钼矿-3R)	470:22.0~46.9 546:19.8~40.4 589:19.2~38.8 650:18.9~40.0 白:15.0~37.0	灰白色 O:白色,亮得多(石墨O) E:灰白色微带蓝灰色,亮得多(石墨E)	可见 灰白色一灰带蓝色	强非均质(45°位置为白色微带玫瑰紫色) 589nm *Ar* 9.95°±0.1°旋向正(延长、底解理)	不显	1.5 *VHN* 32~33 (//延长) <石墨 >黄铜矿	−	−	−	−	−	−		不易磨光。常呈板状、鳞片状、叶片状单晶及集合体,有时亦呈玫瑰花状或细粒集合体。解理//{0001}发育,自形晶常受挠曲,平行滑动普遍,形成似双晶结构。系塑性和弱导电性矿物。常在黄铜矿、黄铁矿、毒砂、辉铋矿、黝铜矿及白钨矿中形成包体或充填在锡石和黑钨矿之间。交代黄铜矿、黄铁矿、磁黄铁矿等。主要产于矽卡岩矿床和高、中温热液矿床	以浸蚀反应几乎与所有试剂不起作用与本表其他类似矿物区别;以反射率及偏光色与石墨区别
深红银矿 Pyrargyrite Ag_3SbS_3 六方晶系	470:31.5~32.3 546:28.3~30.3 589:27.5~29.3 650:27.6~29.1 白:28.4~30.8	浅蓝灰白色,相似微较亮(淡红银矿),蓝灰色(方铅矿),明显的浅蓝色(辉锑银矿)	可见	强非均质(灰一黄白一蓝白) 589nm *Ar* 1.14°±0.1°旋向负(柱晶延长、双晶)	显(深红色)	2 *VHN* 66~87 (//解理) ≫辉银矿 <方铅矿	+ 染褐、有时薰污	± 有时薰污	+ 染褐至灰黑	+ 沉淀(洗不掉)	+ 染褐(慢)	+ 染灰黑至晕色		磨光性良好。常呈长柱状、板状晶体及集合体。可见聚片双晶,浸蚀环带结构可见。常呈小包体分布在方铅矿、黄铁矿、闪锌矿、银黝铜矿中。交代绝大多数的共生矿物和被辉银矿、锑银矿、硫锑铜银矿等交代。主要产于低温热液矿床和次生富集带	以内反射和浸蚀反应与雌黄区别;以内反射色和较高的反射率与淡红银矿区别;以浸蚀反应与辰砂区别

续表 4-1-13

矿物名称 化学组成 晶系	反射率 (%)	反射色	双反射 反射多 色性	均非性 (偏光色) *Ar*旋向符号	内反射	摩氏硬度 抗压硬度 抗磨硬度	浸蚀反应							形态特征、矿物组合特征、 组构和磨光性、产状等	主要鉴定特点和 与类似矿物区别
							HNO_3	HCl	KCN	$FeCl_3$	$HgCl_2$	KOH	其他试剂		
硫铜银矿 Stromeyerite CuAgS 斜方晶系 $\underset{\rightleftharpoons}{94℃}$ 等轴晶系	470:28.7~37.8 546:26.8~30.8 589:25.9~29.4 650:25.2~28.8 白:25.5~28.7	灰白色微带紫红色，淡紫灰色（辉铜矿），相似（辉铜银矿）	未见	强非均质	不显	2.5~3 *VHN* 30~32 <方铅矿、辉铜矿	+ 晕色至黑、显结构	+ 薰污	+ 迅速染黑、显结构	+ 迅速染晕色	−	−		磨光性良好。针状自形晶少见，一般为粒状集合体。解理、双晶和环带未见。常呈叶片状结构。与辉铜矿构成不混溶连晶；与自然银、黝铜矿族、斑铜矿、黄铜矿和方铅矿构成连晶。在风化带中常分解为自然银和铜蓝。多产于低温热液矿床和次生富集带	颗粒小，常与自然银共生。以叶片状结构、不显内反射和浸蚀反应与类似矿物区别
辰砂 Cinnabar HgS 三方晶系	460:27.4~29.9 540:25.0~29.3 580:24.5~28.2 640:23.9~26.6	浅蓝灰白色，较暗微蓝（方铅矿）	未见	强非均质（受内反射干扰）589nm *Ar* 2.53°±0.1°旋向负（延长）	显（朱红色，显著）	2~2.5 *VHN* 51~98 ≥自然锑 ≫赤铜矿	−	−	−	−	−	−	王水 + 发泡、晕色	磨光性良好。呈细板状和圆粒状集合体，石灰岩中可见菱形自形晶。偶见解理，双晶{1120}普遍。交代辉锑矿、黄铁矿、黑辰砂、黄铜矿、黝铜矿。可含辉锑矿包体和可被白铁矿、黄铜矿交代。主要产于低温热液矿床中	以显著的朱红色内反射为特征。以未见双反射和浸蚀反应与深红银矿、淡红银矿区别
淡红银矿 Proustite Ag_3AsS_3 三方晶系	470:29.5~32.6 546:24.9~27.9 589:23.4~26.3 650:22.2~25.1 白:25.0~27.7	蓝灰色，相似稍蓝（深红银矿）灰蓝色（方铅矿）	可见（蓝灰色—黄白色）	强非均质（黄—蓝灰色，受强烈内反射干扰）589nm *Ar* 1.63°±0.1°旋向负（针状晶延长、双晶）	显（血红色至砖红色）	2 *VHN* 128~143 =深红银矿	± 薰污	−	+ 染褐、显结构	± 染灰色黑	+ 染褐（慢）	± 染灰或黑		磨光性良好。自形针状，不规则粒状或他形粒状集合体。双晶和环带结构偶见。交代自然砷、自然铋、银黝铜矿、深红银矿、斜方砷镍矿等。与方铅矿和深红银矿分别构成文象状连晶及板状连晶。可含自然银包体。产于低温热液锑矿床和次生富集带	以显著的内反射、双反射和强非均质性及浸蚀反应与深红银矿、辰砂、雄黄区别

续表 4-1-13

矿物名称 化学组成 晶系	反射率 (%)	反射色	双反射 反射多 色性	均非性 (偏光色) *Ar* 旋向符号	内反射	摩氏硬度 抗压硬度 抗磨硬度	浸蚀反应 HNO_3	HCl	KCN	$FeCl_3$	$HgCl_2$	KOH	其他试剂	形态特征、矿物组合特征、 组构和磨光性、产状等	主要鉴定特点和 与类似矿物区别
蓝辉铜矿 Digenite Cu_9S_5 等轴晶系	470:27.2 546:23.1 589:21.0 650:18.3 白:22.0	灰蓝色(颜色深浅随铜蓝含量变化而变化),鲜蓝色(方铅矿、斑铜矿),蓝色较深(辉铜矿)	未见	均质(偶见异常弱非均质效应)	不显	25.3 *VHN* 67~76 =方铅矿、辉铜矿	+ 发泡、染蓝、显结构	−	+ 染黑	−	−	−		磨光性良好。常呈细粒状集合体。浸蚀后八面体解理常见。蓝辉铜矿可由固溶体分解作用产生辉铜矿或铜蓝(或斑铜矿)的板状连晶,有时也含有乳滴状与纺锤状的黄铜矿(上述结构系在78℃以上生成,但没有这种结构并不证明一定形成于78℃以下)。也可在辉铜矿中形成极细的板状晶体。78℃以下生成的蓝辉铜矿晶粒细小,常含斑铜矿包体。在胶结带生成的蓝辉铜矿常在黄铜矿、黄铁矿、斑铜矿、黝铜矿、硫砷铜矿中形成网状结构。产于中、低温热液矿床和铜矿床的次生富集带	以反射色、与 HNO_3 的浸蚀反应、与铜矿物共生为特征。以反射色、浸蚀反应与辉铜矿区别;以均质性(或未见双反射)与铜蓝区别
雄黄 Realgar AsS 单斜晶系	470:22.5~24.8 546:21.4~21.8 589:20.3~20.6 650:19.5~19.8 白:18.5	灰色微带紫色,较亮(闪锌矿),相似较暗(辰砂)	未见	弱非均质至强非均质(易被强烈内反射掩盖)	显(橙红色,强烈)	1.5 *VHN* 50~52 <雌黄 ≪辉锑矿	+ 发泡	−	± 熏污	−	−	+ 迅速染黑		不易磨光。呈板状或柱状晶集合体或土块状,常充填在其他先生成的矿物之间。无双晶。为弱塑性矿物。可呈雌黄的包体和与雌黄构成定向连晶。其他共生矿物有辉锑矿、毒砂、黄铁矿、自然砷、砷复硫盐、铁的氢氧化物等。产于低温热液矿床。热泉及喷硫泉中可见	以内反射色,未见双反射与雌黄区别;以反射率、硬度、浸蚀反应及产状区别于赤铜矿
雌黄 Orpiment As_2S_3 单斜晶系	470:23.4~24.7 546:20.5~21.6 589:19.6~20.8 650:19.0~20.3 白:20.3~25.0	浅灰色,较亮(闪锌矿)	可见(灰白—白—灰白带微红)	强非均质(被强烈内反射掩盖)	显(浅黄色—稻草黄色,强烈)	1.5 *VHN* 31~50 ≥雄黄	−	−	+ 显结构	−	+ 黄色沉淀	+ 迅速染棕黑		不易磨光。针状或{010}板状晶集合体。常呈皮壳状构造或束状聚晶覆盖在雄黄表面,系雄黄氧化而成。可与雄黄构成定向连晶,解理{010}常见。为极脆性矿物。其他共生矿物有毒砂、辉锑矿、黄铁矿、砷-硫化物等。产于低温热液矿床,热泉及喷硫泉中可见	以显著的稻草黄色内反射和显著的双反射与雄黄区别
锑华 Valentinite Sb_2O_3 斜方晶系	589:约16	灰色	未见	弱非均质	显(白色强烈)	2.5~3								磨光性良好。呈板状或柱状自形晶,常成扇形或星状集合体。解理//{110}、{010}完全,双晶及环带未见。常与辉锑矿、自然锑、黝铜矿及其他含锑矿物伴生,为锑或含锑矿床氧化带的次生矿物	以产状、低反射率、白色内反射区别于表内其他类似矿物

续表 4-1-13

矿物名称 化学组成 晶系	反射率 (%)	反射色	双反射 反射多 色性	均非性 (偏光色) Ar 旋向符号	内反射	摩氏硬度 抗压硬度 抗磨硬度	浸蚀反应							形态特征、矿物组合特征、 组构和磨光性、产状等	主要鉴定特点和 与类似矿物区别
							HNO_3	HCl	KCN	$FeCl_3$	$HgCl_2$	KOH	其他试剂		
铜蓝 Covellite CuS 六方晶系	470:13.4～29.1 546:7.15～23.7 589:4.2～21.2 650:5.9～23.0 白:7.0～22.0	蓝色、深蓝色微带紫色至白色	可见(深蓝色微带紫色－蓝色－白色)	强非均质(火红－蔷薇－红棕色)589nm *Ar*11.91°±0.9°旋向负(板状晶延长)正(*c* 轴)	不显	1.5～2 *VHN* 128～138 ≤方铅矿 ＜黄铜矿	± 薰污	－	＋ 染蓝紫或黑色、显结构	－	－	－		磨光性良好。多呈板状自形晶产出，纯铜蓝则为细粒集合体。底面解理完全，双晶和环带结构未见。系极塑性矿物。铜蓝常为很多铜矿物的变化产物。交代与其共生的大多数矿物；可被斑铜矿、辉铜矿、蓝辉铜矿交代。常与斑铜矿、辉铜矿、蓝辉铜矿、闪锌矿、黄铜矿、方铅矿、黄铁矿、赤铜矿等构成连晶。主要产于铜矿床氧化带和次生富集带，内生热液作用生成的铜蓝较少见	以反射色、反射多色性和特强的火红色偏光色为特征。以此和蓝辉铜矿、石墨区别
石墨 Graphite C 六方晶系	470:6.6～16.1 546:6.8～17.4 589:7.0～18.1 650:7.3～19.3 白:6.0～17.0	淡灰棕色	可见(灰色带棕－蓝灰色)	强非均质(橙黄－棕红色)589nm *Ar* 16.3°±0.2°旋向正(延长)	不显	1～2 *VHN* 12～16 ≥黄铜矿、辉钼矿	－	－	－	－	－	－		不易磨光。多呈板状、叶片状、放射纤维状集合体。底面解理发育。系强导电性矿物。可含自然银、黄铁矿、方铅矿和钛铀矿包体；也可呈包体分布于闪锌矿、黄铁矿中。其他共生矿物有毒砂、自然砷、雄黄、磁铁矿、赤铁矿、软锰矿、硬锰矿等。主要产于接触变质和区域变质矿床中	以极强的非均质性和显著的双反射及 R_p 近于透明矿物、与所有的试剂不起作用为特征。以此与辉钼矿区别

表 4-1-14 第十三鉴定表 反射率小于闪锌矿的高硬度矿物组

矿物名称 化学组成 晶系	反射率 (%)	反射色	双反射 反射多 色性	均非性 (偏光色) Ar 旋向符号	内反射	摩氏硬度 抗压硬度 抗磨硬度	浸蚀反应							形态特征、矿物组合特征、 组构和磨光性、产状等	主要鉴定特点和 与类似矿物区别
							HNO_3	HCl	KCN	$FeCl_3$	$HgCl_2$	KOH	其他试剂		
铌铁矿-钽铁矿 Columbite-Tantalite (Fe, Mn)(Nb, Ta)$_2$O$_6$ 斜方晶系	470:16.6~18.3 546:16.1~17.7 589:15.9~17.5 650:15.6~17.4 白:16.3~18.0	灰色微带棕色，相似棕色略浅(磁铁矿)	未见	弱非均质(平行消光)589nm 铌铁矿 *Ar*1.3°±0.1°钽铁矿 *Ar* 1.06°±0.2° 旋向：铌铁矿负(板状晶延长)钽铁矿正(柱状晶延长)	显(锰钽铁矿黄棕色，铁钽铁矿深红色)	5 *VHN* 599~649 >重钽铁矿 <金红石	—	—	—	—	—	—		磨光性尚好。呈柱状及板状自形晶及粒状集合体。解理可见。具放射性。系脆性矿物。可含金红石、钛铁矿、锡石、晶质铀矿、赤铁矿、黑钨矿的包体。与晶质铀矿构成定向连晶。铌铁矿-钽铁矿为无限混溶的类质同象系列。产于各种伟晶花岗岩类矿床，与碱性岩、酸性岩有关的矿床中	以板状晶体和具放射性为特征，以此及有Nb、Ta反应与本表其他相似矿物区别；以弱非均质性、平行消光和不显双反射与钨锰矿区别；以平行消光与黑钨矿的斜消光相区别
钛铁晶石 Ulvospinel, Ulvite Fe_2TiO_4 等轴晶系	光电值:16.6	浅红褐色，相似(钛铁矿)，较暗褐色(磁铁矿)	未见	均质	不显	>磁铁矿								极少呈自形晶。常在富钛的磁铁矿中沿{100}或{110}形成不混溶片状晶，呈交织状或"布纹状"结构，同时沿磁铁矿的{111}尚可有钛铁矿片晶，与钛铁晶石互相穿插。钛铁晶石片晶有时在镁铁尖晶石片晶外围形成盒子状构造。钛铁晶石可分解成钛铁矿和磁铁矿，有时还有自然铁。主要产于钒钛磁铁矿床中	可据其在磁铁矿中的分布方向及在镁铁尖晶石外围呈盒子状构造与原生镁钛铁矿区别
纤铁矿 Lepidocro-cite γ-FeO(OH) 斜方晶系	470:13.8~22.6 546:12.9~20.3 589:12.5~18.9 650:12.1~17.9 白:15.8~25.0	灰色，较暗微带绿色(赤铁矿)，较亮(针铁矿)	可见	强非均质(浅灰-暗灰)	显(淡红色，显著)	6 *VHN* 464~514 <针铁矿	—	—	—	—	—	—	$SnCl_2$ + 显结构	磨光性尚好。呈针状、板状晶体、放射状集合体，亦常呈葡萄状、肾状等胶状构造。常呈板状晶产于针铁矿中，亦常与磁铁矿、赤铁矿伴生。纤铁矿为黄铁矿、毒砂、黄铜矿的氧化产物。可构成黄铁矿假象，亦可被针铁矿交代形成假象。产于硫化物矿床氧化带中	以形态、产状等与金红石区别。与针铁矿区别要借助于X射线分析等手段

续表 4-1-14

矿物名称 化学组成 晶系	反射率 (%)	反射色	双反射 反射多 色性	均非性 (偏光色) Ar 旋向符号	内反射	摩氏硬度 抗压硬度 抗磨硬度	浸蚀反应 HNO$_3$	HCl	KCN	FeCl$_3$	HgCl$_2$	KOH	其他试剂	形态特征、矿物组合特征、 组构和磨光性、产状等	主要鉴定特点和 与类似矿物区别
晶质铀矿 Uraninite $U_{1-x}O_2$ 等轴晶系	470:16.4～16.5 546:16.0～16.1 589:15.9～16.0 650:16.0～16.1 白:16.8	灰色微带淡棕色	未见	均质(偶见异常弱非均质效应)	不显	4～6 VHN 743～920 >磁铁矿、闪锌矿 ≤黄铁矿	± 染褐 (弱)	—	—	± 染褐 (弱)	—	—		磨光性尚好。常呈八面体、立方体自形晶,可与黄铁矿形成两个相的带状复晶。//{100}和//{111}解理及//{111}双晶可见。具强放射性。系脆性矿物。交代黄铁矿和被黄铁矿、沥青铀矿、闪锌矿、自然金交代。蚀变成铀钛矿。可含方铅矿包体(放射性成因)。主要产于花岗伟晶岩类矿床和接触交代矿床中	以晶形和具强放射性为特征。以形态和沥青铀矿区别;以矿物组合和强放射性与锌铁尖晶石、铬铁矿区别
钨铁矿 Ferberite FeWO$_4$ (MnWO$_4$ 最高含量达 20%) 单斜晶系	略高于黑钨矿	灰色微带乳黄色,明显黄色无灰色色调(针铁矿、纤铁矿),相似(闪锌矿),稍亮(锡石)	未见	弱非均质(斜消光) 589nm Ar 2.19°±0.1°	不显	4.5～5.5 ≈黑钨矿	—	—	—	—	—	—		易磨光。呈粗大晶体及放射同心状集合体。大晶体中解理清楚。具磁性。交代碲化物、白钨矿和被白钨矿、闪锌矿、辉锑矿及针铁矿交代。氧化成钨华、软锰矿。主要产于伟晶岩矿床和高、中温热液矿床	以反射色稍带乳黄色和不显内反射与黑钨矿区别
黑钨矿 Wolframite (Fe, Mn)WO$_4$ 单斜晶系	470:15.6～16.6 546:15.0～16.2 589:14.7～15.9 650:14.6～15.8 白:16.2～18.5	灰色,淡棕灰黄色(黄铜矿)	未见(有时可见)	弱—强非均质(斜消光)旋向正(延长、解理)	显(粉末和裂隙处显棕红色)	4.5～5.5 VHN 312～342 >磁铁矿、白钨矿 ≪黄铁矿、毒砂、锡石	—	—	—	—	—	—		易磨光,有麻点。常呈板状自形晶和不规则粒状集合体。解理//{010}和//{100}清楚,双晶和环带结构可见。系塑性矿物。可含毒砂、辉钼矿、黄铜矿、辉铋矿、铌铁矿的包体。可蚀变成白钨矿和被白钨矿交代。可与白钨矿相互交代构成两矿物的交替互层环带。主要产于伟晶岩矿床和高、中温热液矿床	以大的比重和对试剂均不起作用为特征。以弱非均质和内反射与钨锰矿区别;以显内反射和钨铁矿区别;以非均质性区别于闪锌矿
钨锰矿 Huebnerite Mn WO$_4$ (FeWO$_4$ 最高含量达 20%) 单斜晶系	略低于黑钨矿	灰色,相似(闪锌矿),稍暗(磁铁矿),较亮(锡石)	可见	强非均质 589nm Ar 2.03°±0.1°旋向正(延长、解理)	显(红色,显著)	≈黑钨矿	—	—	—	—	—	—		易磨光,有麻点。常呈粗大板状单晶和细粒集合体。解理和双晶可见。由Fe/Mn比值不同可出现环带。系塑性矿物。交代大多数共生矿物和被白钨矿及铁的氢氧化物交代。氧化成钨华和软锰矿。主要产于伟晶岩矿床和高、中温热液矿床	以强非均质和显著的内反射与钨铁矿、黑钨矿区别

续表 4-1-14

矿物名称 化学组成 晶系	反射率 (%)	反射色	双反射 反射多 色性	均非性 (偏光色) Ar 旋向符号	内反射	摩氏硬度 抗压硬度 抗磨硬度	浸蚀反应							形态特征、矿物组合特征、 组构和磨光性、产状等	主要鉴定特点和 与类似矿物区别
							HNO_3	HCl	KCN	$FeCl_3$	$HgCl_2$	KOH	其他试剂		
针铁矿 Goethite α-FeO(OH) 斜方晶系	470:15.3~18.1 546:14.2~16.5 589:14.3~15.5 650:13.1~14.8 白:16.1~18.5	灰色微带淡蓝色，明显淡蓝色(闪锌矿)，较暗(纤铁矿)	未见(有时可见)	弱非均质旋向正(延长、双晶)589nm *Ar* 1.35°±0.1°	显(褐红色至褐黄色，显著)	5 *VHN* 464~627 ≥纤铁矿 <磁铁矿、赤铁矿	—	—	—	—	—	—		易磨光。胶状、球粒状、粉末状集合体，也常呈微小针状晶形。解理//{010}偶见。具环带状构造，或与赤铁矿、水针铁矿构成紧密连晶，环带中心常具较高的反射率为赤铁矿或针铁矿、脱水程度较高的水针铁矿。交代黄铁矿、钨锰矿、磁铁矿、赤铁矿、黄铜矿等。可构成黄铁矿、菱铁矿的交代假象。常与粘土矿物构成褐铁矿的主要成分。主要产于硫化物矿床氧化带中	以胶状、球粒状、粉末状集合体、细针状晶形及产状为特征。以反射率、内反射色与赤铁矿区别。与纤铁矿区别要借助于X射线分析等手段
沥青铀矿 Pitchblende $U_{1-x}O_2$ 等轴晶系	570:14.1~17.2 546:13.6~16.5 589:13.6~16.5 650:13.5~16.3 白:16.0	灰色微带棕色，较暗(晶质铀矿)，浅褐色(闪锌矿、磁铁矿)	未见	均质	显(黄褐色)	3~6 *VHN* 476~766	+ 染褐黑，有时发泡	—	—	± 染灰褐	—	—		不易磨光。常呈胶状、葡萄状、树枝状、环状、角砾状产出。同心状或圆形横切面具放射状裂隙。强放射性。系脆性矿物。可含方钴矿族矿物、自然铋、方铅矿、黄铁矿等矿物的包体。被Co-Ni-Fe砷化物，铜、铅、锌、铋、银的硫化物穿插或交代。其他共生矿物有U的氢氧化物、U-Pb矿物、O-Cu矿物等。产于高、中温热液矿床中	以胶状构造，具强放射性和矿物共生组合特点为主要特征。以形态与晶质铀矿区别
铬铁矿 Chromite (Fe, Mg) $(Cr, Al)_2O_4$ 等轴晶系	470:12.8 546:12.3 580:12.1 650:11.9 白:12.1	灰色微带棕色，相似较暗(闪锌矿)，暗得多(磁铁矿)	未见	均质	显(红棕色，但含铁高时则不显内反射)	5.5 *VHN* 1 332 >磁铁矿 <赤铁矿	—	—	—	—	—	—		磨光性良好。自形、半自形状或他形晶，呈散粒状或集合体。早期形成的铬铁矿边缘常因溶蚀作用而变圆。碎裂和环带结构普遍。系弱塑性矿物。可与磁铁矿、钛铁晶石构成不混溶连晶或定向连晶。可被磁铁矿穿切交代。其他共生矿物有镍黄铁矿、磁黄铁矿、黄铜矿和铂族矿物等。主要产于岩浆矿床	以反射率稍低和红棕色内反射与磁铁矿区别；以矿物组合和微化分析与锌铁尖晶石区别

续表 4-1-14

矿物名称 化学组成 晶系	反射率 (%)	反射色	双反射 反射多 色性	均非性 (偏光色) *Ar* 旋向符号	内反射	摩氏硬度 抗压硬度 抗磨硬度	浸蚀反应							形态特征、矿物组合特征、 组构和磨光性、产状等	主要鉴定特点和 与类似矿物区别
							HNO_3	HCl	KCN	$FeCl_3$	$HgCl_2$	KOH	其他试剂		
锡石 Cassiterite SnO_2 四方晶系	470:12.0～12.8 546:11.5～12.4 589:11.3～12.2 650:11.2～12.2 白:11.2～12.8	灰色带棕色，灰棕色(黝锡矿)，棕灰色(钛铁矿、金红石、磁铁矿)	未见	弱—强非均质(平行复光) 589nm *Ar* 1.46°±0.1°旋向正(延长)	显(黄褐色，强烈)	6.5～7.0 *VHN* 1 168～1 332 ＞所有伴生的金属矿物、石英	—	—	—	—	—	—	HCl 和 Zn 粉 + 锡膜	磨光困难，表面有麻点。呈粗、细粒自形晶、半自形晶粒或集合体，针状晶体成放射状集合体。双晶普遍，环带结构浸蚀后常见，解理偶见。系弱塑性矿物。交代黄铁矿、毒砂、闪锌矿、黝锡矿、辉铋矿等；也被上述矿物交代。常与铌-钽矿物构成不混溶连晶。产于高温热液型石英-锡石矿床和锡石-硫化物矿床中	以不易磨光，常呈自形、显内反射和加 HCl 及锌粉出现金属锡薄膜为特征。以此及反射率较低与表内相似矿物区别
硼镁铁矿 Ludwigite $(Mg, Fe)_2$ $(Fe, Al)BO_5$ 斜方晶系	蓝:9.2～12.1 绿:8.4～11.8 橙:7.8～11.6 红:6.8～11.2	灰色稍带棕色，灰色较暗(磁铁矿)	可见(淡棕—淡蓝—灰)	强非均质(淡棕—红棕)(平行消光) 589nm *Ar* 4.78°±0.1°旋向正(延长)	不显(富 Mg 时显红棕色内反射，少见)	5 *VHN* 357～1 486 ＞纤铁矿 ＝磁铁矿	—	—	—	—	—	± 染褐		磨光尚好。细粒状晶或针状及纤维放射状集合体。解理未见，交代磁铁矿、闪锌矿、黄铁矿和被磁铁矿、纤铁矿、赤铁矿交代。其他共生矿物有锌铁尖晶石等。产于富铁的接触交代矿床中	以形态和强非均质性为特征。以在空气中不显内反射及浸蚀反应与黑柱石区别
白钨矿 Scheelite $CaWO_4$ 四方晶系	470:10.2～10.4 546:9.9～10.0 589:9.8～9.9 650:9.7～9.9 白:10.0	灰色，微暗(锡石)，相似微亮(一般脉石)	未见	弱非均质(为强烈的内反射掩盖)	显(白色—淡黄色，强烈)	5 *VHN* 387～407 ＜黑钨矿、锡石	± 染色 (弱)	± 显结构	—	—	—	—		磨光性尚好。菱形自形晶或粒状集合体。常交代黑钨矿或充填于黑钨矿裂隙中。白钨矿和黑钨矿二者可相互交代构成交替环带，也可被钨铁矿、钨锰矿交代。产于高、中温热液矿床和矽卡岩矿床中	在荧光下显浅蓝色或黄色。以此及强烈的内反射、低反射率与其他钨矿物区别
黑柱石 Ilvaite $CaFe_2Fe(OH)SiO_8$ (已知有单斜和斜方两种变种)	470:8.6～9.4 546:7.8～9.2 589:7.5～9.0 650:6.9～8.3	灰色或蓝灰色，暗蓝灰(磁铁矿、磁黄铁矿)，暗得多(闪锌矿)	可见(灰带红—蓝灰—紫)	强非均质(蓝—粉红—红橙) 589nm *Ar* 8.22°±0.3°	显(红棕色)	5.5～6 *VHN* 703～1 055 ＞闪锌矿 ＝赤铁矿、磁铁矿 ＜黄铁矿	—	—	—	—	—	—		易磨光。常呈柱状自形晶、半自形晶粒或集合体。解理//{010}常见，叶片状双晶偶见。系弱塑性矿物。可变成针铁矿。与钛铁矿、赤铁矿构成连晶。交代磁铁矿。含黄铜矿和磁铁矿的包体。产于接触交代矿床，近来发现在岩浆型铜-镍硫化物矿床也有产出	以空气中具明显的内反射及浸蚀反应与硼镁铁矿区别

续表 4－1－14

矿物名称 化学组成 晶系	反射率 (%)	反射色	双反射 反射多 色性	均非性 (偏光色) *Ar* 旋向符号	内反射	摩氏硬度 抗压硬度 抗磨硬度	浸蚀反应							形态特征、矿物组合特征、 组构和磨光性、产状等	主要鉴定特点和 与类似矿物区别
							HNO_3	HCl	KCN	$FeCl_3$	$HgCl_2$	KOH	其他试剂		
菱锌矿 Smithsonite $ZnCO_3$ (可含 Fe、Mn、Ca) 三方晶系	5～9	深灰色，相似(菱锰矿、菱铁矿)，较亮(方解石)	可见 (*Ro* 较亮，*Re* 较暗)	强非均质旋向负(延长)	显(白色至淡黄色，强烈)	5 *VHN* 383～519 ＞菱锰矿 ≫菱铁矿、闪锌矿	＋ 慢泡溶解、显结构	＋ 慢泡溶解、显结构	＋ 显结构	＋ 表面变粗糙	－	＋ 显结构		磨光性良好。他形或多角形粒状集合体。常呈皮壳状、土状、葡萄状等构造。常与方铅矿、闪锌矿、白铅矿、铅钒等共生、伴生，为闪锌矿的次生矿物。双晶未见、解理少见。产于铅锌矿床氧化带	以反射率和硬度较高区别于方解石
石英 Quartz SiO_2 六方晶系	4.5	深灰色	未见	显均质效应	显(乳白色或淡黄色强烈)	7 *VHN* 763～1 140 ≈黄铁矿、锡石	－	－	－	－	－	－		磨光性良好。常呈截面为六边形的自形晶。无解理。石英是重要的造岩矿物，一般较硫化物生成早，也常被硫化物和方解石交代	以晶形、硬度和内反射与其他矿物区别

表 4-1-15 第十四鉴定表 反射率小于闪锌矿的中硬度矿物组

矿物名称 化学组成 晶系	反射率 (%)	反射色	双反射 反射多 色性	均非性 (偏光色) *Ar* 旋向符号	内反射	摩氏硬度 抗压硬度 抗磨硬度	浸蚀反应 HNO_3	HCl	KCN	$FeCl_3$	$HgCl_2$	KOH	其他试剂	形态特征、矿物组合特征、 组构和磨光性、产状等	主要鉴定特点和 与类似矿物区别
闪锌矿 Sphalerite (Zn, Fe)S 等轴晶系	470:17.7 546:16.6 589:16.4 650:16.1 白:17.5 反射率随铁含量增加而增高	灰色微带淡蓝色或淡棕色,深灰(方铅矿),稍暗(磁铁矿),相似(纤锌矿)	未见	均质	显(红棕至黄棕色,富铁者为红棕,贫铁者为黄褐色,铁含量增高内反射明显程度降低)	3.5 *VHN* 189~279 >黄铜矿、黝铜矿 <磁黄铁矿	± 染褐, 显结构	—	—	—	—	—	王水 + 发泡, 染褐	易磨光。常成他形粒状集合体。解理//{110}在粗粒中常见,聚片双晶和环带结构普遍。常与纤锌矿构成连晶。可交代黄铁矿、白铁矿、磁黄铁矿、毒砂和被上述矿物、铜的硫化物、方铅矿交代。黄铜矿、方黄铜矿、黝锡矿、磁黄铁矿在闪锌矿中常呈固溶体分解的乳滴状结构。主要产于矽卡岩型矿床、热液矿床及变质矿床中	以均质、颗粒状晶体与纤锌矿区别;以硬度、无磁性、显内反射区别于磁铁矿;以晶形、解理、均质性区别于黑钨矿
纤锌矿 Wurtzite ZnS (可含少量 Fe、Mn、Cd,与硫镉矿构成完全固溶体系列) 六方晶系	与闪锌矿相似	灰色微带蓝色,相似(闪锌矿)	未见	弱非均质 旋向负 (板状晶延长)	显(黄至棕色,显著)	3.5~4 *VHN* 146~167 (1010) 245~264 (0001) =闪锌矿	+ 染淡棕	—	—	—	—	—	王水 + 发泡, 染褐	易磨光。纤维状集合体。常构成放射状和同心环状构造。单晶可具冰花状结构。解理清楚可见。系极塑性矿物。经常与闪锌矿共生,但较稀少。交代方铅矿、硫锡铅矿;也被方铅矿、黄铁矿、白铁矿交代或穿切。纤锌矿为低温浅成酸性热液中生成的矿物,产于热液矿床中	以纤维状结构、弱非均质性、无双晶与闪锌矿区别
纤铁矿 Lepidocrocite γ-FeO(OH) 斜方晶系	470:13.8~22.6 546:12.9~20.3 589:12.5~18.9 650:12.1~17.9 白:15.8~25.0	灰色,较暗微带绿色(赤铁矿),较亮(针铁矿)	可见	强非均质 (浅灰—暗灰)	显(淡红色,显著)	6 *VHN* 464~514 <针铁矿	—	—	—	—	—	—	$SnCl_2$ + 显结构	磨光性尚好。呈针状、板状晶体、放射状集合体,亦常呈葡萄状、肾状等胶状构造。常呈板状晶产于针铁矿中,亦常与磁铁矿、赤铁矿伴生。纤铁矿为黄铁矿、毒砂、黄铜矿的氧化产物。可构成黄铁矿假象,亦可被针铁矿交代形成假象。产于硫化物矿床氧化带中	以形态、产状等与金红石区别。与针铁矿区别要借助于X射线分析等手段
晶质铀矿 Uraninite $U_{1-x}O_2$ 等轴晶系	470:16.4~16.5 546:16.0~16.1 589:15.9~16.0 650:16.0~16.1 白:16.8	灰色微带淡棕色	未见	均质(偶见异常弱非均质效应)	不显	4~6 *VHN* 743~920 >磁铁矿、闪锌矿 ≤黄铁矿	± 染褐 (弱)	—	—	± 染褐 (弱)	—	—		磨光性尚好。常呈八面体、立方体自形晶,可与黄铁矿形成两个相的带状复晶。//{100}和//{111}解理及//{111}双晶可见。具强放射性。系脆性矿物。交代黄铁矿和被黄铁矿、沥青铀矿、闪锌矿、自然金交代。蚀变成铀钛矿。可含方铅矿包体(放射性成因)。主要产于花岗伟晶岩类矿床和接触交代矿床中	以晶形和具强放射性为特征。以形态与沥青铀矿区别;以矿物组合和强放射性与锌铁尖晶石、铬铁矿区别

续表 4-1-15

矿物名称 化学组成 晶系	反射率 (%)	反射色	双反射 反射多 色性	均非性 (偏光色) *Ar* 旋向符号	内反射	摩氏硬度 抗压硬度 抗磨硬度	浸蚀反应							形态特征、矿物组合特征、 组构和磨光性、产状等	主要鉴定特点和 与类似矿物区别
							HNO_3	HCl	KCN	$FeCl_3$	$HgCl_2$	KOH	其他试剂		
钨铁矿 Ferberite $FeWO_4$ ($MnWO_4$ 最高含量达20%) 单斜晶系	略高于黑钨矿	灰色微带乳黄色，明显黄色无灰色色调(针铁矿、纤铁矿)，相似(闪锌矿)，稍亮(锡石)	未见	弱非均质(斜消光) 589nm *Ar* 2.19°±0.1°	不显	4.5～5.5 ≈黑钨矿	—	—	—	—	—	—		易磨光。呈粗大晶体及放射同心状集合体。大晶体中解理清楚。具磁性。交代碲化物、白钨矿和被白钨矿、闪锌矿、辉铋矿及针铁矿交代。氧化成钨华、软锰矿。主要产于伟晶岩矿床和高、中温热液矿床	以反射色稍带乳黄色和不显内反射与黑钨矿区别
黑钨矿 Wolframite (Fe, Mn)WO_4 单斜晶系	470:15.6～16.6 546:15.0～16.2 589:14.7～15.9 650:14.6～15.8 白:16.2～18.5	灰色，淡棕灰黄色(黄铜矿)	未见(有时可见)	弱—强非均质(斜消光)旋向正(延长、解理)	显(粉末和裂隙处显棕红色)	4.5～5.5 *VHN* 312～342 >磁铁矿、白钨矿 ≪黄铁矿、毒砂、锡石	—	—	—	—	—	—		易磨光，有麻点。常呈板状自形晶和不规则粒状集合体。解理∥{010}和∥{100}清楚，双晶和环带结构可见。系塑性矿物。可含毒砂、辉钼矿、黄铜矿、辉铋矿、铌铁矿的包体。可蚀变成白钨矿和被白钨矿交代。可与白钨矿相互交代构成两矿物的交替互层环带。主要产于伟晶岩矿床和高、中温热液矿床	以大的比重和对试剂均不起作用为特征。以弱非均质和内反射与钨锰矿区别；以显内反射与钨铁矿区别；以非均质性、晶形、解理区别于闪锌矿
钨锰矿 Huebnerite $MnWO_4$ ($FeWO_4$ 最高含量达20%) 单斜晶系	略低于黑钨矿	灰色，相似(闪锌矿)，稍暗(磁铁矿)，较亮(锡石)	可见	强非均质 589nm *Ar* 2.03°±0.1°旋向正(延长、解理)	显(红色，显著)	≈黑钨矿	—	—	—	—	—	—		易磨光，有麻点。常呈粗大板状单晶和细粒集合体。解理和双晶可见。由Fe/Mn比值不同可出现环带。系塑性矿物。交代大多数共生矿物和被白钨矿及铁的氢氧化物交代。氧化成钨华和软锰矿。主要产于伟晶岩矿床和高、中温热液矿床	以强非均质和显著的内反射与钨铁矿、黑钨矿区别
沥青铀矿 Pitchblende $U_{1-x}O_2$ 等轴晶系	570:14.1～17.2 546:13.6～16.5 589:13.6～16.5 650:13.5～16.3 白:16.0	灰色微带棕色，较暗(晶质铀矿)，浅褐色(闪锌矿、磁铁矿)	未见	均质	显(黄褐色)	3～6 *VHN* 476～766	+ 染褐黑，有时发泡	—	—	± 染灰褐	—	—		不易磨光。常呈胶状、葡萄状、树枝状、环状、角砾状产出。同心状或圆形横切面具放射状裂隙。强放射性。系脆性矿物。可含方钴矿族矿物、自然铋、方铅矿、黄铁矿等矿物的包体。被Co-Ni-Fe砷化物，铜、铅、锌、铋、银的硫化物穿插或交代。其他共生矿物有U的氢氧化物、U-Pb矿物、U-Cu矿物等。产于高、中温热液矿床中	以胶状构造，具强放射性和矿物共生组合特点为主要特征。以形态和晶质铀矿区别

续表 4-1-15

矿物名称 化学组成 晶系	反射率 (%)	反射色	双反射 反射多 色性	均非性 (偏光色) Ar旋向符号	内反射	摩氏硬度 抗压硬度 抗磨硬度	浸蚀反应							形态特征、矿物组合特征、 组构和磨光性、产状等	主要鉴定特点和 与类似矿物区别
							HNO_3	HCl	KCN	$FeCl_3$	$HgCl_2$	KOH	其他试剂		
针铁矿 Goethite α-FeO(OH) 斜方晶系	470:15.3~18.1 546:14.2~16.5 589:14.3~15.5 650:13.1~14.8 白:16.1~18.5	灰色微带淡蓝色,明显淡蓝色(闪锌矿),较暗(纤铁矿)	未见(有时可见)	弱非均质旋向正(延长、双晶)589nm Ar 1.35°±0.1°	显(褐红色至褐黄色,显著)	5 VHN 464~627 ≥纤铁矿 <磁铁矿、赤铁矿	−	−	−	−	−	−		易磨光。胶状、球粒状、粉末状集合体,也常呈微小针状晶形。解理//{010}偶见。具环带状构造,或与赤铁矿、水针铁矿构成紧密连晶,环带中心常具较高的反射率为赤铁矿或针铁矿、脱水程度较高的水针铁矿。交代黄铁矿、钨锰矿、磁铁矿、赤铁矿、黄铜矿等。可构成黄铁矿、菱铁矿的交代假象。常与粘土矿物构成褐铁矿的主要成分。主要产于硫化物矿床氧化带中	以胶状、球粒状、粉末状集合体、细针状晶形及产状为特征。以反射率、内反射色与赤铁矿区别。与纤铁矿区别要借助于X射线分析等手段
红锌矿 Zincite (Zn, Mn)O 六方晶系	470:12.5~12.7 547:11.8 589:11.4~11.5 650:11.0~11.2 白:11.2	灰色带玫瑰棕色	未见	弱非均质(因强烈内反射而掩盖)589nm Ar 0.32°±0.1°	显(桔黄色或红色,强烈)	4 VHN 189~219 ≪锌铁尖晶石	+ 染黑、显结构	+ 变暗、显结构	+ 染褐、显结构	+ 染褐	± 染浅褐	−		磨光性良好。圆粒状或他形晶粒集合体。解理//{0001}可见。为塑性矿物。可与黑锰矿和方锰矿构成定向连晶,常与锌铁尖晶石、硅锌矿、菱锌矿共生。主要产于矽卡岩矿床中	以鲜艳的桔黄色—红色内反射及常与锌铁尖晶石、硅锌矿等共生为特征。以此和其他相似矿物区别
硼镁铁矿 Ludwigite $(Mg, Fe)_2$ $(Fe, Al)BO_5$ 斜方晶系	蓝:9.2~12.1 绿:8.4~11.8 橙:7.8~11.6 红:6.8~11.2	灰色稍带棕色,灰色较暗(磁铁矿)	可见(淡棕—淡蓝—灰)	强非均质(淡棕—红棕)(平行消光)589nm Ar 4.78°±0.1°旋向正(延长)	不显(富Mg时显红棕色内反射,少见)	5 VHN 357~1 486 >纤铁矿 =磁铁矿	−	−	−	−	−	± 染褐		磨光尚好。细粒状晶或针状及纤维放射状集合体。解理未见,交代磁铁矿、闪锌矿、黄铁矿和被磁铁矿、纤铁矿、赤铁矿交代。其他共生矿物有锌铁尖晶石等。产于富铁的接触交代矿床中	以形态和强非均质性为特征。以在空气中不显内反射及浸蚀反应与黑柱石区别
白钨矿 Scheelite $CaWO_4$ 四方晶系	470:10.2~10.4 546:9.9~10.0 589:9.8~9.9 650:9.7~9.9 白:10.0	灰色,微暗(锡石),相似微亮(一般脉石)	未见	弱非均质(为强烈的内反射掩盖)	显(白色—淡黄色,强烈)	5 VHN 387~407 <黑钨矿、锡石	± 染色(弱)	± 显结构	−	−	−	−		磨光性尚好。菱形自形晶或粒状集合体。常交代黑钨矿或充填于黑钨矿裂隙中。白钨矿和黑钨矿二者可相互交代构成交替环带,也可被钨铁矿、钨锰矿交代。产于高、中温热液矿床和矽卡岩矿床中	在荧光下显浅蓝色或黄色。以此及强烈的内反射、低反射率与其他钨矿物区别

续表 4-1-15

矿物名称 化学组成 晶系	反射率 (%)	反射色	双反射 反射多 色性	均非性 (偏光色) *Ar* 旋向符号	内反射	摩氏硬度 抗压硬度 抗磨硬度	浸蚀反应							形态特征、矿物组合特征、 组构和磨光性、产状等	主要鉴定特点和 与类似矿物区别
							HNO_3	HCl	KCN	$FeCl_3$	$HgCl_2$	KOH	其他试剂		
白铅矿 Cerussite $PbCO_3$ 斜方晶系	≈10	灰色	可见	强非均质 (常被强烈反射掩盖)	显(乳白或淡黄色,强烈)	3~3.5 *VHN* 140~254 ≥方铅矿	+ 发泡	+ 发泡、白色沉淀	−	+ 显结构	+ 显结构	+ 显结构		易磨光。常呈粒状、土状、钟乳状集合体,常沿方铅矿的解理、裂隙和边缘进行次生交代。产于铅锌矿床氧化带中	以较高的反射率、显著的双反射、强非均质及浸蚀反应与铅钒区别
黄钾铁矾 Jarosite $KFe_3[SO_4]_2(OH)_5$ 六方晶系	约 9~10	暗灰色,较暗(针铁矿)	未见	强非均质	显(浅黄色,强烈)	2.5~3.5	+ 变糙	+ 变糙	−	−	−	−		常成皮壳状、结核状、土状产于富含黄铁矿的硫化物矿床氧化带中。常与褐铁矿共生和与褐铁矿构成互层状皮壳,包含黄铜矿和黄铁矿。黄钾铁钒为钒类矿物中最常见的矿物。常为硫化物矿床的找矿标志,尤其多见于干旱气候带的硫化物矿床氧化带	以形态、内反射、反射率及浸蚀反应与针铁矿区别,此矿物的鉴定应重视透射光下薄片的研究
铅矾 (硫酸铅矿) Auglesite $PbSO_4$ 斜方晶系	9.5	灰至深灰色,很暗的灰色(方铅矿),相似(白铅矿)	未见	显均质效应	显(白色,强烈)	3 *VHN* 106~128 =白铅矿	+ 显结构	−	−	−	−	−	2%的 $KCrO_4$ 加 0.5% NaOH + 黄色沉淀	易磨光。常呈细脉状、皮膜状和不规则状。解理可见。交代方铅矿,有时呈假象。常与方铅矿、菱锌矿、褐铁矿等共生伴生,为方铅矿的次生矿物。产于铅锌矿床氧化带中	以不显双反射及浸蚀反应与白铅矿区别
菱铁矿 Siderite $FeCO_3$ (可含 Mg、Mn 和 Ca) 三方晶系	6~10	深灰色,相似(菱锰矿、菱锌矿)	可见 (*Ro* 较亮,*Re* 较暗)	强非均质旋向负(延长)	显(淡黄色—红褐色,强烈)	3.5~4 *VHN* 330~371 <菱锰矿 ≪菱锌矿 ≈闪锌矿	+ 溶解、变糙、显结构	+ 溶解、变糙、显结构	−	+ 略显结构	−	+ 略显结构		易磨光。常呈自形(菱形)或半自形集合体。脉状、结核状、块状构造。解理{1011}可见,双晶偶见。风化后变成褐铁矿和针铁矿等次生矿物,常与碳酸盐矿物共生。产于沉积矿床和热液矿床中	以化学成分、产状、形态与菱锌矿区别;与菱锰矿区别主要借助于共生矿物和微化分析
菱锌矿 Smithsonite $ZnCO_3$ (可含 Fe、Mn、Ca) 三方晶系	5~9	深灰色,相似(菱锰矿、菱铁矿),较亮(方解石)	可见 (*Ro* 较亮,*Re* 较暗)	强非均质旋向负(延长)	显(白色,强烈)	5 *VHN* 383~519 <菱锰矿, ≫菱铁矿、闪锌矿	+ 慢泡、溶解、显结构	+ 慢泡、溶解、显结构	+ 显结构	+ 表面粗糙	−	+ 显结构		磨光性良好。他形或多角形粒状集合体。常呈皮壳状、土状、葡萄状等构造。常与方铅矿、闪锌矿、白铅矿、铅钒等共生伴生,为闪锌矿的次生矿物。双晶未见,解理少见。产于铅锌矿床氧化带中	以反射率和硬度较高区别于方解石

续表 4-1-15

矿物名称 化学组成 晶系	反射率 (%)	反射色	双反射 反射多 色性	均非性 (偏光色) Ar 旋向符号	内反射	摩氏硬度 抗压硬度 抗磨硬度	浸蚀反应							形态特征、矿物组合特征、 组构和磨光性、产状等	主要鉴定特点和 与类似矿物区别
							HNO_3	HCl	KCN	$FeCl_3$	$HgCl_2$	KOH	其他试剂		
菱锰矿 Rhodochrosite $MnCO_3$ (可含 Mg、Fe、Ca) 三方晶系	5～8	深灰色	可见 (*Ro* 较亮,*Re* 较暗)	强非均质旋向负(延长)	显(褐一玫瑰色,强烈)	3.5～4 *VHN* 232～245								磨光性良好。呈具解理的粒状集合体或具十字形消光的鲕状集合体,常呈块状、结核状、透镜状构造。解理{1011}可见。常部分氧化成软锰矿和硬锰矿。产于沉积矿床和中、低温热液矿床	与菱铁矿、菱锌矿相似,其区别可借助于共生矿物和产状,进一步区分需在透光下进行
孔雀石 Malachite $CuCO_3 \cdot Cu(OH)_2$ 单斜晶系	黄:6～9	灰色微带红色	可见	强非均质(被强烈内反射掩盖)	显(翠绿色,强烈)	3.5～4 >方解石 <白云石	+ 发泡、显结构	+ 发泡	+ 显结构	+ 发泡、黄色沉淀	－	± 黄色沉淀		磨光性良好。纤维放射状和针状集合体。具胶状、球粒状构造。解理//{001}常见。系极塑性矿物。常与黄铜矿、褐铁矿、蓝铜矿、赤铜矿等共生。产于铜矿床氧化带	以放射状、胶状构造及翠绿色内反射、与铜矿物共生为特征,以此和其他矿物区别
蓝铜矿 Azurite $2CuCO_3 \cdot Cu(OH)_2$ 单斜晶系	黄:7～9	灰色微带红色	未见	强非均质(被强烈内反射掩盖)	显(蓝色,强烈)	3.5～4 >方解石 <白云石	+ 发泡、显结构	+ 发泡、显结构	－	+ 显结构	－	－		磨光性良好。呈纤维放射状和粒状集合体,具胶状构造。为极塑性矿物。常与孔雀石、赤铜矿、黑铜矿、辉铜矿和铁锰的氢氧化物共生。产于铜矿床氧化带	以显著的蓝色内反射及常与孔雀石等铜矿物共生为特征,以此区别于其他矿物
方解石 Calcite $CaCO_3$ 三方晶系	4～6	深灰色	可见 (*Ro* 较亮,*Re* 较暗)	强非均质(浅灰一暗灰)	显(乳白色或略带黄、褐色,强烈)	3 *VHN* 76～140 <白云石	+ 发泡	+ 发泡	－	－	－	－	醋酸 +	磨光性良好。常呈粒状他形、半自形、自形晶,其{1011}解理发育。常见板状双晶。为极塑性矿物。常在金属矿石中呈他形粒状集合体胶结或穿插其他金属矿物。主要产于各种热液矿床中	以可见双反射、硬度、晶形、解理、浸蚀反应区别于石英,以双晶、浸蚀反应(与醋酸)区别于菱铁矿
萤石 Fluorite CaF_2 等轴晶系	3	深灰色	未见	均质	显(无色、淡绿、淡紫等,强烈)	4	－	－	－	－	－	－		易磨光。等轴粒状及其集合体,解理可见。系极塑性矿物。常与方铅矿、闪锌矿、黄铜矿、辉银矿、黑钨矿、磁铁矿、方解石、石英等共生。主要产于热液矿床	以其低的反射率和{111}完全解理、中硬度、均质为特征。以硬度、解理区别于石英,以解理、双反射区别于方解石

表 4-1-16 第十五鉴定表 反射率小于闪锌矿的低硬度矿物组

矿物名称 化学组成 晶系	反射率 (%)	反射色	双反射 反射多 色性	均非性 (偏光色) Ar 旋向符号	内反射	摩氏硬度 抗压硬度 抗磨硬度	浸蚀反应 HNO_3	HCl	KCN	$FeCl_3$	$HgCl_2$	KOH	其他试剂	形态特征、矿物组合特征、 组构和磨光性、产状等	主要鉴定特点和 与类似矿物区别
锑华 Valentinite Sb_2O_3 斜方晶系	589:约为 16	灰色	未见	弱非均质	显(白色强烈)	2.5～3								磨光性良好。呈板状或柱状自形晶，常成扇形或星状集合体。解理//{110}和//{010}完全，双晶及环带未见。常与辉锑矿、自然锑、黝铜矿及其他含锑矿物共生伴生。为锑或含锑矿床氧化带的次生矿物	以其产状、反射率较低及弱非均质性区别于常与其共生伴生的其他矿物
铜蓝 Covellite CuS 六方晶系	470:13.4～29.1 546:7.15～23.7 589:4.2～21.2 650:5.9～23.0 白:7.0～22.0	蓝色深蓝色微带紫色至白色	可见(深蓝色微带紫色—蓝色—白色)	强非均质(火红—蔷薇—红棕色)589nm Ar 11.9°±0.9°旋向负(板状晶延长)正(c 轴)	不显	1.5～2 *VHN* 128～138 ≤方铅矿 <黄铜矿	± 薰污	—	+ 染蓝紫或黑色，显结构	—	—	—		磨光性良好。多呈板状自形晶产出，纯铜蓝则为细粒集合体。底面解理完全，双晶和环带结构未见。系极塑性矿物。铜蓝常为很多铜矿物的变化产物。交代与其共生的大多数矿物;可被斑铜矿、辉铜矿、蓝辉铜矿交代。常与斑铜矿、辉铜矿、蓝辉铜矿、闪锌矿、黄铜矿、方铅矿、黄铁矿、赤铜矿等构成连晶。主要产于铜矿床氧化带和次生富集带，内生热液作用生成的铜蓝较少见	以反射色、反射多色性和特强的火红色偏光色为特征。以此和蓝辉铜矿、石墨区别
自然硫 Sulphur S α-硫斜方晶系 β-硫和 γ-硫单斜晶系	绿:12.5 黄:11.6 红:10.6	灰色，暗得多(闪锌矿)，较亮(白铅矿)	可见(//c 亮，//a 暗)	强非均质旋向正(锥状晶体延长)	显(白至淡黄色，强烈)	1.5～2.5 *VHN* 24～45 ≤石膏								不易磨光，有擦痕，并常呈凹形。常为细结晶质圆粒状或多边形粒状充填于裂隙空隙中，或呈皮壳状构造。产于火山口附近、硫化矿床的胶结带及外生石膏、岩盐等矿床中	磨光性差，低硬度和强烈的白至淡黄色内反射可区别于其他类似矿物
石墨 Graphite C 六方晶系	470:6.6～16.1 546:6.8～17.4 589:7.0～18.1 650:7.3～19.3 白:6.0～17.0	浅灰棕色	可见(灰色带棕—蓝灰色)	强非均质(橙黄—棕红色)589nm Ar 16.3°±0.2°旋向正(延长)	不显	1～2 *VHN* 12～16 <黄铜矿 ≥辉钼矿	—	—	—	—	—	—		不易磨光。多呈板状、叶片状、放射纤维状集合体。底面解理发育。系强导电性矿物。可含自然银、黄铁矿、方铅矿和钛铀矿包体;也可呈包体分布于闪锌矿、黄铁矿中。其他共生矿物有毒砂、自然砷、雄黄、磁铁矿、赤铁矿、软锰矿、硬锰矿等。主要产于接触变质和区域变质矿床中	以极强的非均质性和显著的双反射及 Rp 近于透明矿物、与所有的试剂不起作用为特征，以此与辉钼矿区别

续表 4-1-16

矿物名称 化学组成 晶系	反射率 (%)	反射色	双反射 反射多 色性	均非性 (偏光色) *Ar* 旋向符号	内 反 射	摩氏硬度 抗压硬度 抗磨硬度	浸蚀反应							形态特征、矿物组合特征、 组构和磨光性、产状等	主要鉴定特点和 与类似矿物区别
							HNO_3	HCl	KCN	$FeCl_3$	$HgCl_2$	KOH	其他 试剂		
黄钾铁矾 Jarosite $KFe_3[SO_4]_2(OH)_5$ 六方晶系	约 9~10	暗灰色，较暗(针铁矿)	未见	强非均质	显(浅黄色，强烈)	2.5~3.5	+ 变粗糙	+ 变粗糙	−	−	−	−		常呈皮壳状、结核状、土状产于富含黄铁矿的硫化物矿床氧化带中。常与褐铁矿共生和与褐铁矿构成互层状皮壳，包含黄铜矿和黄铁矿。黄钾铁矾为钒类矿物中最常见的矿物。常为硫化物矿床的找矿标志，尤其多见于干旱气候带的硫化物矿床氧化带	以形态、内反射、反射率及浸蚀反应与针铁矿区别，此矿物的鉴定应重视透射光下薄片的研究
铅矾 (硫酸铅矿) Auglesite $PbSO_4$ 斜方晶系	9.5	灰至深灰色，很暗的灰色(方铅矿)，相似(白铅矿)	未见	显均质效应	显(白色，强烈)	3 *VHN* 106~128 =白铅矿	+ 显结构	−	−	−	−	−	2%的 $KCrO_4$ 加 0.5% NaOH + 黄色 沉淀	易磨光。常呈细脉状、皮膜状和不规则状。解理可见。交代方铅矿，有时呈假象。常与方铅矿、菱锌矿、褐铁矿等共生伴生，为方铅矿的次生矿物。产于铅锌矿床氧化带中	以不显双反射及浸蚀反应与白铅矿区别
方解石 Calcite $CaCO_3$ 三方晶系	4~6	深灰色	可见 (*Ro* 较亮，*Re* 较暗)	强非均质(浅灰一暗灰)	显(乳白色或略带黄、褐色，强烈)	3 *VHN* 76~140 <白云石	+ 发泡	+ 发泡	−	−	−	−	醋酸 +	磨光性良好。常呈粒状他形、半自形、自形晶，其{1011}解理发育。常见板状双晶。为极塑性矿物。常在金属矿石中呈他形粒状集合体胶结或穿插其他金属矿物。主要产于各种热液矿床中	以可见双反射、硬度、晶形、解理、浸蚀反应区别于石英；以双晶、浸蚀反应(与醋酸)区别于菱铁矿

第二节　矿物的简易鉴定

一、简易鉴定

在矿物全面研究、综合鉴定的基础上，抓住某些矿物的特殊性，快速而简便地定出矿物名称，这个方法叫简易鉴定。

在常见的不透明矿物中，每个矿物总有一项或几项代表性的特征(即与其他矿物迥然不同的特征)，这些特征是矿物本身所固有的。根据这些特征，我们不需要对每一个矿物都作全面系统鉴定，只抓住它的特殊性，就能达到鉴定矿物的目的，因此观测起来快速、简便能提高鉴定效率。如铜蓝，只要抓住其蓝色反射色及显著的反射多色性(深蓝色微带紫色—蓝白色)、特强的非均质性和特殊的偏光色(45°位置显火红—红棕色)等特征就能快速定出矿物的名称。

简易鉴定必须以综合鉴定为基础。综合鉴定是抓矿物的一般特征，而且是有多少就观测多少，然后综合矿物各方面的特征达到鉴定目的。简易鉴定则是抓矿物的特殊性。只有对矿物的一般特征了解了，才能从中筛选出特殊性。如果连一个矿物的一般性特征都不知道，也就无从谈到特殊性问题。

简易鉴定只适用于常见矿物。不常见的矿物含量少，难以见到，不能作简易鉴定。对这些矿物除了系统鉴定外，还要配合其他现代化测试手段来综合鉴定。因此在矿石研究中，一个行之有效的方法是，常常用简易鉴定方法先鉴定出常见矿物，然后集中力量研究不常见矿物。实践证明，熟练地掌握某些重要而常见矿物的主要鉴定特征，对于提高鉴定工作的质量和效率无疑是十分重要的。

二、常见矿物简易鉴定特征表

经过多年的教学实践，我们选择了 33 种最重要的常见矿物列入简易鉴定范畴，要求学生熟练而牢固地掌握它们的主要鉴定特征。现将 33 种常见矿物的主要鉴定特征列表如下(表 4-2-1)，仅供参考。

表 4-2-1　常见矿物的简易鉴定特征表

矿物名称及分子式	简易鉴定特征
黄铜矿 $CuFeS_2$	特征的铜黄色，较高反射率，弱非均质性，中一低硬度，易磨光
辉铜矿 Cu_2S	灰白色微带浅蓝色，中等反射率，弱非均质性，低硬度和加硝酸发泡、染蓝、显结构为特征，常与其他铜矿物共生
铜蓝 CuS	浅蓝—深蓝的反射色，显著的反射多色性(深蓝色微带紫色一蓝白色)特强的非均质性和特殊的偏光色(45°位置为火红—红棕色)
斑铜矿 Cu_5FeS_4	特殊的反射色(玫瑰色、棕粉红色、紫色)，中等硬度，磨光好，均质性，常与其他铜矿物共生

续表 4-2-1

矿物名称及分子式	简易鉴定特征
自然铜 Cu	特征的铜粉红色反射色，高反射率（高于黄铁矿），低硬度（有擦痕），均质性
赤铜矿 Cu_2O	灰白色，中等反射率，均质性，深红色内反射色，中等硬度，常与其他铜矿物一起产于铜矿床氧化带
黝铜矿 $5CuS \cdot 2(Cu,Fe)S \cdot 2Sb_2S_3$	灰白色微带浅棕色，中等反射率，中等硬度，均质性，易磨光
砷黝铜矿 $5CuS \cdot 2(Cu,Fe)S \cdot As_2S_2$	以灰白色微带橄榄绿色或蓝绿色为特征，中等反射率，中等硬度，均质性，易磨光
孔雀石 $CuCO_3 \cdot Cu(OH)_2$	灰色微带粉红色色调，以具鲜明的翠绿色内反射为特征，常具针状变晶结构，放射状构造，与蓝铜矿等矿物共生，产于铜矿床氧化带
蓝铜矿 $2CuCO_3 \cdot Cu(OH)_2$	灰色微带粉红色色调，具鲜明的淡蓝色内反射，常与孔雀石等矿物共生，产于铜矿床氧化带
自然金 Au	金黄色—亮黄色，高反射率，低硬度，均质性，表面粗糙，常有擦痕
金红石 TiO_2	灰白色，中等反射率，高硬度，强非均质性，极显著的褐红色内反射，聚片双晶发育
方铅矿 PbS	纯白色，较高反射率，低硬度（常有擦痕），均质性，特征的黑三角孔，常与闪锌矿、黄铜矿、辉银矿共生
闪锌矿 ZnS	纯灰色，低反射率，均质性，中等硬度，常见棕红色或褐黄色内反射，其中常有黄铜矿或磁黄铁矿乳浊状或叶片状固溶体分解物，常与方铅矿、黄铁矿共生
磁黄铁矿 Fe_nS_{n+1}	特征的乳黄色微带玫瑰棕色反射色，较高反射率，中等硬度（相对突起＞黄铜矿），具强非均质性（偏光色黄灰—绿灰—蓝灰）和强磁性，易磨光
黄铁矿 FeS_2	浅黄色，高反射率，高硬度（不易磨光，常有麻点），均质性，常呈自形、半自形晶或碎粒状，分布普遍
白铁矿 FeS_2	浅黄白色带蓝色色调，高反射率（$R \approx$黄铁矿），高硬度，具显著的双反射（黄白—黄绿色）和强非均质性（特征的绿色偏光色：深绿、黄绿、蓝绿），聚片双晶发育
毒砂 $FeAsS$	亮白色，高反射率，高硬度，强非均质性（特征的柔和蔷薇色—蓝绿色），晶形断面常为菱形、楔形、长柱形和短柱形
镍黄铁矿 $(Fe,Ni)_9S_8$	浅黄白色，反射率近于黄铁矿，均质性，中等硬度，$/\!/\{111\}$解理发育，常产于与基性或超基性岩有关的铜镍硫化物矿床中，与磁黄铁矿、黄铜矿密切共生
红砷镍矿 $NiAs$	浅玫瑰色微带黄色或棕色，高反射率，强非均质性（偏光色蔷薇色—黄绿色），高—中硬度，双晶发育

续表 4-2-1

矿物名称及分子式	简易鉴定特征
辉钼矿 MoS_2	灰白色，中等反射率，极显著的双反射和极强的非均质性(偏光色暗蓝和白色微带玫瑰紫色)。低硬度，晶形常为弯曲的长板状或纤维状
石墨 C	灰棕色，低反射率，低硬度，极显著的双反射和极强的非均质性(偏光色 45°位置为淡棕黄色)，R_p 近于透明矿物。切片常呈弯曲的鳞片状
辉锑矿 Sb_2S_3	白色，较高反射率，低硬度，显著的双反射，强非均质性，加 KOH 浸蚀迅速产生桔黄色沉淀。聚片双晶极普遍
辰砂 HgS	灰白色，中等反射率(略低于黝铜矿)，强非均质性，显著的朱红色内反射，低硬度，常产于碳酸盐岩石中
雌黄 As_2S_3	灰白色，中等反射率，低硬度，显著的双反射和特殊的稻草黄色内反射。遇 $HgCl_2$ 产生黄色沉淀，常与雄黄共生
雄黄 AsS	浅灰色，中等硬度，中等偏低反射率，显著的桔红色内反射。常与雌黄共生
赤铁矿 Fe_2O_3	灰白色，中等反射率，弱或强非均质性(偏光色为蓝灰一灰黄色)，血红色斑点状内反射，常呈板状、片状和针状晶形
磁铁矿 Fe_3O_4	灰白色微带浅棕色，中等反射率(略大于闪锌矿)，均质性，高硬度，强磁性
钛铁矿 $FeTiO_3$	灰色微带棕色，中等偏低反射率，弱一强非均质性，高硬度，常在磁铁矿或赤铁矿中构成不混溶的片状、板状或格状连晶
铬铁矿 $(Fe,Mg)(Cr,Al)_2O_4$	灰色，低反射率，均质性，高硬度，显棕红色内反射(自形晶时少见)，常呈自形或粒状，产于与基性一超基性岩有关的矿床中
黑钨矿 $(Fe,Mn)WO_4$	灰色，反射率近于闪锌矿，中一高硬度，弱非均质性，裂隙处常见棕红色内反射，常成板状切面，常与锡石、辉钼矿、辉铋矿共生
石英 SiO_2	深灰色，低反射率，高硬度，显均质性效应，磨光好，常成自形晶(有时显六边形断面)，内反射强烈(乳白色，并常见有彩虹色)，分布普遍
方解石 $CaCO_3$	深灰色，低反射率，显著的双反射和强非均质性，内反射乳白色，中等硬度，解理发育，双晶普遍

第五章 矿石的构造、结构

第一节 概述

矿石是由矿石矿物和脉石矿物组成的矿物集合体。由于矿石的形成条件和形成作用不同以及矿物结晶化学性质的差异，因而组成矿石的矿物集合体和矿物颗粒的特点也是多种多样的。为了便于描述和研究矿石，常引用矿石构造（structure）和矿石结构（texture）两个专门术语来加以概括。

矿石构造：系指组成矿石的矿物集合体的特点，包括集合体的形态、相对大小及空间相互结合关系。

矿石结构：系指矿石中矿物颗粒的特点，包括矿物颗粒的形态、大小及空间相互的结合关系，也包括矿物颗粒与集合体的结合关系，同时还包括发育在矿物颗粒内部的结构特点（晶粒内部结构），主要指双晶、解理、环带等。

矿石构造的基本组成单位是矿物集合体，矿物集合体可由一种或多种矿物组成。相对于矿石结构来讲矿石构造是一个宏观概念，因而研究矿石构造主要是在肉眼下观察，特别强调在现场（采场、坑道、掌子面、钻孔岩芯等）观察，当然也有少数显微构造，需要在显微镜下进行研究。

矿石结构的基本组成单位是矿物颗粒，矿物颗粒可以是一种矿物或多种矿物。通常矿物颗粒比较细小，肉眼难以辨认，尤其是矿物之间的结合关系，更是肉眼无法解决的，因而矿石结构是个微观概念，必须在显微镜下研究。个别由粗大颗粒组成的大型结构，例如伟晶结构，也可以用肉眼进行观察。

尽管矿石构造和矿石结构的定义看起来比较明确，但在实际应用时要正确划分并非易事，还有一些约定俗成的叫法，也增加了正确划分的难度。如草莓结构，原本是由十几至几十颗自形黄铁矿颗粒组成的球状矿物集合体，按定义划分，应归为草莓构造，但由于其集合体细小，无法用肉眼观察，只能在显微镜下观察，因而大家都习惯称它为草莓结构。再如鲕状构造，是由不同成分的圈层组成的鱼籽状颗粒，按其定义应为鲕状构造，也有人习惯称其为鲕状结构。还如孔雀石的针状变晶，集合体组成放射状，按照定义应称为针状变晶结构、放射状构造，但常见把它叫做放射状结构。

实际工作中，经常会遇到矿物颗粒和矿物集合体的结合关系，对于这种关系还没有统一的描述，有的教材中把它称为矿石构造，考虑到这种结合关系基本上还是微观尺度上的研究，本教材规定它为矿石结构。例如多金属矿床中常见黄铜矿呈细脉或网脉沿黄铁矿的破碎裂隙充填交代，对黄铁矿来说是矿物颗粒，对黄铜矿来说是矿物集合体，考虑到这种特征非肉眼能够看到，只有在显微镜下才能研究，因此把它划归矿石结构，称为网脉状结构。

一种矿石中往往发育多种结构类型，具体命名时应根据描述的主体来划分。如上例多金属矿石中的黄铁矿和黄铜矿，若描述的主体是黄铁矿时应该称为碎裂结构，若以黄铜矿为研究对象则称为网脉状结构。

有时矿石构造和矿石结构又统称为矿石组构(fabric)。

矿石的构造、结构是成矿条件和成矿作用在矿石上留下的客观证据。研究矿石构造、结构对于查明矿床成因、成矿后的次生变化和指导找矿勘探以及矿石的技术加工都具有重要的理论及实际意义。

在野外地质观察的基础上，应对矿石光块、光片及有关薄片等进行深入的室内研究，如对矿石的矿物成分、结构、显镜构造、围岩蚀变与矿化关系以及矿化顺序等的观察和分析。同时应选择典型的，能反映成因问题的结构或显微构造以及矿化特征等进行显镜照相或素描。对于矿物共生组合及形态特征比较相近的一些构造和结构，不易识别其成因时，在有条件的情况下应配合进行主要造矿矿物的标型特征研究，即在不同地质条件和物理化学条件下产生的同种造矿矿物，可存在着一些细微的差异，需运用一些测试手段揭示其在化学成分、物理性质、晶体构造、形态特点、包裹体特征及同位素组成等诸多方面的差异。根据矿物的这些标型特征，可帮助分析造矿矿物的形成条件并判断矿石组构的成因。例如河南某多金属硫铁矿矿床中赤铁矿的假象结构，根据该假象赤铁矿的标型特征(化学组分、包裹体温度、反射率等)表明为内生岩浆热液作用的产物而非风化作用成因，同时赤铁矿的空间分布不受地表氧化条件及潜水面形状的控制，也有力地说明了系内生成因的假象结构，从而给分析矿床成因提供了一定资料。

无论在野外和室内研究矿石的构造和结构，均应重视矿石中特殊的构造结构类型，因为它们可以反映出某种特定的成因信息。

第二节　矿石构造

一、矿石构造的主要形态类型

组成矿石构造的基本单位是矿物集合体。自然界的矿石中，矿物集合体的大小不同，形态也千变万化，归纳起来主要有一向或二向延长的，如条带状、脉状、片状、层状和皮壳状等；浑圆的，如豆状、鲕状和结核状；以及不规则的，如块状、浸染状、角砾状和多孔状等。矿物集合体空间的相互结合关系，即组成了各种形态的矿石构造。常见的金属矿石的构造主要有以下形态类型。

块状构造：矿石矿物(或金属矿物)的含量占80%以上，分布无方向性，致密且无空洞，矿物颗粒的粒径差不悬殊。呈块状构造的(图版Ⅰ-5-1)多为富矿石。

浸染状和稠密浸染状构造：矿石矿物含量多在30%以下，矿物集合体的形状不规则，大小一般0.2cm左右，多呈稀疏星散状较均匀地分布于矿石中，即为浸染状构造(图版Ⅰ-5-2)。当矿石矿物含量大于30%时，则称为稠密浸染状构造。

斑点状和斑杂状构造：矿石矿物集合体呈近等轴状的斑点，斑点大小比较均匀，多数在0.5cm左右，分布较均匀且无方向性即为斑点状构造。矿石矿物集合体的形状不规则，大小混杂，且分布不均匀，如某些部位呈团块，某些部位较稠密，某些部位较稀疏，即称为斑杂状构造(图版Ⅰ-5-3)。

条带状构造：矿物集合体呈延长状，因颜色不同、粒度不同或矿物成分不同，组成平行条带且彼此相间分布(图版Ⅰ-5-4)。

豆状构造：矿石矿物集合体为浑圆状或椭圆状，其大小一般近于1cm左右，豆粒可相互连接，分布无固定规律(图版Ⅰ-5-5)，有时亦可呈定向排列。外生条件下形成的豆粒内多具同心环带。

气孔状构造：矿石中具有形态不规则的气孔，气孔多为棱角状、椭球状等，孔壁可由自形矿物的晶面砌成，气孔大小不一，大者可达20～30cm，小者约为0.1cm左右，气孔常被晚形成的其他矿物充填(图版Ⅰ-5-6)。

脉状、交错脉状和网脉状构造：脉状构造是指矿石中矿物集合体呈延长的脉状，穿插围岩脉体由一种或多种矿物组成(图版Ⅱ-5-7)。两组脉相互交切称交错脉状构造(图版Ⅱ-5-8)；几组不规则的脉交切成网，则称网脉状构造。

角砾状和环状构造：一组矿物集合体(围岩或矿石)呈破碎角砾，被另外一组矿物集合体胶结，胶结物或角砾可由矿石矿物或脉石矿物组成，称为角砾状构造(图版Ⅱ-5-9)。以角砾为核心，以一种或多种矿物集合体依次呈环状包围即为环状构造(图版Ⅱ-5-10)。

晶洞状和晶簇状构造：在围岩或矿石的裂隙及空洞内，生长自形、半自形的矿物集合体，保留有部分空洞即称为晶洞状构造(图版Ⅱ-5-11)。洞内沿洞壁发育的矿物晶体群即为晶簇状构造(图版Ⅱ-5-12)。

多孔状和蜂窝状构造：矿石疏松具许多孔洞，孔洞形状和大小不一，分布多无一定规律即为多孔状构造(图版Ⅲ-5-19)。孔洞的孔壁由难溶的矿物组成隔板，呈细小的矩形、方形或菱形等，形似蜂窝可称为蜂窝状构造，隔板宽大则可组成骨架状构造。一般情况下，多孔状和蜂窝状构造统称为蜂窝状构造。

皮壳状构造：矿石矿物集合体呈弯曲的壳层，覆盖在矿石或岩石之上，壳层的界限较清楚，多由次生矿物组成(图版Ⅲ-5-20)。

土状或粉末状构造：矿石中矿物集合体为疏松粉末，多呈被膜状分布或疏松聚集呈土状。

胶状构造：矿物集合体形态复杂，表面具球状、椭球状凸起，断面呈弯曲环带、同心环带，具壳状或波浪状，环带间可为过渡的亦可由孔隙或由组分不同而分开，常具星状孔隙或干裂纹，裂纹可平行或近于垂直环带，亦有呈网状裂纹的，矿物集合体主要为隐晶质或非晶质的矿物组成(图版Ⅲ-5-13)。

鲕状构造：矿石矿物集合体的形态为浑圆的，形似鲕粒，其直径一般约为0.2cm左右或更小些，鲕粒较密集，其间胶结物较少，鲕粒与胶结物的组分可以相同或各异，鲕粒内具有同心环带(图版Ⅴ-5-25)。

肾状构造：矿石矿物集合体的形态呈半球或半椭球的凸面，形似肾状，一般约1cm左右或更大些，其内部呈半圆形同心环带(图版Ⅴ-5-26)。

结核状构造：矿石矿物集合体呈大小不同的球状或椭球状的独立结核，结核大小可以不足1cm到几十厘米，结核内具同心环带壳层(图版Ⅴ-5-27)。

鲕状、肾状及结核状构造系胶状构造的变种，仅据其特殊形态而命名。

纹层状构造：矿物集合体呈两向延长的微层状，层间可为渐变的或显示矿物组分或矿石结构不同等，各层相互交替平行分布且与围岩层理一致(图版Ⅴ-5-28)。

片状和片麻状构造：矿物集合体的形态为一向或二向延长的，柱状或片状矿物呈定向排列平行分布，显片理面的称片状构造。除片状和柱状矿物外，还夹有粒状矿物(可拉长变形)呈定向排列，但延续性不强，呈片麻理的即为片麻状构造。

皱纹状构造：延长状的矿物集合体，呈弯曲的波状或小褶皱等复杂花纹，称之为皱纹状构造(图版Ⅵ-5-31)。

叠层石构造：矿石矿物集合体沿不同类型叠层石的基本层分布，各层连续性强，层间近于平行。按叠层石的形态不同可有波纹状、球核状等叠层石构造。其结构保存叠层藻的特点。

矿石构造的形态类型仅根据矿石所表露的外部形貌特点，形象地以一简单的术语概括其外表特征，来代替和简化对矿石形貌的详细描述。对于一些标型矿石构造，如纹层状构造、蜂窝状构造、片麻状构造等，它们所反映的矿石成因类型是显而易见的；而另一些构造类型，如浸染状、各种脉状、条带状、角砾状、块状构造等，可以产于多种成因类型的矿石中，因此矿石构造的形态类型不能全部反映矿石的成因特点。由于成矿作用是长期复杂的，因而各种成因的矿石构造其形态类型也是多种多样而不胜枚举。对于一些比较特殊的矿石构造，应根据其具体构造的形态特征，给予符合实际且又较为通用的命名为宜。有些矿石的形态特征不突出，则不必强求冠以构造名称，可如实地描述其特征，并应侧重矿石的成因分析。

二、矿石构造的主要成因类型

矿石是矿床的一个组成部分，它是在各种成矿作用中，由一定的成矿条件和成矿方式形成的，因而矿石构造的成因分类必须与矿床的成因分类一致。根据矿床的成因类型，按成矿作用不同，综合考虑矿石的形成条件和形成作用，将金属矿石构造划分为5个主要成因类型（表5－2－1），即岩浆成因的矿石构造、气水热液成因的矿石构造、风化成因的矿石构造、沉积成因的矿石构造及变质成因的矿石构造。

某些成矿作用是有联系的，不能截然划分开，如与变质热液有关的矿石构造，据其成矿作用与成矿方式特点，可划归为气水热液矿石中。伟晶岩的矿石构造，主要为非金属矿石构造，其中稀有元素矿石构造可划归气水热液矿石中。沉积矿石中的砂矿和盐类矿石构造，不属于矿石学的主要研究对象，故在本教程分类中未予考虑。与火山作用有关的矿石构造，据其形成特点分别归入岩浆矿石、气水热液矿石及沉积矿石构造中，暂不作为独立类型。应该指出，矿石构造的成因比较复杂，不可能将所有成因的矿石构造，一一不漏地归属于某些成因分类中。

三、各主要成因类型的矿石构造特征

（一）岩浆矿石构造

本类构造包括在岩浆成矿作用中由岩浆分异作用形成的各类岩浆矿床和与火山作用有关的各类火山岩浆矿床中的矿石构造。矿石与母岩基本属同期和同一地质作用下形成的。矿石的矿物成分与母岩成分基本相同，唯有有用组分在矿石中相对富集。主要的金属矿物有铬铁矿、磁铁矿、赤铁矿、钛铁矿、黄铜矿、镍黄铁矿、磁黄铁矿、铂族元素矿物及稀有金属（铌、钽）矿物等。非金属矿物主要有橄榄石、辉石、基性斜长石、磷灰石、蛇纹石及绿泥石等。岩浆矿石构造主要有以下类型：

1. 岩浆分异的矿石构造

本类构造主要指由岩浆结晶分异作用和岩浆熔离作用形成的矿石构造。这类矿石构造形成温度较高（一般在1 200℃以上，硫化物矿石在1 200℃以下），形成深度较深（一般在3～5km以上），发育在与深成的基性及超基性侵入岩有关的各类岩浆矿床中。在结晶分异作用中，岩浆逐步冷凝，由于不同矿物的连续结晶作用，使均匀的岩浆发生分异，这些矿物因密度不同，可在重力作用和岩浆内部的对流作用影响下，使有用矿物聚集。同时基性与超基性岩浆粘度小，流动性较大，岩浆中已结晶的矿物和未结晶的熔浆间的流动速度不同会产生流动分异。在岩浆分异的后期，挥发组分的含量增大，降低了矿物的结晶温度，使金属组分熔浆保留在硅酸盐

表 5-2-1 金属矿石构造的主要成因类型

构造成因类型	岩浆矿石构造		气水热液矿石构造		风化矿石构造	沉积矿石构造			变质矿石构造
成矿作用	岩浆结晶分异作用和熔离作用	火山岩浆喷溢作用和矿浆贯入作用	充填作用	交代作用	风化作用	胶体化学沉积作用	生物化学沉积作用	火山沉积作用	区域变质作用 接触变质作用 动力变质作用
矿石构造类型	浸染状构造· 稠密浸染状构造· 斑点状构造· 斑杂状构造· 块状构造· 条带状构造 脉状构造 豆状构造· 流层构造	气孔状构造· 气管状构造· 绳状构造· 杏仁状构造· 珍珠状构造 角砾状构造· 流纹状构造· 块状构造· 脉状构造 条带状构造	脉状构造· 对称条带状构造 网脉状构造· 角砾状构造· 环状构造· 晶洞状构造· 梳状构造· 晶簇状构造 胶状构造和变胶状构造 块状构造·	浸染状构造· 块状构造· 斑点状构造 条带状构造· 脉状构造· 网脉状构造· 细脉浸染状构造· 残余构造 角砾状构造	多孔状构造· 蜂窝状构造· 胶状和变胶状构造· 葡萄状构造· 钟乳状构造· 结核状构造· 豆状构造 皮壳状构造· 土状和粉末状构造· 脉状构造· 网脉状构造· 晶洞状构造 晶簇状构造 角砾状构造 团块状构造 被膜状构造· 残余构造 块状构造	鲕状构造· 肾状构造· 豆状构造· 结核状构造 胶状构造· 纹层状构造 块状构造 透镜状构造	叠层石构造· 纹层状构造· 浸染状构造· 角砾状构造 鲕状构造 块状构造· 透镜状构造 条带状构造 莓群状构造·	纹层状构造· 条带状构造· 角砾状构造· 鲕状构造 块状构造 团块状构造· 浸染状构造	皱纹状构造· 片状构造· 片麻状构造· 条带状和脉状构造· 眼球状构造· 鳞片状构造· 块状构造· 变余构造· 糜棱状构造

注:有“·”者为主要构造。

矿物颗粒间，在构造应力作用下则被挤出，从而产生压滤分异等，可形成各种形态的矿石构造。此外在熔离作用中，随着温度压力的不断下降，原来均匀的岩浆，在熔融状态下分离成两种或两种以上的熔融体，它们在重力作用影响下不断分异聚集，导致有用组分富集，也可形成多种类型矿石构造。比较常见的矿石构造类型有以下几种。

块状构造：由于岩浆逐步冷凝发生结晶分异，早结晶的金属矿物或尚未结晶的金属组分熔浆，其密度大于硅酸盐矿物（或熔浆），由于重力作用的影响，则逐步下沉聚集，或由熔离作用分出的金属组分熔浆不断下沉汇聚，经冷凝结晶后能形成块状构造。压滤分异使晚期结晶分异和熔离作用形成的金属组分熔浆被挤入已冷凝的岩体中，亦可形成块状构造（图版Ⅰ-5-1）。晚期岩浆分异矿石和熔离矿石中块状构造比较常见，块状构造是富矿石的代表。

浸染状、斑点状和斑杂状构造：岩浆分异时当有用组分含量较少，早结晶的金属矿物密度较大不断下沉，由于硅酸盐矿物也相继逐步结晶，阻碍了金属矿物的汇聚，使它们呈分散状态分布，则形成浸染状构造。或由于挥发分的作用使晚结晶的金属组分熔浆保留在已结晶的硅酸盐矿物间隙内，当尚未充分聚集时，就不断冷凝结晶，也可形成浸染状构造。或由熔离作用分出的金属组分熔浆，分散在硅酸盐熔浆中，汇聚不充分时，冷凝后可形成浸染状构造（图版Ⅰ-5-2）。当金属矿物含量相对较少（＜30%），构成稀疏浸染状构造。当金属矿物含量相对增加，可构成稠密浸染状构造。由于重力分异和流动分异的影响，金属矿物聚集的均匀程度是不同的，当岩浆的流速比较稳定，金属矿物聚集体的大小和分布相对比较均匀，可形成斑点状构造。当流速变化较大，或金属矿物聚集体大小混杂，分布不均匀，可构成斑杂状构造（图版Ⅰ-5-3）。上述构造在各类岩浆矿床中均常见。

条带状和流层状构造：由结晶分异和熔离作用形成的金属矿物和金属组分熔体，受重力分异和流动分异的影响，使它们在下沉过程中呈延长状聚集，分布于硅酸盐矿物中可构成条带状构造或浸染-条带状构造。条带有一定连续性，宽窄不一，反映流动速度的差异。在应力作用下结晶亦可形成（图版Ⅰ-5-4）。当挥发分含量增多，岩浆的流动性较强时，可形成假层理，即为流层构造。

脉状构造：岩浆分异的晚期，由于挥发分较集中，降低了结晶温度，晚期结晶分异和熔离作用形成的金属组分熔浆，由于内应力较大，可挤入到已固结的岩石裂隙中，或由压滤分异的结果，可构成脉状构造。一般脉壁界线清楚，反映岩浆沿裂隙贯入并受其控制的特点。

豆状构造：经熔离作用形成的金属组分熔浆，最初呈小滴珠悬于硅酸盐熔浆中，由重力影响流动下沉，逐步汇聚成豆状（图版Ⅰ-5-5）。在流动作用下也可由分散的金属矿物逐渐聚集成豆粒，豆粒呈浑圆状或椭圆状，其表面较光滑，豆粒内部无核心，一般无同心环带。豆粒分布多无固定规律，有时可呈定向排列，显示出流动的特点，如西藏罗布莎铬铁矿矿石中豆状构造比较发育。豆粒大者可称为瘤状构造。

本类构造的主要特点是：

（1）矿物集合体为晶质的，一般无溶蚀接触边缘。矿石物质成分与母岩成分基本相同。

（2）以块状、浸染状、斑点状和斑杂状为常见的重要矿石构造类型，豆状构造为熔离矿石的典型构造。

2. 火山岩浆矿石构造

本类构造主要指与火山岩浆喷溢作用以及矿浆贯入作用有关的矿石构造。其形成深度较浅（一般小于1.5km），发育在与火山岩及次火山岩岩浆活动有关的火山岩浆矿床中。在较深部火山岩浆房中，经岩浆结晶分异和熔离作用形成的含矿岩浆或矿浆，上侵到火山机构中，或喷溢出地表，经冷凝富集而成。本类矿石由于矿浆中含有大量的挥发分气体，内应力较大，成矿深度较浅，可形成比较特殊的构造，常见有以下矿石构造。

气孔状构造：矿浆内含有大量挥发分气体，当上侵贯入或喷溢时，由于压力减低气体逸散较快，而形成各种形态的典型的气孔状构造（图版Ⅰ-5-6）。气孔大小不一，形状不规则，可呈椭圆或圆形，由于气孔造成的空间，有利于晶体生长，孔壁由磁铁矿晶体砌成，近孔壁的晶体较大，远离渐小，由下向上气孔含量增加，气孔常被石英、方解石等所充填。又如安徽姑山铁矿石亦发育有气孔状构造。如湖北大冶与岩浆活动有关的某些矿浆贯入的铁矿石，由于矿浆中富集大量 CO_2 气体，当其未能逸散到其他部位时，常形成水平的气孔，当气体大量集中向上逸散，则造成直立的气孔，大致平行排列，即为气管状构造。气孔中常被菱铁矿等碳酸盐矿物充填。当直立的管状气孔细而密集时，可称为绳状构造。由于气孔的形状和大小不同，被其他矿物充填后，又可分为杏仁状和珍珠状构造等。

角砾状构造：由于矿浆喷溢或沿裂隙及破碎带贯入，可胶结围岩碎块，从而形成角砾状构造。如安徽姑山、凹山及江苏梅山铁矿石中均见有角砾状构造。

块状构造：矿浆贯入到围岩中，冷凝结晶后即形成块状构造。如安徽姑山铁矿床与玄武岩有关的磁铁矿矿浆贯入于环形裂隙中，冷凝后所形成的富矿石呈块状构造。

脉状和条带状构造：矿浆沿细小的裂隙贯入可形成脉状构造。矿浆受动力作用运移流动可形成不同矿物集合体相间的条带状构造。安徽姑山铁矿石中的条带状构造，是由磁铁矿、磷灰石及长石等相间组成。

本类矿石构造的主要特点是：

(1)矿物集合体为晶质的，亦有隐晶质和少量非晶质的。

(2)气孔状构造为特有的矿石构造，角砾状构造广泛发育，贯入矿体中富矿石多呈块状构造，能反映矿浆贯入和喷溢的特点。

(二)气水热液矿石构造

本类构造是指由多种成因的含矿气水溶液（岩浆的、火山一次火山的、地下水和变质水的等等），在有利的构造与围岩条件和一定的物理化学条件下，由充填作用和交代作用形成的各种矿石构造。由于含矿气水溶液是多种来源的和成矿地质环境的多样性，以及成矿具多期及多阶段等特点，因此这类矿石的构造和物质成分均较复杂。矿石的组成矿物主要有自然金属、金属硫化物及硫盐矿物、砷化物、碲或硒化物、氧化物和含氧盐类，以及石英、萤石、碳酸盐、硫酸盐和硅酸盐矿物等。按成矿方式不同有充填矿石构造和交代矿石构造两类。

1. 充填矿石构造

本类构造一般是指产于浅成或超浅成构造裂隙较发育地段，由于围岩化学性质不活泼、成矿温度和压力较低，由充填作用形成的各类矿石构造。主要有以下各类矿石构造。

脉状和对称脉状构造：含矿气水溶液沿围岩或早期矿石的简单裂隙充填，成矿物质沉淀则形成脉状构造（图版Ⅱ-5-7），脉的长短和宽窄不一，受裂隙的形态控制，有时亦可呈透镜状，脉壁界线清楚，一般较平整。当矿物沿脉壁向中心产生周期性沉淀时，可形成对称条带状构造。此种构造可以判断矿物的生成顺序。在充填矿石中脉状构造比较发育。

交错脉状和网脉状构造：由于构造的多次活动，使围岩和早形成的矿石多次产生构造裂隙和错动，以及矿液的多次充填，可形成交错脉状构造。如湖南桃林铅-锌矿石中的交错脉状构造（图版Ⅱ-5-8），这种交错脉状构造可以佐证成矿的多阶段性。在裂隙发育地段，矿液沿不规则的裂隙或网脉状裂隙充填即成为脉状构造或网脉状构造。

角砾状和环状构造：矿液充填于破碎带中，胶结破碎带的岩石或早期矿石的破碎角砾，可形成角砾状构造。如贵州玉屏地下水热液汞矿石的角砾状构造(图版Ⅱ-5-9)，角砾的棱角较清楚，溶蚀现象不甚明显。安徽宁芜火山热液铁矿石中，赤铁矿角砾被黄铁矿胶结而成的角砾状构造等。若以角砾为中心，晚期矿化阶段的矿物呈环状包围，依次沉淀可形成环状构造(图版Ⅱ-5-10)。这类矿石构造可以帮助判断多阶段的矿化。

晶洞状、梳状和晶簇状构造：矿液沿裂隙或空洞充填，由于自由空间充分，有利于矿物沿洞壁向空间生长成完整的晶体。若保留一定空洞，可构成晶洞状构造(图版Ⅱ-5-11)；洞内生长成的自形或半自形的晶体群即为晶簇状构造(图版Ⅱ-5-12)，晶体群垂直于延长的裂隙壁，向中心生长则构成梳状构造。

胶状和变胶状构造：矿液充填在浅成的一些空洞内，由于压力和温度急剧降低，导致矿液强烈过饱和而成为胶体状态，由凝胶沉淀则形成胶状构造(图版Ⅲ-5-13)。因凝胶的表面张力大，故易成球状或半球状沉淀，其断面呈同步弯曲的或同心的环带，并在脱水老化时，由于凝缩而形成星状孔隙和干裂纹，甚至发生角砾化现象。当一定条件下，受到重结晶作用，往往保留胶状构造的某些特点时，可称为变胶状构造。

此外，矿液沿开张的宽大裂隙充填，成矿物质又比较富集时，可形成块状构造。

充填矿石构造的主要特点是：

(1)受构造控制明显，主要沿围岩中的各种裂隙、孔洞及破碎带发育。

(2)充填脉壁平整，与围岩界线清楚，脉内可具对称带状，被脉切穿的物体能恢复其原貌，角砾与胶结物的成分往往不同。

(3)矿物集合体多为晶质的，少数为胶状的，交代溶蚀现象不明显，围岩蚀变不发育。

(4)典型构造为脉状(单脉、网脉、交错脉等)、角砾状、晶洞状构造，此外还有环状、梳状、块状构造(图版Ⅲ-5-14)等。

2. *交代矿石构造*

本类构造是指由交代作用形成的各种矿石构造。交代作用通常在各种成因的热液矿床、矽卡岩矿床、某些伟晶岩矿床以及受后期热液叠加改造形成的矿床中较发育。

当矿液沿围岩或早形成的矿石的各种裂隙、孔隙或接触带中流动时，由于围岩的化学性质比较活泼，矿液的温度较高或残液与围岩的物理化学条件相差太大等原因，引起围岩和矿液之间发生物质成分交换，以求达到新的平衡，这就是交代作用。这种交代作用产生的溶解和沉淀几乎是同时进行的，保持体积不变，可保留原来岩石或矿石的某些特征。上述物质组分的带入或带出，主要是借助于流经岩石裂隙中的溶液通过渗滤交代作用或由组分的浓度差所引起的扩散交代作用而完成的。

交代作用主要形成以下各类矿石构造。

浸染状和斑点状构造：矿液沿围岩的孔隙和细微裂隙交代，由于成矿物质的含量不同，或围岩的性质以及裂隙的发育程度不同，可形成浸染状构造(图版Ⅲ-5-15)和斑点状构造。若沿围岩的片理、微层理和小裂隙交代时，可发育成细脉浸染状构造。这类构造多发育在围岩的化学性质比较活泼和岩性较脆易产生细微裂隙和孔隙度较大的一些岩石中，常见于矽卡岩和斑岩矿床及各类热液交代矿床的各种矿石中，如辽宁杨家杖子浸染状钼矿石及江西铜厂细脉浸染状铜矿石比较典型。交代矿石中浸染状构造比较发育。

条带状构造：矿液沿围岩中一些近于平行的裂隙、孔隙、微层理等进行交代，或由于岩石的化学组分、孔隙度和渗透性有差异，矿液进行选择性交代时，亦可形成条带状构造(图版Ⅲ-5-

16)。条带一般较连续,但条带间的界线不甚清晰。对于岩性有差异的条带状的灰岩和矽卡岩以及蚀变强度不同的一些岩石,矿液的选择交代作用比较明显,常形成此种构造。

脉状和网脉状构造:矿液沿围岩或早期矿石的裂隙交代则成脉状构造(图版Ⅲ-5-17)。交代的脉状构造,脉壁不规则,常与围岩为过渡的渐变接触。有时沿脉壁常出现一些羽状小脉,反映出交代的特点。矿液沿网状裂隙交代则呈网脉状构造,多发育在构造活动比较强烈的地段或一些脆性较大的岩石和矿石中(图版Ⅲ-5-18)。

块状构造:当矿液中成矿物质丰富,由于围岩的化学性质活泼,孔隙裂隙发育或矿液的化学活动性大,以及温度较高且缓慢下降等等,则交代作用比较强烈,常构成块状构造。交代而成的块状构造在矽卡岩型矿石和各种热液交代矿石中比较发育,如湖北大冶铁矿石、湖北铜录山铁铜矿石、安徽铜官山铜矿石等比较典型。

残余构造:当交代作用比较强烈,在矿石中残留有被交代的围岩和早期矿石的残块,有时尚可保留原来的某些构造,如纹层、片理或挠曲等,即成为残余构造。它可作为交代矿床划分成矿阶段的标志,以显微构造比较典型。

角砾状构造:当矿液交代一些角砾岩时,可形成角砾状构造。有时角砾和胶结物同时被交代,结果导致角砾和胶结物的某些物质成分相同。如陕西二台子角砾状金矿石,其角砾与胶结物均有含金黄铁矿的分布,系由矿液交代角砾状灰岩而成。

交代矿石构造的主要特点是:

(1)受岩性和构造控制较明显,多发育在化学性质活泼、脆性和孔隙度较大的岩石中。

(2)交代脉壁不规则,与围岩界线不清晰,脉内无对称带状,被脉交代的物体不能恢复其原貌。

(3)矿物集合体为晶质的,形态不规则,溶蚀交代现象显著,围岩蚀变发育。

(4)典型构造为浸染状、网脉状、条带状构造等。有时交代作用强烈也发育块状构造。

气水热液形成的矿石构造是比较复杂的。交代作用和充填作用形成的矿石构造,并非截然可以划分。事实上在充填过程中矿液与围岩间的交代作用还是不断地在进行,只是交代作用相对比较微弱,矿石构造类型主要显示充填作用的特点。而在交代作用的早期,有时也往往有一定的充填作用发生,但是以交代作用为主,矿石构造类型主要显示交代作用的特点。

(三)风化矿石构造

本类构造主要指由物理风化作用、生物风化作用、化学风化作用形成的矿石构造,包括风化矿石及某些金属矿床经表生变化和次生富集作用而成的各种矿石构造。原生岩石和矿石在水、氧、二氧化碳、生物和温度等外营力作用下,发生强烈的氧化、溶解、淋滤和次生富集等表生变化,使其物质成分和组构等受到明显地变化和改造,即形成各种复杂的风化矿石构造。

风化矿石组成矿物主要有铁、锰、铝的氧化物和氢氧化物;钴、钨、钼、锑、铋等的氧化物和含水氧化物;铜、铅、锌的硫酸盐或碳酸盐矿物;次生的硫化物以及含镍的硅酸盐矿物和某些自然金属、石英、玉髓、高岭石等。

风化作用主要形成以下各类矿石构造。

多孔状和蜂窝状构造:含有某些成矿物质的岩石或原生矿石,经风化后使矿物发生氧化分解,其中某些易溶组分可溶解流失,而难溶不易分解的组分和成矿物质残留下来,使矿石具有许多不规则的空洞,形似蜂窝,称为蜂窝状构造。有时尚能保留原生矿石构造的特点,如广东云浮沉积的纹层状硫铁矿石经风化后形成蜂窝状褐铁矿石,其孔洞亦呈层状排列(图版Ⅳ-5-19)。在硫化物矿床的氧化带中,铜、锌等硫化物氧化后成易溶的硫酸盐被地下水带走,硫酸铁经水解后成难溶的胶体物质在原地沉淀下来，凝聚后可形成稳定的褐铁矿、针铁矿或赤铁矿等，组成铁帽常呈多孔状构造。如孔洞宽大，由难溶的矿物构成隔板可交织成为骨架状构造。多孔状构造多发育在一些残余矿床的铁锰矿石和“铁帽型”金矿床中以及金属矿床的矿帽中。

胶状和变胶状构造：由风化作用形成的胶体溶液沉淀后即成为胶状构造。经重结晶作用仍残留胶状构造的某些特征，即成为变胶状构造。胶状构造泛指由胶体溶液沉淀所反映的一般形态特征（系广义的概念）。胶状构造与变胶状构造多发育在残余的或淋积的铁锰矿床及硫化物矿床氧化带的各类矿石中。如孔雀石的变胶状构造，具有明显的波状和同心环带等胶状残余，经重结晶作用又呈针状变晶。又如浙江某火山热液金矿床中，在近地表裂隙发育地段形成的石英-硫化物金矿石，经氧化后形成的褐铁矿多呈胶状构造。

葡萄状、钟乳状及结核状构造：由风化作用形成的胶体溶液，沿空洞、裂隙逐步沉淀、堆积，因具有一定的空间，同时由于胶体的表面张力大、凝胶沉淀物凝缩，即形成表面为球形或半球形的葡萄状构造或钟乳状构造。当胶体物质围绕一些碎屑形成球状沉淀物，它与周围胶体介质的分界面上有相当大的表面张力时，可形成独立的结核，其中常具同心环带。它们广泛发育在残余和淋积的铁、锰矿石和铝土矿矿石中。

皮壳状构造：主要由胶体物质沿不规则的洞壁逐层沉淀形成壳层，即为皮壳状构造。皮壳状构造常发育在硫化物矿床的氧化带。硫化物经氧化分解后，铜、锌等硫酸盐易被地下水或地表水淋滤，当遇到碳酸盐的溶液、矿物或岩石时，则发生化学作用，可形成比较稳定的碳酸盐矿物，如广西泗顶厂由铅锌矿石氧化而成的皮壳状构造（图版Ⅳ-5-20）。此外，由孔雀石、蓝铜矿等构成的皮壳状构造也比较常见（图版Ⅳ-5-21）。

土状或粉末状构造：风化作用强烈，使矿物颗粒变细；或由于氧化分解完全，可溶性的矿物大量淋失而变松散；或由于失水和含粘性物质较少可形成疏松的土状或粉末状构造。如云南个旧锡矿的“红荒”即由锡石硫化物矿石经氧化而成，细粒的锡石混杂在土状的褐铁矿与赤铁矿中。此外，在锰矿石和铁帽中亦较常见，次生富集的辉铜矿矿石的烟灰状构造即属此类。

晶洞状和角砾状构造：风化作用形成的各种含矿溶液沿围岩或矿石的裂隙淋滤，于空洞内沉淀，则形成由表生矿物组成的晶洞状构造。主要见于各类矿床的氧化带，如云南个旧锡矿的氧化矿石中见有孔雀石和蓝铜矿构成的晶洞状构造。角砾状构造多由风化过程中破碎的岩石角砾被表生金属氧化物或硫化物胶结而成。常产于残余或淋积铁、锰矿石中，如广西木圭锰矿床，产于泥盆系石灰岩古风化壳上，由岩石的破碎角砾被次生的软锰矿和硬锰矿等胶结构成（图版Ⅳ-5-22）。

脉状和网脉状构造：各种表生矿物常呈脉状或网脉状沿原生矿石的各种裂隙分布，这是风化过程中由表生交代作用和淋滤作用形成的。如湖北铜录山铜矿石中沿裂隙分布的黄铜矿易于氧化，形成孔雀石和褐铁矿等沉淀下来形成细脉穿插构造（图版Ⅳ-5-23）。在硫化物次生富集带中常见有次生的辉铜矿或铜蓝交代黄铜矿形成这种构造。

此外由风化作用亦可形成团块状（图版Ⅳ-5-24）或浸染状构造。

风化矿石构造的主要特点是：

（1）矿石由常温常压下稳定的各种表生矿物组成。

（2）矿物集合体的形态复杂，有晶质的及胶状的。

（3）矿石构造以疏松多孔及胶体沉淀为特征，常见有蜂窝状、多孔状、皮壳状及胶状等典型矿石构造，此外还有角砾状、土状、葡萄状等。各种脉状构造亦较发育。

（4）特殊的矿物组合及构造形态，可作为找矿标志和判别矿床经受表生作用的标志。

(四)沉积矿石构造

本类构造指由胶体化学沉积作用、生物化学沉积作用和火山沉积作用形成的沉积矿床中主要的金属矿石构造。按矿石的形成条件和形成作用可分为3类。

1. 胶体化学沉积矿石

地表的岩石和矿石由风化作用而破碎和分解，使铁、锰、铝等主要的成矿物质成为胶体溶液，由腐殖质保护被地表径流搬运到湖泊或海盆地，由于电解质作用、吸附作用、生物作用等发生沉积，形成重要的铁、锰、铝等矿石，它们具有典型的胶体沉积构造。矿石的组成矿物主要为铁、锰、铝的氧化物、氢氧化物、石英及碳酸盐和硅酸盐矿物等。主要构造如下：

胶状构造：系胶体物质沉淀的典型构造，能反映胶体沉淀物的一般特点，一般形态比较复杂。由于在成矿过程中，常发生不同成分的胶体物质的周期性沉淀，形成弯曲的平行条带或同心圆状的条带。如辽宁瓦房子锰矿石中的胶状构造。根据形成环境及形态的差异，又可分为鲕状、肾状、结核状等构造。

鲕状和豆状构造：在动荡的浅海盆地，以砂粒、矿物或生物碎片等为核心即鲕核，由于海水动荡，鲕核不断滚动，成矿的胶体物质围绕鲕核呈同心环状沉淀，形成浑圆状鲕粒，当鲕粒达到一定大小便沉淀下来，鲕粒密集固结即成为鲕状构造。密集的鲕粒较大时则构成豆状构造，豆粒内具核心和胶体沉积的同心环带。上述构造广泛分布于铁矿石中，如宣龙式铁矿、宁乡式铁矿的赤铁矿矿石具典型的鲕状构造(图版Ⅴ-5-25)。此外也见于锰矿石和铝土矿石中。

肾状构造：与鲕状构造相似同属浅海环境胶体沉积的产物。在海水相对加深和相对稳定的环境下，胶体物质直接沉淀或以一些砂粒为底，呈半球状依次成层的沉淀，并逐步生长增大成为肾状构造。肾体各层间为略平行的环带似贝壳状。由于胶体的浓度和成分的变化或由于重结晶程度不同，肾体各层的厚度、组分、结构等也有所差异。辽宁瓦房子锰矿石和宣龙铁矿石具有典型的肾状构造(图版Ⅴ-5-26)。

鲕状和肾状构造的成因，目前尚未得到完全统一的认识，如有些学者曾提出肾状矿石是赤铁矿交代藻类生物而成，一些鲕粒系由藻类的碎屑所构成的假鲕等等。

结核状构造：其成因与鲕状构造类同。具有较大表面张力的高浓度胶体物质，围绕较大的核心呈同心环带连续沉淀时可形成独立的结核(图版Ⅴ-5-27)。由于重结晶作用常形成垂直于球面的放射状变晶。结核的形态决定于核心物质的形状和大小，由于胶体物质的组分浓度和沉淀速度不同，结核中环带的厚度和组分也不甚均一。结核状构造常见于锰矿石中。

纹层状构造：沉积作用中，成矿物质与粉砂质、泥质等组分交互成层沉淀而成。矿石的纹层与岩层的产状一致，有时见有交错纹层和波纹等特征，反映了浅海盆地中同生沉积的特点。胶体化学沉积矿石中纹层状不甚发育。

块状构造：沉积过程中，当物质来源丰富，水流运动相对稳定且成矿物质沉积速度较快时，可形成块状构造。主要产于铁锰矿石中，如瓦房子锰矿石块状构造比较发育。

2. 生物化学沉积矿石

在滨海海滩地带，特别是潮间或潮上带，以及泻湖和三角洲顶部的低洼地带，气候温暖有利于生物大量繁殖。当沉积过程中生物死亡被埋藏后，在缺氧环境下，由厌氧细菌的作用可促使生物遗体腐烂分解，或由生物作用分解海水中的硫酸盐，都能产生大量的硫化氢，它们与介质中的重金属元素作用，形成各种金属硫化物。同时金属硫酸盐溶液在含有大量硫化氢的环境下，也可还原成硫化物沉淀下来。上述各过程均能形成本类矿石及其构造。矿石的主要金属矿物为铁、铜、铅、锌、镍、钼的硫化物，非金属矿物有石英、碳酸盐和硅酸盐矿物等。主要形成以下各类矿石构造。

叠层石构造：属生物构造的一种。当发生同生沉积时发育有大量藻类，如各种形态的藻席、藻丘、藻礁等呈叠层状被埋藏，所形成的金属硫化物保存原来叠层状藻类的遗体——叠层石的特点，则显示出多种形态的矿石构造。如云南东川铜矿石中球核型叠层石构造，系由硫化物的微粒沿球核状叠层石的基本层理分布而成。此外生物构造中亦常见有莓群状构造。

纹层状构造：在生物化学沉积矿石中较发育。如南京栖霞山硫化物矿石，黄铁矿和少量方铅矿、闪锌矿与碳酸盐矿物相间分布呈纹层状，其中黄铁矿具有草莓结构，残留有生物遗体，显示出生物化学作用的特点。又如广东云浮硫铁矿矿石、东川铜矿石均具有典型的纹层状构造（图版Ⅴ-5-28）。有时尚见有波纹状构造（图版Ⅴ-5-29），如东川的铜矿石中，斑铜矿的微粒分布于具波痕的白云岩层面上，其底界明显受波纹控制。

浸染状构造：生物化学作用形成的矿石中常见浸染状构造。主要发育在含铜砂岩中，系含矿溶液交代砂岩的钙质胶结物而成，交代灰岩时亦常见浸染状构造。

鲕状、条带状及角砾状构造：当含矿溶液交代鲕状和条带状灰岩及角砾岩等，可分别形成鲕状、条带状或角砾状构造的矿石。

3. *火山沉积矿石构造*

本类构造是指成矿物质与火山作用有关，成矿过程中有时由火山喷气-热液作用参与，主要通过沉积作用形成的各类金属矿石构造。成矿物质主要来自火山喷气、火山热液、火山喷出物质（火山碎屑和火山灰）以及海水中组分等。它们可呈胶体溶液、真溶液或碎屑物质，不同程度的被搬运，且主要通过化学沉积作用富集成矿。其组成矿物主要有铁、锰的氧化物和氢氧化物，铜、铅、锌、铁等的硫化物以及石英、长石、重晶石、方解石和火山凝灰物质等。

常见的矿石构造有以下几种。

纹层状构造：为海相火山沉积矿床中常见的矿石构造。当海底火山喷发时，大量的火山物质如熔岩流、火山碎屑物质和一些成矿物质带入海水中，经海水搬运分选逐步沉淀下来。一些成矿物质与碧玉和火山灰等相间呈微层状分布，由于搬运和分选程度不如正常沉积矿床，矿石中纹层的成分一般无明显差别，而在数量上有一定增减。以成矿物质为主的纹层中可以见到硅质和凝灰物质夹杂，以其他火山物质为主的纹层中也有成矿物质分布，纹层与岩层的产状一致。例如新疆阿齐山海相火山沉积赤铁矿石的纹层状构造，成矿物质与火山碎屑等交互成层，北祁连海相火山成因的块状硫化物矿石中，以黄铜矿、黄铁矿为主的黄色纹层与方铅矿、闪锌矿为主的黑色纹层相间分布，反映出火山沉积的特征（图版Ⅴ-5-30）。

条带状构造：其成因与纹层状相同，由于分选程度差，矿物集合体的厚度较大而组成条带状分布，条带常与围岩产状一致。条带成分一般较简单，由成矿物质与火山物质组成。如新疆式可布台铁矿石的条带状构造，系由赤铁矿与碧玉相间分布而成。在碧玉条带中常见有含量不多的赤铁矿微粒，在赤铁矿条带中也见有碧玉的碎屑。

团块状构造和角砾状构造：系火山喷出物质在同生沉积阶段由于水体流动，使成矿物质聚集呈流线型的团块，略呈定向分布。新疆式可布台海相火山沉积铁矿石中见有细粒赤铁矿组成的杏仁状团块沿凝灰岩层分布，周围显示流动痕迹，但并未发现受挤压现象应属原生沉积而成。火山喷出物的一些角砾与碎屑混杂，多产于凝灰岩中，为火山物质经搬运后沉积而成。如新疆阿齐山海相火山沉积铁矿石的角砾状构造，赤铁矿呈不同形态的角砾和碎屑产于凝灰岩中。

鲕状构造：多由碧玉、凝灰质与成矿物质组成。如新疆式可布台铁矿石的鲕状构造为赤铁矿鲕粒产于赤铁矿与凝灰质组分中。

块状构造：当成矿物质比较丰富时，可形成块状构造的富矿石，如福建马坑铁矿石。

综上所述，沉积矿石构造具有以下主要特点：

(1)各类沉积矿石构造主要于水盆地中由沉积作用形成，以纹层状构造为共同的典型构造，纹层的产状与围岩和矿层的产状一致。

(2)胶体沉积矿石构造的矿物集合体多呈胶状或隐晶质，重结晶后则为晶质的。典型构造为鲕状、肾状、结核状和胶状等构造。

(3)生物化学沉积矿石构造的矿物集合体常保存生物遗体、遗迹，交代现象比较发育，典型构造为生物构造，如各种叠层石和浸染状构造等。

(4)火山沉积矿石构造的矿物集合体多呈细粒或碎屑状，部分呈胶状，矿石主要产于火山沉积岩系中，矿石矿物与火山物质密切共生，块状和条带状构造较为常见。

(五)变质矿石构造

变质矿石是在原生岩石和矿石的基础上受温度、压力及气水溶液等物理化学条件的影响经受变质作用后改造而成的。本类构造主要指区域变质、接触变质及动力变质等成矿作用所形成的矿石构造。变质作用中，由于高温高压可使含水的原岩和矿石经脱水作用产生缺水和不含水的矿物(如褐铁矿和铁的氢氧化物变为赤铁矿或磁铁矿)，从而发生矿物成分和化学成分的变化，矿石的构造结构也相应有一定变化，同时高温高压下矿物的重结晶作用比较普遍，导致矿物集合体由隐晶质或非晶质变为晶质，由细粒变为粗粒，直接影响到矿石组构特点的变化。如重结晶作用使隐晶质的赤铁矿变为晶质的，或产生赤铁矿的再造脉等。区域变质过程可形成变质热液，能产生一系列复杂的热液充填或交代矿石构造，动力变质作用使原来的岩石或矿石受到破碎、变形，甚至某些组分产生塑性流动，从而形成不同形态的变质矿石构造。由于变质作用和变质程度不同，在不同地质条件下，可改造原有的矿石构造或产生新的变质构造。其组成矿物主要有铁、钛、锰等氧化物，铁、铜、铅、锌等硫化物和自然金以及石英、方解石和硅酸盐矿物等。

变质作用主要形成以下矿石构造。

皱纹状构造：原来具条带状或纹层状构造的矿石在区域变质过程中，由于长期受到挤压形成复杂的皱纹。以鞍山的磁铁石英岩贫铁矿石最为典型，其系原生火山沉积的条带状矿石经区域变质作用，矿物发生重结晶并产生强烈变形而成皱纹状构造(图版Ⅵ-5-31)。辽宁红透山某些铜锌矿石，硫化物在围岩中平行片麻理产出，受到强烈挤压变形与围岩呈同步小褶皱亦呈此种构造。湖北荆襄磷矿中互层的白云质条带和磷灰石条带经变质作用弯曲变形产生褶皱(图版Ⅵ-5-32)。

片状和片麻状构造：区域变质作用中，在深度不太大的地区以定向压力为主，由于温度和压力的作用，使一些片状和柱状矿物呈定向排列而形成片状构造，矿石常显清晰的片理，且与围岩片理产状一致。地壳深部变质作用强烈，不仅使一些片状或柱状矿物呈定向排列，又能使一些粒状矿物集合体拉长，呈断续地定向排列，矿石显片麻理。如河北迁安铁矿石的片麻状构造，柱状紫苏辉石和角闪石等与被拉长的石英和磁铁矿的集合体略呈定向排列。

条带状和脉状构造：在变质作用中，由于温度和压力的影响，使一些矿物集合体拉长或呈延长状相间排列即可构成条带状构造。一些硫化物由于熔点较低，当高温下常呈塑性状态，在应力作用下呈细微脉状挤入到围岩的片理中，显示流动状态亦可呈条带状构造，如辽宁红透山铜锌矿石。在变质过程中由重结晶作用可形成再造的脉状和条带状构造。如新疆式可布台赤铁矿石中有镜铁矿条带分布，是在高温下部分赤铁矿就地溶解，重结晶而成镜铁矿的再造脉。此外由于构造动力变质作用下，使一些塑性矿物变形、拉长或挤压亦可形成，如广西泗顶厂的铅锌矿石(图版Ⅵ-5-33)。鞍山式铁矿石中亦广泛发育条带状构造(图版Ⅵ-5-34)。

眼球状构造：在变质作用的高温高压条件下，一些塑性矿物受挤压变形，产生塑性流动而成。如辽宁红透山变质铜锌矿石，黄铁矿和闪锌矿与磁黄铁矿的集合体受挤压后，环绕石英及围岩角砾显塑性流动特征而呈眼球状构造(图版Ⅵ-5-35)。又如四川拉拉厂变质铜矿石，在片岩中也见有硫化物构成的眼球状构造。

角砾状构造：一些脆性的围岩和矿石，在变质作用中易破碎成角砾，被塑性的成矿物质胶结而成。角砾可见有小褶皱，说明围岩受强烈挤压地段易于破碎，同时由于揉搓和溶蚀作用使角砾常近于浑圆状。

香肠状和鳞片状构造：在变质作用中由于强烈的挤压，或由于条带状的矿物集合体的物理性质有差异，塑性的硫化物常被挤压成相连的小透镜体即为香肠状构造。或由挤压强烈，硫化物透镜体不连续，但呈定向分布，形似鱼鳞即为鳞片状构造。如东川铜矿，稠密浸染状的原生矿石受变质作用挤压后，辉铜矿等硫化物与大理岩分别聚集而成鳞片状构造(图版Ⅵ-5-36)。

变余构造：系经变质作用后，仍保留了原来矿石构造的形态特征，但矿物集合体可产生拉长和定向排列，并且发生显著的重结晶现象。如变余条带状构造，变余胶状构造(包括鲕状、肾状)等，在沉积变质的铁矿石中较常见。

糜棱状构造：是一种化学性质比较稳定的含矿岩石和矿石，遭受强烈动力变质作用后的产物。大部分已成为微细碎屑状，但并未破坏其粘结性，不呈疏松碎屑，矿石具有一定的片理，此种构造多为显微构造。如陕西公馆的辉锑矿矿石。

此外，在变质作用中，由重结晶作用亦可形成块状构造。

变质矿石构造的主要特点是：

(1)矿物集合体为晶质的。

(2)矿物集合体形态一般不规则，多呈拉长、碎裂、弯曲变形或塑性流动，且常呈定向排列，有时能保留原生矿石的某些特点。

(3)重要且常见的构造类型有皱纹状、片状、片麻状、条带状等，眼球状、香肠状或鳞片状等构造可作为识别变质矿石的标型构造。

四、确定矿石构造成因类型的主要标志

通过矿石构造的研究应认识其基本成因。自然界中不同成因的矿石构造常具有相似或相同的形态特征，如浸染状构造常见有岩浆分异和热液交代成因的，变质作用、火山沉积作用以及岩浆分异和热液交代作用均可形成条带状构造，由矿浆贯入作用、热液充填作用、风化作用等都可以形成角砾状构造，等等。因此必须区别和分析矿石构造的成因，以利于全面深入地研究矿石。

确定矿石构造成因的主要标志有以下几方面：

(1)要重视矿石产出特征及矿床基础地质方面的特点。矿石的空间产状和分布特征及矿床的基础地质情况是分析矿石构造成因类型的重要依据。如风化矿石产于地表或近地表的风化带，特别在构造裂隙和空洞等发育地段以及各种矿床的矿帽中，广泛发育有典型的风化矿石构造；而沉积矿石则产于各类沉积岩系中，层状矿体规模大而稳定，并广泛发育有纹层状构造

和鲕状构造等,同时纹层与岩层和矿层的产状基本一致。由于某些矿床具有多种成因,成矿物质具多种来源,经多期、多阶段成矿作用的演化,因此应联系各矿体间的空间产状和时间关系,应特别注意各种叠加的矿石构造,区别其形态特征及时间关系并分析其成因。

(2)必须结合矿石的矿物组成特点。不同成因的矿石构造,其组成矿物往往也不相同。如铬铁矿、橄榄石、辉石等组成的浸染状构造属于岩浆成因;而辉钼矿与矽卡岩矿物组成的浸染状构造应为气水热液作用的产物。磁黄铁矿与黄铜矿组成的细脉穿插块状磁铁矿所构成的网脉状构造,与孔雀石、蓝铜矿等穿插赤铁矿而成的网脉状构造,显然属于不同成因。前者属于气水热液成因,后者为风化作用而成。

(3)应注意区别矿物集合体的特点及其接触关系。不同成因的矿石构造,其矿物集合体的特点和集合体间的接触关系也有一定差异。如岩浆分异作用形成的集合体多为晶质的,一般无溶蚀接触边缘,并且矿石成分与母岩成分相同;变质作用形成的矿物集合体为晶质的,但常显示拉长、弯曲变形和定向排列等特征;由火山沉积作用形成的矿物集合体多为碎屑状或胶状的,常与火山物质共生,其特点均各不同相同。又如热液交代矿石的矿物集合体之间多呈溶蚀交代接触,而热液充填矿石的接触界线一般较平整规则;岩浆分异和沉积作用而成的矿物集合体间很少有脉状穿插和交代现象,相反各种热液成因的矿物集合体间常具明显的穿插和交代关系。

(4)查明主要造矿矿物的成因标型特征。矿物集合体特点相似的一些矿石构造,不易确定其成因,在有条件的情况下,可查明主要造矿矿物的某些标型特征,帮助阐明矿石成因。如河南某块状磁铁矿-赤铁矿矿石,据化学分析该假象赤铁矿的 MnO 含量(2.32%)高于风化型赤铁矿(0%~0.02%)100 多倍,TiO_2含量(0.12%)也较风化型的赤铁矿(0.001 7%~0.11%)为高,属于热液交代型赤铁矿 TiO_2含量的范围(0.07%~1.4%),又含 Pb0.014%与热液交代型赤铁矿(0.015%)接近;其反射率(26.94%~28.48%)与热液成因的赤铁矿(25.30%~29.60%)相近,明显高于风化成因的反射率(21.10%~21.50%);包裹体的爆裂温度为 370~400℃,显然该假象赤铁矿应为热液产物。

上述各点是相互关联的,故应综合分析,才能正确判断矿石构造的成因类型。

第三节　矿石结构

一、矿石结构的主要形态类型

组成矿石结构的基本单位是矿物颗粒。矿物颗粒的大小和形态各有不同,如有不同粒度的颗粒和各种形态(延长的、浑圆的和变形的)的矿物晶粒、碎屑以及胶体物质等,这些矿物颗粒空间上的相互结合关系即组成了各种形态的矿石结构。

常见的金属矿石结构主要有以下形态类型。

自形粒状结构:矿石中金属矿物颗粒具有较好的结晶外形(图版Ⅶ-5-37,图版Ⅶ-5-38)。

半自形粒状结构:矿石中金属矿物颗粒结晶外形发育不完全,只有部分平直晶面,其余晶面都为平缓无定形曲面(图版Ⅶ-5-39)。

他形粒状结构:矿石中金属矿物颗粒不具自己的结晶外形而呈不规则形状(图版Ⅶ-5-40)。

斑状结构：具有一定自形程度的粗大晶体(斑晶)，分布在细粒矿物组成的致密基质中。

包含状结构：又称嵌晶结构，指大的矿物颗粒中包含有其他小颗粒矿物(图版Ⅶ－5－42)。

交代残余结构：早形成的矿物颗粒被晚形成的矿物溶蚀交代后，其残留部分呈破布碎片状、孤岛状或残留部分晶面、解理等(图版Ⅷ－5－45)。

文象结构：又称蠕虫结构，某种矿物呈蠕虫状，似象形文字，分布在另一种矿物中(图版Ⅷ－5－47)。

骸晶结构：某种矿物的内部及边缘常被其他矿物所占据，但仍显示其较清楚的结晶外形(图版Ⅷ－5－48)。

镶边结构：也称反应边结构，交代矿物沿被交代矿物的边缘呈镶边状分布(图版Ⅷ－5－50)，是交代作用相对较弱的一种特征。

交叉结构：在某种矿物颗粒的解理或裂隙中，有另一种矿物呈交叉的细脉分布。

网状结构：在某种矿物颗粒的不规则网状裂隙中，一种矿物呈细脉沿另一种矿物颗粒的不规则网状裂隙分布(图版Ⅸ－5－53、图版Ⅸ－5－54)。

乳浊状结构：某种矿物呈细小乳滴状，无固定规律地分散在另一种矿物颗粒中称乳浊状结构(图版Ⅸ－5－49、图版Ⅹ－5－57)。若沿矿物的解理、裂隙或双晶纹等呈定向排列则称为定向乳浊状结构(图版Ⅹ－5－58)。

叶片状结构：某种矿物呈纺锤状或板状的叶片，分布在另一种矿物中(图版Ⅹ－5－60)。

结状结构：一种矿物沿另一种矿物颗粒的边缘环绕成绳结状(图版Ⅺ－5－63)。

针状变晶结构：某些矿物的针状变晶呈放射状排列，其外表呈半球状的曲面，保留有胶状同心环带(图版Ⅻ－5－68)。

草莓结构：多见于黄铁矿，其形态特征是由圆形或椭圆形的莓粒组成。莓粒大小不一，一般小于20μm，莓粒则由小于1μm的莓子组成，可呈有序或无序的排列，莓子间常充填炭质有机物和硫化物的混合物，莓粒形似草莓故得名草莓结构(图版XIII－5－73)。

碎屑结构：某些矿物呈浑圆的或不规则的碎片和碎屑，被另一些矿物所胶结。

花岗变晶结构和斑状变晶结构：矿物变晶颗粒近于等粒状，紧密镶嵌称花岗变晶结构。矿物粒径相差悬殊，粗大的斑状变晶分布在致密细粒变晶的基质中为斑状变晶结构。变晶可保留胶状残余或反映受动力作用的痕迹如双晶、碎裂或变形等(图版Ⅻ－5－69)。

花岗压碎结构和斑状压碎结构：矿石中脆性矿物呈碎裂状，具棱角的碎片之间可略显一定的溶蚀现象，碎片大小多数相似的称为花岗压碎结构(图版IVX－5－79)；碎片大小相差悬殊则称为斑状压碎结构。

揉皱结构：某些塑性矿物的晶形、解理或双晶纹等呈弯曲的塑性变形(图版IVX－5－81)。

矿石结构的形态类型主要反映矿石中矿物颗粒的形貌特点，由于成矿作用的复杂性，各种成因形成的矿石结构，其形态类型也是千变万化的，不能一一列举。对于一些比较特殊的矿石结构，应根据结构的实际形态特点，给予恰当的、便于通用的命名较为合适。如果有些矿石结构的形态特征不突出，则不必强求给予结构名称，需描述其形态特点，并应着重分析其成因。

二、矿石结构的主要成因类型

矿物颗粒是组成矿石结构的基本单位，对矿石结构进行成因分类，应以矿物颗粒的形成条件和形成方式综合考虑作为分类依据。自然界中，由于成矿作用是长期而复杂的，各种矿物的形成条件和形成方式也是多种多样，因而矿石结构的成因也比较复杂。在分类中不能全部概括所有成因的结构，对于主要且常见的金属矿石，按上述分类原则将其结构可分为6个主要成因类型。金属矿石的主要成因类型及各类型中常见的形态类型列于表5-3-1中。

表5-3-1　金属矿石结构的主要成因类型

熔体和溶液的结晶结构	溶液的交代结构	固溶体分解结构	重结晶结构	沉积结构	压力及动力结构
自形粒状结构*	半自形粒状结构*	乳浊状结构*	自形变晶结构*	碎屑结构*	花岗压碎结构*
半自形粒状结构*	他形粒状结构*	定向乳浊状结构*	半自形变晶结构*	凝灰结构	斑状压碎结构*
他形粒状结构*	文象结构*	叶片状结构*	不等粒变晶结构*	草莓结构	定向压碎结构*
海绵陨铁结构*	残余结构*	格状结构*	斑状变晶结构	各种生物结构*	揉皱结构*
斑状结构	骸晶结构*	结状结构*	包含状变晶结构	自形变晶结构	定向变晶结构*
包含状结构	乳浊状结构	文象结构	花岗变晶结构*	半自形变晶结构	鳞片状变晶结构
共结边结构*	定向乳浊状结构	星状结构	定向变晶结构*		压溶结构*
增生结构*	镶边结构*	雪花状结构	放射状变晶结构*		错散结构
	格状结构		树枝状变晶结构		
	假象结构*				
	交叉状、网状结构*				
	自形粒状代晶结构				

注：有“*”者为主要结构。

三、各主要成因类型的矿石结构特征

（一）熔体和溶液的结晶结构

本类结构指在熔体和多种成因热液及地表冷水溶液中结晶而成的各种矿石结构。以岩浆矿石和充填作用为主的各类热液矿石中分布比较广泛，此外在矽卡岩型和某些热液交代矿石以及部分风化矿石等的孔洞或裂隙中也发育这类结构。其组成矿物比较复杂，主要金属矿物有氧化物如磁铁矿、钛铁矿、铬铁矿、赤铁矿和锡石，硫化物有黄铜矿、磁黄铁矿、镍黄铁矿、黄铁矿、方铅矿、闪锌矿、辉钼矿、辉锑矿、辰砂和毒砂以及铂族矿物，自然金属和某些含氧盐矿物（如黑钨矿）及表生矿物等，常见的非金属矿物有石英、方解石、萤石、重晶石以及长石、辉石、橄榄石等。结晶结构受矿物的结晶特点、介质的温度压力和组分浓度等内外因素的影响，从而形成各种不同的形态。

矿物的结晶能力（单位时间内矿物产生结晶中心的能力），主要影响矿物颗粒的大小。当熔体和溶液轻微过冷却或过饱和时，矿物的结晶能力弱，产生的结晶中心（晶芽）数目少，自由空间多，容易形成较大的晶体，当过冷却或过饱和强烈时，则易形成细粒晶体，极强烈过冷却或过饱和时，便会有隐晶质甚至胶体物质形成。

矿物的结晶速度（晶体生长的线速度），主要影响晶体生长的完整程度。熔体和溶液过冷却或过饱和的初期，矿物的结晶速度一般较小，可有充分时间生长成完整晶体，随着过冷却、过饱和的程度变高，结晶速度增大，不易形成完整晶体。晶体各方向结晶速度的差异能影响晶体形态的发育。

矿物的结晶生长力（晶体生长自己外形的能力），亦影响晶形的完整程度。生长力较强，矿物能够在缺少足够自由空间的条件下，排除障碍占据空间，生长自己的结晶外形，如黄铁矿、磁铁矿和毒砂等属之。结晶生长力弱的矿物，介质的自由空间常被其他矿物所占据，不易形成完整晶形，如黄铜矿和斑铜矿等。

温度对矿物的结晶有重要的影响，各种矿物是随着熔体和溶液的温度不断降低达到熔点以下和溶解度逐步降低达到过饱和的条件下，才按着一定的顺序结晶出来。温度的变化还能使熔体和溶液的组分浓度发生变化，也会影响矿物的晶出。当含矿溶液温度下降，可使溶解的气体发生电离，如 H_2S 的电离导致硫阴离子浓度增高，有利于硫化物从溶液中结晶；CO_2 电离时即产生$[CO_3]^{2-}$ 阴离子，利于碳酸盐矿物的沉淀。压力对矿物结晶的影响远比温度要小，外压力降低挥发性组分易从溶液中逸出，破坏溶液的化学平衡，能促使某些矿物形成。外压力增大时，由于挥发组分的溶解，可降低熔体的粘稠度，活动性增大，有利于粗大晶体的形成。单向压力下，易使晶体生长具有方向性排列等等。

结晶结构常见有以下主要形态类型。

自形粒状结构：结晶作用早期，温度逐步缓慢下降，熔体或溶液过冷却或过饱和程度不大，矿物的结晶中心少，结晶速度缓慢易发育成晶形完整的自形粒状结构，如铬铁矿的自形粒状结构(图版Ⅶ－5－37)。在一些充填矿脉及交代矿体的裂隙或在近地表的冷溶液淋滤的孔洞中，因有敞开的空间，晶体发育不受阻碍，或溶液浓度低，结晶速度慢，晶体生长时间充裕等均有利于形成自形粒状结构，如镜铁矿的自形板状结构(图版Ⅶ－5－38)。早形成的自形颗粒受到溶蚀时，虽然晶面平直不弯，但其晶顶和晶棱会变成浑圆状。

半自形粒状结构：熔体或溶液随着温度逐步降低，过冷却或过饱和程度大，早形成的矿物已占据一定自由空间，结晶生长力不太强的矿物或晚形成的矿物，它们的晶体发育受到限制；或结晶速度不均匀，不易发育成完整的晶形，可形成半自形粒状结构(图版Ⅶ－5－39)。

他形粒状结构：结晶作用的晚期，熔体或溶液过冷却或过饱和强烈，矿物的结晶中心多，矿物颗粒互相争夺自由空间不利于晶体发育(图版Ⅶ－5－40)；或由于矿物的结晶生长力较弱，均可形成他形粒状结构。此外晚结晶的矿物，由于没有足够空间生长，只能充填早期矿物颗粒间隙，其形状受所在空间控制，呈他形粒状结构，亦可称填隙结构。常见的海绵陨铁结构(图版Ⅶ－5－41)即属他形结构的一种，金属矿物为他形粒状集合体，充填在自形硅酸盐矿物颗粒周围，为晚期岩浆矿石的典型结构，说明金属矿物结晶晚于硅酸盐矿物。如河北大庙钒钛磁铁矿矿石中，磁铁矿结晶晚于辉石，充填其晶粒间隙构成海绵陨铁结构。此外，在结晶作用中，由于温度下降较快或压力降低、气体逸散以及组分浓度增大亦可导致他形粒状结构的产生。

斑状结构：这种结构能反映出溶液过饱和程度的变化。结晶作用早期，过饱和程度不大，易形成粗大斑晶，斑晶常为结晶生长力较强的矿物。当温度下降较快，溶液的浓度相对增大，过饱和程度强烈，则形成致密细粒的基质矿物而构成斑状结构。主要见于气水热液矿石中，斑晶一般略有溶蚀。

包含状结构：这种结构的形成条件与斑状结构恰好相反。当熔体或溶液急剧过冷却或过饱和时，结晶中心增多，结晶速度较小易形成细粒的自形晶体，等温度缓慢下降，迅速增长的大晶体捕获早期的晶体而成包含状结构。如西藏马扎拉金矿床中，自然金呈圆形或椭圆形被包含在辉锑矿中(图版Ⅶ－5－42)。

共结边结构：矿物颗粒界面毗连平整，呈舒缓波状，无相互插入现象。岩浆铜镍硫化物矿石中见有黄铜矿与磁黄铁矿构成的共结边结构。河南皇城山银矿床中见有辉银矿和方铅矿形成的共结边结构(图版Ⅷ－5－43)也很典型。

增生结构：泛指一种矿物沿先存矿物的边缘生长发育形成的结构。与压溶相伴的增生称为动态增生；无应力作用下的增生称为静态增生。如黄铁矿的增生结构(图版Ⅷ－5－44)。

结晶结构的主要特点是：

(1)以自形程度不同、粒度不等的各种粒状结构为主。

(2)矿物颗粒是晶质的，矿物颗粒间溶蚀交代现象不显著。

(3)包含结构和斑状结构是本类型特有的结构，海绵陨铁结构是晚期岩浆矿床和熔离矿床的典型结构。

(二)溶液的交代结构

本类结构是指在多种成因的热液中由交代作用形成的各种结构。以各种气水溶液交代矿石(包括矽卡岩矿石)为主，在风化矿石和受次生变化的金属硫化物矿石中亦有发育。这类结构的矿物组成复杂，主要有自然金属、金属氧化物、硫化物、砷化物、硒和碲化物、硫盐矿物、硫酸盐和碳酸盐以及硅酸盐矿物等。

交代作用表现为旧矿物的溶解和新矿物的沉淀几乎是同时进行的，并且在交代过程中保持体积不变。一种是溶液沿着被交代矿物的解理、裂隙、晶粒间隙等细微裂隙进行反应，使矿物遭受溶蚀，所溶出的组分即转入溶液被带出，或者进入以后形成的矿物内，而在原来被溶蚀的部位产生一些新矿物，这些新矿物可以不继承原有矿物的化学组分，即为溶蚀作用，溶蚀作用形成的结构比较普遍。另一种是溶液沿早期矿物的各种细微裂隙流入，使它们不断溶解，同时新矿物也不断沉淀，或由于组分浓度差产生扩散，从而发生组分的置换。通过这种交代作用产生的新矿物，有一部分继承了被交代矿物的组分，甚至有时还能保存它们的外形或晶粒内部结构等。由交代作用常可形成各种形态的交代结构。成矿过程中溶液的组分浓度、氧化还原条件、酸碱度和温度压力的变化以及矿物的物理化学性质等均能影响交代作用的进行。例如一般在温度压力较高的条件下，溶液具有较大的活动性和溶解能力，或溶液的组分浓度较大时都有利于交代作用的进行。在氧化条件下易被高价态的阳离子所代替，如磁铁矿被赤铁矿交代。在碱性溶液中硫化物常交代石英，以及脆性易溶的矿物容易被交代等等。

交代结构主要有以下形态类型。

半自形粒状结构：当交代作用不甚强烈时，早形成的矿物被溶蚀交代后，尚保留部分晶面可形成半自形粒状结构。常见有毒砂、黄铁矿、磁铁矿等呈半自形粒状结构。

残余结构：矿液沿早期矿物的解理、裂隙或其他晶粒内部结构强烈交代，大部分颗粒已被交代，仅有部分残余体保存在交代矿物中，根据残余体可以恢复原来矿物颗粒的大致轮廓，或者强烈地溶蚀交代，使残余体成为浑圆的孤岛状，均能构成残余结构(图版Ⅷ-5-45)。在内生交代矿石和受次生变化的硫化物矿石中，此种结构比较发育，如多金属矿石中常见有黄铁矿被铅锌硫化物交代、闪锌矿被方铅矿交代、黄铜矿被褐铁矿交代等形成的残余结构(图版Ⅷ-5-46)。

文象结构：溶蚀交代作用比较强烈，使早形成的矿物颗粒呈蠕虫状，即成为文象结构。文象结构是残余结构的一种特殊形态。如吉林天宝山和辽宁青城子铅锌矿石中，黄铁矿被方铅矿交代常形成文象结构(图版Ⅷ-5-47)。

骸晶结构：矿液沿早形成的自形晶矿物晶体裂隙溶蚀交代，由于晶面对于溶液有较大的稳定性，因此常保留被交代矿物的外形成为骸晶，即可构成骸晶结构。该结构在矽卡岩型矿石和气水热液矿石中比较发育，如吉林天宝山多金属矿石中，黄铁矿被方铅矿交代，湖南水口山铅锌矿石中，黄铁矿被方解石交代(图版Ⅷ-5-48)而成的骸晶结构比较典型。交代作用进一步发展，不仅晶体内部被交代，其外壳亦有部分被交代，可逐步过渡为残余-骸晶结构，或者在交代作用初期，矿液沿晶体中分散而细小的裂隙交代可构成筛孔-骸晶结构，它们均反映出由于交代程度不同,可构成各种形态的骸晶结构。

乳浊状结构:矿液沿着早形成矿物颗粒的短小而断续的解理或裂隙溶蚀交代,交代作用不甚强烈,交代矿物呈滴状,分布于被交代矿物中,与被交代矿物为锯齿状接触边则成为乳浊状结构。交代矿物的分布多受裂隙的控制,可呈定向或放射状。如方铅矿沿闪锌矿的短小裂隙溶蚀交代成乳滴状结构(图版Ⅸ-5-49)。

镶边结构:交代矿物呈一环边包围被交代矿物的颗粒而成。如水口山铅锌矿石、铜录山铜矿石中的镶边结构(图版Ⅸ-5-50),环边宽窄不一,有时不够连续,多呈锯齿状,反映了交代作用的特点。有些矿物能继承被交代矿物的组分,这种可称为反应边。如河南灵宝的多金属硫铁矿矿石中,斑铜矿交代黄铜矿形成的反应边并伴有针铁矿产生,说明这是在相对氧化的条件下,形成了贫铁的斑铜矿反应边,同时黄铜矿中一部分铁析出则呈针铁矿产出。赤铁矿沿磁铁矿颗粒边缘交代亦常呈反应边。镶边结构在气水热液交代矿石和次生硫化物矿石中较常见。

格状结构:交代矿物沿着被交代矿物的解理分布而成各种形态的格状结构,格子交汇部位略有加宽的趋势。见于各种交代矿石,如铜蓝沿着方铅矿的解理交代,形成三角形的格状。

假象结构:交代作用进行得比较彻底,原来的矿物颗粒全部或大部为交代矿物所代替,并保存矿物原来的形态及晶粒内部结构特点即成为假象结构。如安徽凹山次火山热液的赤铁矿沿磁铁矿{111}八面体裂开或沿磁铁矿颗粒边缘交代,保留磁铁矿的等轴粒状或立方体(或八面体)的形态成为假象结构,反映了成矿过程中溶液的氧逸度和温度相应增高,磁铁矿被赤铁矿所代替。又如福建龙凤场多金属矿石中磁黄铁矿呈黄铁矿的立方体或五角十二面体的假象。

交叉结构和网状结构:交代矿物呈细脉交叉分布而构成交叉结构,其脉壁有锯齿状边缘或羽状分支。裂隙交叉部位便于矿液的渗入,有利于交代作用的进行。细脉宽度不一,延伸不大且逐渐尖灭,细脉交叉处常显膨大变宽,形成脉粒状结构(图版Ⅸ-5-51、图版Ⅸ-5-52)。若矿物颗粒具有网状裂隙,特别是脆性矿物易产生碎裂,当矿液渗入交代作用不甚强烈,常可形成网状结构(图版Ⅸ-5-53、图版Ⅸ-5-54)。

穿插结构:交代矿物穿插被交代矿物(图版Ⅹ-5-55),交代矿物常呈自形,沿被交代矿物呈放射状分布。

鸟眼结构:常见磁黄铁矿中发育此种结构(图版Ⅹ-5-56),白铁矿交代磁黄铁矿呈现圆形、椭圆形似鸟眼。

自形粒状代晶结构:是具有完好自形晶体的一种特殊交代结构。交代作用形成的自形晶与结晶作用而成的自形晶不同,后者一般形成较早且常受到一定溶蚀。交代晶体简称“代晶”,代晶一般晶形完好,很少有溶蚀现象,往往沿裂隙分布,具链状展布特征。代晶中常有周围矿物的残留物,结晶生长力较强的矿物易形成代晶,如广西大厂的毒砂。

综上所述,交代结构具有以下主要特点:

(1)交代作用形成的矿物颗粒,多呈锯齿状的溶蚀边缘,细脉交叉处常显膨大加宽的现象。

(2)交代结构的形态类型多样而复杂,其形态主要决定于裂隙的特点、交代程度和矿物结晶生长力的强弱。由反应边结构→骸晶结构→残余结构→假象结构代表了交代作用由弱到强的变化。乳浊状结构、格状结构、网状结构反映了裂隙发育的特点。

(三)固溶体分解结构

固溶体是指在固体状态下,一种组分内溶解了其他组分,由此所组成的呈单一结晶相的均匀晶体。固溶体中含量较高的组分可看成是固态溶剂,其他组分则作为溶质。例如自然银-金银矿-银金矿-自然金系列,就是金和银两种组分构成的固溶体。若金的含量高(80%)为固态溶剂,银(20%)就是溶质,它们构成的固溶体即为银金矿。若溶质的质点部分代替了溶剂晶格中相应的质点,这种固溶体与类质同象混晶的含义相同,可称为混晶或混溶矿物。

固溶体中互相代替的离子或原子,它们的半径大小、电价高低、离子类型或晶格的特性等必须是相同或相近的才能形成均匀的固溶体。例如镁磁铁矿就属于磁铁矿($FeFe_2O_4$)与镁铁矿($MgFe_2O_4$)的固溶体,是由 Mg^{2+} 代替和占据了磁铁矿晶体结构中部分 Fe^{2+} 的位置而成。由于它们的电价相同,离子半径又相近(Mg^{2+} 0.075nm,Fe^{2+} 0.080nm),都属于尖晶石族的化合物,因而能形成均匀的晶体。

随着温度降低,原来单一的均匀固溶体开始不稳定,一种组分在另一种组分中的溶解度要降低,甚至完全不溶解,过剩的溶解组分要作为独立的固相分出。这样,固溶体中的不同组分分离(出溶)成两种或多种矿物相,这就是固溶体的分解作用。固溶体中含量较多的溶剂组分,分解后形成的矿物称为主矿物或主晶;而含量较少的溶质组分,则称为客矿物或客晶。固溶体分解时的温度称为共析点(出溶点),不同组分的固溶体其共析点不相同,因此固溶体分解的温度可作为地质温度计。

温度对固溶体的形成和分解是最重要的影响因素。温度增高促进组分间的溶解度增大,有利于固溶体的形成,温度下降又能导致固溶体的分解。当温度在熔点以上时呈熔融状态,温度下降到熔点与共析点之间则形成均匀的固溶体,待温度下降达到共析点时,固溶体即开始分解成为两种或两种以上独立的固相。温度降低越缓慢,则这种分解作用(出溶作用)越完善。如果温度骤然降低,固溶体会发生淬火现象,其中一些组分来不及分解,仍保持原来均匀的固溶体。压力对固溶体的影响远不如温度的影响大。

由固溶体分解而成的各种结构,在熔浆和各种气水热液矿石中比较发育。自然金属、金属氧化物、硫化物、硫盐矿物等均能形成各种固溶体矿物。比较常见的固溶体系列如表 5-3-2 所示。

固溶体分解结构(出溶结构)主要有以下形态类型:

乳浊状结构:成矿过程中,当介质的温度迅速下降达到共析点时,固溶体便急剧发生分解,由于分解不够完全,所分出的客晶呈分散状态尚未聚集,温度仍继续下降,这些客晶即停留在原来分出的部位,成为散乱的滴状,分布在主晶中即成为乳浊状结构(图版Ⅹ-5-57)。当客晶分出后,温度保持一段稳定状态,可使部分乳滴沿着主晶解理等薄弱部位聚集成为有规律排列的定向乳浊状结构(图版Ⅹ-5-58)。客晶的边缘比较平滑与交代乳浊状结构显然不同。乳浊状结构广泛发育在气水热液矿石中,如多金属矿石中,以闪锌矿中黄铜矿组成的乳浊状结构最常见。有时见到黄铜矿的出溶物呈规则双菱形分布于斑铜矿中(图版Ⅹ-5-59)。

叶片状结构:固溶体分解时成矿介质的温度缓慢下降,分出的细小客晶不断生长并有条件逐步沿主晶的解理、裂隙等部位聚集成为纺锤状或叶片状,即成为叶片状结构(图版Ⅹ-5-60)。叶片边缘平滑,常呈定向排列,有时叶片与乳浊为过渡的,则成为乳浊-叶片状结构,反映出分解时的温度变化情况和分解的完善程度。叶片状结构一般在岩浆和气水热液矿石中比较发育。

表 5-3-2　金属矿石中比较常见的固溶体系列

	矿　物	分子式	实验证实的分解温度(℃)
氧化物	磁铁矿-钛铁晶石	$Fe_3O_4-Fe(Ti,Fe)_2O_4$	600
	磁铁矿-金红石 *	$Fe_3O_4-TiO_2$	
	磁铁矿-钛铁矿	$Fe_3O_4-FeTiO_3$	
	赤铁矿-金红石 *	$Fe_2O_3-TiO_2$	
	赤铁矿-钛铁矿 *	$Fe_2O_3-FeTiO_3$	
	钛铁矿-赤铁矿-镁钛矿-红钛锰矿	$FeTiO_3-Fe_2O_3-MgTiO_3-MnTiO_3$	
	铬铁矿-赤铁矿	$FeCr_2O_4-Fe_2O_3$	
	铬铁矿-钛铁矿	$FeCr_2O_4-FeTiO_3$	
	钽铁矿-铌铁矿 *	$(Fe,Mn)Ta_2O_5-(Fe,Mn)Nb_2O_5$	
	锡石-钽铁矿 *	$SnO_2-(Fe,Mn)Ta_2O_5$	
硫化物及硫盐矿物	斑铜矿-辉铜矿 *	$Cu_5FeS_4-Cu_2S$	175～225
	斑铜矿-黄铜矿 *	$Cu_5FeS_4-CuFeS_2$	475
	斑铜矿-黝铜矿	$Cu_5FeS_4-(Cu,Fe)_{12}Sb_4S_{13}$	275
	黄铜矿-方黄铜矿	$CuFeS_2-CuFe_2S_3$	450
	黄铜矿-磁黄铁矿 *	$CuFeS_2-Fe_nS_{n+1}$	225～450
	辉铜矿-铜蓝	Cu_2S-CuS	75
	辉铜矿-硫铜银矿	$Cu_2S-CuAgS$	300
	方铅矿-辉银矿	$PbS-Ag_2S$	210～350
	闪锌矿-黄铜矿 *	$ZnS-CuFeS_2$	350～400
	磁黄铁矿-镍黄铁矿	$Fe_nS_{n+1}-(Fe,Ni)_9S_8$	425～450
	黝锡矿-黄铜矿	$Cu_2FeSnS_4-CuFeS_2$	500
	银-锑银矿	$Ag-Ag_3Sb$	275～350
自然金属	金-银	Au - Ag	
	金-铋	Au - Bi	
	金-铜	Au - Cu	
	银-锑	Ag - Sb	
	铁-镍	Fe - Ni	
	铜-砷	Cu - As	

注:有“ * ”者为互溶矿物,其他为溶剂矿物(主矿物)在前。

格状结构:固溶体分解过程中,温度缓慢下降,且达到共析点温度后持续时间较长,分解出的客晶呈板状和叶片状沿主晶相交裂隙或几组相交解理方向分布则呈格状结构(图版Ⅺ-5-61)。片状和板状的出溶物规则,边缘平整,格状连晶交接部位无变宽现象,可区别于交代作用所形成的格状结构。有时叶片呈纺锤状在格状交接处常有变窄的现象,如东川铜矿石中黄铜矿格状连晶即显变窄的趋势(图版Ⅺ-5-60)。格状结构见于各类矿石,如河北大庙钛磁铁矿石中,钛铁矿呈{0001}延长的板状,沿磁铁矿{111}八面体裂开分布(图版Ⅺ-5-62)。近年来的研究成果认为磁铁矿中的钛铁矿细格,原系钛铁晶石,由于氧化反应使其变成钛铁矿,并保留原来的格状形态。又如北京密云变质铁矿石的叶片-格状结构等。

结状结构:固溶体分解时的绝对温度较高,温度下降极为缓慢且分解持续时间较长,有利于彻底分解,使分出的客晶有充分时间不断聚集在主晶颗粒外围形成结状结构。如岩浆成因的铜镍硫化物矿石中的结状结构(图版Ⅺ-5-63)和气水热液的铅锌矿石中见有乳浊-结状结构,它反映了分解初期温度缓慢下降逐步形成结状,后由于温度急剧下降发生了淬火现象,终断了分解,即将乳浊-结状保存下来。

星状、雪花状结构:客晶从主晶中分出,客晶的雏晶呈星状或雪花状。如湖北铜录山矽卡岩型铁铜矿石和铜官山铜矿石中星状结构比较典型(图版Ⅺ-5-64)。湖南瑶岗仙钨矿石中,黝锡矿在黄铜矿中呈雪花状产出。湖北铜录山铜矿石中,闪锌矿在黄铜矿中呈雪花状分布(图版Ⅺ-5-65)。

文象结构:这种结构比较少见,其客晶呈蠕虫状分布(图版Ⅺ-5-66),与主晶接触边界平滑可与交代而成的文象结构区别。

关于闪锌矿中乳滴状、叶片状、蠕虫状、棒条状黄铜矿的成因问题,是数十年来矿床学家热烈讨论的课题之一。以往的研究者及教科书曾长期认为,这些微细的黄铜矿交生体是闪锌矿固溶体在降温过程中的出溶物,但是,Wiggin 等、Hutchinson 等以及 Kojim 等对于 Fe-Cu-Zn-S 体系的实验结果表明,CuS 在闪锌矿中的溶解度十分有限,其摩尔分数在 500～300℃时仅为 2.4%,如此低的值无法解释黄铜矿交生体的数量之多,于是固溶体出溶说受到了怀疑,随即出现了交代说和共沉淀两种观点。

最早提出黄铜矿为交代成因的是 Barton,他采用黄铜矿疾病(Chalcopyrit disease)这一术语,把其中的黄铜矿交生体称为“病毒”(Virus)。至于交代作用的机制,Barton 等根据闪锌矿中铁含量在黄铜矿交生体附近趋于降低的特征,认为外来热液带来了铜,而黄铜矿中的铁则来自旁侧闪锌矿晶格中铁的固体扩散。后来,Eldridge 等根据热液作用模拟实验,进一步支持了这一观点,认为黄铜矿疾病代表着闪锌矿被黄铜矿交代的最早阶段。在交代说中更有胡文瑄等认为,浙江建德岭后铜矿床闪锌矿中的黄铜矿包体是黄铜矿被闪锌矿交代后的残留体。

除了富铁闪锌矿被含铜流体交代以外,Borthikov 等指出,共沉淀也是闪锌矿中黄铜矿包体的一种可能形成的机制。他认为,与闪锌矿共沉淀的黄铜矿包体的特征是其外形常带三角形或不规则状,其主晶闪锌矿的铁含量<3%(摩尔分数),而真正的黄铜矿病毒则常呈微细叶片状、椭圆状或透镜状,其主晶闪锌矿的铁含量>3%(摩尔分数)。

固溶体分离结构的主要特点是:

(1)矿石中必须有符合固溶体形成条件的矿物,才有可能形成固溶体分解结构。

(2)固溶体分解形成的矿物颗粒,主客晶间的接触界限较平滑,在格状连晶交叉处无变宽加厚现象。

(3)固溶体分解结构的形态可以反映温度下降快慢的变化。如乳浊状结构→定向乳浊状结构→格状结构→结状结构表明了温度下降由快到慢的变化。

(四)重结晶结构

本类结构是指在内外生条件下形成的胶体物质或结晶物质经过重结晶作用形成的,包括各种热液矿石、变质矿石和表生风化矿石中的结构。含矿热液在一些构造带中运移活动,当介质的温度与压力急速降低时,其中的水分和挥发性气体极易逸散,可引起溶液强烈地过饱和,从而促进矿液中某些组分转化为胶体溶液,以及表生条件下形成的胶体溶液,它们一般不稳定容易凝聚成粘度较大的凝胶,这些凝胶沉淀物随温度压力的变化和时间增长,不断地脱水、凝缩、压实进而逐步重结晶。

在变质过程中常伴有重结晶作用产生。重结晶作用受温度的影响明显,温度升高有利于矿物重结晶。在侵入体的高温作用下,产生热力变质,接触带附近的矿石易于重结晶,矿物成分发生变化，如赤铁矿、菱铁矿变成磁铁矿等。产生巨大的压力能使矿物产生变形和流动，也能促使矿物的重结晶。动力变质作用下，受强烈的构造破坏，矿物亦可出现重结晶现象。但重结晶作用主要发育在区域变质作用中，一般浅变质带以定向压力为主，矿石产生片理化，矿物重结晶时，矿物成分变化不大，矿物颗粒常显示拉长或定向排列。在深变质带，由于温度、压力大，矿石往往全部重新组合，重结晶作用强烈且较普遍，定向压力的痕迹常会消失，矿物成分发生变化，如氢氧化锰脱水后重结晶呈软锰矿。

由重结晶作用形成的矿物颗粒称为"变晶"，由此形成的矿石结构称为"变晶结构"。

本类结构主要有以下形态类型：

自形-半自形变晶结构：凝胶重结晶过程中当温度缓慢下降，有充分时间使凝胶粒子进行有规律的排列，重结晶作用较完全则形成晶面完整的自形变晶，对于结晶生长力较强的一些矿物更为有利。如陕西二台子含金的黄铁矿可见呈五角十二面体的自形变晶，为五角形或多边形的截面，部分晶粒内部残留有胶状环带和凝缩孔隙。重结晶的程度不强，仅部分晶面比较完整也可以成为半自形变晶。如江西万年角砾状钨矿石中钨铁矿呈半自形变晶结构，尚保留凝胶沉淀物的曲面，同心环带间由凝缩的孔隙分开，半自形晶多沿孔隙部位密集分布。图版Ⅻ-5-67 显示菱铁矿的变晶内残留有胶状同心环带。

不等粒变晶和斑状变晶结构：不等粒变晶结构是本类的特征结构。重结晶的矿物颗粒大小悬殊，并非不同世代的产物，晶粒内常残留有同心环带。当细粒变晶数量多且密集成致密的基质，粗粒变晶呈斑晶分布其中，即成为斑状变晶结构。

包含状变晶结构：重结晶作用中，胶体物质趋于表面积缩小，使形成的细粒变晶与周围胶体介质间产生一定空隙，同时由于凝胶的聚合结晶作用，使某些颗粒可逐步形成粗大晶体，将细粒变晶包含其中，则形成包含状变晶结构，粗粒变晶可残留有凝缩孔隙和曲面外形。

针状变晶结构：重结晶作用中，由凝胶沉淀物的中心向外生长形成的针状变晶呈放射状排列，如孔雀石的针状变晶结构比较典型且较常见(图版Ⅻ-5-68)。变晶的外缘呈球颗状，放射状集合体中常残留有同心环带，针状的变晶由中心向外缘可见穿过这些同心环带。一般认为针状变晶为重结晶初期阶段的产物，此种结构多见于低温浅成热液充填矿石和氧化带的矿石中。

花岗变晶结构：一些凝胶沉淀物由于原来的聚集量比较均一或聚合结晶作用速度均匀，可形成粒度比较相近的花岗变晶结构，亦常保留同心环带和干裂纹等胶状产物的特征。如白铁矿或黄铁矿的花岗变晶结构较为常见(图版Ⅻ-5-69)。在变质作用中，同种矿物由于组分和结晶的特点相同或重结晶的环境基本相似，定向压力不明显，常形成粒度相近且紧密排列的变晶颗粒即构成花岗变晶结构，如西藏马扎拉的块状辉锑矿矿石(图版Ⅻ-5-70)，不同的矿物由于结晶特点有差异或含量不同，可形成粒度不等的斑状变晶结构。

变余草莓结构：草莓状黄铁矿的莓群，在重结晶过程中，莓子逐渐归并、消失，仅在孔隙处保留由自形黄铁矿晶面组成的锯齿状外形(图版Ⅻ-5-71)。

指纹状结构：胶状黄铁矿经重结晶形成指纹形状(图版Ⅻ-5-72)。

重结晶结构的主要特点是：

(1)胶体物质重结晶而成的变晶内常保留有凝胶沉淀物的同心环带、凝缩孔隙、干裂纹及角砾等。

(2)结晶物质重结晶而成的变晶颗粒多具双晶，可显示波状消光，常被拉长、弯曲、错断或具定向排列。

(3)本类结构的形态特征以自形程度不同、粒度不等的各种粒状变晶结构为主，针状变晶结构比较特征。

(五)沉积结构

本类结构是指在常温常压下，水盆地的沉积成矿作用中，由胶体化学沉积作用、生物化学沉积作用和火山沉积作用等多种方式形成的沉积矿石的各种结构。具有沉积结构的矿石其组成矿物主要有铁、锰、铝的氧化物和氢氧化物；铁、铜、铅、锌、钴、镍等硫化物以及碳酸盐和硅酸盐矿物等。

沉积结构主要有以下形态类型。

碎屑结构：水盆地中沉积的各种碎屑颗粒，被成矿物质交代或由成矿物质胶结而成。如沉积的锰钴矿石中，有硫钴镍矿胶结石英碎屑、砂屑等而成的碎屑结构。火山沉积矿石的碎屑结构较发育，如新疆式可布台铁矿石中石英晶屑呈各种不规则形状，被赤铁矿胶结；福建马坑铁矿石中有极细的磁铁矿碎屑和脉石矿物构成碎屑结构。由于火山物质颗粒较细，往往也称为凝灰结构，当碎屑颗粒极细时又可称做火山灰结构。

草莓结构(莓粒结构)：由十几至几十颗细小自形黄铁矿组成的球粒，外貌似草莓，称草莓结构。草莓结构一般认为是较常见的由生物化学作用形成的结构。如南京栖霞山产于纹层状硫化物矿石中的草莓结构(图版 XIII－5－73)，主要由黄铁矿、胶状黄铁矿组成，莓粒内莓子一般小于 1 μm，多由立方体和五角十二面体的黄铁矿组成，晶粒间常为有机质充填，系由藻类微生物腐烂产生的 HS^- 与 Fe^{2+} 结合形成草莓状黄铁矿，或者由于铁细菌形成 $Fe(OH)_3$ 赋存于生物髓鞘内，有机质腐烂产生的 H_2S 与其反应则形成黄铁矿。草莓结构在沉积矿石中比较发育。圆形的莓粒常成群出现，当莓粒成群密聚时可称为莓群构造。由人工合成草莓状黄铁矿的试验成功，表明这种结构由胶体作用和无机化学作用形成的可能性是存在的，且近年来有的学者(H. C. Скрипченко，1980)对草莓状黄铁矿属生物成因曾提出过异议。

生物结构：生物结构为沉积矿石中比较典型的结构。由生物化学作用形成的各种硫化物交代生物遗体，保存原来生物遗体的形态，可形成各种生物结构，如黄铁矿的棘皮结构(图版 XIII－5－74)和木质细胞结构(图版 XIII－5－75)。广东红岩黄铁矿矿石中，黄铁矿呈花絮状结构(图版 XIII－5－76)，是由胶状黄铁矿交代红藻所成的假象。近年来也发现有介形虫结构和细菌结构(图版 XIII－5－77)等，多在生物化学作用和交代作用下，保存了生物遗体的形态而成。

线状结构：在沉积砂岩型铀矿床中，石英中的放射性裂变径迹呈细线状分布(图版 XIII－5－78)。

沉积结构的主要特点是：

(1)矿物颗粒有胶体物质及其变晶，有碎屑物质及生物有机质等。

(2)以碎屑结构、生物结构为主，草莓结构是特征的生物结构。

(六)压力及动力结构

本类结构包括区域变质、动力变质以及受构造活动使矿物破碎和变形所形成的结构。本类结构分布较广泛，以区域变质和动力变质矿石中较为常见。不仅是变质矿石的重要结构，同时内外生条件下形成的各类矿石遭受构造活动等动力作用后，均不同程度地发育有这类结构，因此其组成矿物也比较复杂。

在变质作用中，各类矿床受到成矿间和成矿后的构造活动，不仅使矿体和围岩受到一定破坏，同时也直接影响到矿石的组成矿物和矿石的组构，使它们发生破碎和变形。显然这些现象与矿物的物理性质密切相关，也受矿物的粒度、相对含量、矿物颗粒的空间分布等的影响。如脆性矿物含量较多且颗粒粗大则易于破碎，而脆性矿物个别颗粒嵌在软矿物的集合体中则不易压碎。同时也与构造活动发生时的温度、压力的性质、强度和受压时间长短等有关。例如变质矿石或产在构造破碎带附近的各种内外生矿石，以及由矿化多阶段形成的脉状和角砾状矿石中，常有脆性矿物的压碎和塑性矿物的变形发生。

本类结构主要有以下形态类型。

花岗压碎和斑状压碎结构：矿石受变质作用或动力作用后，使脆性矿物产生裂纹和破碎，碎片大小大致相似则成为花岗压碎结构（图版ⅣX－5－79）。它反映了原来矿物颗粒大小相近，周围矿物的物理性质相似和受力均匀等特点。反之所产生的矿物碎片大小悬殊则形成斑状压碎结构。如黄铁矿、毒砂、黑钨矿、铬铁矿等受力后常呈压碎结构。

定向压碎结构：矿石在浅变质带受定向压力作用或经受构造活动后，产生的矿物碎片多呈延长状，明显地成定向排列，且常与围岩的片理方向或构造线方向一致，即成为定向压碎结构。如北祁连块状硫化物矿石中黄铁矿的定向压碎结构（图版ⅣX－5－80）。

揉皱结构：矿石受变质或动力作用后，使一些塑性矿物产生变形，颗粒拉长或扭曲，如辉钼矿和石墨的晶片受扭曲变形以及一些矿物的双晶和解理等产生变形，方铅矿的解理呈扭曲变形而显示出揉皱结构（图版ⅣX－5－81）；又如红透山变质矿石中磁黄铁矿的变晶颗粒受力后呈弯曲变形亦成为揉皱结构。

上述结构在受构造活动的内生和外生矿石以及区域变质矿石中均广泛发育。各种压碎结构的裂隙常被晚期矿物充填或受一定的溶蚀交代，在变质作用中周围的塑性矿物能产生变形往往发生塑性流动挤入裂隙中。

定向变晶结构：在区域变质和动力变质过程中，矿物在定向压力作用下，由重结晶形成的变晶呈拉长状并呈定向排列。如安徽冬瓜山铜矿石由于构造活动，在定向压力作用下磁黄铁矿呈定向变晶。压力方向垂直于拉长的变晶，并沿此方向产生压力双晶。

错散结构：原来的矿物集合体受压力后，矿物颗粒沿接触面断开。如草莓状黄铁矿的莓粒被挤压，莓子呈松散状（图版ⅣX－5－82）。

压溶结构：矿物集合体受力发生变形时，晶体在高应力方向上溶解，形成锯齿状接触边（图版ⅣX－5－83）。如草莓黄铁矿，受压变形时，两粒莓粒相互挤压，发生溶解，接触面成弯曲状、锯齿状，形成缝合线（图版ⅣX－5－84）。

变质结构的主要特点是：

(1)在变质矿石和遭受构造变动的矿石中较发育。

(2)以各种形态的压碎结构、揉皱结构、压溶结构为主要的特征结构。

四、确定矿石结构成因类型的主要标志

不同成因的矿石结构常具有相同或相似的形态特征，如交代而成的乳浊状结构和固溶体分解的乳浊状结构，自形粒状结构有岩浆结晶的和热液交代成因的等等。因此区别和确定矿石结构的成因，对于认识矿石的成因及其变化特点具有重要意义。

分析和判断矿石结构成因类型的主要标志有以下几方面：

(1)应结合矿石的矿物共生组合特点。不同成因的矿石结构其组成矿物亦多不相同，运用成因矿物学知识可帮助判断矿石结构的成因类型。如产于蛇纹石化橄榄岩中的铬铁矿呈自形粒状结构为熔浆结晶的，而矽卡岩型矿石中的毒砂呈自形粒状结构则为热液结晶或交代作用

形成的。又如只有能够构成固溶体系列的矿物才可能形成固溶体分解结构，黄铜矿与斑铜矿的格状结构可以是固溶体分解而成的，而铜兰沿方铅矿解理形成的格状结构则不应是固溶体分解的，系由交代作用形成。

(2)必须区分矿物颗粒的特点。不同成因的矿石结构，其矿物颗粒的特点亦不相同。如结晶结构多为晶质颗粒，且溶蚀边一般不显著。交代结构的矿物颗粒一般形态复杂且具有明显的溶蚀边。胶体物质形成的变晶与结晶物质形成的变晶其颗粒特点显然不同，固溶体分解而成的出溶物则为平整的晶质颗粒界线，沉积作用形成的矿物颗粒常为碎屑的和有机质的等等。

(3)要注意矿物颗粒间的接触关系。不同成因的结构其矿物颗粒间的接触关系也有着一定差异。如结晶结构的矿物颗粒间有平直的晶面接触或呈舒缓波状的共结边。交代结构其矿物颗粒间的接触关系与固溶体分解而成的主、客晶间的接触关系显然不同，各种变晶颗粒间很少有溶蚀接触等等。

(4)应联系矿石构造和周围的地质特点。如变质矿石中的变晶结构，经常产于构造断裂带的角砾状矿石中，围岩多呈糜棱化、片理化、变晶延长方向与片理一致，并伴有其他矿物颗粒的碎裂和变形产生。沉积矿石中的草莓结构或胶体变晶结构则常产于纹层状或胶状构造的矿石中，纹层方向常与矿层和沉积岩的产状一致。

在有条件情况下，可对主要造矿矿物进行一定的测试(化学分析、包裹体测温、X 光分析、同位素测定等)，然后对各种资料作综合分析。上述各点是相互关联的，应全面考虑以便正确判断矿石结构的成因类型。

第四节　矿物的晶粒内部结构

一、晶粒内部结构及其研究意义

矿物晶粒内具有双晶、环带和解理等特征，称为矿物的晶粒内部结构。

顾名思义，矿物晶粒内部结构只局限于矿物颗粒内，不会延伸到晶粒外部。

矿物的晶粒内部结构能反映矿物颗粒形成时的物理化学环境，如介质的组分和浓度变化，外来物质的加入和受动力作用等特征，并能作为确定矿物世代的重要标志之一。如辽宁华铜矽卡岩型铜矿床，早期磁黄铁矿-黄铜矿阶段形成的富矿石中，黄铜矿具有复合双晶，而晚期形成的黄铜矿则不显双晶，反映了黄铜矿具有不同世代。环带结构一般表明矿物晶出时溶液的组分变化，环带较宽的部位常为面对矿液流动的方向，物质供应充分，生长较快，在定向切片上，能给判断矿液流动方向提供某些信息。晶粒内部结构也可作为鉴定矿物的特征和指示受力作用的情况。如碲铅矿和方铅矿中具有鉴定意义的黑三角孔，是由三组解理交汇构成，受力作用后，这些解理发生弯曲变形产生揉皱花纹(图版ⅣX-5-81)。此外在矿石技术加工方面也应注意对晶粒内部结构的研究，如自然金呈包体紧密镶嵌在黄铁矿环带内，欲暴露自然金粒则需要提高对磨矿的要求(如要求磨细等等)。

二、晶粒内部结构的研究方法

矿石在磨制过程中，由于所产生的非晶质薄膜覆盖和填塞矿物颗粒界线及晶粒内部结构，因此有些内部结构不能直接在反射的自然光下观察，显露晶粒内部结构常用的方法主要有以下 3 种。

(一)正交偏光法

一些非均质的矿物颗粒可直接在正交偏光下显露其晶粒内部的双晶结构,尤其对强非均质矿物显示其内部结构更为有利,如辉锑矿、毒砂、铜蓝、磁黄铁矿、红砷镍矿等。如配合油浸法观察,则内部结构更加清晰。本方法简便易于观察,效果较好。

(二)浸蚀法

均质矿物和某些弱非均质矿物的晶粒内部结构常利用浸蚀法来显示。浸蚀法是利用液体和气体化学试剂直接与光面进行的化学反应。这样显示的内部结构也称为浸蚀结构。由于浸蚀作用对矿物表面的非晶质薄膜有溶解,同时矿物颗粒接受浸蚀的性能是有方向性的,即在同一个颗粒的不同方向接受浸蚀的速度和强度不同,显示出浸蚀的不均一性。矿物经浸蚀后常在不同方向上显示出深浅和亮暗不同的浸蚀痕迹,因此矿物的磨光面经浸蚀后可以显出矿物的颗粒界线、解理以及双晶和环带等晶粒内部结构。浸蚀法不是用固定的试剂,而是针对不同矿物选择不同的试剂,试剂的浓度和种类以能够最快、最清晰地显露内部结构为宜。浸蚀的时间也不固定,短者几秒钟,长者要达几分钟或更长的时间。浸蚀面积可根据观察的目的和要求来定,一般比浸蚀鉴定的面积要大。主要有以下具体方法。

1. *液体试剂浸蚀法*

用滴管吸取试剂滴在光面上,所滴面积需视矿物颗粒的大小而定。若对粗粒矿物或需要观察的面积较大时,亦可采用全面浸蚀。即用玻璃皿盛试剂,然后将光面浸入试剂中。无论点滴浸蚀或全面浸蚀均需经过一定的浸蚀时间,用滤纸吸干试剂,有时需要冲洗后,再置于镜下观察。

2. *气体试剂浸蚀法*

是利用液体试剂的蒸气来浸蚀光面。将光面置于盛有液体试剂的瓶口上,光面不要与瓶口接触,保持一定距离,由上升蒸气作用于光面上,经一定时间后取下,一般不需要冲洗可直接在镜下观察。

以上两种方法均简便易行,效果良好,是比较常用的方法,缺点是对光面有一定损伤。

3. *电解浸蚀法*

对一些难于浸蚀的矿物可采用此种方法。试剂滴于光面上,将电源的负极与铂丝相连,正极与钢针相连,然后将负极的铂丝触及试剂,正极的钢针触及矿物表面,形成电路。经一定时间取下电极,用滤纸吸干试剂置于镜下观察。

(三)不完全磨光法

对于一些难于浸蚀的均质和弱非均质矿物以及内反射显著的矿物比较适用。因为在正交偏光下内反射常干扰其非均质性的观察,又难于浸蚀,则适用此种方法。如尖晶石类矿物、辰砂、黑钨矿和锡石等的内部结构常采用此种方法。主要适用于显露解理和环带结构,有时亦可显示双晶。

现将最常见的显示晶粒内部结构的矿物和主要方法列入表 5-4-1 中。

三、双晶结构

(一)双晶结构的主要形态类型

双晶是由两个或两个以上的同种晶体,彼此按一定的对称关系,互相结合而成的规则连生体。在正交偏光下或通过浸蚀后,由于两个单晶的方位不同,接受浸蚀的程度和消光方位也不相同,则会出现明暗相间的变化。根据单晶间的接合方式不同,双晶的形态特征也不相同。

表 5-4-1 显示晶粒内部结构的一些金属矿物及其主要显示方法

矿物名称	显示方法	内部结构特征
方铅矿	①1∶1HNO_3 20～30s ②1∶1HCl 通电流(4～6V) 数秒 ③60%～70%HBr 置于冰醋酸中 8～10s ④饱和 NaCl 溶液+$FeCl_3$(几滴) 10～30s	解理、偶见环带、颗粒界线和包体
闪锌矿	①王水蒸气 10～20s ②25%NH_4OH+30%H_2O_2(数滴) 20～30s ③$KMnO_4$+H_2SO_4(1～2 滴) 10～30s ④浓 HI 或 HBr 蒸气 ⑤不完全磨光法	沿{111}和{211}显双晶、解理,偶见环带及颗粒界线
黄铁矿	①$KMnO_4$+KOH 10～20s ②$KMnO_4$(1 份)+H_2O_2(1 份)+H_2SO_4(1～2 滴) 20～60s ③30%NH_4OH 通电(70～100V) 10～20s	环带、解理
白铁矿	①同黄铁矿 ②正交偏光法	双晶、解理
磁黄铁矿	①HI(浓) ②1∶1HCl 通电 10～30s ③正交偏光法	双晶
黄铜矿	①王水蒸气 ②25%NH_4OH+30%H_2O_2(数滴) 20～30s ③$KMnO_4$(1 份)+20%KOH(1 份) 10～40s ④正交偏光法	双晶,颗粒界线,偶见环带及解理
辉铜矿	①1∶1HNO_3 1min 左右 ②20%KCN 10～20s ③浓 HNO_3 3～10s	解理,偶见双晶,颗粒界线
斑铜矿	①1∶1HNO_3 1～2min ②20%KCN 1～2min ③王水蒸气 5～10s	解理
铜蓝	正交偏光法	双晶
黝铜矿	①HCl(浓、1 份)+50%CrO_3(1 份) 30s ②$KMnO_4$(浓)+30%H_2O_2 10～60s ③$KmnO_4$(1 份)+KOH(1 份)+6%H_2O_2(1 份) 10～60s	双晶、环带
硫砷铜矿	①20%KOH ②正交偏光法	解理、环带
方黄铜矿	①NH_4OH+30%H_2O_2(几滴) ②HCl+CrO_3混合剂蒸气	双晶
毒砂	①1∶1HNO_3 15～60s ②$KMnO_4$(1 份)+20%KOH(1 份) 10～20s ③正交偏光法	双晶、解理、环带
红砷镍矿	①$KMnO_4$+H_2SO_4(新配试剂) ②30%H_2O_2+H_2SO_4(数滴) ③正交偏光法	双晶、环带

续表 5-4-1

矿物名称	显示方法	内部结构特征
针镍矿	①HBr 蒸气 ②HNO_3(浓) ③正交偏光法	双晶、环带
辉砷镍矿	①HNO_3(浓) ②HBr(浓)	双晶
辉砷钴矿	$KMnO_4+H_2SO_4$(浓,1～2 滴)　5～10s	环带、双晶
砷钴矿	①HNO_3(浓)　5～30s ②$KMnO_4+H_2SO_4$(浓 2 滴)　5～10s	环带、双晶
斜方砷钴矿	①HNO_3(浓) ②1∶1HNO_3 ③正交偏光法	环带、双晶
斜方砷镍矿	①$FeCl_3$ ②正交偏光法	环带、双晶
斜方砷铁矿	①HNO_4(浓)　几秒 ②正交偏光法	双晶、环带
辉锑矿	①浓 KOH　1～3s ②正交偏光法	双晶、解理、环带
车轮矿	HBr(浓)　2～5s	双晶
黝锡矿	①1∶1HNO_3　30～40s ②$KMnO_4$+20%KOH　10～15s ③$KMnO_4$(1 份)+KOH(浓 1 份)　3～10s　沉淀物用 HCl 洗掉	双晶、偶见环带
辉钼矿	正交偏光法	双晶
自然金	①王水或王水蒸气 ②王水或浓 HCl+5%CrO_3	双晶、环带
自然银	①HNO_3(1 份)+50%CrO_3(1 份)混合剂的蒸气　1～5s ②HI(浓) ③30%$H_2O_2+NH_4OH$(少量)	双晶、环带
深红银矿 淡红银矿	HI(浓)	环带、双晶
磁铁矿	①浓 HCl　2～5s ②不完全磨光	双晶、环带
赤铁矿	①1∶1 HCl 通电(6V) ②浓 HF　1～2min	双晶、解理
铬铁矿	不完全磨光	裂理、环带
水锰矿	①HF(浓)　30s 至数分 ②正交偏光法	双晶、解理
黑锰矿	①HF(浓)　30s 至数分 ②H_2SO_4+30%H_2O_2	双晶、解理
褐锰矿	①沸腾的 HCl(浓)　10s ②HF(浓)　60～100s	环带、双晶
石墨	正交偏光法	双晶
金红石	正交偏光法	双晶

晶粒内部双晶结构主要有以下类型。

1. 简单双晶

是由两个不同方向的单晶构成的。矿石中金属矿物的简单双晶一般不太多见，如锡石和毒砂的双晶。

2. 聚片双晶

由两个以上的的单体彼此按同一种双晶律多次重复出现构成的双晶群。双晶纹密集且平行出现，矿石中较常见，如辉锑矿、铜蓝、闪锌矿、金红石、红砷镍矿等。

3. 复合双晶

由两个以上的单体彼此按不同的双晶律组成的双晶就是复合双晶。如由两组聚片双晶交织而成的格状双晶(图版ⅩⅤ-5-85)和两组聚片双晶紧密生长在一起的复聚片双晶(图版ⅩⅤ-5-86)等。

(二)双晶结构的主要成因类型

1. 生长双晶

指在熔体和溶液结晶过程中形成的双晶。结晶作用中，由于晶粒间的相互干扰，晶芽可按着双晶关系连生并逐步发育成双晶；或者是在晶体生长过程中，晶芽以双晶的位置，于正在生长的、较大的晶体上堆积，然后一起连续生长而成的。这类双晶属于原生的，主要以简单双晶的形式出现。双晶分布不均匀，仅在部分颗粒中显示双晶，双晶多呈片状，双晶纹较平直。如锡石、毒砂和闪锌矿等矿物中见有生长双晶，此类双晶在金属矿石中不太发育。

2. 压力双晶(滑动双晶)

系晶体生长后，由于受到应力作用，使部分晶格沿着一定方向的面网发生均匀的滑动所形成的双晶。它们是受外力作用而成，属于次生双晶，多以聚片双晶或复合双晶形态出现，主要由变质作用或构造作用产生。这种双晶常发生弯曲、错动、破裂和叠加，同时矿物颗粒多已重结晶，有时可显波状消光。如西鞍山含铁石英岩中假象赤铁矿和白银厂火山沉积变质矿石中闪锌矿的聚片双晶，双晶纹极为密集，受动力作用常发生错断现象；又如红透山变质矿石中磁黄铁矿复聚片双晶有叠加现象；再如受动力作用产生的四川壤塘金木达辉锑矿的复聚片双晶，双晶片发生弯曲并呈波状消光(图版ⅩⅤ-5-86)，以及辽宁华铜黄铜矿的复聚片双晶和安徽大鲍庄火山热液铁矿石中假象赤铁矿的格状双晶等，红砷镍矿中亦常发育此类格状双晶(图版ⅩⅤ-5-85)都属压力双晶。压力双晶可以作为矿石受到变质作用和动力作用的标志。金属矿石中压力双晶一般比较发育。

3. 转变双晶

指在同质多象转变过程中形成的双晶，也属于次生双晶。双晶形成时的转变温度是固定的，一般可作为地质温度计。转变双晶的双晶片常呈纺锤状，很少有弯曲现象。

现将显示双晶结构的常见金属矿物列入表5-4-2中。

四、环带结构

(一)环带结构的形态特征

在矿物晶粒内部，沿着晶面方向有一系列环状的线纹和条带，称为环带。这些环带能以反射率、反射色、硬度、化学组分、杂质包体和孔隙等特点的不同而加以区分。环带的宽度和数目以及疏密程度不一，如含钴、镍的黄铁矿常见有带浅玫瑰色(含钴)和带紫色(含镍)色调的环带与黄白色(无杂质)的环带交互出现，它们主要是在矿物形成过程中，由于介质的组分和所处的

表 5-4-2　显示双晶结构的一些金属矿物

生长双晶				压力双晶			转变双晶	
自然金	黄铜矿	斜方硫锑铅矿	钛铁矿	方铅矿	锡　石	深红银矿	自然锑	方黄铜矿
自然银	辉铜矿	脆硫锑铅矿	黄铁矿	闪锌矿	赤铁矿	金红石	自然铋	黝锡矿
自然铜	白铁矿	深红银矿	黑锰矿	黄铜矿	菱铁矿		自然砷	磁黄铁矿
自然铂	毒　砂	黝锡矿	金红石	铜　蓝	钛铁矿		黄铜矿	
方铅矿	斜方砷镍矿	锡　石	白铁矿	磁黄铁矿	黑锰矿		辉铜矿	
闪锌矿	斜方砷钴矿	赤铁矿		辉锑矿	红砷镍矿		黝铜矿	

物理化学条件变化而产生的。

(二)环带结构的成因类型

根据环带的形成条件不同，主要有以下的成因类型。

1. 熔体或溶液结晶而成的环带结构(生长环带)

这种环带结构在金属矿石中是常见的一种结构，环带比较平直、宽窄不一，有时也不够连续，环带大体与晶面平行。生长环带的形成主要有以下几方面的原因：

(1)晶体生长的间断：在熔体和溶液中晶体生长一般不是连续一次完成的，往往为间断生长，如生长一个时期可能受到溶蚀而后又继续生长。或由于物质供应不足，暂时停止生长，而后再继续生长，这样由于生长间断则产生了一定缝隙，从而形成环带(图版 XV-5-87)。

(2)介质的组分浓度变化：晶体生长过程中，由于介质的组分不均一及浓度发生变化，成矿动力学条件复杂，矿物的结晶是在矿液成分不断变化的、振荡的动态环境中进行的，通过流体脉动式混合沉淀成矿。围绕结晶中心依次沉淀而形成组分不同的环带结构。如方钴矿的环带结构，随钴、镍、铁的含量变化，则出现白色—黄白色—蓝白色等反射色的差异而显出环带。又如黄铁矿的生长环带(图版 XV-5-88)，其中近于纯黄铁矿与含砷黄铁矿相间分布，由于突起和反射率明显不同，可以清楚地显示出不同成分的环带。

(3)捕获小晶芽：由于介质温度急剧下降，矿物结晶能力强，溶液中含有大量晶芽，正在成长的晶体可以捕获小晶芽，成为包体沿晶面分布也可以形成环带结构。如云南武定铜铁矿石中，磁铁矿内有尘埃状脉石矿物的小包体呈环带分布，并与晶面平行，外部环带细而直，向内部逐渐加厚。

(4)吸附杂质：当晶体生长时，在晶面上吸附一些细微的杂质，逐步生长亦可形成环带结构。见于毒砂、铬铁矿、方铅矿和黄铁矿中。

(5)固溶体矿物顺序沉淀：对于固溶体系列的矿物，顺序沉淀时，由于成分不同亦可造成环带结构，由晶体内部向外可以由高温端元逐步变为低温端元形成环带。如硫铁镍矿(Fe,Ni,Co)S_2 为 $FeS_2-NiS_2-CoS_2$ 的完全固溶体，由于成分不同可造成环带结构，含镍、钴高的环带反射率偏低。在金银矿和黑钨矿中也见有这种环带结构。

生长环带一般与晶面平行，在晶体生长过程中，由于生长速度的变化，晶体各方向上的速度有差异，晶面发育不均匀，也能产生与晶面不完全平行的生长环带。

(6)交代残余显示的环带：有些矿物的生长环带不甚明显，当矿液沿着这些环带的缝隙交代或沿着不同组分的环带选择性交代时，可使环带结构显露得更加清晰，常保留原生环带的形态，部分环带可显示出不平整的溶蚀痕迹和断续现象，如白铅矿沿着方铅矿的环带交代，褐铁矿沿着黄铁矿的环带选择性交代(图版Ⅷ-5-46),保留了原生环带的特点。

2. 胶体物质重结晶而成的环带结构

这种环带结构反映了胶体沉淀的特点。当凝胶沉淀物凝缩时产生同心圆状凝缩孔隙,这些孔隙可将凝胶沉淀物分开形成一些同心环带;或者是凝胶沉淀时常吸附一些其他杂质,由于成分不同显示出环带;也可以由于凝胶发生重结晶作用后,残留原凝胶沉淀物的痕迹,保存在矿物晶粒内部形成环带结构。这种环带的形态特征是环带不平直呈波状或弯曲的同心环状,多与晶面不平行。如陕西二台子金矿石,黄铁矿变晶颗粒中的环带呈半球状、波纹状与晶面不平行,它们被晚形成的矿物交代后比较明显,易于观察。一些结晶生长力较强的矿物,由重结晶作用形成的变晶内,常保留此种环带结构,如菱铁矿(图版Ⅻ-5-67)、锡石等。

胶体物质重结晶而成的环带结构,一般见于浅部,以充填作用为主的中-低温热液矿石和表生风化作用产生的矿石中,它反映了矿石在形成过程中曾经历了胶体阶段。这种环带结构不仅具有成因意义(见重结晶结构),同时也是成矿物质的载体。如陕西二台子金矿石,自然金的结晶微粒即产于黄铁矿的胶体重结晶的环带内。

环带结构在内、外生矿石中均有发育。变质矿石中较为少见,常因变质作用使环带消失。如白银厂黄铁矿的生长环带,经变质后颗粒边缘的环带已消失且颗粒有拉长现象。矽卡岩型磁铁矿常具生长环带,而变质成因的磁铁矿则多不显环带结构。现将常见环带结构的金属矿物列入表5-4-3中。

表5-4-3　显示环带结构的一些常见金属矿物

方铅矿	黝铜矿	锡　石
黄铁矿	黑铜矿	黑钨矿
辉锑矿	硫砷铜矿	磁铁矿
毒　砂	斜方砷镍矿	铬铁矿
硫铁镍矿	斜方砷钴矿	钛铁矿
镍黄铁矿	斜方砷铁矿	金红石
针镍矿	硫砷银矿	自然金
锑硫镍矿	深红银矿	自然银
砷钴矿	黝锡矿	自然铜

五、解理、裂开及裂纹

解理、裂开及裂纹都是矿物在外力作用下发生破裂的性质,但这三种破裂的特点及决定因素均有所不同。

解理是矿物在外力作用下,沿着面网之间间距最大、连结力最弱的方向裂成光滑平面的性质。这些光滑平面称为解理面。解理严格受矿物内部结构控制,因而它是矿物晶体的固有特性,它们在晶体上的分布符合晶体的对称特点。解理的镜下特征为细细的条纹状。解理的组数、方向、完善程度及解理夹角大小,是鉴定矿物的特征之一。由于光片在磨制过程中产生的非晶质薄膜常掩盖了解理,只有一些解理发育且又显著的矿物能直接在镜下观察,一般需要经过浸蚀或利用不完全磨光的方法才易观察。辉铋矿的{010}解理可直接观察,而辉铜矿的{001}及{010}两组解理(图版XV-5-89)需经过浸蚀后才能观察。在光片上能同时见到几组较发育的解理相交,如方铅矿的{100}三组解理常相交呈三角形,经研磨后沿交汇处剥落常形成三角形孔穴(图版XV-5-90),这些特征能作为鉴定矿物的辅助标志,方铅矿、碲铅矿的解理均有这种特征的三角形孔穴。又如辉铜矿经 HNO_3 浸蚀后显示的解理可以和黝铜矿及砷黝铜矿等区别。矿石在形成时或在形成后由于受到变质作用、构造动力作用、交代作用或表生氧化作用以及固溶体分解作用等，能促使解理显示、变形或更加清晰。如赤铁矿常沿磁铁矿的{111}裂开交代，方铅矿经氧化后，白铅矿沿其{100}三组解理分布，从而使它们的解理变得更加明显。又如针镍矿沿硫钴矿{100}解理呈固溶体分解的出溶物分布都增加了解理的清晰度，有利于解理的观察和恢复其原状。再如磁黄铁矿、辉锑矿等受应力作用后可产生解理，以及一些塑性矿物辉钼矿、方铅矿的解理产生变形等现象，在矿石中均比较常见，它们有助于认识矿石的形成特点。

裂开又称裂理，指的是矿物晶体在外力作用下有时可沿一定结晶方向裂成平面的性质。裂开与解理在现象上极为相似，但解理是由内因决定的，是一种晶体固有不变的特性，裂开则是由外因引起的，对于同种晶体而言，可能出现也可能不出现，出现时的方向也可以不同。产生裂开的原因主要是由于沿晶体结构的一定方向上有杂质分布，如有包体分布或固溶体分解的出溶物等。裂开的出现远不如解理广泛，它仅对磁铁矿、刚玉等少数矿物具有鉴定意义，如磁铁矿沿{111}产生裂开，系钛铁矿的固溶体出溶物沿磁铁矿的{111}方向分布所致（大庙、攀枝花等，图版Ⅺ-5-62）。

裂纹系指晶体内部的不规则破裂面，即显微裂隙，属于显微构造的范畴。在镜下显现不规则的裂隙，或由充填、交代的矿物显示出来。裂纹的产生是由于脆性矿物在应力作用下产生的显微破裂，或由于凝胶在脱水、重结晶等过程中产生的放射状或环状的凝缩孔隙。

现将常见的具有解理的矿物列于表5-4-4中。

表5-4-4 显示解理结构的一些常见金属矿物

矿物		解理	特征
方铅矿	等轴晶系	{100}	很显著，有三角孔穴，细粒者较少见或缺失
碲铅矿	等轴晶系	{100}	大部分晶粒显著，有三角形孔穴
硒铅矿	等轴晶系	{100}	一般比较显著
闪锌矿	等轴晶系	{110}	粗粒较显著，细粒常缺失
镍黄铁矿	等轴晶系	{111}	显著，解理纹多，不甚平直，常呈裂纹状
辉砷镍矿	等轴晶系	{100}	很显著
硫钴矿	等轴晶系	{100}	有时很显著
锑硫镍矿	等轴晶系	{100}	良好
金红石	四方晶系	{110}	清楚可见
硫砷铜矿	斜方晶系	{110}	很显著
辉铜矿	斜方晶系	{001}	风化后清楚可见，一般不太显著
辉锑矿	斜方晶系	{010}	磨光太久常不易观察
辉铋矿	斜方晶系	{010}	很显著
铜蓝	六方晶系	{0001}	清楚可见
辉钼矿	六方晶系	{0001}	清楚可见
针镍矿	六方晶系	$\{10\bar{1}1\}$	显著
磁黄铁矿	六方晶系	{0001}、$\{10\bar{1}1\}$	较少见，两组同样显著
石墨	六方晶系	{0001}	显著
菱铁矿	三方晶系	$\{10\bar{1}1\}$	一般较显著，细粒较少见或缺失
黑钨矿	单斜晶系	{010}、{100}	良好
脆硫锑铅矿	单斜晶系	{120}、{010}、{001}	良好
脆硫锑铜矿	单斜晶系	{110}	很显著
水锰矿	单斜晶系	{010}、{110}	显著
孔雀石	单斜晶系	{001}	很显著

第六章　矿化阶段及矿物生成顺序

矿床是经过较长的地质时期在一定的成矿作用下产生的。矿化期、矿化阶段和矿物生成顺序等能反映矿床、矿体、矿石及其组成矿物等的形成作用以及它们在空间和时间上的演化特征，因此它们能为恢复成矿历史和确定矿床成因等提供基础信息，研究它们具有重要的理论及实际意义。

第一节　矿化期及矿化阶段

一、矿化期(成矿期)

(一)矿化期的基本概念

矿化期也称成矿期，是指一个较长的成矿作用过程。不同的矿化期反映了成矿地质条件和物理化学条件有显著的差异，同时各矿化期之间具有较长的时间间隔。矿化期与成矿作用的关系密不可分，根据成矿作用的特点，将矿化期划分为岩浆矿化期、伟晶矿化期、气成热液矿化期、风化矿化期、沉积矿化期以及变质矿化期等。如与某个岩浆源有关的高温深成条件下，岩浆成矿作用的全过程即为岩浆矿化期，常温常压下，在水盆地中的沉积成矿作用的过程为沉积矿化期等等。矿床的形成可以经历一个或多个矿化期，但有经济价值的，主要造矿矿物沉淀的矿化期往往比较集中，并且由它们可以帮助确定矿床的成因。例如安徽某硫铁矿矿床的形成是经历了滨海-泻湖沉积矿化期、气水热液矿化期以及表生矿化期等，主要造矿矿物产于沉积期与热液期，矿床系沉积-热液改造成因。

(二)划分矿化期的标志

不同矿化期中，由于它们的成矿作用、地质条件和物理化学条件不同，反映在矿床的产状、矿体和矿石的特点上亦不相同，确定矿化期应注意以下主要问题。

1. *矿床基础地质特征*

必须对矿床的基础地质进行观察分析，了解成矿地质条件和矿体的产出特点。如甘肃白银厂黄铁矿型铜矿床，矿床产于寒武纪变质的中酸性火山沉积岩系中，火山沉积岩、火山碎屑岩及火山熔岩等交互成层，并夹有千枚岩和大理岩。火山沉积期形成块状黄铁矿化，矿体的直接围岩为凝灰岩，矿体呈似层状与围岩整合产出，反映沉积成矿作用的特点；以后由于中酸性火山热液成矿作用的叠加产生了铜矿化、黄铁矿化并伴有金矿化，从而形成了主要由网脉状和浸染状矿石构成的含铜黄铁矿矿体，一些富铜矿脉明显受构造控制，围岩有强烈的硅化和绢云母化现象，显然具有热液矿床的特点；本区的火山岩受区域变质作用，形成了各种千枚岩，矿体受到错碎和变形，矿石也产生压碎、揉皱及压力双晶等结构，表明矿床经历了区域变质期；经过表生变化后，矿体具有明显的次生垂直分带现象，氧化带形成大面积铁帽，淋滤带为松散的粒状黄铁矿，次生富集带为烟灰状辉铜矿等。上述基本特征表明该矿床是经历了多个矿化期，即火山沉积期、火山热液期、区域变质期及表生风化期等，是在漫长的地质年代中，由复合成矿作用形成的。

2. 典型的矿物组合和矿石组构特征

应结合矿化期中典型的矿物组合和矿石的组构特征来确定矿化期。例如西藏罗布莎铬铁矿矿床，矿体多呈脉状产于超基性岩体内，铬铁矿、橄榄石、辉石等组成的矿石呈浸染状或豆状构造，说明属岩浆矿化期的产物，矿床仅经历了一个矿化期。四川坪武茶树坝热液型铜矿床，块状的黄铜矿-黄铁矿矿石被赤铁矿呈网脉状交代（图版ⅩⅥ-6-1），又如湖北铜录山矽卡岩型铁-铜矿床，黄铜矿-磁铁矿矿石，经表生氧化作用形成的孔雀石呈被膜状覆盖于原生矿石表面（图版Ⅳ-5-21），表明矿床经历过气水热液和表生作用两个矿化期。著名的鞍山式铁矿，产于前寒武系火山沉积变质岩系中，矿体具一定层位，分布广泛，矿石主要由石英-磁铁矿组成，并具特征的条带状及皱纹状构造。常见有磁铁矿富矿脉被黄铁矿-石英脉穿插交代（图版ⅩⅥ-6-2），明显受构造控制，并伴有热液蚀变现象，说明矿床经历了火山沉积期、区域变质期和混合岩化热液期。

二、矿化阶段

（一）矿化阶段的基本概念

矿化阶段亦称成矿阶段，是指在某个矿化期内，较短的成矿作用过程。不同的矿化阶段反映了成矿地质条件和物理化学环境有一定的差异，同时各矿化阶段由较短的时间间隔所分开。同一个矿化阶段所形成的一组矿物属于一个共生组合，表明这些矿物是物理化学条件基本相同、同一次成矿过程的产物。矿化阶段的形成可以由岩浆活动的演化、构造活动的多次出现和矿液的间歇活动、矿液性质的变化、外营力的改变等地质条件和物理化学条件的变化而引起。同一个矿化期内可以有一个或多个矿化阶段，较晚的矿化阶段的产物可以叠加在早阶段之上，造成矿化的多阶段性，导致矿体和矿石在形态、空间产状或物质成分上的复杂化。

矿化阶段一般在气水热液矿床中比较发育，这是因为矿化阶段和构造裂隙的阶段性发育及与此有关的含矿热液的脉动活动性有关。每一个矿化阶段代表一次含矿热液的活动，也是代表较短的时间间隔内，物理化学条件相同或相似的一次成矿作用。例如热液期可有高温热液、中温热液和低温热液3个阶段，甚至同一温度范围内也会有几个矿化阶段。如在表6-1内热液期具有5个不同的矿化阶段。确定矿化阶段的序次和强度，可以帮助了解矿床的形成过程及其演变特点，查明矿体的富化或贫化规律。识别主要成矿阶段的标志，对于找矿具有重要意义。

（二）划分矿化阶段的标志

矿化阶段是矿化期中次一级的成矿作用过程，不同矿化阶段反映在矿体和矿石特点上有一定的差异。因此判断矿化阶段既要野外地质观察，也要进行室内研究，还要通过对矿石标本及光、薄片的观测和综合分析来确定。划分矿化阶段的主要标志如下。

1. 结合矿床的基础地质特征查明脉状矿体间的产出特点

在地表露头、采场、坑道中应注意矿体的产状，尤其对岩浆或各种热液作用形成的脉状矿体更为重要。通常在矿脉附近伴有围岩蚀变、破碎现象及角砾状矿石产出等，需注意如下问题：

（1）注意脉状矿体的穿插关系：某些热液矿床由于构造活动导致矿液多次叠加，晚阶段形成的矿脉穿插早阶段的矿脉，如图版ⅩⅥ-6-3表明早阶段的石英-菱铁矿矿脉被晚阶段的方解石-闪锌矿矿脉穿插，反映为不同矿化阶段的产物。

（2）注意矿脉的内部构造：晚阶段形成的矿脉沿早阶段矿脉的脉体内部穿插，往往造成矿脉内部由边缘向中心、由早到晚的分带构造，各带的矿物共生组合与矿石组构特点有一定差异。如图版ⅩⅥ-6-4为不同阶段的产物沿着脉体内部的叠加。

(3)注意矿体的控制因素及近矿围岩蚀变特征：不同矿化阶段中矿体的控制因素(岩性、构造、深度等)和近矿围岩蚀变通常会有一定差异，因此在矿脉间的穿插关系和矿脉的内部构造无明显特征的一些矿体中，应注意查明矿体的控制因素及围岩蚀变的变化规律。如某些矿体产出受层间裂隙控制突变为由穿层裂隙控制；或矿化固定与某种围岩蚀变关系密切，转变为与另一种蚀变有关等等，注意可能属不同阶段的矿化产物。

2. 结合矿体的产状查明稳定的矿物共生组合特点及其相互的接触关系

不同矿化阶段中形成的矿物共生组合特点是有区别的，因此在矿体中应注意观察矿物共生组合的不同，查明矿物共生组合间的接触关系，可以帮助判断矿化阶段。

(1)注意矿物共生组合的变化特点：沿矿体的走向或倾向，在矿体的某一部分或某些局部地段，矿石品位发生变化，如贫矿石突变为富矿石或矿物共生组合有明显的变化由氧化物转变为硫化物共生组合等，或以某种矿物为主的矿石变为由另一种矿物为主的矿石，或者出现特殊的矿物共生组合和某些标型矿物等等。这些矿物共生组合的变化，可代表不同矿化阶段的产物，或者反映不同矿化阶段的叠加。

(2)查明矿物共生组合间的关系：早阶段形成的共生组合，可以被晚阶段的共生组合交代、穿插或胶结。在一些交代矿床中，不同矿化阶段的矿物共生组合间的交代现象比较显著，可作为交代矿床划分矿化阶段的重要标志。例如湖南瑶岗仙钨矿床，早阶段形成的以黑钨矿-石英脉为主的稳定共生组合，被晚阶段的黄铜矿-黄铁矿-磁黄铁矿等硫化物共生组合普遍沿着黑钨矿的解理和破碎裂隙交代，反映为两个不同矿化阶段的叠加(图版ⅩⅥ-6-5)。又如河南灵宝硫铁矿矿床中，晚阶段形成的细粒黄铁矿和菱铁矿组成紧密的共生组合，沿着早阶段的粗粒黄铁矿-石英等共生组合的颗粒间隙和破碎黄铁矿的裂隙交代，亦属两个不同阶段的产物。在某些矿床中，不同矿化阶段的矿物共生组合在空间上叠加在一起，没有明显的穿插交代关系，我们仍然可以根据矿床不同成因的共生组合及成因矿物学等特征划分它们的矿化阶段。例如矽卡岩矿石中既有浸染状分布的辉钼矿集合体，亦有浸染状分布的黄铁矿、黄铜矿、闪锌矿集合体，它们空间上叠加在一起，根据矽卡岩矿床中不同矿化作用的特点及成因矿物学等特征，我们仍然可以把它们分为辉钼矿阶段和黄铁矿、黄铜矿、闪锌矿阶段。在一些充填矿床中，不同矿物共生组合间的穿插和胶结现象比较明显。

3. 注意典型的矿石构造

结合矿石类型和矿物共生组合的观察应注意以下的矿石构造。

(1)各种不同形态的脉状构造(脉状、交错脉状和网脉状构造)：早矿化阶段形成的各种矿石受构造活动破坏，产生各种裂隙和错动后，晚阶段的矿化产物以充填和交代方式叠加其上，则形成各种形态的脉状构造(图版Ⅲ-5-17、图版ⅩⅦ-6-8)，或似条带状构造(图版ⅩⅦ-6-6)，或脉状矿石经错断后形成交错脉状构造(图版ⅩⅦ-6-7)。由交代作用形成的网脉状构造，多由显微构造的形式表现出来。如陕西二台子金矿石早期黄铁矿矿化阶段形成的含金黄铁矿矿石受构造破碎后，被晚阶段黄铜矿-砷黝铜矿等产物呈网脉状穿插；又如云南景洪三达山的热液型铜矿床，黄铜矿呈网脉状沿破碎的黄铁矿间穿插(图版ⅩⅦ-6-9)。

(2)角砾状和环状构造：早矿化阶段形成的矿石或矿化围岩受构造活动破碎后，其角砾被晚阶段的矿化产物所胶结或包围沉淀，角砾与胶结物代表不同矿化阶段的产物。如湖南桃林铅锌矿石中由不同矿化阶段产物形成的角砾状构造(图版ⅩⅦ-6-10)比较典型。

(3)交代残余构造：残余构造也是交代矿床中划分矿化阶段的重要标志，如河南灵宝硫铁矿矿石中，早阶段的以黄铜矿和斑铜矿为主的稳定共生组合，二者多呈叶片状结构，被晚阶段的铅锌硫化物交代，铜矿物的叶片状连晶残留在铅锌硫化物中，多以显微构造形式存在。

以上各种构造必须重点观察探槽和坑道壁及掌子面、岩芯、矿石标本和光块等，而镜下的显微构造应配合其他特征，不宜将个别镜下现象作为划分矿化阶段的依据。

4. 矿物的标型特征

同一种矿物在不同矿化阶段表现出来的标型特征，在划分阶段时可以起到辅助作用。如磁铁矿矿石中，早阶段形成的磁铁矿普遍与赤铁矿呈镶边-假象结构，而晚阶段的磁铁矿则呈等轴粒状。又如浙江某金矿床，产于石英-黄铁矿阶段的黄铁矿为粗粒、碎裂状多以五角十二面体为主，系重要的载金矿物；而产于方解石-黄铜矿阶段的黄铁矿为细粒、自形-半自形粒状，多以立方体为主。

5. 其他标志

在有条件的情况下应配合其他测试手段。如不同共生组合中有代表性矿物的包体测温资料表明，温度高的为早阶段的产物；X 光测定矿物晶胞参数，查明矿物的变种，了解其形成条件(如六方晶系的磁黄铁矿较单斜晶系磁黄铁矿形成温度要高)；分析矿物的微量元素，若所含微量元素迥然不同，则有可能为不同矿化阶段的产物等等。

不同的矿床其成矿特点亦各有别，在划分矿化阶段时，应根据具体矿床的地质事实，结合上述各种标志综合分析，才能正确划分矿化阶段。不宜将个别现象作为划分矿化阶段的依据，尤其不宜将个别镜下现象作为划分矿化阶段的依据。

关于矿化阶段的命名，应结合矿床的地质特征，选择适合成矿特点的名称。如以各阶段的稳定矿物共生组合命名，以主要的形成温度、形成条件或形成作用来命名，或者用各阶段形成时间的顺序来命名(第一阶段、第二阶段等)等等。

第二节　矿物的生成顺序及矿物的世代

一、矿物生成顺序的基本概念

同一矿化阶段内，各种矿物形成的时间关系称为矿物的生成顺序，如先后生成顺序、同时生成顺序和超覆生成顺序等。矿物生成顺序决定于矿物形成时的物理化学条件等特点，因此通过矿物生成顺序的研究可以了解矿物形成时的温度、压力、含矿介质变化、氧化还原情况、主要造矿矿物的富集规律和形成方式等，从而给矿化演变提供一定的实际资料，便于对矿化特点进行分析。

二、矿物生成顺序的确定

判断矿物的生成顺序主要根据矿石结构显示的标志，除少数情况能用肉眼观察外，均需进行镜下观测。

(一)矿物先后生成的标志

矿物形成时间不同，某种矿物形成以后另一种矿物才开始形成。其确定标志有：

1. 穿插关系及有关的结构

一种矿物呈细脉穿插另一种矿物的颗粒，被穿插的矿物生成得早。穿叉结构(图版Ⅹ-5-

55)和网状结构(图版Ⅸ－5－53)可以确定矿物的先后顺序，以及充填矿脉中矿物由脉壁向中心依次沉淀也反映了由早到晚的生成顺序，这种标志可信且便于掌握。

2. 交代关系及有关的结构

矿石中交代现象一般比较普遍，被交代的矿物形成早，交代矿物形成晚。确定交代关系需注意以下交代现象。

(1)交代矿物常沿着被交代矿物的细微裂隙、解理缝等薄弱部位进行交代，交代前锋往往以尖角状插入被交代矿物中。如交代矿物呈各种不规则的多角形、星形或十字形等(图版ⅩⅦ－6－11)。

(2)被交代矿物常呈港湾-弧岛状。交代作用比较强烈时，被交代矿物呈圆弧状、港湾状，而分割出的残余部分呈比较浑圆的孤岛状分布在交代矿物中(图版ⅩⅧ－6－12)。

(3)被交代矿物晶粒或集合体内部或边缘具明显的溶蚀边(图版ⅩⅧ－6－13)。

此外由交代作用形成的格状结构、残余结构、骸晶结构、镶边结构和假象结构以及各种代晶结构(图版ⅩⅧ－6－14)等，其中显然被交代的矿物形成较早，因此均能确定矿物生成的先后顺序。

交代作用比较复杂，在判断两种矿物生成的先后顺序时，应对各种现象进行综合分析，不能仅凭个别现象简单下结论。例如不能仅根据个别矿物呈尖角刺入某矿物，就认为尖角状矿物系交代矿物，生成在后；也不能仅看见甲矿物被乙矿物包围，便认为甲矿物被乙矿物交代呈残余状而先生成。因为几种矿物是分布在三度的立体空间中，而磨光面仅是包括两度空间的平面。若甲矿物呈枝状细脉穿插在乙矿物中，当磨光面与细脉垂直或斜交，同样可以看见甲矿物被乙矿物包围的现象(这种情况则是甲矿物生成在后)。所以根据交代现象确定矿物的先后顺序，应有立体概念，应观察多个视域，经过综合分析才能下结论。

3. 充填关系及某些结晶结构

晚形成的矿物沿早形成矿物和颗粒间隙或其他空隙充填，常保留早形成矿物的颗粒形态(图版ⅩⅧ－6－15)。由结晶作用形成的自形粒状结构(早形成的矿物颗粒一般呈自形晶)、他形粒状结构(晚形成的矿物颗粒多呈他形晶)、海绵陨铁结构(金属矿物形成晚于硅酸盐矿物)、斑状结构(斑晶形成早于基质矿物)以及包含结构(被包含的矿物颗粒形成早)等等，均能作为矿物先后顺序的标志。

4. 充填成因的某些矿石构造

可据充填作用形成的某些矿石构造，如梳状、晶洞状、环状和条带状构造等确定矿物先后生成顺序。梳状、晶洞状和条带状构造中靠近脉壁的矿物先形成，靠近中心的矿物必定生成晚；环状构造中，紧靠角砾或脉壁的最内环矿物先形成，外环的矿物必定后生成。对一块脱离脉壁或角砾的标本进行观察时，可根据晶体自形尖端所指方向进行判断，晶体自形的尖端所指方向是空洞或裂隙中心的方向，越靠近这一方向的矿物生成越晚。

(二)矿物同时生成的标志

矿物同时生成的标志有 3 个，即固溶体分解结构、共结边结构和重结晶结构，其他的一些标志只能作参考。

1. 固溶体分解结构

固溶体分解而成的主客晶两种矿物属同时形成的，其接触边缘平滑。如乳浊状、叶片状、格状及结状等结构能作为矿物同时形成的可靠标志(图版Ⅹ－5－57 至图版Ⅺ－5－66)。

2. 共结边结构

矿物颗粒呈共结边接触，接触边界较平整，或呈舒缓波状，无相互插入或溶蚀现象，二者为同时形成。常见于由结晶或重结晶作用形成的某些矿物颗粒（图版Ⅷ－5－43）。

3. 重结晶结构

重结晶作用形成的各种变晶，代表同时形成的，如花岗变晶结构及针状变晶结构等（图版Ⅻ－5－67至图版Ⅻ－5－70）。

(三)矿物超覆生成的标志

两种矿物颗粒形成时间有重叠的称为超覆。如某种矿物形成尚未结束，另一种矿物已开始形成；或两种矿物同时形成不同时结束；或先后形成而同时结束均为超覆关系。自然界的矿物其形成呈超覆关系应该是比较常见的。其识别依据是，两种矿物既有同时形成的标志也有先后形成的标志。如甲、乙两矿物颗粒有多处呈现舒缓波状的接触关系，同时又在另外的多个视域中观测到乙矿物呈尖角状插入甲矿物中，说明甲、乙两矿物是超覆生成的，并且乙矿物的形成要晚于甲矿物。

三、矿物的世代

(一)矿物世代的基本概念

同一种矿物的形成也有其先后顺序，它们每形成一次即为该矿物的一个世代。同种矿物可以有两个或多个世代，按其形成的先后依次分为该矿物的第一世代、第二世代等。成矿过程中由于物理化学条件不同、溶液的组分和性质发生变化等原因，会导致形成某种矿物的化学反应多次出现，从而会产生不同的世代。例如磁铁矿，当介质的温度和压力缓慢下降，溶液富含镁的组分时，可形成早世代的粗粒含镁较高的磁铁矿；随着压力和温度的变化，同时溶液中由于镁的组分析出，早世代的磁铁矿将停止生长，继而又可以形成晚世代的细粒纯磁铁矿。又如在热液充填矿石中，由结晶作用形成的黄铁矿呈晶质颗粒；在热液活动过程中，由构造变动产生宽大的张性碎裂带，温度压力急剧降低，可以导致溶解度较低的 FeS_2 组分成为胶体，从而形成胶状黄铁矿，造成黄铁矿的不同世代。矿物世代可在同一矿化阶段中产生，亦可于不同矿化阶段中产生。研究主要造矿矿物的世代，可以分析有用矿物的形成条件，形成作用及富集规律，以利于分析矿床的形成过程及合理利用矿石。

(二)矿物世代的确定

确定矿物世代有以下主要标志：

1. 矿物的形态特征及颗粒性质

矿物的晶体形态（自形、半自形、他形）、粒度大小（粗粒、细粒）、颗粒性质（晶质的、胶状的）以及变形特点等的不同可以确定矿物世代。同一矿床中，如粗粒他形的毒砂与细粒自形（菱形或柱状）的毒砂属两个不同世代，胶状黄铁矿和粒状黄铁矿也为不同的世代（图版ⅩⅧ－6－16），细粒脉状辉锑矿和粗粒块状辉锑矿亦是不同世代等等（图版ⅩⅧ－6－17）。

2. 矿物的物理性质差异

由于成矿作用中含矿介质的组分浓度发生变化，因而不同世代的矿物微量元素含量会有一定差异，如含铁闪锌矿与含镉闪锌矿，含镍黄铁矿和纯黄铁矿等。矿物化学组分的差异对反射率、反射色、颜色、显微硬度和内反射等物理性质产生影响。如深色闪锌矿（铁闪锌矿）一般反射率偏高，内反射色主要为棕红色且不甚显著；浅色闪锌矿（纯闪锌矿）的反射率相对偏低，内反射呈黄褐色且比较显著，可以属不同世代。

3. 晶粒内部结构和典型的结构特征

由于矿物形成时的物理化学条件不同，不同世代的矿物其晶粒内部结构的有无及其特点均有差异。同一矿床中，如粒状不显环带结构的磁铁矿与自形具环带结构的磁铁矿，为两个世代。如在闪锌矿中呈乳浊状出溶物的黄铜矿与他形粒状的黄铜矿常为不同世代(图版Ⅹ-5-58)。同质增生结构可以反映不同世代(图版ⅩⅢ-5-44)。

4. 矿物共生组合特点的不同

同种矿物分别产于不同的矿物共生组合内，可代表为不同的世代。

必须指出应用上述标志时应综合考虑。作为矿物的一个世代产出，不应是个别的颗粒，应注意有一定"量"的概念。首先需确定矿物出现的世代，再结合矿物先后顺序的标志，来确定各世代的先后关系。

例如，据研究，白云鄂博铁矿石中磁铁矿可分为两个世代：第一世代磁铁矿产于纹层状或皱纹状构造的矿石中，呈变晶结构，化学成分单纯，晶形简单(八面体)无爆裂温度，与白云岩共生，属沉积变质成因；第二世代磁铁矿产于浸染状矿石中，呈固溶体分解和交代结构，类质同象杂质多、晶形复杂(八面体和菱形十二面体)，包体的爆裂温度为600～700℃，与矽卡岩矿物共生，为侵入体与白云岩发生接触交代作用而成。

第三节 矿物生成顺序图表的编制

一、矿物生成顺序图表

通过某矿床的野外和室内的研究与分析后，将所收集的有关矿床的矿化类型及矿化演变特征等实际资料，以及该矿床中的主要矿物种类、相对含量、形成时间顺序等，以简明的图表方式表示即为矿物生成顺序图表。该图表能简明扼要地反映矿石特征的研究成果并提供某些成矿作用信息。如不同时期的矿化次序、矿化产物及其产出状态，矿化叠加和矿化富集特点以及所受构造活动和次生变化等成矿的基本特征。它有助于对矿床成因的分析与探讨，是矿床地质综合研究的重要资料之一。

矿物生成顺序图表应包括以下3项基本内容：

(1)矿物生成时所经历的矿化期、矿化阶段以及矿物生成顺序和矿物世代等的时间关系。

(2)矿石中主要矿物种类、名称、世代及其相对含量。

(3)各矿化阶段内典型的矿物共生组合以及具有成因意义的、典型的矿石构造与结构。

此外在资料充足的情况下，可将各矿化阶段形成的主要矿石类型、形成温度、构造活动、主要围岩蚀变以及能反映矿床成因的其他资料等表示在图上，但应注意要简明清晰。生成顺序图表是在对矿床地质综合研究的基础上编制的，因此应配有一定的文字、素描或照片等资料作为依据。

二、矿物生成顺序图表的形式

矿物生成顺序图表的形式，可根据具体矿床中实际地质资料的丰富程度来设计。其总体要求必须将矿物生成顺序图表所要求的基本内容明确地反映在图表上，并力求简明、美观。以图表方式代替繁多的文字叙述，从而得到一目了然的效果。

一般多采用格状图表(表6-1-1)，例如将矿物的生成顺序按时间先后依次呈梯形排列，可用透镜体(或线条方式)的长短表示矿物由开始形成到结束的时间。两种矿物若属先后顺序，透镜体的长短重叠;若属同时形成的，透镜体全部重叠;若为超覆形成的，根据超覆特点，同时形成的部分可以重叠。透镜体的厚度表示矿物相对的含量，量少的矿物透镜体为扁平的或细薄的，反之透镜体的厚度大。透镜体厚度的部位，表示某段时间矿物的沉淀量相对较多。

矿物生成顺序图表主要表明矿化时间的演变关系，一般不能全面地反映矿化空间分布的特点，故应以文字或其他图表加以补充。

三、编制矿物生成顺序图表的实例

现以河南某斑岩型多金属硫铁矿矿床为例，简要说明生成顺序图表的编制。

(一)矿床简要地质特征

矿床位于华北地台南缘的坳陷带。矿体产于燕山期钾长花岗斑岩与震旦系白云岩接触带附近，系交代白云岩为主的似层状多金属磁铁矿盲矿体。断裂构造较发育，早期构造为主要的控矿构造，晚期构造常导致矿化叠加和穿切矿体。围岩蚀变以黄铁绢英岩化及次生石英岩化为主。矿石中主要造矿矿物为黄铁矿、磁铁矿、菱铁矿、赤铁矿、石英，其次为黄铜矿、斑铜矿、黝铜矿、方铅矿、闪锌矿、重晶石、绢云母以及次生矿物孔雀石、褐铁矿等。根据矿石的组成矿物和产出特点可分为赤铁矿-磁铁矿矿石、黄铁矿矿石、磁铁矿-黄铁矿矿石、菱铁矿-黄铁矿矿石以及混合矿石 5 种主要矿石类型。矿床属于与斑岩有关的中温热液成因。

(二)成矿过程的简要分析

通过矿床地质观察及对矿石的研究，本矿床经历了多期多阶段的形成过程。

1. 热液期

矿床产于热液期并有以下 5 个矿化阶段。

Ⅰ.磁铁矿-赤铁矿阶段:矿化早期含矿热液交代白云岩形成磁铁矿。后经热液氧化作用在白云岩中发生赤铁矿化，见有赤铁矿普遍交代磁铁矿呈镶边结构或假象结构。本阶段矿化形成块状赤铁矿-磁铁矿矿石，主要产于矿体中上部。赤铁矿化不受深度变化的控制又与潜水面形态无关，据其化学成分标型特征应属热液成因。据磁铁矿及赤铁矿包体测温资料，本阶段矿化温度为 440～370℃。

Ⅱ.石英-黄铁矿阶段:由于构造活动，导致石英-黄铁矿阶段形成。矿化发育在接触带附近的白云岩中或叠加在前一阶段之上，形成了部分似条带状磁铁矿-黄铁矿矿石和角砾状黄铁矿矿石(围岩角砾被黄铁矿等胶结)以及块状黄铁矿矿石等。矿化分布于矿体中部，黄铁矿多为粗粒的，呈压碎结构与石英近于同时形成，石英的形成温度为 290～270℃。本阶段矿化范围广，矿化强度大，为主要的成矿阶段。

Ⅲ.菱铁矿-黄铁矿阶段:再一次构造活动导致本阶段矿化。矿化主要富集在白云岩中，或叠加在磁铁矿-赤铁矿化及石英-黄铁矿化之上。见有菱铁矿-黄铁矿脉穿插交代赤铁矿-磁铁矿矿石构成矿体中部具网脉状构造的混合矿石以及叠加在早期黄铁矿矿石上使其加富，同时还构成矿体下部的斑杂状菱铁矿-黄铁矿矿石。黄铁矿为细粒的等轴粒状，交代菱铁矿或与其同时形成呈超覆关系。黄铁矿的形成温度为 260～200℃。本阶段矿化广泛，矿化强度较大，亦为本矿床的主要成矿阶段。至此主要成矿阶段已基本结束。

Ⅳ.黄铜矿-斑铜矿阶段:本阶段矿化弱且分散，未形成独立矿石。矿化叠加在菱铁矿-黄铁矿矿化之上，其产物主要分布在混合矿石和菱铁矿-黄铁矿矿石中。本阶段与前阶段无明显的构造活动，但斑铜矿与黄铜矿为一紧密的共生组合(尚有少量墨铜矿)。它们较普遍地交代菱铁矿。而斑铜矿交代黄铜矿呈镶边结构或格状结构。黄铜矿的形成温度为250～228℃。

Ⅴ.铅锌硫化物阶段:本阶段形成一独立而稳定的共生组合,主要以方铅矿、闪锌矿和少量黄铜矿、黝铜矿以及重晶石等组成脉状,穿插交代前阶段产物,见有黄铜矿-斑铜矿叶片状连晶残余在铅锌硫化物中。该组合中方铅矿普遍交代闪锌矿及其他硫化物,呈交叉结构和镶边结构。黄铜矿交代闪锌矿和黝铜矿呈乳浊状结构,黝铜矿与闪锌矿呈共结边或略晚于闪锌矿。重晶石于硫化物形成的后期开始沉淀,其形成温度为220～190℃。

2. 表生氧化期

近地表裂隙发育的局部地段,见有少量孔雀石及褐铁矿等呈被膜状或网脉状产出,但并未形成厚度大品位高的氧化带,说明矿床的表生氧化作用不发育。

(三)矿物生成顺序图表的编制

根据上述资料编制本矿床的矿物生成顺序图表(表6-1-1),力求简明而形象地表示出以下问题:

表6-1-1 某硫铁矿矿床矿物生成顺序图表

矿化期	热液期					表生期
矿化阶段	磁铁矿-赤铁矿(Ⅰ)	石英-黄铁矿(Ⅱ)	菱铁矿-黄铁矿(Ⅲ)	黄铜矿-斑铜矿(Ⅳ)	铅锌硫化物(Ⅴ)	
形成温度 / 主要矿物	440~370℃	290~270℃	260~200℃	250~228℃	220~190℃	
磁铁矿 赤铁矿 黄铁矿(1) 石英 绢云母 菱铁矿 黄铁矿(2) 黄铜矿(1) 斑铜矿 墨铜矿 闪锌矿 黝铜矿 黄铜矿(2) 方铅矿 重晶石 孔雀石 褐铁矿	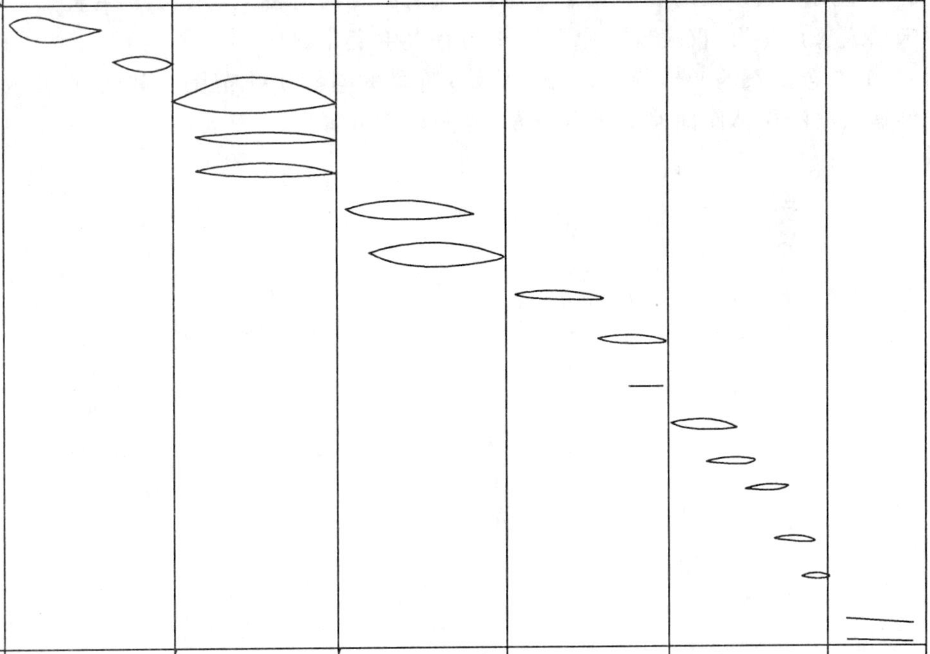					
矿石构造	块状	角砾状、似条带状	网脉状、斑杂状		残余	被膜状、网脉状
矿石结构	镶边、假象	压碎(粗粒)	等轴粒状(细粒)	叶片状、镶边	交叉、乳浊、镶边	
矿石类型	赤铁矿-磁铁矿石	黄铁矿石、磁铁矿石-黄铁矿石	菱铁矿-黄铁矿石、混合矿石	叠加于菱铁矿-黄铁矿石上	叠加于菱铁矿-黄铁矿石上	硫化物受次生变化
空间分布	矿体中上部	矿体中部	矿体中下部	矿体中下部		地表裂隙

矿化时间和矿化强度　　构造活动

(1)表明矿床经历了两个矿化期(热液期和表生期),有工业价值的矿石产于热液期,热液矿化期具有先后不同、形成温度各异的5个矿化阶段及各阶段的主要造矿矿物及矿物世代。

(2)表示出各阶段中矿物的生成顺序,按由早到晚的顺序排列,注意标明先后、同时及超覆等形成关系。同时要注意表示矿物的相对含量,也要表明某些造矿矿物主要世代的形成时间及数量。由表6-1-1中可见前5个阶段为主要矿化阶段,第Ⅱ、Ⅲ阶段黄铁矿数量最多,形成时间亦长,造成富厚的硫铁矿体;由于两个阶段矿化叠加,造成矿体富化,形成主要矿石类型;黄铁矿有两个世代,其粒度与结构特点不同。

(3)应表示出有代表性的矿石类型、构造结构以及与成矿关系密切的构造活动次序及矿化阶段划分的依据等。如表6-1-1中,前3个主要矿化阶段间伴有两次构造活动,产生角砾状、似条带状及网脉状矿石构造,可以划分为3个不同的矿化阶段。后两个阶段矿化弱而分散,未形成独立矿石,仅有矿化现象的叠加,但矿物共生组合间的交代关系明显,呈残余构造可划分出不同阶段。亦需标明各阶段的典型结构和形成温度。

(4)结合矿石类型应表示出各矿化阶段的主要产物以及叠加后的产物。表6-1-1中第Ⅰ阶段形成块状赤铁矿-磁铁矿矿石,第Ⅱ阶段形成块状黄铁矿矿石为富矿石和由于叠加在前阶段上而成的磁铁矿-黄铁矿矿石,第Ⅲ阶段形成重要的菱铁矿-黄铁矿矿石,本阶段矿化叠加在黄铁矿矿石之上使之加富,同时也叠加在赤铁矿-磁铁矿矿石上形成混合矿石等。

(5)要表示出不同矿化期的特点。如表6-1-1中热液期的特点可由不同的矿化阶段表明。表生期形成典型的表生氧化矿物,具风化矿石构造特点。由于表生氧化作用不发育,表生期未形成氧化矿石,仅表现为原生硫化物有次生变化现象。

(6)结合矿石的产出特点,注意表示各阶段的空间矿化范围。如表6-1-1,各阶段矿化产物显示出沿矿体倾向略呈带状分布(逆向垂直分带)。

第七章　矿石工艺性质研究

第一节　概述

矿石工艺性质研究是矿石技术加工的基础，其重要意义在第一章中已作详细阐述。本章主要介绍矿石工艺性质研究的内容和方法。

矿石学在矿石工艺性质研究方面有如下任务：

(1)查明矿石(原矿)及选矿过程各流程中产品的化学组成、含量、矿物种类及其相对百分含量；

(2)研究矿石(原矿)及选矿各流程产品中有用元素和有害元素的赋存状态；

(3)查明矿石(原矿)和磨矿产品中有用矿物的粒度、嵌布特性及其解离性；

(4)查明矿石中组成矿物的物理化学性质差异，如硬度、相对密度、磁性、电性、润湿性等。

事实上，矿石工艺性质研究不仅仅限于对矿石的研究，还包括选、冶各阶段的产品，如磨矿产品、精矿、中矿、尾矿产品。通过对矿石工艺性质的研究，我们可以为选冶部门对矿石加工工艺流程的设计提供一些基础参数，尤其通过对选、冶产品的研究，可以查明精矿质量不高及尾矿中有用组分损失的原因，以及为确定破磨粒度，探寻进一步提高选、冶指标提供依据，从而达到有效而充分合理地利用矿石的目的。

第二节　矿石的化学成分和矿物组成

矿石的化学成分及矿物组成是进行选矿工艺设计的基础参数，也是矿石工艺性质研究的重要内容之一。

一、矿石的化学成分及分析方法

(一)研究矿石化学成分的内容

矿石的化学成分是衡量矿石质量和利用性能的重要标志。研究矿石的化学成分包括查明矿石中所含元素种类及含量，以提供矿石中有用、有害元素的含量，从而确立矿石中主成矿元素是否有综合回收的可能性以及需要分离排除的元素。矿石的化学成分是确定矿石自然类型及工业类型或品级的划分依据，也是制定工业指标所需的基础资料之一。从矿石工艺的角度来看，对选矿矿样的化学成分分析能够进一步考核在地质勘探期间所确定的有关矿石质量指标和矿样的代表性，以及能准确地核实或确定矿石类型、品级、杂质含量、氧化程度等矿石特征在化学成分上的一致性。

矿石化学分析项目主要根据矿床成因、地球化学特点和矿物化学元素结合的一般规律来确定。此外，矿物化学成分及其变化，如类质同象、固溶体分离、胶体吸附等造成的矿物化学元素变化也是确定化学分析项目的依据。

根据地壳中化学元素含量的分布规律和化学成分以及选矿工艺研究矿石的特点，并结合冶炼要求，可以确定各种类型矿石的化学分析一般都含有造岩元素，常以其氧化物表示，如SiO_2、Al_2O_3、FeO、Fe_2O_3、CaO、MgO、K_2O、Na_2O、MnO、H_2O。

有色金属和贵金属矿石常分析的主要元素为：Cu、Pb、Zn、Co、Ni、Mo、W、Sn、Bi、As、Sb、Hg、S、Pt、Au、Ag；杂质元素为：Cd、Tl、Ga、Ge、Re、Se、Te、In、Ti、P、Ce、Zr、F、Cr、Y族、Pd、Ru、Rh等。

黑色金属和稀散金属矿石分析的主要元素为：Fe、Mn、Cr、Ti、Ta、Nb、Zr、Li、Be、Cs、Sr、TR；杂质元素为：V、Sc、Hf、Rb、Ga、Co、Ni、Sn、Mo、Cu、Pb、Zn、P、Pt族等。

放射性和非金属矿石常分析以下主要元素：U、Th、Na、K、Mg、Cl、F、I、Br、B、P、S、N；杂质元素为：Ba、Pb、Zn、Mo、Hg、Li、Rb、Cs、Ge、Ga、V、Ti、Ca等。

目前，从金属矿床和稀有金属矿床中提取的有益组分、综合回收的元素有Au、Ag、Ni、Co、Ti、V、Be、Li、Cs、Nb、Ta、Zr、Sr、稀土族（包括Y）、Se、Te、Tl、Sc、Cd、Pt、Os、Ir、Ru、Ph、Pd、Hf、Ga、In、La、Rb、U、Th等。这些元素常常分布在Fe、Mn、Cr、Cu、Pb、Zn、Sn、W、Mo及稀有金属矿种的矿石中，因此，在从事这些矿石的研究时，务必注意它们的含量是否已达到综合利用的指标。

此外，各种类型的矿石中有害元素的含量也是矿石化学成分测定的重要项目。

（二）矿石化学成分分析方法

1. 光谱半定量分析法

光谱半定量分析法的原理是：矿石中各种元素经过某种能源的作用后发射出不同波长的谱线，通过摄谱仪记录，然后与已知含量的谱线比较，即可得知矿石中有哪些元素及其大致含量。

此方法不能测定惰性气体（He、Ne、Ar、Kr、Xe、Rn）、卤素元素（F、Cl、Br、I）及普通气体（H、CO_2、N、O）以及S、Ra、Ac、Po等。此外还有一些元素，如B、As、Hg、Sb、K、Na等。对不同元素，其灵敏度有所不同。

光谱半定量分析法是研究矿石化学成分最常用的方法之一。查明矿石的化学成分首先常用光谱半定量法，因为这种方法迅速、经济，尤其是对稀有、稀散元素、贵金属及其他微量元素灵敏度高，所以用之普查大量的样品，了解其中所含元素种类及大致含量范围，查明达综合利用指标的元素，以便作为进一步化学定量分析的项目。这在研究矿石化学成分过程中考虑综合回收以及正确评价矿石质量是非常重要的。有时对重要矿物也先作光谱半定量分析，以确定化学定量分析的元素项目。

2. 化学定量分析法

化学定量分析法是将拟分析的物质与试剂在溶液中作用，产生有色反应或沉淀等，从而测定元素的种类与含量。

化学定量分析法又分为化学全分析和化学多元素分析。化学全分析是为了了解矿石中所含全部物质成分的含量，凡经光谱分析查出的元素，除痕量元素外，其他所有元素都作为化学全分析的项目，分析之总和应接近100%。化学多元素分析是对矿石中所含多个重要和较重要的元素的定量化学分析，不仅包括有益和有害元素，还包括造渣元素。如单一铁矿石可分析全铁、可溶铁、氧化亚铁、S、P、Mn、SiO_2、Al_2O_3、CaO、MgO等。

金、银等贵金属需要用类似火法冶金方法进行分析，所以专门称为试金分析，实际上也可看作化学分析的一个内容，其结果一般合并列入原矿的化学全分析或多元素分析表内。

化学定量分析法适用性广，多用于硅酸盐定量分析以及多金属、稀有、分散元素的定量测定，精度较高，但需要时间长，要求试样较多，一般 1～5g 或更多。化学全分析要花费大量的人力和物力，通常仅对新矿床或矿石性质不明时，才需要对原矿进行一次化学全分析。选矿单元试验的产品，只对主要元素进行化学分析。选矿试验最终产品（主要指精矿和需进一步研究的中矿和尾矿），根据需要一般要作多元素分析。

化学分析方法能准确地定量分析矿石中各种元素的含量，据此决定哪几种元素在选矿工艺中必须考虑回收，哪几种元素为有害杂质需将其分离。因此化学分析是了解选别对象的一项重要工作。

3. *其他方法*

中子活化分析灵敏度高，样品量要求少。激光摄谱法具有高分辨率，可有效地激发体积微小的谱样。直流等离子焰中阶梯光栅直读光谱法可迅速、灵敏、准确地同时测定 Cu、Pb、Zn、Ni、Cr、Co、V、Ti、Mn、Sr、Ba 等 11 个元素。X 射线荧光光谱法准确度高、分析迅速，不仅用于常量元素定性、定量，也可进行微量元素测定，其检出限多数可达 10^{-6}。电子探针波谱分析可测定原子序数 5(B)至 92(U)的所有元素，所要样品极少，灵敏度可达 10×10^{-6}～100×10^{-6}。而电子探针能谱分析可测定原子序数 11(Na)至 92(U)的所有元素，其空间分辨率达几个立方微米，灵敏度约 10^{-21}g。此外，还有原子吸收光谱、红外光谱、火花源质谱法、离子探针等先进仪器和分析方法，可以高灵敏度、高精度地获取多种痕量元素的含量数据。但这些分析方法使用的仪器设备十分昂贵，在矿石的化学成分分析中，很少采用，只是在配合研究有用和有害元素赋存状态时才会用到这些方法。

二、矿石的矿物组成及其定量测定

仅查明矿石中所含元素种类及含量是不够的，还要求进一步查明这些元素呈何种矿物存在以及各种矿物的含量，以便了解矿物嵌布粒度特征，有用矿物的解离性，研究矿物的变种、世代及组成矿物的变化与矿石成因或工艺因素的关系。同时有用元素大多以一定矿物形式存在，矿物组成的定量数据亦为查明元素赋存状态的基础。

研究矿石的矿物组成，可以查明有用元素的分布情况，确定每种矿物中该元素占总含量的百分比，以便算出该元素可能达到的回收率或可能得到的精矿品位。例如，某一矿石中含钛，若它仅呈钛铁矿形式存在，则钛的回收率可能较高，若矿石中除含有钛铁矿外，还有一部分含钛磁铁矿，而后者中的钛在目前用一般的选矿方法尚不能回收，故钛的回收率就会降低。

研究矿石的矿物组成，可以查明伴生矿物种类及大致数量，以便为工艺流程的设计提供依据。例如，金矿石中若含伴生硫化物很少，经简单破碎后便能用氰化法成功地回收金。但若金矿石中含有较多的黄铁矿、磁黄铁矿、毒砂等硫化物矿物，则因易于氧化，形成氰化物复盐而消耗过量氰化物，妨碍金的溶解，甚至使已溶解的金再沉淀。这时就需在碎矿后先用浮选法将硫化物除去，如硫化物数量达到一定程度，具有经济价值，也可以综合回收。

由此可见，查明矿石的矿物组成，对设计选矿工艺流程，提高选冶效果有重要的作用。

（一）矿物鉴定方法

1. *肉眼鉴定*

肉眼鉴定矿物，常常是对一些常见的、特征显著的、颗粒较粗大或大量产出的矿物进行的。主要依据矿物自然表面的颜色、晶形、解理、条痕、断口、透明度、光泽等矿物学特征来加以鉴定。在从事矿石或选矿产品组成研究的第一步就常常进行大量的矿石或选矿产品的肉眼观察，有时也可借助放大镜鉴定。

2. 显微镜鉴定

显微镜鉴定可借助偏光显微镜、反光显微镜、双目(显微)镜(又称实体显微镜)等显微镜。偏光显微镜用来鉴定透明矿物及部分半透明矿物，要求将矿石或选矿产品磨制成薄片或砂薄片，通过观察矿物薄片在镜下的颜色、突起、晶形、解理、多色性、干涉色、光轴图等性质来鉴定矿物。对某些特殊的样品可进行一些特殊处理，如对碳酸盐矿物可以将薄片染色后再进行观察鉴定。反光显微镜适用于观察不透明矿物和半透明矿物。要求将矿石或选矿产品磨制成光片或砂光片进行研究。绝大部分有用矿物属于不透明或半透明矿物，主要是通过这种手段来鉴定的。其鉴定方法我们在前面的章节作了详细的介绍。双目(显微)镜主要用于观察一些砂样，它是通过放大矿物实像来观察矿物表面特征，加以鉴定。

显微镜鉴定都是借助鉴定表进行的，所以对于鉴定表上没有的矿物，或一些细小、特征不甚明显的罕见矿物，这种方法就受到局限。

3. 其他方法

对于显微镜下无法鉴定的矿物或者没有十分把握确定名称的矿物，我们可以借助一些先进的测试技术。X射线衍射分析，可以测定矿物的晶系、晶胞参数、化学式等，从而准确地鉴定矿物。此法仅需要5～20mm^3或10～15mg单矿物样品即可。差热分析对于鉴定碳酸盐矿物灵敏度较高。红外光谱法对于鉴定粘土矿物较为准确。此外，还有电子显微镜、电子探针、中子活化等分析方法可以在1μm以下的微区分析其元素种类及含量，查明元素在矿物中的存在形式，从而鉴定矿物。

(二)矿物定量测定方法

1. 显微镜矿物定量法(几何测定法)

显微镜矿物定量法是利用体视学原理，由二维的矿石光、薄片截面上获取的信息，来确定以三维形式存在的矿物含量。矿物颗粒在矿石中是以立体形式存在的，所以必须把光、薄片上测得的二维数据转换为三维信息。这一过程实际是很简单的。早在19世纪A. Delesse(1846)和A. Rosiwal(1898)就指出：在矿物无规律分布于岩、矿石中的条件下，其切面中该矿物所占点数百分比(P_P)等于在某方向截距所占线段百分比(L_L)，等于在截面上所占面积百分比(A_A)，等于该矿物的体积百分比(V_V)。即：

$$P_P=L_L=A_A=V_V \tag{7-2-1}$$

这一原理的论证十分复杂，直到1963年才由E. R. Weibel在数学上得以论证。正是这一原理，为显微镜下矿物定量的点数法、线段法和面积法奠定了理论基础。

欲测矿物的质量百分含量，可以利用欲测矿物的密度与矿石的密度将体积百分含量按下列式子转换成矿物质量百分含量(ω_B%)。即：

$$\omega_B(\%)=\frac{D_X}{D_O}\times V_V\times 100\% \tag{7-2-2}$$

式中：D_X为欲测矿物的密度；D_O为矿石的密度。

由于显微镜矿物定量法是在光、薄片上进行的，因此对选矿产品必须先磨制成砂光、薄片。

(1)面积法

此方法是在具有代表性的矿石截面上累计欲测矿物所占面积数与测面的总面积比，求出矿物在测面上的面积百分含量。具体测量方法如图7-2-1所示，在显微镜下借助目镜测微网进行。测微网为一圆形小玻璃片，纵横各有 21 条经纬线，共构成 400 个小方格（20×20）。测量时将具有代表性的光片置于机械台上，顺序移动以观测各视域测微网内各种矿物所占方格数（不满一格者可合并估算）。如图 7－2－1 所示测微网内两个颗粒，大的占 12.5 个格，小的占 1.5 个格，共占 14 个格。为了尽可能全面查数整个光片的矿物，一个视域测完后，移动至下一个紧邻视域，两个视域要既不重叠又不脱节。测量时按一定测线次序进行，测线间互相平行。选择物镜倍数要适当，使所测颗粒在视域中不致太大或太小，一般使细小颗粒在视域中不小于半个方格为宜。其计算公式为：

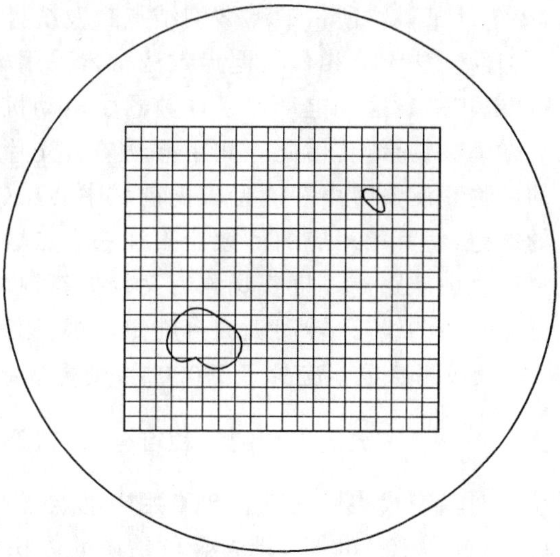

图 7－2－1　面积法测定矿物相对含量示意图

$$\text{欲测矿物的体积百分含量}=\frac{\text{累计所得该矿物的方格数}}{\text{测量的视域数}\times 400}\times 100\% \qquad (7-2-3)$$

如系统地对具有代表性的某金矿石光片进行了 300 个视域的观测，累计散布在矿石中含金黄铁矿占 3 456 个方格，则含金黄铁矿在矿石中的体积百分含量为：

$$\text{含金黄铁矿的体积百分含量}(\%)=\frac{3\ 456}{300\times 400}\times 100\%=2.88\%$$

(2)线段法

此方法是在具有代表性的矿石截面上累计欲测矿物在测线上所占线段长度，与测线的总长度相比，求出矿物在测线上的长度数量比，来确定矿石中该矿物的体积百分含量。具体测量方法如图 7－2－2 所示，是在显微镜下借助目镜测微尺进行的。测微尺是在一个小圆玻璃片上 10mm 长度内等距刻为 100 个小格的微尺。测量时将具有代表性的光片置于机械台上依次逐个视域进行。在每个视域中系统地统计测微尺上被测矿物的截距格数。测定一个视域用机械台把光片顺微尺方向移动 100 个小格的距离，使先后两个视域首尾衔接。测完一条测线后，平行地移动一定间距继续累计另一测线上被测矿物的截距格数。测线之间相互平行。一般要测 20 条测线，约 400 个视域，方可统计计算。其计算公式为：

$$\text{欲测矿物的体积百分含量}(\%)=\frac{\text{累计所得某矿物的线段格数}}{\text{总视域数}\times 100}\times 100\% \qquad (7-2-4)$$

如系统地统计有代表性的某金矿石光片，测定了 400 个视域，其中含金黄铁矿所占线段格数为 1 152 格，则含金黄铁矿在矿石中的体积百分含量为：

$$\text{含金黄铁矿的体积百分含量}(\%)=\frac{1\ 152}{400\times 100}\times 100\%=2.88\%$$

(3)点数法

此方法是在具有代表性的矿石截面上累计欲测矿物的点数，与测线上的总点数相比，求出在测线上的点数比，以确定矿石中该矿物的体积百分含量。点数法与面积法、线段法有类似之处。点数法测量时，可借助目镜测微网来进行，也可利用电动点子计数器来进行。用测微网测定时，要统计某矿物所占的测微网结点数及统计的视域总数，便可计算出该矿物的体积百分含量。这与面积法十分相似。但点数法常常采用电动点子计数器来进行，因为这种方法速度较快、精度也较高。这种电动点子计数器由电动机械台和按钮式分类累加器两部分组成。前者装在显微镜载物台上，借此等间距移动矿石光片。累加器有 6～14 个按钮，用以分别累计各种不同的矿物。测量时由观测者根据视域中心点（十字丝交叉点）出现的矿物，按一下与此矿物相应的键钮，使其相对应的计数器累加一个点数，与此同时接通一次通往电动机械台的电流，使光片移动一定距离。接着观测者又根据新视域中心点下的新矿物按动其相应的键钮。这样一直测完一条测线，再转动机械台旋钮，重复测第二测线。测线的布置与线段法一致（图 7-2-3）。一般观测点数不应少于 1 000，否则影响结果的代表性。其计算公式为：

$$\text{欲测矿物的体积百分含量}(\%)=\frac{\text{该矿物的测点数}}{\text{总测点数}}\times 100\% \qquad (7-2-5)$$

如系统地对具有代表性的某金矿石用电动点子计数器统计，其中含金黄铁矿的测点数为 1 440 个，总测点数为 50 000 个，则含金黄铁矿的体积百分含量为：

$$\text{含金黄铁矿的体积百分数}(\%)=\frac{1\ 440}{500\ 000}\times 100\%=2.88\%$$

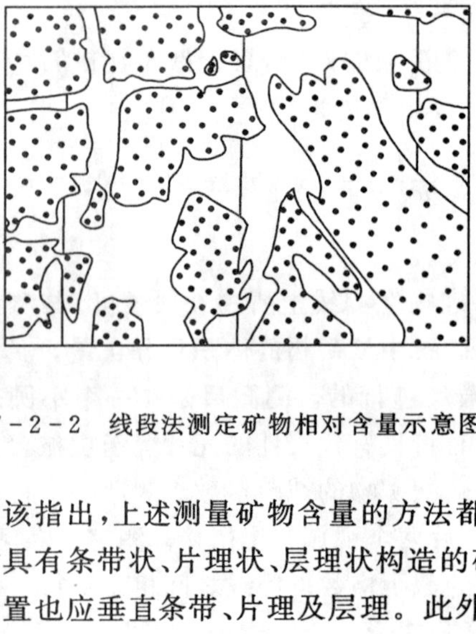

图 7-2-2 线段法测定矿物相对含量示意图

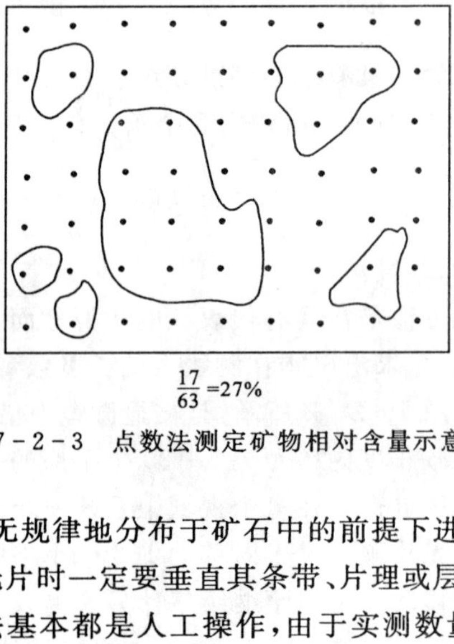

$\frac{17}{63}=27\%$

图 7-2-3 点数法测定矿物相对含量示意图

应该指出，上述测量矿物含量的方法都是在矿物无规律地分布于矿石中的前提下进行的。因此对具有条带状、片理状、层理状构造的矿石磨制光片时一定要垂直其条带、片理或层理，测线的布置也应垂直条带、片理及层理。此外，这些方法基本都是人工操作，由于实测数量要相当大结果才有代表性，所以用这些方法进行矿物定量都十分烦琐，而且效率很低。

2. 松散物料矿物定量方法

松散物料包括从滨海砂矿和其他砂沉积矿床中取得的重砂、被磨碎的矿石和选矿产品等。对砂矿和选矿产品的矿物定量，一般是直接测其中矿物的质量百分含量。这种松散物料的矿物定量程序，取决于矿石的矿物粒度和组成矿物的性质。

矿物粒度较均匀的一般可用颗粒法进行测定。颗粒法是统计一定粒级内的被测矿物粒数与矿样总粒数的百分比，即体积百分含量，然后按比重换算成质量百分含量，砂矿和粗粒嵌布的矿石，可用颗粒法，也可用质量法。质量法是从一定量矿样中挑选出全部的被测矿物，用天平称重，即可直接求出矿物的质量百分含量。质量法也可用于测定原矿中某些具特异物理性质的矿物定量，或称之为分离矿物定量法。例如，欲测矿石中磁铁矿的含量，若矿石中仅含磁铁矿这一种强磁性矿物，则可取一定质量有代表性的矿石，经破磨使磁铁矿完全解离，然后用磁铁或磁选管进行分选，根据磁性部分的质量与原矿样质量的百分比，即可求得磁铁矿的质量百分含量。也可用电法、重液法、溶解法将松散物料或粉碎的矿石中的各矿物进行分离，从而达到矿物定量的目的。

松散物料中若含有几种矿物连生在一起的颗粒，则要将连生体颗粒胶固制成砂光片，再按显微镜下矿物定量方法分别统计测算连生体颗粒内各种矿物的质量百分含量。在选矿产品的矿物定量中，连生体颗粒的矿物定量常结合矿物解离度的测定同时进行。

松散物料矿物定量方法操作简单，结果准确可靠，但对连生体多、难分选的矿石中的矿物定量比较麻烦，而且费时，适应面受到限制，但对一些易于分离的矿物则具有很高的实用价值。

3. 计算法

尽管矿石的化学分析结果不能全面、直观地反映有关矿物种类和含量以及元素在不同矿物中的分配，然而，利用化学分析结果，结合对矿石组成矿物的观察鉴定，可以通过计算、整理，来确定其中矿物的含量。为了得到满意的结果，进行定量时必须事先查清矿石的某些基本特征。其中主要有：矿石的组成矿物类别、化学多元素分析结果，以及矿物中的元素含量特征。由化学多元素分析得到的矿石含某元素的总量，是由该元素在矿石各矿物中含量和矿物在矿石中的含量所决定的。

由 n_μ 种矿物组成的矿石，当化验得知有 m_a 种元素时，那么根据元素平衡原理可建立如下线性方程。

$$\begin{aligned} a_{11}W_1+a_{12}W_2+\cdots+a_{1j}W_j+\cdots+a_{1n_\mu}W_{n_\mu}&=a_1\\ a_{21}W_1+a_{22}W_2+\cdots+a_{2j}W_j+\cdots+a_{2n_\mu}W_{n_\mu}&=a_2\\ &\vdots\\ a_{m_a1}W_1+a_{m_a2}W_2+\cdots+a_{m_aj}W_j+\cdots+a_{m_an_\mu}W_{n_\mu}&=a_{m_a} \end{aligned} \tag{7-2-6}$$

式中：a_{ij} 为第 i 种元素在第 j 种矿物中的含量；W_j 为第 j 种矿物在矿石中的含量；a_i 为第 i 种元素在矿石中的总量。

上述方程中，第 i 种元素的元素平衡方程式系为线性方程组的通式。其中 $1\leqslant i\leqslant m_a$；$1\leqslant j\leqslant n_\mu$。按照一般的数学表达原则，可将方程组缩写成：

$$\sum_{j=1}^{n_\mu} a_{ij}W_j = a_j \qquad 其中\ i=1,2,\cdots m_a \tag{7-2-7}$$

矿石中矿物种类(n_μ)可用光学显微镜或其他方法鉴定。化学多元素分析结果提供了式中 a_i 值。第 i 种元素在第 j 种矿物中的含量，可用单矿物化学分析或电子探针等方法来查明。将已知数据代入方程组，即可求解得到矿石中的矿物含量(W_j)。

例如，某矿石由闪锌矿、黄铜矿、黄铁矿、磁黄铁矿组成，经多元素分析，矿石含 Cu 0.997%、Zn 39.164%、Fe 23.652%、S 33.508%，且各单矿物的元素含量为：闪锌矿含 Zn 56.7%、Fe 10%、S 33.3%；黄铜矿含 Cu 34.6%、Fe 30.4%、S 34.9%；黄铁矿含 Fe 46.5%、S 53.5%；磁黄铁矿含 Fe 63.5%、S 36.5%。求矿石中各矿物含量。列线性方程组如下：

$$\begin{cases} 34.6W_{cp}=0.997\\ 56.7W_{sph}=39.164\\ 30.4W_{cp}+10W_{sph}+46.5W_{py}+63.5W_{pyr}=23.652\\ 34.9W_{cp}+33.3W_{sph}+53.5W_{py}+36.5W_{pyr}=33.508 \end{cases}$$

式中：W_{cp}为矿石中黄铜矿的百分含量；W_{sph}为矿石中闪锌矿的百分含量；W_{py}为矿石中黄铁矿的百分含量；W_{pyr}为矿石中磁黄铁矿的百分含量。

求解方程，得：

$W_{cp}=2.88\%$　　$W_{sph}=69\%$　　$W_{py}=1.32\%$　　$W_{pyr}=24\%$

采用这种方法时，各矿物中元素含量尽量少用或不用晶体化学结构式的理论计算值，应用实际测试的真实值。因为自然界广泛发育的类质同象和胶体吸附作用，使矿物中的实际元素含量与理论值间有偏差，引起计算出的矿物含量误差较大。应用计算法进行矿物定量无疑是简便的，但当矿石中矿物组成和元素赋存状态较复杂时，应用此法则很难获得准确的计算值。一般类质同象、机械夹杂物中的元素值不宜用作上述方程系数（a_{ij}和a_i）。

4. 图像分析仪定量法

图像分析仪定量法是近几十年来采用的一种自动快速矿物定量的方法。它是由自动定量显微图像分析仪来完成的。自动定量显微图像分析仪常简称为图像分析仪。它由一套电视系统和电子计算机系统组成。图像分析仪是借助装在显微镜目镜上方的电视摄像机对显微镜视域里的矿石光片进行系统扫描（图 7-2-4）。扫描时根据各矿物物像亮度不同将物像转换成不同电频的脉冲讯号。每类电频脉冲的宽度取决于每个矿物颗粒面积中的图点数。光导摄像管（扫描器）取得的电讯号分别同时输送到荧光屏（显示器）和部件探头上。进入荧光屏的扫描视频信号经过放大 30 倍后转换成样品物像呈现于荧光屏上。探头则利用自身一个可调节的电阻（阀值）来圈定图像中待测矿物的边界。计算机按预先编制的程序，对探头输送过来的矩形脉冲进行积分，就可得出待测矿物的面积，并计算出矿物的百分含量。

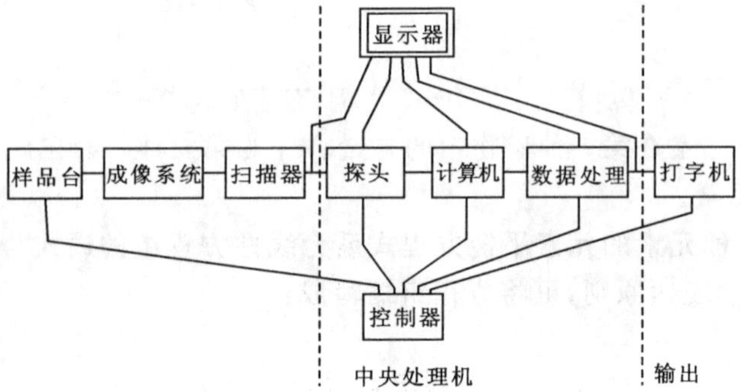

图 7-2-4　Quantimet 图像分析仪方块图

由于荧光屏幕的大小一般为 300mm×400mm，所以欲测矿物颗粒不应大于 1cm。但过小也不行，因为过小的颗粒反差不明显，不易被探头识别，而且由于图像分析仪是靠计算机来控制的鉴别系统，在适宜的照明下，一块光片一般只可识别 10～12 种矿物。其鉴别能力受到条件的限制和各种因素的干扰，所以一般对于组成矿物简单的单一矿石，特别是矿物间黑白反差大的矿石类型，如沉积变质磁铁矿矿石，矿物定量快速简便而且准确。但对伴生矿物多而且亮度差别很小的矿石，图像分析仪法则丧失了矿物定量的能力。随着科学技术的发展，诞生了一批配有电子探针鉴定矿物的图像分析仪。使用这样的图像分析仪避免了单凭矿物亮度鉴别矿物的不足，而且不仅可以进行矿物定量，还可以提供粒度分布、颗粒形态、单位体积内颗粒表面积和密度、矿物解离度等参数，成为矿石工艺研究的有力工具。

第三节 元素的赋存状态及其研究方法

从矿石利用的角度，可将所有的矿物划分为有益性质的矿物载体（如矿物原料等）和化学元素的矿物载体。在人们利用的矿物中大多数是从第二类即化学元素的矿物载体中，提取金属和化合物的原料。对于这类矿石，查明其中有用、有害元素的赋存状态是拟定选矿方法、工艺流程和回收指标的重要依据，而且还可以提供各种成矿作用中的元素迁移、分散和富集的信息。

一、元素在矿石中的赋存状态与选矿工艺

（一）独立矿物形式

独立矿物是元素富集的最基本的形式。但并非所有元素都常常形成独立矿物，元素形成独立矿物的能力和形成矿物种的多少，首先与该元素的丰度值有关（表 7 - 3 - 1）。一般丰度大者形成独立矿物的能力较强，种类较多，分布亦较广。但对低丰度的元素，其化学性质和形成时物理化学条件也影响其形成矿物的能力。各种金属元素的矿石矿物的种类一般远少于其矿物种。如铜元素，约有矿物种 330 余种，但其矿石矿物不超过 10 种，最主要的为黄铜矿、斑铜矿、黝铜矿等。据统计，工业铜绝大部分来自黄铜矿。

表 7 - 3 - 1 元素按生成矿物种数分类表

分 类	矿物种类	化学元素（按矿物种数多少顺序排列）
生成大量矿物种的元素	＞500	O、H、Si、Ca、S、Fe、Al
主要形成矿物种的元素	500～150	Mg、Na、Cu、Mn、Pb、As、P、C、K、F、Cl、U、B
次要形成矿物种的元素	150～50	Ti、Sb、Zn、Ni、Bi、Ba、V、Te、Ag、Ce、Nb、Se、Sr、Li、Be、Ta、N、Sn、Co
形成矿物种很少的元素	50～10	Pd、Zr、Hg、Cr、La、Th、Pt、Te、W、Mo、Au、Ge、Ru、Ir、I、Cd
极少或不形成矿物种的元素	＞10	Os、Hf、In、Cs、Rh、Sc、Rb、Br、Re、Ga 、情性气体

注：表中矿物种数据蒂申道尔夫(1985)。

根据独立矿物的元素结合情况，可分为单质矿物和化合物矿物。单质矿物是由同种元素自相结合而形成的自然元素矿物。常见的单质矿物有自然金、自然银、自然铜等。化合物矿物是由两种或两种以上元素互相结合而成的。如铁和氧组成的磁铁矿、赤铁矿；银和硫组成的辉银矿、螺状硫银矿；铅和硫组成的方铅矿；铜、铁、硫组成的黄铜矿等。

当有用组分呈独立矿物形式赋存，且该矿物粒度大于 0.02mm 时，基本可用现行的机械分选手段予以有效地回收。粒度小于 0.02mm 的，一般要经火法或湿法冶金处理。但当粒度很小，且呈显微、超显微包体形式存在于另一矿物中时，常常单独划出来作为另一种赋存状态，即显微-超显微包体形式，其选冶工艺也不一样。这在后面将要介绍。

独立矿物的另一种类型是胶状沉积的细分散状态的矿物，如褐铁矿、硬锰矿等胶体矿物。一部分铁、锰、磷等的有用矿石就是由胶体沉淀而富集的。这种状态的有用组分一般不易选别回收，往往要通过冶金方法提取。以这种状态混进的有害组分，一般也不易用机械方法排除。

(二)类质同象形式

类质同象为矿物晶格中晶体化学性质相近的元素质点(原子、离子、络离子、分子等)间互相置换,占据相同的构造位置,但不显著改变晶格常数的现象。在晶体中质点间相互替换的程度是不同的。当可以无限地替换时,就称为完全类质同象。如钨锰矿中的 Fe^{2+} 可以无限制地替换其中的 Mn^{2+} 而形成钨锰铁矿、钨铁矿。而有些矿物中,质点间的替换只能在一定范围内进行,则为不完全类质同象。如闪锌矿中的 Zn^{2+} 可被 Fe^{2+} 顶替,但一般不超过 20%。

类质同象矿物的化学式,是将类质同象置换的元素用括号包括按含量多少依次排列(若含量很低,一般不列入化学式中),并以逗号分开。如铁闪锌矿为 $(Zn,Fe)S$,镍黄铁矿写为 $(Fe,Ni)_9S_8$ 等。

造矿元素有些因呈类质同象存在于造岩矿物中,而导致其趋于分散,但有时也可能在宿主矿物中造成一定的富集。例如,某矽长岩型铁(铜)矿石中,有一部分铁呈类质同象进入硅酸盐矿物,而硅酸盐矿物中的铁在目前技术条件下无法回收利用,因此导致原矿中部分铁分散。而原矿中钴含量较高,钴主要呈类质同象存在于黄铁矿中。含钴黄铁矿平均含 Co 0.37%,为地壳平均丰度的数百倍。在钴矿床中,以这种形式赋存的占我国钴矿储量的 14.9%。类似的还有磁黄铁矿中的镍,辉钼矿中的铼,黑钨矿中的铌、钽,方铅矿、闪锌矿中的稀有金属镉、铊、锗及贵金属银等。尤其是稀有分散元素在自然界主要以类质同象的形式赋存。呈类质同象赋存的这些元素在矿物中含量不定(一般在化学式中也不表示出来),而它们在矿物中的分布却是均匀的。要提取这些有用组分,一般用选矿方法先富集它们的类质同象矿物,然后通过冶金回收。

(三)吸附形式

胶体矿物和土状细分散矿物因颗粒极小,具有大的表面能,表面含有未饱和的电荷,因而具有很强的吸附能力,常吸附多种伴生元素。如带正电的含水氧化铁胶体常吸附带负电的金的络离子,带负电的含水氧化锰胶体可吸附带正电的银离子,因而在金矿床的氧化带中,褐铁矿常含吸附状态的金,锰的氧化物中常有吸附状态的银存在。

吸附物质的数量不仅与吸附剂的粒度有关,还与被吸附物质的浓度和离子半径有关。被吸附物质浓度愈高,吸附量也愈多。被吸附物质的离子半径愈大,吸附能力愈强。例如:$Li^+ < Na^+ < K^+ < NH_4^+ < Rb^+ < CS^+$,$Mg^{2+} < Ca^{2+} < Sr^{2+} < Ba^{2+}$。

金属元素通过吸附作用可导致富集。例如,哈萨克斯坦某沉积铁矿,锗在赤铁矿中呈典型的吸附状态,赤铁矿中含锗约 $30\times10^{-6}\sim40\times10^{-6}$。我国华南某风化壳离子吸附稀土矿床,稀土元素呈吸附状态赋存于各种粘土矿物中,多水高岭石的稀土吸附量最大,平均 0.6% TR_2O_3,其次是高岭石 0.254% TR_2O_3。此外,磷、砷、钒、金常呈吸附态富集于褐铁矿中,锂、钴、镍、锌、钡、钾、银常呈吸附态于硬锰矿中富集。

以吸附形式存在的元素用一般的物相分析和岩矿鉴定方法是无能为力的。当化学分析发现某元素品位高于工业要求,但岩矿鉴定和一般物相分析都未发现其独立矿物或类质同象时,就应作专门分析,深入研究,查定是否以吸附形式存在。

以吸附形式存在的有用元素,可以通过化学选矿、湿法冶金或离子交换等方法处理,获得较好的效果。

(四)其他赋存形式

1. 显微包体和超显微包体

显微包体指一种矿物在另一种矿物中呈极为细小的包体,其粒度仅数微米,为显微观察的极限。当粒度更细小，仅能用电子显微镜才能观察清楚时，则为超显微包体。贵金属和稀有分散元素有时呈显微包体或超显微包体存在于有关矿物中。如辉银矿及硫银锗矿（Ag_8GeS_6）在方铅矿中呈显微包体，锗石[$Cu_2(Fe,Ge)S_4$]在斑铜矿中，自然金在黄铁矿中，辉钴矿在胶状黄铁矿中呈显微-超显微包体。

显微-超显微包体主要在下列条件下形成：①以独立矿物从溶液中结晶出来，如铜蓝中的自然金显微包体；②从固溶体出溶而分解析出，如钛磁铁矿中钛铁晶石沿磁铁矿(111)面分布的格状微薄晶片；③从胶体矿物中晶出。胶体矿物吸附的元素在胶体老化结晶时，不能进入新结晶矿物的晶格，呈单矿物晶出。如含水氧化铁胶体吸附的金的负胶粒，由于含水氧化铁胶体的老化形成结晶的赤铁矿或针铁矿，而金不能进入它们的晶格，便呈显微-超显微包体的自然金析出。

由于显微-超显微包体鉴定较困难，不借助现代测试技术作深入研究，易误认为是类质同象的形式。

2. 晶格缺陷

晶格缺陷矿物晶体内部质点常呈非理想空间格子状排列而表现出各种缺陷，如位错、空位、镶嵌构造等。形成这些晶格缺陷的原因，首先由于晶体生长过程并非处于绝对理想的条件，且常常伴随某些运动。此外晶体内局部之间常发生相对位移等，这些都可能导致晶体的缺陷构造，由此会造成晶体内异常的孔隙，外来质点就可能充填其中而形成晶格缺陷赋存状态。一般认为铼在辉钼矿中均以类质同象状态存在，并用钼离子和铼离子在晶体化学上的相似性加以说明。但据波科洛夫(1971)通过淋滤实验研究，指出铼在辉钼矿中并非全部呈类质同象，还有一部分存在于辉钼矿的晶格缺陷中。

以显微-超显微包体及晶格缺陷形式赋存的有用组分用通常的机械方法是无法回收的，但有的可以用冶金方法加以回收。

二、元素赋存状态的研究方法

矿石中元素赋存状态的研究与矿床学、结晶学、矿物学及地球化学等学科关系密切，是一项综合性极强的工作。研究方法很多常涉及到数学、化学、物理学等各基础学科的理论知识，还需要利用许多现代化测试仪器。但各种方法都有其特点和适用范围，所以研究时，应结合具体研究对象，选择适宜的方法，或者多种方法联合使用，以获得正确的结果。

元素赋存状态考查工作的一般程序为：

(1)对原矿石进行光谱分析确定矿石化学定量分析的项目；

(2)对矿石作化学定量分析，查明有用和有害元素的百分含量；

(3)将矿石进行简单分选，并对各分选产品进行化学分析，以查定该元素在各分选产品中分散或集中的情况；

(4)对该元素富集的分选产品进行详细研究，挑选出单矿物作化学定量分析；

(5)运用显微镜、扫描(透射)电镜、电子探针等仪器，以及选择性溶解、电渗析等化学分析方法，查明元素的存在形式；

(6)将该元素在各矿物中的总含量与矿石品位对比，若低于矿石品位，则说明尚有部分存在于未被发现的矿物中，还需用其他方法补充查定。

下面介绍常用的元素赋存状态考查方法。

(一)重砂法

重砂法是比较常用的简便方法,主要适用于结晶颗粒粗大、含量高、易分选的矿物。重砂法是在鉴定组成矿物,并进行矿物定量的基础上,对分离提纯的单矿物进行化学分析,计算有用(有害)元素在各矿物中的配分比。重砂法的关键是矿物定量和分离提纯矿物。这两项工作的精度直接影响本方法的质量。因此,颗粒细小选矿回收率很低的铌钽矿,或金属矿床中伴生的金银等难以定量及分离的矿石类型不适宜用此方法。

(二)选择性溶解法

选择性溶解法就是选择合适的溶剂,在一定条件下,有目的地溶解矿石中某些组分,保留另一些组分,并通过对所处理样品的分析、鉴定,查清矿石中元素的赋存状态。此法一般可用于细粒、微量、嵌布关系复杂的矿石中元素赋存状态的研究。选择性溶解法亦包括化学物相分析、淋洗、浸出试验等。该法最大缺点是难于选择专用性的溶剂,故常需进行条件试验,测定溶解系数加以校正。

以类质同象或微细包体形式存在于载体矿物中的有用元素,可用酸或碱浸取;呈离子吸附状态赋存的有用元素,则要用盐或稀酸处理。元素以类质同象形式存在时,其溶解曲线呈连续变化,当浸取率达到某一值时将出现一拐点,拐点之后再增加浸出时间或者提高酸、碱度,曲线除稍有增长外,并不发生明显的改变。如广东某地钴矿,含钴载体矿物主要是毒砂,将毒砂置于不同浓度的硝酸中浸取,结果溶液中 Co 和 Fe 的溶解率基本一致,即随毒砂的溶解和晶格破坏,Co 和 Fe 按比例转入溶液中,两者呈大致相同的浸出率。若元素呈微细包体赋存于矿物中,由于分布的不均匀性,浸出曲线常呈现不连续的特点,并且还有孤立高含量突然出现的情况。又如江西某铁帽中的 Co 元素的浸取,将加入 2.5%盐酸羟胺溶液的矿粉经水浴锅温热 0.5h,测得 Mn、Co 的浸出率均在 90%左右,Fe 的浸出率不超过 5%。由此可以看出,铁帽中的锰矿物是钴强吸附剂,而赋存于褐铁矿中的钴极少。

又如对云南某砂岩铜矿中银的赋存状态研究,为了查明辉铜矿中银的存在形式,取辉铜矿 −200 目的样品,用 H_2O_2 溶液浸取,每隔 0.5h,分别测定银、铜的浸出率。浸取结果(图 7-3-1)发现,辉铜矿在分步溶解过程中,铜的浸出率不断增加,而银的浸出率很小。当铜浸出率达 98%以上时,银的浸出率才有 7%左右,此时残渣中含有 93%左右的银。这说明,银主要呈细小矿物颗粒形式存在,约占 93%,而类质同象和细分散状态的银约占 7%。

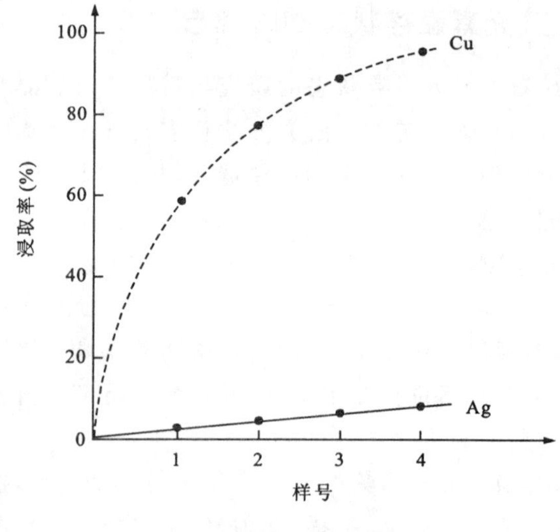

图 7-3-1 辉铜矿中银与铜的相关曲线

(据陆建有,1983)

(三)电渗析法

电渗析法是基于在外加直流高压电场的作用下,使被吸附的离子解吸下来,并移向电性对应的电极。由于元素的赋存状态不同,被解吸的程度也不同,故常用来研究呈分散状态的元素,尤其是对显微镜看不见的呈吸附状态存在的元素特别有效。

矿物溶解到水中的离子浓度，与该矿物中该元素的总量之比，称为该元素的渗析率，以 η 表示。根据 η 值的大小，可判定元素的赋存状态。在电渗析过程中，直流高压电场对被吸附离子的作用远远大于由于化学亲合力而产生的吸附力，被吸附离子能被解吸下来，并向极性相反的电极迁移。如果元素呈吸附态，由于胶体表面有剩余电场，能对溶液中异性离子产生吸附，其吸附量远远大于元素呈类质同象分散状态的量。矿物对某元素吸附量越大，其渗析率也越高。呈吸附态的 η 远大于呈其他状态的 η 值，这是呈吸附态的元素的极为重要的特征。由 η 的大小就可以将吸附态与呈其他状态的元素区别开来，其渗析率 η 的大小顺序为：吸附态、矿物态、类质同象及原子、分子分散状态。

例如：某高岭石内含吸附铀，其铀的渗析率 η=70%～80%。而在某白泥矿中研究铁的赋存状态，电渗析结果表明，铁的电渗析率极低(表 7-3-2)，说明样品中没有呈离子状态存在的铁。后经多种手段研究结果证明，铁主要以独立矿物针铁矿、赤铁矿形式存在，微量呈类质同象赋存于硅酸盐矿物中。

表 7-3-2　电渗析试验结果

含量 / 产物 \ 次数及项目	1			2		
	pH	TFe(%)	电渗率(%)	pH	TFe(%)	电渗率(%)
可溶性铁	—	微	—	—	微	—
阴极室溶液	5～5.5	微	0	4～5	微	—
阳极室溶液	6～7	微	0	4.5	微	0
中室溶液	5.0	微	—	5.0	微	0
残 渣	—	1.64	—	0	1.60	—
原 矿	—	1.64	—	0	1.64	—

(据周乐光，1990)

用电渗析法也可查明呈类质同象状态赋存的元素。如铁闪锌矿在电渗析过程中，有如下反应：

$$(Zn,Fe)S \rightleftharpoons Zn^{2+}(Fe^{2+})+S^{2-}$$

随着铁闪锌矿的溶解，Zn^{2+}、Fe^{2+} 也不断移向阴极。在外界条件不变的情况下，每隔一定时间分析阴极液 Zn^{2+}、Fe^{2+} 含量。如单位时间内溶解锌和铁之比为一定值，即在整个电渗析过程中 Zn 和 Fe 的溶解曲线斜率基本一致，证明铁在闪锌矿中是以类质同象状态存在的。如果得到与此相反的结果，表明不是以类质同象状态存在。

(四)电子探针及扫描电镜法

此法不仅用于独立矿物的化学成分测定及矿物鉴定，而且对类质同象成分的测定以及矿物内部微细包体化学成分测定也有很大作用。用微区扫描的方法对吸附成分的研究也有一定作用。由于电子探针在光、薄片上的扫描图像，可直接显示元素的分布状态，因而常用以验证其他研究方法得出的以分散状态赋存的元素的分布特征。如果元素在矿物中是分散而均匀的分布，便可初步认定以类质同象状态存在。若以微细包体状态存在的元素，其分布通常是极不均匀的，往往在一点、几点或小面积上非常富集。例如云南某砂岩铜矿中辉铜矿的电子探针面扫描图像显示，银在辉铜矿中分布极不均匀，变化很大。部分辉铜矿中含银很小或根本就不含银，而另一部分辉铜矿中含银却很高。有时在一颗辉铜矿边缘可见到附着蠕虫状的角银矿，如图 7－3－2 所示。此外，在某些矿床中有害杂质的查定，如铁矿床中的 Sn、As、Si、P 等，利用电子探针分析也能起到良好的作用。如广西一些铁矿床中，有害杂质元素含量较高，回收的精矿中杂质元素不合要求。其赤铁矿精矿含硅较高，曾以为是磨矿粒度不够细所致。但经进一步细磨后，并未达到降低精矿含硅量的目的，以后通过电子探针分析发现，虽然其中有硅呈石英的独立矿物存在于赤铁矿鲕粒中心，但也有相当量的赤铁矿鲕粒本身是硅、铁比例不一的混合物。这一发现为选矿工艺的改进提供了依据。

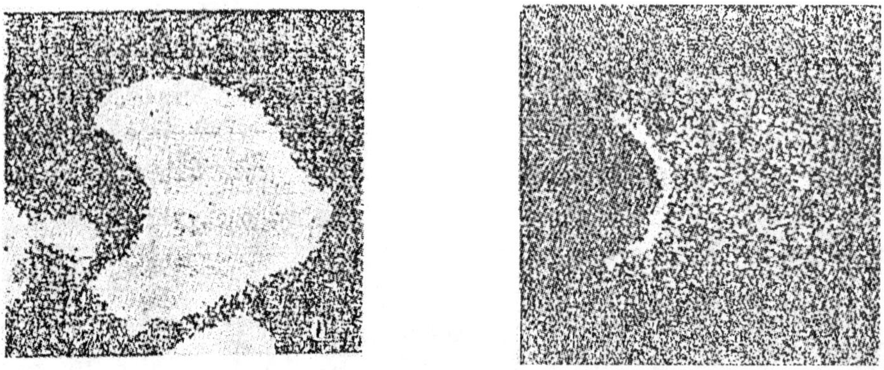

(a)　　(b)

图 7－3－2　银在辉铜矿中的分布情况

（据陆建有，1983）

(a)CuKaX 射线像；(b)AgLaX 射线像（边缘银富集处为角银矿中银，余者为辉铜矿中的分散态银）

（五）数理统计法

将数理统计方法运用于元素赋存状态的研究是近年发展起来的。它是把大量化学分析数据用数理统计方法进行综合、整理、计算，运用所获得的数据，对矿石中元素赋存状态加以定性或定量的判断。

在研究元素赋存状态时，人们常利用矿石中两种元素之间的消长关系、离散程度、变化系数来判断其存在形式。

一般当两元素平均值之比（$\overline{\dfrac{X_m}{X_n}}$）和均方差之比（$\dfrac{S_m}{S_n}$）相差较大时，以独立矿物形式存在；反之，则以分散形式存在。平均值和均方差的计算公式为：

$$\overline{X}=\frac{\sum X_i}{N_{S_a}} \tag{7-3-1}$$

$$S=\sqrt{\frac{\sum(X_i-\overline{X})^2}{N_{S_a}-1}} \tag{7-3-2}$$

式中：$\overline{X}$ 为分析平均值；X_i 为第 i 个分析值；N_{S_a} 为样品个数；S 为均方差。

例如，从表 7－3－3 可知，由于 Fe、V 的平均值和均方差的比值很接近，故 V 是以类质同象存在于铁矿物中，同理 Co 在硫化物中同样也是以分散形式存在，而 Ag、Pb、Zn 分别以独立矿物形式存在，后经多方面证实，V 和 Co 分别呈类质同象赋存于钒磁铁矿和含钴黄铁矿中，Ag 以银的独立矿物存在于方铅矿和闪锌矿中。

表 7-3-3　$\overline{X}_m/\overline{X}_n$ 与 S_m/S_n 值比较表

分析项目	统计值			
	平均值	均方差	$\overline{X}_m/\overline{X}_n$	S_m/S_n
Fe	22.76	6.763	115	107
V	0.198	0.063		
S	3.126	1.538	259	320
Co	0.007 8	0.004 8		
Zn	56.16	2.15	476	43
Ag	0.118	0.05		
Pb	85.2	0.90	304	7
Ag	0.28	0.13		

（据周乐光，1990）

亦可利用变化系数(V)来判别元素的赋存形式。当两元素的变化系数相差小时，一般认为 $\Delta V'$ 小于 20%，则可能以分散形式存在；当变化系数相差大时，一般认为 $\Delta V'$ 大于 80%，可能以独立矿物形式存在。其计算公式为：

$$V=\frac{S}{\overline{X}} \tag{7-3-3}$$

$$\Delta V'=\frac{V_m-V_n}{V_m}\times 100\% \tag{7-3-4}$$

式中：V 为变化系数；V_m 为两元素中变化系数较大者的 V 值；V_n 为两元素中变化系数较小者的 V 值；$\Delta V'$ 为两元素变化系数差值比。

表 7-3-4 说明了元素间变化系数与赋存状态关系的几个实例。

用数理统计法来研究元素赋存状态，除了上述运用统计参数进行分析外，还有用一元线性回归的相关系数分析、因子分析、群分析等多种计算方法来分析稀土矿床中稀土元素赋存状态、铜镍型铂矿床中铂族元素赋存状态等等。这种方法随着计算机应用的不断发展日臻完善。

表 7-3-4　元素间变化系数比较表

样品名称	元素	变化系数	赋存形式	矿石产地
磁铁矿石	Fe V	0.296 0.32	0.32－0.296/0.32＝7.5%，故 V 是以类质同象方式存在于磁铁矿中	塔车铁矿
黄铁矿-磁铁矿石	S Co	0.49 0.55	0.55－0.49/0.55＝11%，故 Co 在黄铁矿中呈类质同象	同　上
镍黄铁矿-黄铜矿石	Cu Ni Co	0.16 0.93 0.78	0.93－0.16/0.93＝83%；0.78－0.16/0.78＝79%，Ni 和 Co 相对于黄铜矿形成独立矿物。0.93－0.78/0.93＝16%，Co 与 Ni 在镍黄铁矿中形成类质同象	赤柏松铜镍矿
闪锌矿	Zn Ag Sb	0.038 0.424 0.87	0.424－0.038/0.424＝91%，故 Ag 在闪锌矿中形成独立矿物，同理，Sb 也是以独立矿物形式存在	孟恩铅锌矿
方铅矿	Pb Ag Sb	0.010 5 0.464 0.70	0.464－0.010 5/0.464＝97%，故 Ag 在方铅矿中形成独立矿物，同理，Sb 也是以独立矿物形式存在	同　上

（据周乐光，1990）

三、研究实例

云南某砂岩铜矿中银的赋存状态研究

为了查明该铜矿石（品位 0.95%）中主要的有益伴生组分银的赋存状态（原矿含银 35.10 $\times 10^{-6}$），对矿石进行了光谱分析和化学多元素分析（化学成分表从略），查明了矿石的化学成分，并经各项鉴定手段查明了该矿石的矿物组成（表 7-3-5）。从表中不难看出矿石中具工业意义的矿物主要是辉铜矿、斑铜矿、孔雀石、铜蓝等。然而在用反光显微镜对 50 余块光片的观察中，均未发现银的独立矿物。为了了解银的存在形式，采用了光谱分析、化学分析、相关系数计算、电子探针及选择性溶解等多种方法，互相配合研究。

表 7-3-5　矿石矿物成分一览表

类别 / 矿物名称 / 含量级别	金属矿物			非金属矿物
	硫化物	氧化物	碳酸盐	
主要	辉铜矿、斑铜矿、磁黄铁矿	矽孔雀石	孔雀石	石英、方解石、长石
次要	黄铁矿	褐铁矿		云母
少量	铜蓝			绿泥石、粘土
微量		锆石、钼铅矿、钛磁铁矿	蓝铜矿	磷灰石、电气石、蛇纹石

（据陆建有，1983）

相关系数计算：首先从矿石中提出各种铜矿物以及主要的脉石矿物石英、方解石等，将各种单矿物进行化学分析发现石英、方解石等脉石矿物中含银甚微，而辉铜矿、斑铜矿、黄铜矿等铜矿物中含银很高。分别计算主要矿物中 Cu 与 Ag、Si 与 Ag、Ca 与 Ag 的相关系数，计算结果列于表 7-3-6。从表 7-3-6 可知，辉铜矿、斑铜矿、孔雀石的 Cu、Ag 相关系数均大于 0.5，尤其是辉铜矿、斑铜矿的 Cu、Ag 相关系数已近 1。这说明二元素在空间上密切共生，可能银在铜矿物中呈微细包体和类质同象形式存在。而石英、方解石中的主要元素与 Ag 相关系数均很小，说明它们并不相关。

表 7-3-6　主要矿物与银的相关系数

矿物	相关系数		
	Cu/Ag	Si/Ag	Ca/Ag
辉铜矿	0.89		
斑铜矿	0.86		
孔雀石	0.73		
石英		0.016	
方解石			0.023

（据陆建有，1983）

电子探针分析：上述相关分析表明银主要赋存于铜硫化物中，那么银在铜硫化物中呈什么状态呢？为了解决这一问题，分别对提纯的这些单矿物作了探针分析。从电子探针面扫描图像中发现银在辉铜矿中主要呈角银矿、辉银矿、硫铁银矿的微细包体存在，少量银矿物呈微细包体赋存于黄铜矿、孔雀石等矿物中。

选择性溶解试验分析：为了进一步查明银在辉铜矿中的存在形式及各存在形式的银含量，对辉铜矿单矿物－200 目样品用 H_2O_2溶液做了浸取试验。试验结果（图 7－3－1）表明，银主要呈微细包体存在于辉铜矿中，约占 93％；而以类质同象及细分散状态的仅占 7％左右。此外，还对该样品作了银物相分析，结果见表 7－3－7。显然，该结果进一步证实并确定了银在辉铜矿中的赋存状态及各赋存状态的银含量。

表 7－3－7 辉铜矿中银物相分析

银物相	角银矿 *	自然银	辉银矿、硫铁银矿	类质同象、细分散状态
（％）	39.02	3.74	50.07	7.17

（据陆建有，1983）

注："*"示角银矿有两种类型，即－200 目辉铜矿中裸露出来的角银矿占 14.52％，－200 目辉铜矿中包裹着的角银矿占 24.50％。

第四节 矿物的嵌布粒度及解离性

一、矿物的嵌布嵌镶关系

（一）矿物工艺粒度的概念

对于矿物颗粒大小，在矿物学、矿床学及岩石学等学科中均有所提及。但由于研究目的不同，所以对"颗粒大小"的含义认识上也有差别。一般在矿物学、矿床学、岩石学等学科中谈到的是结晶粒度，而矿石工艺研究中指的却是工艺粒度。

结晶粒度是指单个结晶体的相对大小和由大到小的相应百分含量。结晶粒度是研究矿石结构的主要内容之一，主要是为了解决成因问题。

工艺粒度又叫嵌布粒度，是指矿物颗粒的相对大小和由大到小的相应百分含量。工艺粒度常将相同矿物聚合在一起所占据的空间划归到一个颗粒中。故此，这个颗粒范围内的矿物可能是一个单晶的矿物，也可能是若干个同种矿物单晶的集合体，或者是工艺性质相同的几种矿物的集合体（如黄铜矿-斑铜矿-黝铜矿等矿物的集合体）。工艺粒度是决定矿物单体解离的重要因素。在选矿工艺过程中，它是选择碎、磨矿作业和选矿方法的主要依据之一。

对于一个重结晶的方铅矿集合体，从矿石成因分析角度来看，它是很细的许多结晶颗粒是矿物集合体。而从矿石工艺分析角度来看，则是一个很大的单矿物颗粒，只要将矿石粗粒破碎一下就能达到方铅矿单体解离的要求。反之，一个几厘米大的辉铋矿骸晶，矿物学及矿床学认为它是一个很大的颗粒，而从选矿学角度则认为它需要经过很细的磨矿才能将单体解离出来，因为辉铋矿骸晶内许多部分已被其他矿物占据。

（二）矿物的嵌布特性

矿物的嵌布特性是指矿物的嵌布粒度大小及其分布均匀性。嵌布特性的命名和分类通常以嵌布粒度大小及分布情况为依据。但目前尚无统一的标准。表 7－4－1、表 7－4－2 和图 7－4－1 为张志雄提倡的标准和命名。

图 7－4－1 中 9 条嵌布粒度累计曲线的嵌布粒度命名如下：

表 7－4－1　矿物嵌布的均匀类型

嵌布均匀类型	矿物的嵌布均匀度*（%）	嵌布均匀类型	矿物的嵌布均匀度（%）
极均匀嵌布	＞95	不均匀嵌布	25～5
均匀嵌布	95～75	极不均匀嵌布	＜5
较均匀嵌布	75～25		

（据张志雄，1981）

注："*"示以每立方厘米体积为一个单元，矿石中含矿单元的百分含量为矿物在矿石中的嵌布均匀度。

表 7－4－2　有用矿物嵌布粒级分类表

粒级名称	粒度范围（mm）	粒级名称	粒度范围（mm）
极粗粒	＋20	细　粒	－0.2～＋0.02
粗　粒	－20～＋2	微　粒	－0.02～＋0.002
中　粒	－2～＋0.2	极微粒	－0.002

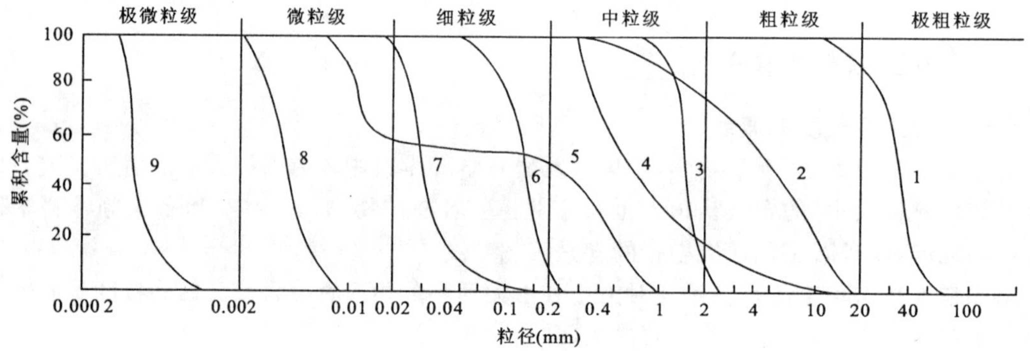

图 7－4－1　有用矿物嵌布粒级的划分和命名示意图

曲线 1：极粗粒颗粒含量超过 90%，故称极粗粒嵌布；

曲线 2：该矿物以粗粒级为主，中粒级次之，故属中粗粒嵌布；

曲线 3：该矿物中粒级颗粒含量超过 90%，属中粒嵌布；

曲线 4：该矿物以中粒级为主，粗粒级为次，故属粗中粒嵌布；

曲线 5：该矿物的粒度范围较宽，中粒级和微粒级约占半数，故属中微粒嵌布；

曲线 6：细粒的颗粒含量超过 90%，故属细粒嵌布；

曲线 7：较曲线 6 颗粒粒度略小，但仍属细粒级范围，故亦称细粒嵌布；

曲线 8：粒度在微粒级范围内，故属微粒嵌布；

曲线 9：粒度在 0.002mm 以下，故属极微粒嵌布。

分析对比这九条粒度累计曲线，其中曲线 1、3、6、7、8、9 六条曲线粒度范围较窄，在一个粒级内颗粒含量大于 90%，则属等粒嵌布类型；曲线 2、4 粒度范围较宽，包括两个嵌布粒级，属不等粒嵌布类型；曲线 5 粒度范围很宽，跨三个粒级，属极不等粒嵌布类型。

从图 7-4-1 可以看出，嵌布粒度累计曲线图以各粒级的累计百分含量作纵坐标（等间距），以粒径作横坐标（对数值坐标），标上各粒级的累计百分含量的相对位置，连上各点即绘制成嵌布粒度累计曲线。

（三）连生矿物的嵌镶关系

矿物的解离性不仅与矿物本身粒度的嵌布特性有关，还与其连生矿物间的结合特点有关。连生矿物的嵌镶关系就是指连生矿物之间的相对粒度大小、空间关系和接触面形态特征。

嵌镶关系不同于矿石结构，前者是从选矿工艺的角度来研究的，后者则是从矿石成因的角度来研究的。例如，黄铜矿在闪锌矿中呈乳浊状结构，从成因角度则要分析其是黄铜矿和闪锌矿固溶体分解形成的还是黄铜矿交代闪锌矿形成的，但从选矿工艺角度来看，这属于包裹嵌镶关系，说明要使黄铜矿单体解离很困难。

根据有用矿物与连生矿物间的粒度相对大小、空间关系和接触面形态特征，一般将连生矿物的嵌镶关系分为以下 4 个类型（图 7-4-2）：

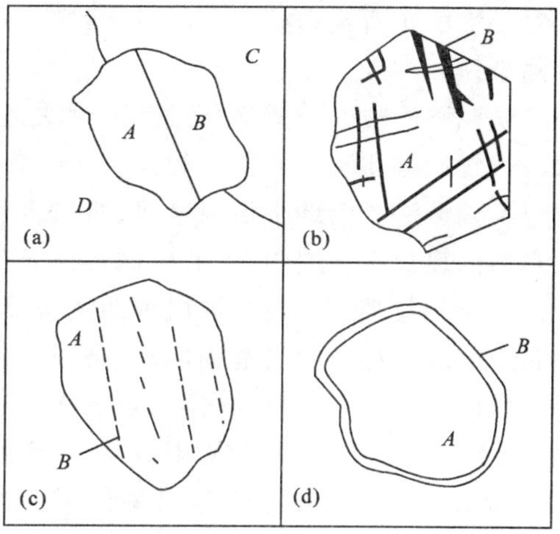

图 7-4-2　矿物连接关系基本类型示意图

1. 毗连嵌镶型

它指几种不同矿物颗粒连生在一起，互相毗连嵌镶。根据连生矿物的相对粒度大小又可分为等粒毗连嵌镶和不等粒毗连嵌镶。就接触面形态可分为规则毗连嵌镶与不规则毗连嵌镶。规则者，接触面平直；不规则者，其接触面呈港湾状或锯齿状参差不齐[图 7-4-2(a)]。

2. 脉状嵌镶型

它指一种矿物呈脉状或网脉状穿插于另一矿物中[图 7-4-2(b)]。

3. 包裹嵌镶型

它指一种矿物作为机械包裹物或固溶体分解物嵌镶在另一矿物内部。如自然金被包裹在黄铁矿中，黄铜矿呈乳浊状被包裹在闪锌矿中[图 7-4-2(c)]。

4. 皮膜嵌镶型

它指一种矿物被另一种皮膜状矿物所包裹。例如，锡石被一薄层皮膜状黝锡矿所包裹[图 7-4-2(d)]。

二、矿物粒度的测定方法

矿物粒度的测定方法很多，基本上可归为 4 种，即筛析法、沉降法、计数法及比表面积法。筛析法一般采用套筛将矿粒分级，多用于大于 100μm 的矿粒粒度测定。沉降法是利用测定粒子在介质中的沉降速度计算颗粒尺寸，适用于小于 40～60μm 的矿粒粒度测定。计数法是在显微镜或其他光电仪器下直观测出颗粒尺寸及含量，其测定范围比较宽，但一般显微镜下最佳测定范围为 0.5～20μm。比表面积法又分渗透法和吸附法。渗透法是利用流体透过细粒物料层的速度测定矿粒的比表面积。吸附法则是利用微细粒矿粒具有较高的表面自由能，能吸附气体的特性，来测定矿粒的比表面积。渗透法和吸附法只能间接地将比表面积换算成矿粒平均直径，不能测出各粒级的含量分布，主要适用于小于 10μm 的微细粒矿粒的粒度测定。由于粒度问题的复杂性，因而在测试上至今尚难有一种全能方法。为了较全面地描述粒度特性，常需几种方法并用，互相补充。

下面仅对最常用的显微镜法作详细介绍。

在用显微镜法测定粒度分布之前，先要选取具有代表性的原矿石样品。如粒度范围较窄或粒度范围虽宽但大小颗粒在矿石中按比例分布均匀，或欲测矿物的相对含量较多，这样仅需选测较少量的光片就可以了。若粒度范围宽，且颗粒大小悬殊，并在矿石中分布不均匀，或欲测矿物的相对含量较少，则需选测较多数量的光片。在制片时，须垂直层理、片理、条带方向磨制。对松散的矿石或选矿产品，为增强样品的代表性，一般要缩分后再磨制成团块(砂)光片，以供测量。

显微镜下的粒度测量又分过尺面测法、过尺线测法、顺尺线测法及点测法 4 种。

(一)过尺面测法

过尺面测法是借助于目镜微尺、机械台和分类计数器三者配合进行。具体方法是将目镜微尺东西向横放在视域中，借助机械台把光片按一定间距的测线在南北向上移动，光片上同一纵行的各类颗粒都先后通过视域中的测微尺，每一颗粒通过时，根据该颗粒的定向(东西向)最大截距刻度属于那一粒级范围(如 2 格、2～4 格、4～8 格、8～16 格、16～32 格……)时，则认为是那一级的颗粒，用分类计数器记录下来。过尺面测法的特点是只测量视域一定范围内的颗粒(如图 7－4－3 中 a～b 范围内)。对于跨在指定范围边界上(即 a、b 线上)的颗粒可认定只测量某一边的颗粒，如测左边的则右边的都不测。这一条线测完后，再移到第二条测线，直到全光片测完为止。

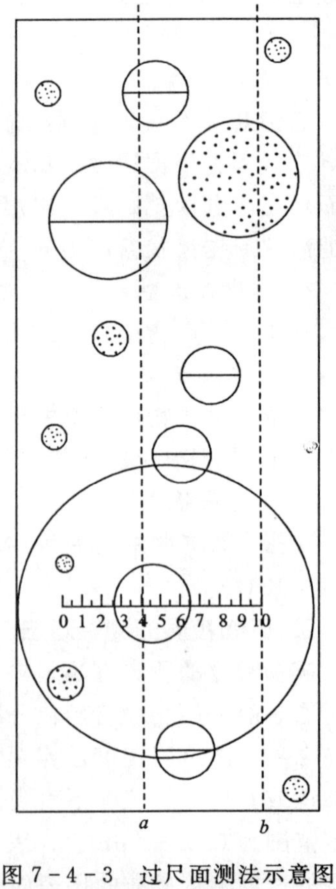

图 7－4－3　过尺面测法示意图

现用以下铜矿石实例说明过尺面测法的操作步骤。

(1)先选取具有代表性的矿石磨制成光片。

(2)在显微镜下普查，了解矿石中有用矿物黄铜矿的颗粒粒度范围和分布情况；按数量比例精选出供测量的光片 10 块，每块均匀分布测线 5 条，一般测 500 个颗粒左右。但如粒径相差悬殊，即粒度分布范围较宽时，则测量的光片数、颗粒数都要增加，才能保证必要的精度。

(3)根据黄铜矿颗粒粒度选择合适的物镜和目镜组合：目镜 5×，物镜 4×，此时目镜微尺 1 小格为 0.035 7mm(我国产 XPA－1 型反光显微镜)。

(4)选定粒级范围(2～64 格)。

(5)选定测微尺刻度数 40～100 为测量范围(图中的 a～b 范围)。

(6)在反光显微镜下实测各颗粒的定向最大截距，并归入相应粒级，统计各粒级颗粒数。

(7)由各粒级的面测颗粒数比，换算各粒级的含量比，即用该粒级的面测颗粒数(n')乘以该粒级的比粒径的平方(d^2)，求出各粒级中矿物的含量比($n'd^2$)。表 7－4－3 为测算记录。

(8)绘制嵌布粒度累计曲线(亦称嵌布粒度特征曲线)，见图 7-4-4。

表 7-4-3　某铜矿石中黄铜矿的粒度测量计算记录(过尺面测法)

粒级	刻度格数	粒度范围 (mm)	比粒径 d	d^2	面测颗粒数 n'	含量比 $n'd^2$	含量分布 $n'd^2/\Sigma n'd^2$	累计含量(%)
Ⅱ	−64～+32	−1.792～+0.896	16	256	30	7 680	46.1	46.1
Ⅲ	−32～+16	−0.896～+0.448	8	64	70	4 480	26.9	73.0
Ⅳ	−16～+8	−0.448～+0.224	4	16	165	2 640	15.9	88.9
Ⅴ	−8～+4	−0.224～+0.112	2	4	358	1 432	8.6	97.5
	−4～+2	−0.112～+0.056	1	1	417	417	2.5	100.0
$\Sigma n'd^2 = 16\ 649$								

必须指出，过尺面测法仅适用于粒状矿物，特别是含量较稀疏的矿物。因为过尺面测法无法判断非粒状矿物的粒径大小，那时应采用顺尺线测法。

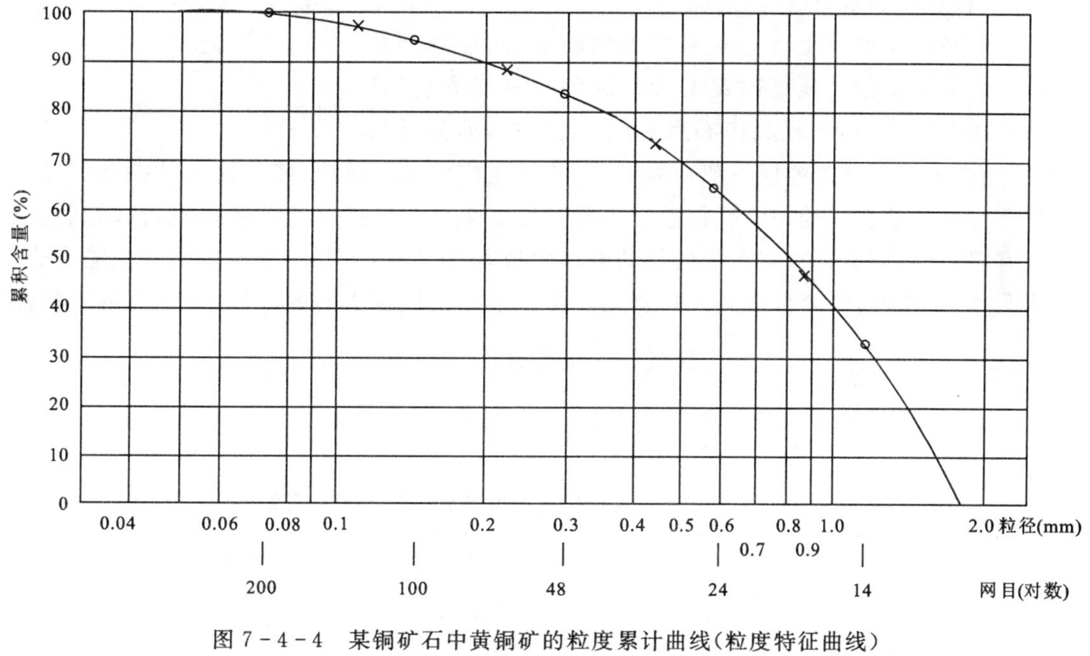

图 7-4-4　某铜矿石中黄铜矿的粒度累计曲线(粒度特征曲线)

(二)过尺线测法

本法是测量一定间距(距离以较大一些为好，以免重复测量粗粒径的颗粒)测线上所遇到的粒状颗粒。方法和程序基本与上述过尺面测法一致，不同的是只测数通过十字丝中心的颗粒(图 7-4-5)。计算各粒级中矿物含量比时采用该粒级线测颗粒数(n'')乘以该粒级比粒径(d)。

由于本法系测线测量，必然易漏掉粒径较小的颗粒，因而，与过尺面测法相比，本法测量结果相对粗粒级偏高，细粒级偏低。

(三)顺尺线测法(直线线测法)

顺尺线测法的测量程序基本与过尺线测法一致,不同之处在于只测计视域中南北向竖放的目镜微尺测线上出现的颗粒。光片随机械台按一定间距的测线南北向移动,按微尺上所遇到矿物颗粒的随遇截距作为该颗粒的粒径,归入相应粒级,进行统计测量。如图 7-4-6 中已测过和颗粒 a 的随遇截距为 17 小格,正好在微尺上的颗粒 b 为 39 格。这样在前一个视域测微尺上的颗粒全部分级累计后,用机械台使光片移动视域中一个微尺的距离,使测线上的矿物颗粒在微尺上首尾相接,直到整条测线测完。再使光片横移一定距离到另一测线上继续测数,直到整个光片测完。最后采用各粒级颗粒数(n'')乘以比粒径(d),计算各粒级的含量比($n''d$)及相对百分含量(表 7-4-4)。

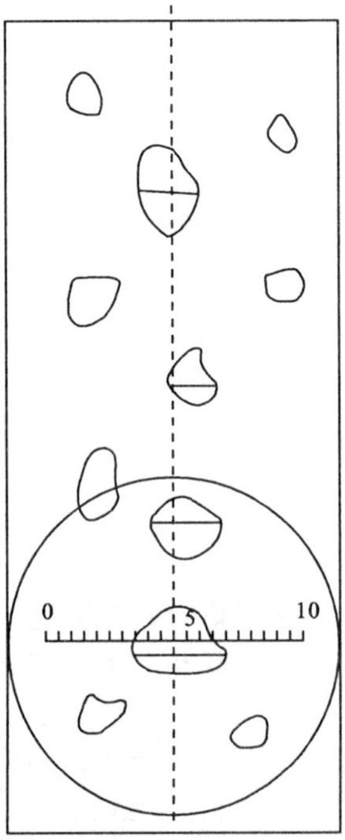

图 7-4-5 过尺线测法示意图

顺尺线测法适用于非粒状的不规则颗粒的粒度分布测量。

(四)点测法

点测法是借助点法电动求积台与目镜测微尺(东西向横放)配合进行粒度测量,具体测法如下。

先指定分类累加器上各个按钮代表的粒级,用以分别累计不同粒级的颗粒数。测量时观测者判断落在视线测点(目镜测微尺底线的中点,即视域中心点)是什么矿物,如为待测矿物,则用微尺度量该颗粒属于那一粒级,再按动相应粒级的按钮,使光片自动往前移动一定间距并累加计数该粒级的一个颗粒数。接着又根据第二个测点上的矿物颗粒,按动相应的按钮,如为其他伴生矿物则按空白按钮移动测点的位置(图 7-4-7)。这样逐个测点测下去,直至整个测线、整个光片、全部应测光片测完为止。最后由该粒级的颗粒数(n''')与各粒级颗粒数总和($\Sigma n'''$)之比($\frac{n'''}{\Sigma n'''}$),计算该粒级的含量百分比(表 7-4-5)。

应当说明,点测法主要用于粒状矿物的粒度测量。此法优点为测算简便迅速。若有自动

表 7-4-4 某铜矿石中黄铜矿的粒度测量计算记录(顺尺线测法)

粒级	刻度格数	粒度范围 (mm)	比粒径 d	线测颗粒数 n''	含量比 $n''d$	含量分布 $n''d/\Sigma n''d$ (%)	累计含量 (%)
Ⅰ	-64~+32	-1.792~+0.896	16	106	1 696	39.4	39.4
Ⅱ	-32~+16	-0.896~+0.448	8	157	1 256	29.1	68.5
Ⅲ	-16~+8	-0.448~+0.224	4	193	772	17.9	86.4
Ⅳ	-8~+4	-0.224~+0.112	2	216	432	10.0	96.4
Ⅴ	-4~+2	-0.112~+0.056	1	156	156	3.6	100.0
共计	-64~+2	-1.792~+0.056			4 312	100.0	

$\Sigma n''d = 4\ 312$

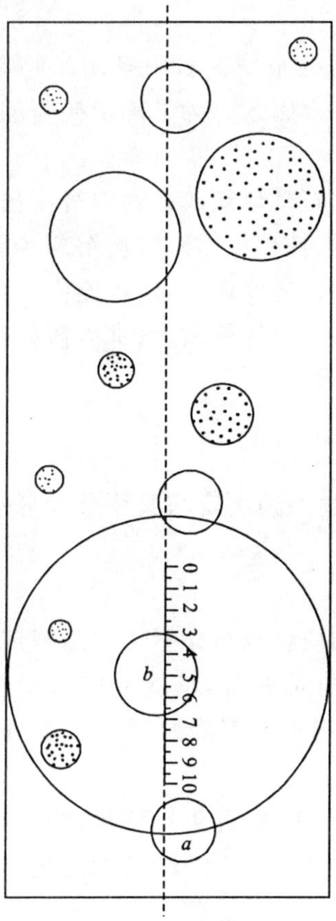

图 7-4-6　顺尺线测法示意图

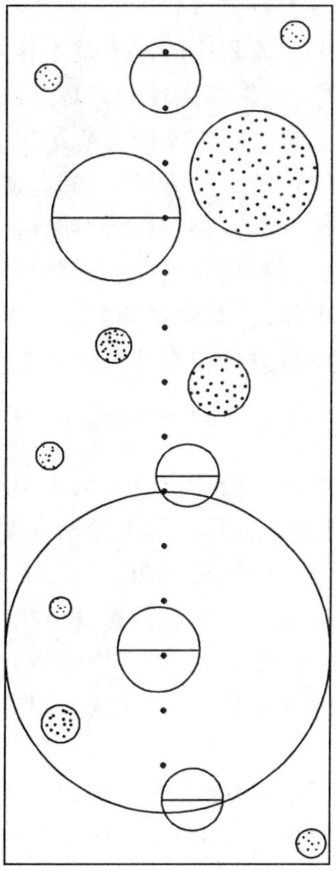

图 7-4-7　点测法示意图

显微图像分析仪则可由计算机完成度量粒径和累计点数及运算工作，瞬间即可测完一块光片。

必须指出的是，显微镜下测定矿物粒度，除样品代表性和测量方法会引起误差外，随机的割切面效应和随机测量截距也会引起误差，尤其对复杂矿石微细粒嵌布的粒度测定误差更为严重。因此，微细粒物料常用吸附法测定其比表面积，以达到了解其粒度特征的目的。

表 7-4-5　某铜矿石中黄铜矿的粒度测量计算记录(点测法)

粒级	刻度格数	粒度范围 (mm)	比粒径 d	测点数 n'''	含量分布 $\frac{n'''}{\Sigma n'''}$(%)	累计含量 $\Sigma\frac{n'''}{\Sigma n'''}$(%)
Ⅰ	－64～＋32	－1.792～＋0.896	16	570	46.0	46.0
Ⅱ	－32～＋16	－0.896～＋0.448	8	334	26.9	72.9
Ⅲ	－16～＋8	－0.448～＋0.224	4	198	16.0	88.9
Ⅳ	－8～＋4	－0.224～＋0.112	2	100	8.1	97.0
Ⅴ	－4～＋2	－0.112～＋0.056	1	38	3.0	100.0
共计	－64～＋2	－1.792～＋0.056			100.0	

$\Sigma n''' = 1\,240$

三、矿物解离度的测定方法

选矿工艺流程中的两个基本作业，即磨矿和分选的目的是使矿石中有用矿物单体分离并富集。显然，矿物解离性的好坏是决定矿石选矿效果的基本因素。为了确定矿石的破磨指标，我们需要了解矿石在不同磨矿细度下解离的程度。

矿石经过破碎和磨矿后，有些矿物呈单矿物颗粒从矿石其他组成矿物中解离出来，这种单矿物颗粒称为某矿物单体（例如铁矿石中的磁铁矿单体、赤铁矿单体）；未被解离为单矿物颗粒而呈两种或多种矿物连在一起的颗粒则称为矿物连生体（如磁铁矿-赤铁矿连生体，磁铁矿-脉石矿物连生体）。某种矿物解离为单体的程度谓之该矿物的单体解离度，常以该矿物解离为单体颗粒的质量或体积百分含量来表示。即：

$$\text{某矿物的解离度}=\frac{\text{该矿物的单体含量}}{\text{该矿物总含量}}\times 100\% \qquad (7-4-1)$$

矿物解离度的测定方法最常用的是显微镜测定法。显微镜测定法又可分为分级样品检测法和全样检测法两类，以下分别介绍。

（一）分级样品检测法

此法要先对样品进行粒度分级，并分别测定各粒级的质量及单元素化学组成或矿物含量。对样品粒度分级，一般可采用筛析，即用一套筛子将破碎样品过筛，从而分成若干粒级。但对很细或极细的矿粒，由于无法或很难通过套筛分级，则可用水力沉降原理将粒度分级，即所谓的水析法。

然后，将分级样品磨制成砂光片，在反光显微镜下进行单体、连生体测量，统计矿物单体颗粒数和不同连生比（即连生体颗粒中该矿物所占比例，如 1/2、3/5、4/5 等）的连生体颗粒数，并计算该粒级样品的解离度。

如表 7-4-6 所示实例，表中筛析后粒级为－0.074～＋0.053mm 的铁精矿的单体解离度的测量数据。

表 7-4-6　某铁矿石－0.074～＋0.053mm 粒级产品的解离度测量记录表

颗粒类型 / 数据 / 矿物	单体	连生体		
		1/2	3/5	4/5
磁铁矿	225			
磁铁矿-赤铁矿		6	10	35
磁铁矿-脉石矿物		2	5	15
赤铁矿	38			
赤铁矿-脉石矿物		4	5	10

按照上述公式，磁铁矿的单体解离度 f_M 为：

$$f_M=\frac{225}{225+(6\times\frac{1}{2}+10\times\frac{3}{5}+35\times\frac{4}{5})+(2\times\frac{1}{2}+5\times\frac{3}{5}+15\times\frac{4}{5})}\times 100\%=80.94\%$$

赤铁矿的单体解离度 f_H 为：

$$f_H=\frac{38}{38+(6\times\frac{1}{2}+10\times\frac{2}{5}+35\times\frac{1}{5})+(4\times\frac{1}{2}+5\times\frac{3}{5}+10\times\frac{4}{5})}\times100\%=58.46\%$$

对于全部铁矿物来说，应将磁铁矿-赤铁矿看作铁矿物单体(有 51 颗)，铁矿物的单体解离度 f_{M+H} 为：

$$f_{M+H}=\frac{225+38+51}{(225+38+51)+(2\times\frac{1}{2}+5\times\frac{3}{5}+15\times\frac{4}{5})+(4\times\frac{1}{2}+5\times\frac{3}{5}+10\times\frac{4}{5})}\times100\%=91.55\%$$

由上述方法计算出各粒级的解离度 f 后，就可以根据各粒级的产率 γ(即在全样总重中该粒级样品所占的质量百分比)和某元素含量 a，计算整个样品的单体解离度。其计算公式为：

$$\text{全样品中某矿物的单体解离度}=\frac{\text{各粒级中某矿物单体含量的总和}}{\text{各粒级中单体及连生体中某矿物含量的总和}}=\frac{\Sigma(a\times\gamma\times f)}{\Sigma(a\times\gamma)}\times100\% \qquad (7-4-2)$$

分级样品检测法的特点是在很窄的粒级范围内测量，可用数颗粒法统计单体及不同连生比的连生体颗粒数，忽略同一粒级内颗粒大小的差异，便于查明某个粒级矿物的解离度，以作为破磨粒度的界限。但计算整个样品的解离度，要对各粒级分别称重和化学分析或矿物含量测量。

(二)全样检测法

全样检测法是取未经分级的样品，制成砂光片，用前述的过尺线测法或过尺面测法测量出属不同粒级的单体与连生体数，然后按线测法或面测法计算整个样品中该矿物单体和连生体中的体积含量，进而根据单体体积与总体积(单体体积+连生体中该矿物体积)之比值，即得整个样品中该矿物的全样单体解离度。

表 7-4-7 为用过尺线测法测算实例。据表中的测算数据，可以分别计算出各粒级的解

表 7-4-7　黄铜矿全样解离度的测算(用过尺线测法)

粒级(mm)	比粒径 d	黄铜矿在团块光面测线上遇到的颗粒数					黄铜矿的相对体积含量分布		粒级解离度(%)
		单体 n	连生体 n'				单体 nd	连生体 $n'd$	
			1/4	2/4	3/4	合计			
−0.589～+0.295	8	22	8	5	6		2×8 =(176)	9×8 =(72)	71
		(22)	8×0.25 =(2.0)	5×0.5 =(2.5)	6×0.75 =(4.5)	(9.0)			
−0.295～+0.147	4	290	100	50	30		290×4 =(1 160)	72.5×4 =(290)	80
		(290)	(25)	(25)	(22.5)	(72.5)			
−0.147～+0.074	2	837	192	51	44		837×2 =(1 674)	106.5×2 =(213)	88.7
		(837)	48	(25.5)	(33)	(106.5)			
−0.074	1	371	27	14	32		371×1 =(371)	38×1 =(38)	90.7
		(371)	(7)	(7)	(24)	(38)			
全样							(3 381)	(613)	84.7

注：括号内数字是折算为单体黄铜矿的数字。

离度和全样解离度。如－0.589～＋0.295 粒级黄铜矿的解离度为$\frac{176}{176+72}\times 100\%=71\%$，黄铜矿的全样解离度为$\frac{3\ 381}{3\ 381+613}\times 100\%=84.7\%$。

全样检测法比较简便，不必作化学分析，适用于样品中具各种矿物组成的情况。测定时常用目镜测微尺的刻度数来划分粒级，这样更便于统计。对于小于 2μm 的微细颗粒，不易测准且易漏掉，但因微粒体积含量小，不足以产生很大误差，因此，也适用于微粒含量较多的选矿产品的解离度测定。

第五节　矿物物性及其工艺特性

选矿的目的是为了分离、富集有用矿物，而矿石中组成矿物种类繁多，但矿物的性质千差万别，甚至同一种矿物因其成因或世代不同也会有不同的性质。选矿的基础正是利用矿物间的性质差异选择不同的选矿方法将矿石分离出有益的单矿物产品或多种矿物混合产品。例如，重选法是利用矿物的密度差来分选；磁选法是利用矿物的磁性差异；电选法是利用矿物导电性的不同；浮选法则是根据矿物表面的物理化学性质的差异来进行分选的。表征这些性质的参数和方法资料很多，这里仅作简单介绍。

一、矿物的密度

矿物的密度是指单位体积矿物所具有的质量，以 δ 表示，其单位为 kg/m^3。

矿物间的密度差是影响重力分选效果的主要因素。在重力分选过程中，不同密度的矿粒在介质(水、空气或比重较大的介质)中因具有不同的沉降速度而得以分离，所以可以用矿粒间的密度差来评价重选的难易程度。常用重选可选性指数 e 来判断(表 7－5－1)。

$$e=\frac{\delta_2-\Delta}{\delta_1-\Delta} \tag{7-5-1}$$

式中：δ_1 为轻矿物的密度；δ_2 为重矿物的密度；Δ 为分选介质的密度。

表 7－5－1　重选难易程度的分级

可选指数 e	＞2.5	2.5～1.75	1.75～1.5	1.5～1.25	＜1.25
分选难易程度	极易选	易选	可选	难选	极难选
举例 (e,在水介质中)	锡石/石英 (3.8)	闪锌矿/石英 (1.9)	褐帘石/石英 (1.7)	萤石/石英 (1.3)	白云母/石英 (1.16)
备注	除极细的细泥(＜40～13μm)以外，各个粒级均可用重选法选别	＞0.15～0.20mm的均可选别	＞1.65mm 的可以选别	只能选大于数毫米的粗粒物料	用重选法选别极为困难

矿物密度的测定方法，实践中常用测量矿物比重(即单位体积矿物所具有的重量)间接地求出矿物的密度。目前常用矿物比重测定法有：比重瓶法、重液悬浮法、流体静力称量法、显微比重法、X 射线法和比重计法等。

应当指出，由于重力分选是最为经济的选矿方法之一，所以一切有可能重选的矿石都应先进行重选试验。因此，查明矿物密度十分重要。

二、矿物的磁性

矿物的磁性是指在外磁场作用下矿物被磁化时所表现的性质。为表征矿物被磁化程度，用比磁化系数（即 1g 矿物在磁场强度为 1Oe 的外磁场中所产生的磁矩）来表示，单位为 cm^3/g。

在磁选分离过程中，通常以矿物的比磁化系数来衡量矿物磁性的差异，并按比磁化系数的大小来分类，如表 7-5-2 所示。

表 7-5-2　矿物按比磁化系数和磁选可选性的分类

分　类	比磁化系数 $(\times 10^{-6} cm^3/g)$	分选磁场强度 (Oe)	实　例
强磁性	>3 000	300～2 000	磁铁矿、磁赤铁矿、磁黄铁矿
中磁性	600～3 000	3 000～8 000	铬铁矿、钛铁矿
弱磁性	15～600	8 000～25 000	赤铁矿、菱铁矿、黑钨矿
无磁性	<15	—	石英、方解石、长石

矿物的比磁化系数测定方法有磁天平法、冲击法及振动样品强磁计法。

三、矿物的电性

矿物的电性是指矿物导电的能力和在外界能量作用下矿物发生带电的现象。电选分离过程是在高压电场条件下，主要根据矿物电性差异将矿粒分离。为了衡量不同矿物对电流的储导能力，常用导电率大小来表示，并将矿物分成 3 类：

导电矿物：导电率为 $10^4 \sim 10^5 \Omega^{-1} \cdot cm^{-1}$；

半导体矿物：导电率为 $10^2 \sim 10^{-10} \Omega^{-1} \cdot cm^{-1}$；

非导体矿物：导电率 $\leqslant 10^{-12} \Omega^{-1} \cdot cm^{-1}$。

此外，也常采用介电常数（对非导体或绝缘体矿物）、电阻率、比导电率等来衡量矿物的电性。

四、矿物的润湿性

矿物的润湿性是指矿物表面被液滴所润湿的性质。由于矿石中组成矿物的润湿性不同，易被润湿的亲水性矿物（如石英、云母、长石等脉石矿物）被水等液体所润湿而下沉；不易被润湿的疏水性矿物（如硫化物矿物、自然金属、石墨等）在水中与气泡相遇，矿物表面的水层破裂而附着于气泡上而上浮，从而使不同润湿性的矿物得以分离。硫化物矿石和其他一些矿石通常就是根据此原理，通过浮选法使有用矿物与脉石矿物等分离。

矿物的润湿性大小常用水在矿物的表面上所成的接触角（θ）的大小来确定（图 7-5-1）。θ 愈小者愈易润湿，θ 愈大者愈难润湿。一些常见矿物的接触角见表 7-5-3。

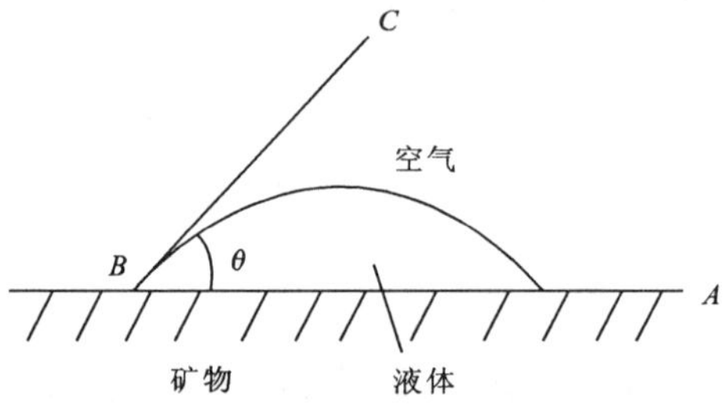

图 7-5-1　水在矿物表面形成的接触角 θ(∠ABC)

表 7-5-3　一些常见矿物的接触角

矿物	云母	石英	方解石	重晶石	黄铁矿	萤石	方铅矿	黄铜矿	辉钼矿	石墨	滑石	自然硫
接触角(°)	0	0～10	20	30	33	41	47	47	60	60	69	76

根据矿物的润湿性的不同，浮选时还可采取加适当药剂的方法，以改变矿物的润湿性，使矿物浮起或下沉，以达到分离矿物的目的。

除上述各种矿物性质外，还有矿物的孔隙性、可溶性、氧化性及矿物表面的吸附性等等，对矿石的加工工艺都有一定程度的影响。

附录Ⅰ　吸收性晶体的复数光性指示体

一、概述

吸收性矿物与透明矿物的重要区别之一是其具有复数折射率 N'，即：

$$N' = N - iK \tag{Ⅰ-1}$$

式中：N 为折射率，表示光波在矿物中的传播速度；K 为吸收系数，表示光波在矿物中的衰减；i 为虚数 $\sqrt{-1}$。

人们知道，透明矿物的光性指示体为光率体，由折射率一项构成。用数学上的二次方程式可以表达其空间几何形态（如切面的圆、椭圆等光学指示面，可称为二级面）。对于不透明矿物，由于它只能在反射光下研究，故矿物的反射率 R 具有决定性的意义。而不透明矿物的反射率 R 又决定于吸收系数 K 和折射率 N，因此，不透明矿物的光性指示体以 R、K、N 构成，它的空间几何形态复杂，有的需要数学上的高次方程才能表达（如一轴晶的反射率光性指示体为复杂的旋转椭卵体，其切面的数学表达式为 24 次幂的高级方程式，即二十四级面），有的无法准确地用数学公式表达。

二、不透明矿物的五种复数光性指示体

如图Ⅰ-1 所示，不透明矿物的复数光性指示体共有 5 种，现简述如下：

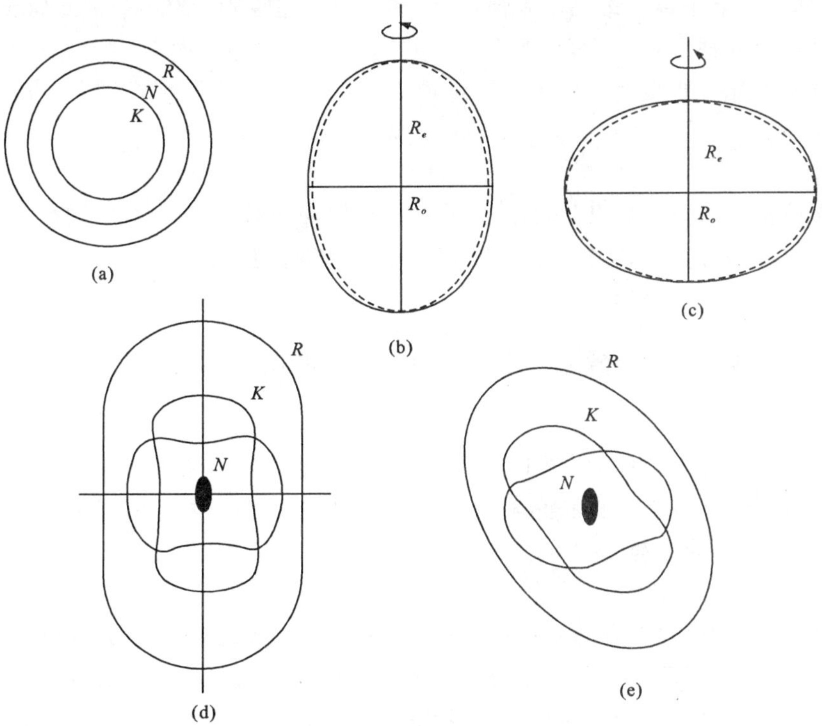

图Ⅰ-1　不透明矿物的光学指示面

（据 R. Galopin 和 N. F. M. Henry，1972）

1. 等轴晶系

其复数光性指示体由两个同心球状的壳层构成：一壳层的矢量半径代表 K，另一壳层的矢量半径代表 N，由 K 和 N 可作出第三个反射率 R 壳层。由于指示体的完全对称性，其复数光学指示面 K、N、R 都是圆切面，垂直一轴晶光轴的切面也是圆切面，如图Ⅰ-1(a)所示。

2. 一轴晶系

它包括三方、六方和四方晶系。其复数光性指示体由两个旋转的椭卵体构成，两旋转轴互相重合。一椭卵体壳层向量代表 N，另一个代表 K。在 N 和 K 椭卵体之外，可作出第三个反射率 R 壳层。图Ⅰ-1(b)和图Ⅰ-1(c)为一轴晶不透明矿物复数光性指示体平行光轴的光性指示面。图中虚线表示透明矿物的光性指示面，系由旋转椭球体切出的椭圆(二级面)。图Ⅰ-1(b)为正光性($N_e>N_o$)，系长椭圆；图Ⅰ-1(c)为负光性($N_o>N_e$)，系扁椭圆。图中实线表示不透明矿物反射率 R 光性指示面，系由椭卵体切出的"束腰椭圆"(二十四级面)。图Ⅰ-1(b)为长束腰椭圆($R_e>R_o$)；图Ⅰ-1(c)为扁束腰椭圆($R_o>R_e$)。

3. 斜方晶系

其复数光性指示体为 3 个非旋转的三轴椭卵体。图Ⅰ-1(d)为这种指示体平行两个轴、垂直一个轴的光性指示面(N、K、R)。由图可知 3 个非旋转的三轴椭卵体有一个共同的光学对称中心，各有 3 个长度不同而互相垂直的主轴，它们的方位与结晶轴重合。斜方晶系不透明矿物有 3 个主折射率 N_g、N_m、N_p，3 个主吸收系数 K_g、K_m、K_p 和 3 个主反射率 R_g、R_m、R_p。

4. 单斜晶系

其复数光性指示体为形态不同、不完全对称的三轴非旋转的椭卵体。椭卵体有 3 个互相垂直的主轴，其中一个主轴与结晶轴 b 轴重合，其他两个主轴则与结晶轴 a、c 斜交。N、K、R 3 个椭卵体的另两个主轴也互不重合，但有一个共同的对称中心。图Ⅰ-1(e)表示垂直 b 轴，平行其唯一对称面的光性指示面。这说明图纸面(ac 面)为一"光学对称面"，垂直此面的反射光为平面直线偏光。

5. 三斜晶系

其复数光性指示体更为复杂，N、K、R 3 个非旋转椭卵体只有一个共同的对称中心，3 个主轴没有一个与结晶轴重合，3 个主轴也互不重合，即任何切面都不是光学对称面。其几何图形无法准确地用数学公式表达。

三、吸收性晶体的五种复数光性指示体的三种切面类型

1. 圆切面

这种切面具有无穷个对称面[图Ⅰ-2(a)内双箭头的光学对称线]。等轴晶系复数光性指示体的所有切面以及垂直于一轴晶光轴的切面皆属圆切面。这种切面的垂直反射光为平面直线偏光，能获得较严格的全消光。

2. 具光学对称面的切面

根据其对称程度可分"二光学对称线切面"和"一光学对称线切面"两个亚类型。

(1)二光学对称线切面(2P 型)，如图Ⅰ-2(b)。此类型包括一轴晶复数光性指示体的直立切面和斜方晶系复数光性指示体平行于两个结晶轴、垂直于一个结晶轴的切面(100)、(010)和(001)。这种切面的两个消光位置显示平面直线偏光，转动物台一周可获得 4 次消光。

(2)一光学对称线切面(IP 型)，如图Ⅰ-2(c)所示。此类型包括一轴晶复数光性指示体的一般切面、斜方晶系复数光性指示体平行于一个结晶轴的切面(hol)、(okl)、(hko)和单斜晶系

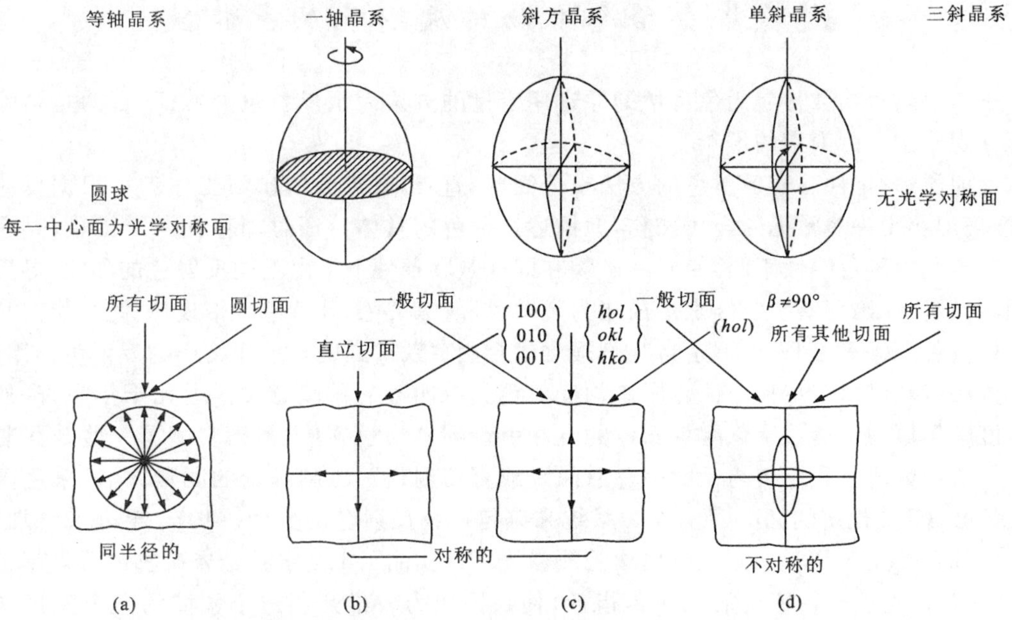

图Ⅰ-2 不透明矿物的复数光性指示体和3种类型的光性切面示意图

（据 R. Galopin 和 N. F. M. Henry，1972）

复数光性指示体平行于结晶轴 b 的切面(hol)。这种切面只有一个消光位置显示平面直线偏光，转动物台一周可获得两次消光。

3. 不具光学对称面的切面

如图Ⅰ-2(d)所示，它包括单斜晶系复数光性指示体的其他所有切面和三斜晶系复数光性指示体的所有切面。这种切面的任何消光位置和其他位置都不显示平面直线偏光，不能获取较严格的全消光。

附录Ⅱ　金属矿物的反射色颜色指数

反射色颜色指数是应用色度学的原理用定量的方法表示反射色的特征，目的是消除反射色定性观察中人为因素的影响。

如前所述，定性观察反射色的方法十分简单、直观，有经验的矿石工作者可根据反射色迅速、准确地鉴定许多常见的金属矿物，但描述反射色的具体特征时却存在一定困难，且由于观察者的辨色力和色感性不同，使同一矿物在同样观察条件下得出不同反射色的印象，导致作出不同的描述，如磁黄铁矿曾分别被描述为乳黄色、淡棕黄色、乳黄色微带玫瑰棕色、奶酪黄色带粉红棕色色调等等，别人如不亲自观察很难体会磁黄铁矿到底显示什么样的反射色。因此，用定量方法以某些数字指标表征金属矿物反射色具有明显的进步意义。近几十年来，国外开始将色度学领域中定量数字化测量颜色的方法引进到矿物学领域，并已实测了一些金属矿物的颜色指数。方法是利用矿物反射率色散曲线或直接测定三色刺激量的测量方法，采用国际照度委员会(CIE)规定的标准(X,Y,Z)系统来确定矿物反射色的数值。1975 年以来，中国地质科学院陈正等用 MPV－I 型光电倍增管测微光度计实测了 100 多种金属矿物的反射率色散曲线，并计算出这些矿物的反射色颜色指数，使我国成为较早开创这个领域的几个先进国家之一。

一、表征反射色特征的颜色指数

在色度学这一测量颜色的科学中，表征颜色特征的三要素是亮度、色调和纯度(浓度)，可用数字定量表达。对反射色来说，亮度就是视觉反射率，是指颜色的明亮程度，以 R_{vis} 表示，是重要的颜色指数之一；色调就是主波长(λ_d)，指的是颜色种类；纯度(P_e)就是颜色的鲜艳程度，用色光和白光的比例来定量表示。以纯光谱色 P_e 为最大($P_e=1$)，颜色变淡 P_e 即减小，纯白光 P_e 为 0。如主波长 λ_d 为 650nm，纯度 P_e 为 0.6 的颜色，它是由 60%波长 650nm 的深红色光加上 40%的白光混合构成的红光，它看起来不如 100%的波长 650nm 深红色那样鲜艳，但比纯度小于0.6的红光鲜艳些。

虽然表征反射色特征的颜色指数为视觉反射率 R_{vis}、主波长 λ_d 和纯度 P_e，但由于 λ_d 和 P_e 需在下面所述的色度图中求得，所以有人把反射色的色度坐标值(x,y)也列为颜色指数之一。

二、三刺激值和色度图

1. 三刺激值

众所周知，可见光中的赤、橙、黄、绿、青、蓝、紫色称为七基本色。它们以大致相等的强度混合，即为白光。在七基本色中，以红、绿、蓝三色最为重要，这 3 种色光以不同的比例相加混合，可获得任何颜色的色光，所以色度学上把红、绿、蓝称为三原色。

三刺激值(又称三色函数或配色函数)指在同一能量(等能光源)作用下，人目多个圆锥体对三原色红、绿、蓝刺激的程度(值)。据此，国际照度委员会(CIE)采用三色色度计测制了三色曲线，又称三刺激值曲线。如图Ⅱ－1 所示，曲线的横坐标为波长，纵坐标为亮度的相对量，图中 $\overline{X}$、$\overline{Y}$、$\overline{Z}$ 分别表示不同波长三刺激值的相对数量，通常以 X、Y、Z 表示，任何一个波长的三刺激值(三色函数)都可由三色曲线图量出或由表Ⅱ－1 右半部读出。如波长 540nm 的三刺激值为：$X=0.290\,4$、$Y=0.954\,0$、$Z=0.020\,3$。

2. 色度图简介

反射色颜色指数的主波长 λ_d 和纯度 P_e 合称色品或色度，表示色度特征的图称色度图。

由于表示一个反射色需用 3 个刺激值，故必须采用三度空间的立体图。为解决这一困难，可分别采用三者之和的分数计算。即令：

$$x=\frac{X}{X+Y+Z},\quad y=\frac{Y}{X+Y+Z},$$

$$z=\frac{Z}{X+Y+Z} \qquad (\text{Ⅱ}-1)$$

上述 x、y、z 三数称为三原色系数，又称三原色坐标(色度坐标)。由上式可知 $x+y+z=1$。如 x、y 为已知，z 则为一定值。因此可用 x、y 两个向量作出平面色度坐标图。

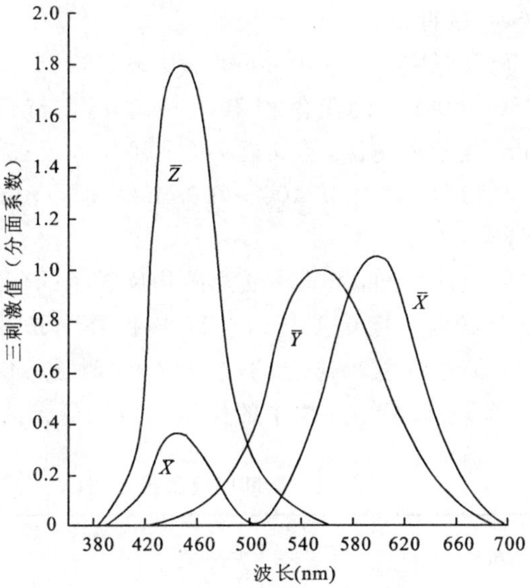

图Ⅱ-1　CIE之(X,Y,Z)系统的等能光谱谱色三色曲线图

图Ⅱ-2所示为国际照度委员会(CIE)规定的(X,Y,Z)系统标准色度图。图中 x(横坐标)、y(纵坐标)分别代表三原色系数中红色和绿色的数值(色度坐标值 x、y)，马蹄形曲线(光谱色曲线或光谱色轨迹)为可见光中每一种单色光(从380～800nm)的 x、y 系数的轨迹，即可见光中任何一种单色光的 x、y 系数(色度坐标)都落在曲线上，图中的 W 点为理论上的白光(等能光源 S_E)，其三原色系数 $x=y=z=0.3333\cdots$。所有实际的颜色都包含在马蹄形光谱色曲线及曲线两端点连接范围之内。某颜色

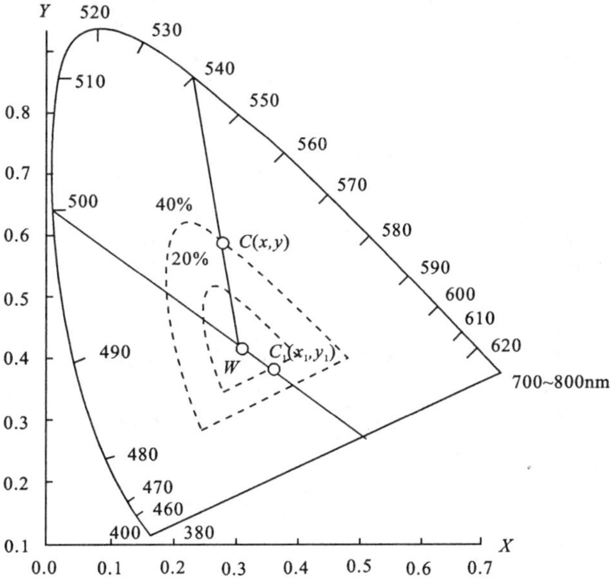

图Ⅱ-2　CIE之(X,Y,Z)色度图

(据Bowie等，1986改绘)

的色度坐标越接近光谱色轨迹(曲线)，其纯度 P_e 越大，颜色越深；越接近 W，其 P_e 越小，颜色越浅，越接近白光。

色度图中 380～400nm 和 700～800nm 连接起来的直线上的各点，不代表光谱色，而表示由 380～400nm 的紫色和 700～800nm 的红色按不同比例相混而成的混合色。越靠近 380～400nm 处紫色越深，越靠近 700～800nm 处红色越浓。

马蹄形曲线上从 400～700nm 每间隔 10nm 的共 31 个单色光谱色度坐标值见表Ⅱ-1 的左半部。

由上述可知，如某一欲测矿物反射色的色度坐标(x，y)已经求出(求法后详)，投入色度图中位于 C 点。将 C 点与白点 W 连接并向光谱色曲线方向延长与光谱色曲线交于 542 点，此 542 点在光谱色轨迹上的波长数(此时为 542nm)，即为这一色光的主波长 λ_d(542nm 的绿色)。C 点在 $W\lambda_d$ 连线中的位置代表该色光的纯度(P_e)，即：

表Ⅱ-1　国际照度委员会之(X,Y,Z)系统的等能光谱色度坐标和三色函数

波长(nm)	色度坐标			三色函数		
	x_λ	y_λ	z_λ	x_λ	y_λ	z_λ
400	0.173 3	0.004 8	0.821 9	0.014 3	0.000 4	0.067 9
410	0.172 6	0.004 8	0.822 5	0.043 5	0.001 2	0.207 6
420	0.171 4	0.005 1	0.823 5	0.134 4	0.004 0	0.645 6
430	0.168 9	0.006 9	0.824 2	0.283 9	0.011 6	1.385 6
440	0.164 4	0.010 9	0.824 7	0.348 3	0.023 0	1.747 1
450	0.156 6	0.017 7	0.825 7	0.336 2	0.038 0	1.772 1
460	0.144 0	0.029 7	0.826 3	0.290 8	0.060 0	1.669 2
470	0.124 1	0.057 8	0.818 1	0.195 4	0.091 0	1.287 6
480	0.091 3	0.132 7	0.776 0	0.095 6	0.139 0	0.813 0
490	0.046 4	0.295 0	0.659 6	0.032 0	0.208 0	0.465 2
500	0.008 2	0.538 4	0.453 4	0.004 9	0.323 0	0.272 5
510	0.013 9	0.750 2	0.235 9	0.009 3	0.503 0	0.158 2
520	0.074 3	0.833 8	0.091 9	0.063 3	0.710 0	0.078 2
530	0.154 7	0.805 9	0.039 4	0.165 5	0.862 0	0.042 2
540	0.229 6	0.754 3	0.016 1	0.290 4	0.954 0	0.020 3
550	0.301 6	0.692 3	0.006 1	0.433 4	0.995 0	0.008 7
560	0.371 3	0.624 5	0.002 4	0.594 5	0.995 0	0.003 9
570	0.444 1	0.554 7	0.001 2	0.762 1	0.952 0	0.002 1
580	0.512 5	0.486 6	0.000 9	0.916 3	0.870 0	0.001 7
590	0.572 5	0.424 2	0.000 6	1.026 3	0.757 0	0.001 1
600	0.627 0	0.372 5	0.000 5	1.062 2	0.631 0	0.000 8
610	0.665 8	0.334 0	0.000 2	1.002 6	0.503 0	0.000 3
620	0.691 5	0.308 3	0.000 2	0.854 4	0.381 0	0.000 2
630	0.707 9	0.292 0	0.000 1	0.642 4	0.265 0	0.000 0
640	0.719 0	0.280 9	0.000 1	0.447 9	0.175 0	0.000 0
650	0.726 0	0.274 0	0.000 0	0.283 5	0.107 0	0.000 0
660	0.730 0	0.270 0	0.000 0	0.164 9	0.061 0	0.000 0
670	0.732 0	0.268 0	0.000 0	0.087 4	0.032 0	0.000 0
680	0.733 4	0.266 6	0.000 0	0.046 8	0.017 0	0.000 0
690	0.734 4	0.265 6	0.000 0	0.022 7	0.008 2	0.000 0
700	0.734 7	0.265 3	0.000 2	0.011 4	0.004 1	0.000 0
总 计				10.667 6	10.681 5	10.650 4

$$P_e=\frac{WC}{W\lambda_d} \tag{Ⅱ-2}$$

也可用以下二式计算：

$$P_e=\frac{x-0.3333(x_w)}{x_d-0.3333(x_w)},\quad P_e=\frac{y-0.3333(y_w)}{y_d-0.3333(y_w)} \tag{Ⅱ-3}$$

式中：x_d、y_d 为 λ_d 点在色度图中的坐标值（由 λ_d 在图中的位置量出）；x 和 y 为欲测矿物反射色的坐标值；x_w、y_w 为等能光源 W 的坐标值。

当某一色光色度坐标接近于光谱色曲线底端连线时（即处于 W、380～400、700～800 三角形范围内），习惯上对 λ_d、P_e另作规定：如 C_1点，按色度坐标（x_1，y_1）投在色度图上，仍与白点 W 连接成 WC_1线，将一端延至 500 点与光谱轨迹相交，另一端则与光谱轨迹端点直线相交于－500nm点。500 点就是－500 点的补色。规定 C_1色光的主波长即为－500nm。关于 C_1色光的纯度仍以 $WC_1/W-500$ 之比表示，同样也可用以下二式计算：

$$P_e=\frac{x_1-0.3333}{x_{-500}-0.3333},\quad P_e=\frac{y_1-0.3333}{y_{-500}-0.3333} \tag{Ⅱ-4}$$

式中：x_{-500}、y_{-500}为－500 点在色度图中的坐标值；x_1、y_1为欲测矿物反射色的坐标值。

三、反射色颜色指数的测算方法

反射色颜色指数的测算方法有以 S_C 光源为照明的等值纵坐标法，以 S_C 光源为照明的选择纵坐标法和以等能光源 S_E为照明的等值纵坐标法。前两种方法可参阅陈正等著的《金属矿物颜色指数研究》一书。下面介绍我国矿相学家陈正推荐的以等能光源 S_E为照明的等值纵坐标法。

其测算步骤如下：

(1)用光电信增管测微光度计测定欲测矿物在可见光 400～700nm 范围内间隔为 20nm 的 16 个或波长间隔较均匀分布的 10 多个反射率数据，并将这些数值在网格纸上绘制欲测矿物的反射率色散曲线。

(2)在反射率色散曲线上以 10nm 为间隔找出 31 个波段的反射率（R_λ）值，并将其填入表Ⅱ-2 中。

(3)求欲测矿物的三刺激值 x、y、z 具体方法见表Ⅱ-2。

①将 31 个波段的反射率（R_λ）值分别乘以相对应的三色函数 x_λ、y_λ、z_λ和光源能量分布值 $P_{E\lambda}$、因是等能光源，在可见光范围内各波长的能量值相同，理论上为一常数，因此在计算时可将 $P_{E\lambda}$略去不计。

②将三色相加* 得出 $\Sigma(P_{E\lambda}\cdot\overline{x_\lambda}\cdot R_\lambda)$、$\Sigma(P_{E\lambda}\cdot\overline{y_\lambda}\cdot R_\lambda)$ 和 $\Sigma(P_{E\lambda}\cdot\overline{z_\lambda}\cdot R_\lambda)$，都乘以应乘因素 1/10.681 5，即得出欲测矿物的三刺激值 X、Y、Z，其中 Y 为视觉反射率 R_{vis}。

(4)求欲测矿物的色度坐标（x，y）。

色度坐标按公式 $x=\frac{X}{X+Y+Z}$和 $y=\frac{Y}{X+Y+Z}$求出。

(5)在色度图上（图Ⅱ-2）求得 λ_d 和 P_e。

注：* 因矿物的反射色不是单一的光谱色，而是不同波长选择反射的综合，而且光源不是等能光源，所以矿物的三刺激值必须按波长将 $\Sigma(P_{E\lambda}\cdot\overline{x_\lambda}\cdot R_\lambda)$、$\Sigma(P_{E\lambda}\cdot\overline{y_\lambda}\cdot R_\lambda)$ 和 $\Sigma(P_{E\lambda}\cdot\overline{z_\lambda}\cdot R_\lambda)$ 分别相加。

表Ⅱ-2 等能光源 S_E 等值纵坐标法计算记录表

波 长(nm)	$P_{E\lambda} \cdot \bar{x}_\lambda \cdot R_\lambda$	$P_{E\lambda} \cdot \bar{y}_\lambda \cdot R_\lambda$	$P_{E\lambda} \cdot \bar{z}_\lambda \cdot R_\lambda$
400	$0.014\,3 \cdot R_{400}$	$0.000\,4 \cdot R_{400}$	$0.067\,9 \cdot R_{400}$
410	$0.043\,5 \cdot R_{410}$	$0.001\,2 \cdot R_{410}$	$0.207\,4 \cdot R_{410}$
420	$0.134\,4 \cdot R_{420}$	$0.004\,0 \cdot R_{420}$	$0.645\,6 \cdot R_{420}$
430	$0.283\,9 \cdot R_{430}$	$0.011\,6 \cdot R_{430}$	$1.385\,6 \cdot R_{430}$
440	$0.348\,3 \cdot R_{440}$	$0.023\,0 \cdot R_{440}$	$1.747\,1 \cdot R_{440}$
450	$0.336\,2 \cdot R_{450}$	$0.038\,0 \cdot R_{450}$	$1.772\,1 \cdot R_{450}$
460	$0.290\,8 \cdot R_{460}$	$0.060\,0 \cdot R_{460}$	$1.669\,2 \cdot R_{460}$
470	$0.195\,4 \cdot R_{470}$	$0.091\,0 \cdot R_{470}$	$1.287\,6 \cdot R_{470}$
480	$0.095\,6 \cdot R_{480}$	$0.139\,0 \cdot R_{480}$	$0.813\,0 \cdot R_{480}$
490	$0.032\,0 \cdot R_{490}$	$0.208\,0 \cdot R_{490}$	$0.465\,2 \cdot R_{490}$
500	$0.004\,9 \cdot R_{500}$	$0.323\,0 \cdot R_{500}$	$0.272\,0 \cdot R_{500}$
510	$0.009\,3 \cdot R_{510}$	$0.503\,0 \cdot R_{510}$	$0.158\,2 \cdot R_{510}$
520	$0.063\,3 \cdot R_{520}$	$0.710\,0 \cdot R_{520}$	$0.078\,2 \cdot R_{520}$
530	$0.165\,5 \cdot R_{530}$	$0.862\,0 \cdot R_{530}$	$0.042\,2 \cdot R_{530}$
540	$0.290\,4 \cdot R_{540}$	$0.954\,0 \cdot R_{540}$	$0.020\,3 \cdot R_{540}$
550	$0.433\,4 \cdot R_{550}$	$0.995\,0 \cdot R_{550}$	$0.008\,7 \cdot R_{550}$
560	$0.594\,5 \cdot R_{560}$	$0.995\,0 \cdot R_{560}$	$0.003\,9 \cdot R_{560}$
570	$0.762\,1 \cdot R_{570}$	$0.952\,0 \cdot R_{570}$	$0.002\,1 \cdot R_{570}$
580	$0.916\,3 \cdot R_{580}$	$0.870\,0 \cdot R_{580}$	$0.001\,7 \cdot R_{580}$
590	$1.026\,3 \cdot R_{590}$	$0.757\,0 \cdot R_{590}$	$0.001\,1 \cdot R_{590}$
600	$1.062\,2 \cdot R_{600}$	$0.631\,0 \cdot R_{600}$	$0.000\,8 \cdot R_{600}$
610	$1.002\,6 \cdot R_{610}$	$0.503\,0 \cdot R_{610}$	$0.000\,3 \cdot R_{610}$
620	$0.854\,4 \cdot R_{620}$	$0.381\,0 \cdot R_{620}$	$0.000\,2 \cdot R_{620}$
630	$0.642\,4 \cdot R_{630}$	$0.265\,0 \cdot R_{630}$	$0.000\,0 \cdot R_{630}$
640	$0.447\,9 \cdot R_{640}$	$0.175\,0 \cdot R_{640}$	$0.000\,0 \cdot R_{640}$
650	$0.283\,5 \cdot R_{650}$	$0.107\,0 \cdot R_{650}$	$0.000\,0 \cdot R_{650}$
660	$0.164\,9 \cdot R_{660}$	$0.061\,0 \cdot R_{660}$	$0.000\,0 \cdot R_{660}$
670	$0.087\,4 \cdot R_{670}$	$0.032\,0 \cdot R_{670}$	$0.000\,0 \cdot R_{670}$
680	$0.046\,8 \cdot R_{680}$	$0.017\,0 \cdot R_{680}$	$0.000\,0 \cdot R_{680}$
690	$0.022\,7 \cdot R_{690}$	$0.008\,2 \cdot R_{690}$	$0.000\,0 \cdot R_{690}$
700	$0.011\,4 \cdot R_{700}$	$0.004\,1 \cdot R_{700}$	$0.000\,0 \cdot R_{700}$
三者之和	$\Sigma(P_{E\lambda} \cdot \bar{x}_\lambda \cdot R_\lambda)$	$\Sigma(P_{E\lambda} \cdot \bar{y}_\lambda \cdot R_\lambda)$	$\Sigma(P_{E\lambda} \cdot \bar{z}_\lambda \cdot R_\lambda)$
应乘因素	1/10.681 5	1/10.681 5	1/10.681 5
三刺激值	$X=$	$Y=$	$Z=$

颜色指数　视觉反射率：$R_{vis}=Y=$

色度坐标值：$x=X/(X+Y+Z)=$

$y=Y/(X+Y+Z)=$

颜色主波长：$\lambda_d=$

颜色纯度：$P_e=$

至此，已全部求出欲测矿物的颜色指数；视觉反射率 R_{vis}，主波长 λ_d 和色度坐标(x,y)。

四、反射色颜色指数的研究意义

反射色颜色指数用定量数字表征金属矿物反射色特点，消除了反射色定性观察中人为因素的影响和定性观察难以解决的困难。颜色指数所起的作用是传统矿物学简单的视测定性观察法所不能比拟的，突出地体现了近代矿石学研究方法的优点。如表Ⅱ-3和表Ⅱ-4所示，反射色颜色指数对区分自然金-自然银系列矿物和难以鉴别的铅锑硫盐矿物十分有用，同时有助于鉴别矿物的变种和异种（表Ⅱ-5和表Ⅱ-6）。不仅如此，由表Ⅱ-7还可看出，黄铁矿的反射色颜色指数特征还能帮助鉴别其含金性，这对地质找矿工作提供了新的寻找金矿的矿物学和矿石学标志。

由于矿物是天然形成的，与人工配制的颜色不同，它的反射色会受到诸多因素影响，即使是同一种矿物也会因产出环境不同、所含微量元素不同等原因，使得测出的颜色指数存在一定差异。可以预期，当这一难题得到解决之时，反射色颜色指数在矿石学、成因矿物学、找矿矿物学和新材料科学的发展中将得到广泛应用。

表Ⅱ-3 自然金-自然银系列矿物的反射色颜色指数

颜色指数 S_E / 数据 / 矿物	视觉反射率 R_{vis}(%)	色度坐标值		主波长 λ_d(nm)	纯度 P_e
		x	y		
自然金	75.3	0.400	0.398	578	0.399
金银矿	81.6	0.349	0.349	578	0.093
自然银	88.7	0.340	0.341	577	0.042

表Ⅱ-4 几种铅锑复杂硫盐类矿物的反射色颜色指数

颜色指数 S_E / 数据 / 矿物		视觉反射率 R_{vis}(%)	色度坐标值		主波长 λ_d(nm)	纯度 P_e
			x	y		
斜辉锑铅矿 (Meneghinte)	R_g	54.5	0.331	0.334	494	0.009
	R_m	50.5	0.329	0.332	487	0.015
	R_p	46.5	0.334	0.337	563	0.014
斜硫锑铅矿 (Plagionite)	R_g	42.3	0.324	0.328	484	0.036
	R_m	40.1	0.325	0.334	492	0.029
	R_p	32.5	0.335	0.341	561	0.029
纤硫锑铅矿 (Robinsonite)	R_g	44.6	0.325	0.326	480	0.035
	R_m	35.8	0.328	0.329	480	0.023
	R_p	32.1	0.329	0.331	484	0.016

表Ⅱ-5　含铁量不同之砷黝铜矿的反射色颜色指数特征

颜色指数 S_E / 数据 / 矿物变种	视觉反射率 R_{vis}(%)	色度坐标值		主波长 λ_d(nm)	纯度 P_e
		x	y		
含铁砷黝铜矿(Fe8.82%)	29.406 4	0.329 0	0.333 5	492	0.015 1
纯砷黝铜矿	29.000 0	0.329 0	0.333 0	490	0.014 0

表Ⅱ-6　磁黄铁矿不同异种的反射色颜色指数特征

颜色指数 S_E / 数据 / 矿物异种		视觉反射率 R_{vis}(%)	色度坐标值		主波长 λ_d(nm)	纯度 P_e
			x	y		
六方磁黄铁矿	R_g	38.3	0.354	0.354	578	0.124
	R_p	34.9	0.358	0.356	579	0.141
单斜磁黄铁矿	R_g	39.8	0.353	0.353	578	0.119
	R_p	34.3	0.357	0.353	581	0.130

表Ⅱ-7　含金性不同之黄铁矿的反射色颜色指数特征

颜色指数 S_E / 数据 / 矿物	视觉反射率 R_{vis}(%)	色度坐标值		主波长 λ_d(nm)	纯度 P_e
		x	y		
富含金的黄铁矿	52.673 2	0.364 9	0.367 7	577	0.200 0
不含金的黄铁矿	53.900 0	0.352 0	0.359 0	574	0.132 0

附录Ⅲ 矿物在聚敛光下的偏光图

在第三章中介绍了金属矿物在垂直入射光和垂直反射光下的光学效应，这里将介绍金属矿物在聚敛光下的光学效应。考虑到地质类专业的需求和当前教学实验室的条件，本节只对聚敛光下光学效应最基本的原理、主要的光学现象和观察方法作简要的阐述，至于有关形成机理、测定方法和测定结果等详细论述，读者可参阅有关文献。

一、聚敛光下偏光图的基本概念

聚敛光下偏光图指的是金属矿物在聚敛光下所显示的光学现象(图像)。众所周知，透明矿物在偏光显微镜聚敛正交偏光条件下显示出不均匀的干涉图(高重折率一轴晶矿物在消光位呈带彩色环带的黑十字，二轴晶矿物呈更复杂的干涉偏光图)。不透明矿物在反光显微镜聚敛正交偏光下则显示亮度和颜色不均匀的偏光图。前者造成干涉图的原因已为人们所熟知，而后者偏光图形成的原因则比较复杂，它主要由入射平面偏光振动面经反射而产生的旋转及其色散而引起，因此称作偏光图，而不叫干涉图。

二、聚敛光下偏光图的形成机理

(一)反射旋转及其色散

在反光显微镜高倍镜下，入射光被物镜聚敛成圆锥形的光束。物镜中心(视域中心)的光线为垂直入射、垂直反射，物镜(视域)其他位置则成各种不同角度的斜入射、斜反射，且越往视域边缘，斜度越大，也就是入射角越大。入射光和反射光组成的面为“入射面”，入射面与光片表面垂直，入射面中与光片表面垂直的线为“入射法线”，入射面与入射法线所夹的角称为“入射角”。据物理光学定律，入射角与反射角相等。

当平面偏光斜入射于光面时，斜反射光的振动面(图Ⅲ-1之 R 线)将与原入射光振动面(图Ⅲ-1之 P 线)不同，此现象即为“反射旋转”。反射旋转产生的原因是由于斜入射时平行于入射面的分振动 R_P 和垂直于入射面的分振动 R_S 的振幅不相等($OR_S > OR_P$)，合成振动 R 的振动面将产生趋向于入射面垂线(图Ⅲ-1之 S 线)的反射旋转。入射光振动面(图Ⅲ-1之 P 线)与反射光振动面(图Ⅲ-1之 R 线)之间的夹角称反射旋转角。

如图Ⅲ-1所示，在高倍物镜下，由于每一个位置斜入射的角度不同，使“反射旋转量”具如下特点：①自视域中心向视域边缘，由于入射角逐渐增大而变大；②在入射角相等时，越接近视域45°线方向，由于入射面与入射平面偏光振动面之间的夹角逐渐减小，反射旋转量逐渐增大；③越接近视域东西向和南北向，即入射面与入射平面偏光振动面平行和垂直，反射旋转量越小直至为零。图Ⅲ-1中虚线曲线表示反射旋转量的等量线，图中视域外四角部分表示4个象限中反射旋转的方向，由于 $OR_S > OR_P$，因此，Ⅰ、Ⅲ象限合成振动 R 因趋向于 S 而顺时针方向旋转，Ⅱ、Ⅳ象限合成振动 R 因趋向于 S 而逆时针旋转，即反射旋转在4个象限中呈对称分布。

由物理光学得知，白色可分解成不同的单色光。上述反射旋转量对不同单色光(如红光、蓝光等)可能不同，这种在可见光范围内反射旋转量随不同波长单色光而变化的光学现象就是“反射旋转色散”。它在聚敛偏光图形成机理中起着重要作用。

这里需要指出，如果斜射光入射于不透明矿物上，由于两个平行和垂直于入射面的分振动(R_P和R_S)的周相差不为0和π，合成的反射光波为椭圆偏光，椭圆长轴方向与入射偏光振动方向不同，这种现象称"反射椭圆偏光旋转"。椭圆长轴的反射旋转方向与上述反射旋转方向相同，椭圆的性质与入射偏光的波长、入射偏光的方位角、入射角和矿物本身的性质有关。如果矿物的吸收性小，则椭圆度就很小，可近似看作平面偏光。

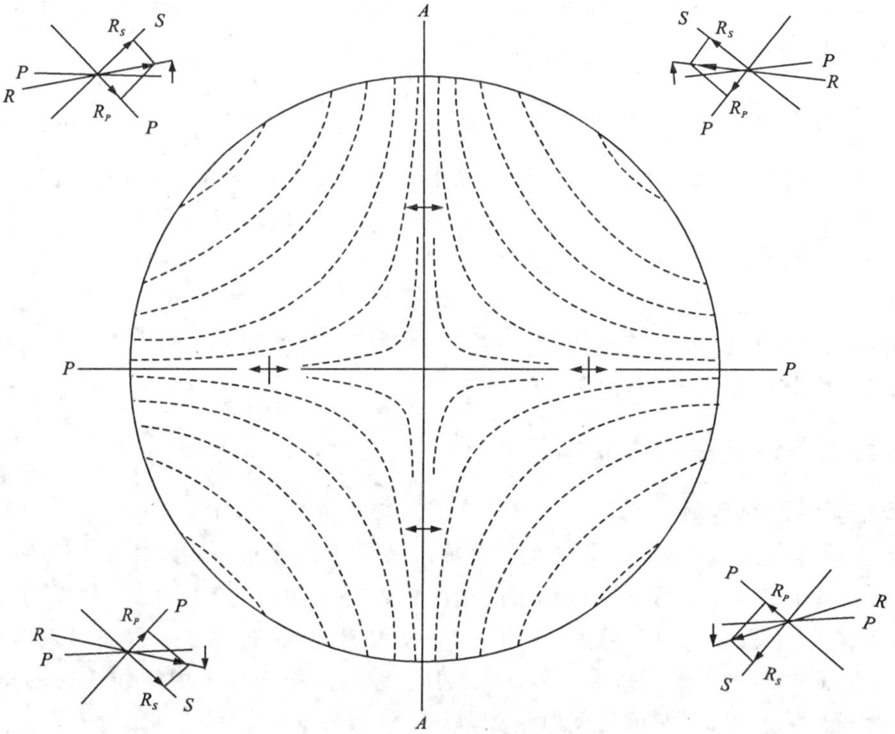

图Ⅲ-1　聚敛光下的反射旋转示意图

(据 R. Galopin 和 N. F. M. Henry，1972 改绘)

图中圆直径 PP 表示入射平面偏光振动方向(东西向)；AA 表示上偏光镜的振动方向(南北向)；粗黑箭头表示经反射旋转作用后的反射光振动方向(暂不考虑反射光由周相差产生的反射椭圆偏化作用)。图中视域外四角的 R 代表斜反射光的振动面；P 代表斜入射光振动面；OR_P 和 OR_S 分别代表平行和垂直于入射面两个分振动的振幅

(二)非均质旋转及其色散

关于非均质矿物，由于主反射率 R_1、R_2 不相等，在直射光下造成偏光振动面非均质旋转的性能，已在本教程第三章第四节阐明(图 3-4-1 等)。在聚敛偏光下这种"非均质旋转"光学效应同样存在。由于反射偏光振动面总是偏向反射率高的一边，导致转动物台一周"非均质旋转"在从某一消光位开始转动 0°～90°、180°～270°时为一种旋转方向，旋转 90°～180°、270°～360°时为另一种相反的旋转方向。这对非均质矿物在聚敛光下偏光图的形成具有重要的意义。

同样，在第三章第四节中也阐述过"非均质旋转色散"效应。非均质旋转色散系指非均质旋转角对不同波长单色光的变化而言，它在聚敛偏光图形成机理中也起着重要的作用。矿物的非均质旋转色散可分为红＞蓝($r>v$)、蓝＞红($v>r$)和红≈蓝($r\approx v$)3 种类型。

三、均质矿物的偏光图

(一)均质矿物的"黑十字"偏光图

由图Ⅲ-1所示反射旋转量的等量线分布状态可以看出,视域边缘部位旋转量大、视域中心部位旋转量小,十字丝部位旋转量为零。因此在严格正交偏光下,均质矿物的任何位置(即任意旋转物台)和非均质矿物的"消光位"显示"黑十字"图像。在这两种情况下不发生"非均质旋转"而只发生"反射旋转"。视域圆南北向和东西向直径处因反射旋转量为零,故这些位置的反射偏光振动面都为东西向,因而都不能通过上偏光镜而出现"黑十字"。其余位置因存在不同的反射旋转量,故通过上偏光镜的光强不等。由图Ⅲ-1得知应于45°线和视域最边部最亮,向视域中心和东西、南北直径(目镜十字丝)依次逐渐减弱。这种严格偏光下显示的典型"黑十字"聚敛偏光图,当非均质矿物处于"消光位"时也同样出现。

从附录Ⅰ分析均质矿物光学指示体的光学对称要素可知,均质矿物在严格正交聚敛光下的"黑十字"偏光图在转动物台时不发生变化(图Ⅲ-2)。

(二)均质矿物的"双曲线暗带"偏光图

当旋转上偏光镜使其偏离正交的位置时,也就是构成不完全正交偏光条件时,均质矿物在聚敛光下将出现如图Ⅲ-3所示的"双曲线暗带"偏光图。双曲线暗带处反射光振动方向与偏转后上偏光镜振动方向垂直,其他位置反射光振动方向都与之斜交。双曲线暗带出现的象限为反射旋转方向与上偏光镜偏离一致的象限,如图Ⅲ-3所示都是逆冲时针方向(Ⅱ、Ⅳ象限)。不出现暗带的两象限和出现暗带象限内"暗带"以外的位置都因经反射旋转后的反射光振动方向与偏转后的上偏光振动方向斜交而显示一定的亮度。

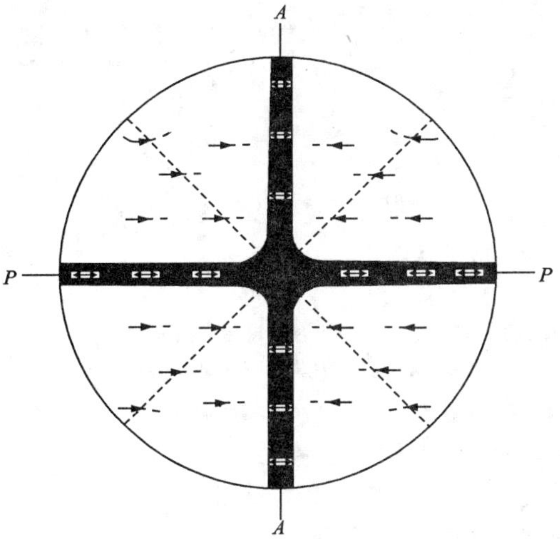

图Ⅲ-2　在严格正交聚敛偏光下均质矿物的偏光图

(据 Cameron,1961)

黑十字处反射光振动方向无旋转,用双箭头表示;4个象限中实线表示入射光振动方向,虚线表示反射光振动方向

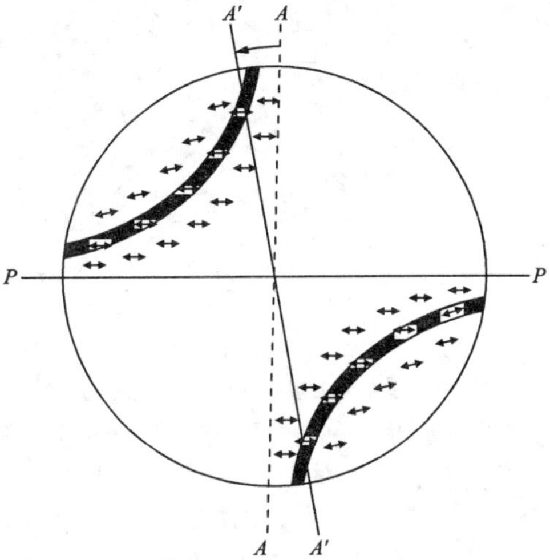

图Ⅲ-3　偏转上偏光镜时均质矿物的聚敛偏光图

(据 Cameron,1961)

双曲线暗带处反射光振动方向与偏转后的上偏光镜振动方向 $A'A'$ 垂直;其他位置反射光振动方向都与 $A'A'$ 斜交

上偏光镜的偏转角小,双曲线暗带二顶端较靠近,随着偏转角的增大,曲线二顶端也渐渐远离,最后到达视域边缘并逸出视域,这时上偏光镜的偏转角大小正好等于该矿物的最大反射

旋转角。

(三)均质矿物的反射旋转色散效应和椭圆旋转色散效应

1. 反射旋转色散效应

如图Ⅲ-4所示,均质矿物在严格正交聚敛偏光下显示“黑十字”图像后,再旋转上偏光镜出现带红、蓝色边的双曲线暗带,此由反射旋转色散作用造成。图Ⅲ-4(a)表示反射旋转在视域的东南象限内逆时针方向旋转。图Ⅲ-4(b)表示上偏光镜由 A 逆时针至 A_1 后,这个偏转角 $\angle AOA_1$ 将与视域东南象限内每一位置的反射旋转量相消。在双曲线暗带中每一处反射旋转量与 $\angle AOA_1$ 相等,使得反射光的振动方向都与 OA_1 垂直,故反射光不能透过,且显示“双曲线暗带”。在双曲线暗带的凸边区域内,因蓝光的反射旋转量较大,旋转后蓝光的振动方向 b 比红光的振动方向 r 更垂直于 OA_1 方向,故主要消去蓝光而导致产生“红色色边”;在双曲线暗带的凹边区域内,由于其所处的位置较凸边远离视域中心,任何色光的反射旋转量都比凸边大,所以蓝光不再与 OA_1 垂直,而红光反射旋转后的振动方向 r 比蓝光反射旋转后的振动方向 b 更垂直于 OA_1,故主要消去红光而导致“蓝色色边”的产生。这种“色边效应”的实质是蓝光的反射旋转量大于红光的反射旋转量。反射旋转色散符号为蓝>红($DR_r=v>r$)。当然,在均质不透明矿物中反射旋转色散符号还有红>蓝($DR_r=r>v$)和红≈蓝($DR_r=r\approx v$),共3类。表Ⅲ-1为常见均质不透明矿物的反射旋转色散分类表。

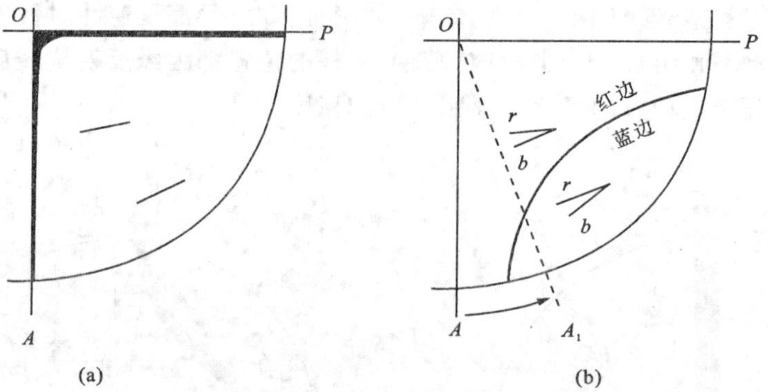

图Ⅲ-4　均质矿物反射旋转色散示意图

(据 Galopin, Henry, 1972)

(a)均质矿物在严格正交聚敛偏光下的“黑十字”图像,图中细黑线表示经反射旋转后反射光的振动方向,在东南象限内反射旋转的方向是逆时针的,并且越离开视域中心黑十字暗带反射旋转量越大;(b)偏转上偏光镜后的双曲线暗带图像(带有“色边”),图中蓝光的反射旋转量大于红光的反射旋转量,双曲线暗带凸边显红色色边,凹边显蓝色色边,反射旋转色散符号为蓝>红($v>r$)

表Ⅲ-1　常见均质不透明矿物的反射旋转色散分类表

“红>蓝”型(凸边蓝色,凹边红色)	“蓝>红”型(凸边红色,凹边蓝色)	“红≈蓝”型(看不出色边)
自然铁	黄铁矿	自然铂
辉银矿	紫硫镍矿	磁铁矿
砷黝铜矿	黝铜矿	方铅矿
蓝辉铜矿	斑铜矿	闪锌矿

(据徐国风,1978)

2. 椭圆旋转色散效应

对一些吸收性很强的均质矿物，如自然金、自然银、自然铜等，在旋转上偏光镜后形成的双曲线暗带中，暗带的两端为黑色或深灰色，暗带的中段不消光而显示一定的亮度和颜色，此为椭圆旋转和椭圆色散效应所造成。由于均质的不透明矿物吸收系数 K、反射率 R 越大，其反射椭圆偏光旋转作用越强。所以，对于吸收性很强的矿物，椭圆旋转色散效应比较明显。如自然金，其双曲线暗带的中段为橙黄色。对于大多数矿物，由于吸收性不强，椭圆度很小，其椭圆偏光近似于平面偏光。

四、非均质矿物的偏光图

(一)非均质矿物的双曲线暗带偏光图

非均质矿物在严格正交聚敛偏光下，其消光位的偏光图如同均质矿物一样为一"黑十字"，旋转上偏光镜后为一分离的双曲线暗带，其成因与均质矿物偏光图的成因相同，由反射旋转作用造成。

非均质矿物偏光图与均质矿物偏光图不同之处是非均质矿物自消光位旋转物台后，"黑十字"即分离成双曲线暗带，当矿物处于 45°位置时，双曲线暗带分离度最大。旋转物台一周，出现 4 次"黑十字"，4 次双曲线暗带。此光学效应实质上主要由非均质旋转和反射旋转叠加作用所造成。

图Ⅲ-5 可说明在严格正交聚敛光下非均质矿物 45°位置偏光图的形成机理。图中视域外四角部位的 E 代表入射光的振动方向，与上偏光镜垂直，r 代表矿物在四象限中经反射旋转后反射光的振动方向，"黑十字"线上之双箭头代表整个视域中任何一点的非均质旋转，四角上的 R 表示非均质旋转和反射旋转叠加后在四象限中反射光总的振动方向。由图Ⅲ-5 可知，在西北(Ⅱ)、东南(Ⅳ)象限内反射旋转 r 为逆时针方向，非均质旋转在图中为顺时针方向旋转，二者因旋转方向相反而减小，致使在此两象限内有一些位置的反射旋转量与非均质旋转量相等，二者相抵消，使反射偏光振动面未旋转，故其振动方向为原入射光的振动方向 E，光线垂直于上偏光镜而完全不能通过，由这些点连接成"消光带"。图Ⅲ-1 所示反射旋转等量线为双曲线形状决定了"消光带"为"双曲线暗带"。此带上各点的振动方向(暗带内双箭头线都是东西向)都与上偏光镜 AA 垂直。在西北、东南两象限内"非暗带位置"上各点反射光总的振动方向 R 都不与上偏光振动方向垂直，故都有一部分光通过上偏光镜而显示一定的亮度。而在东北(Ⅰ)、西南(Ⅲ)两象限，由于反射旋转和非均质旋转的方向相同(都是顺时针方向)而相加，导致有较多的光量通过上偏光

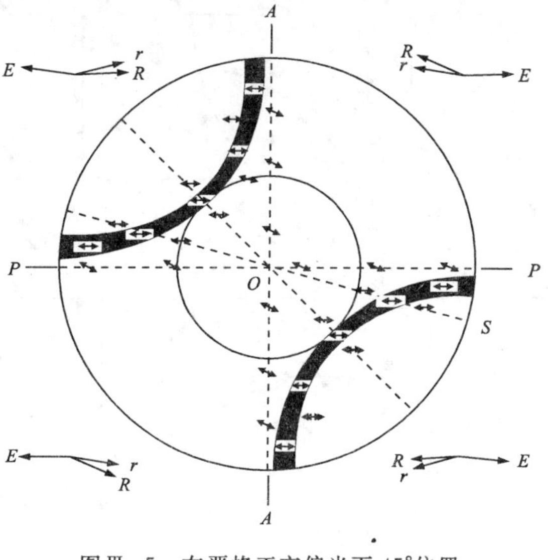

图Ⅲ-5　在严格正交偏光下 45°位置非均质矿物的聚敛偏光图
(据 Cameron,1961)

视域外四角 E 代表入射光振动面方向，r 代表矿物在四象限中反射光经反射旋转后的振动方向，十字线上之双箭头线代表整个视域中任何一点的非均质旋转，R 则表示非均质旋转与反射旋转叠加后在四象限中反射光总的振动方向

镜，并且越靠近视域边缘和45°线亮度越大。

如果再转动物台90°，矿物高反射率方向也相应转了90°，因此，非均质旋转由顺时针变为逆时针方向。如前所述，反射旋转Ⅱ、Ⅳ象限为逆时针方向，Ⅰ、Ⅲ象限为顺时针方向。此时出现的光学现象与矿物处于45°位置时的现象不同，双曲线暗带出现在Ⅰ、Ⅲ象限，而Ⅱ、Ⅳ象限较亮。

(二)非均质矿物的反射旋转色散和非均质旋转色散效应

非均质矿物双曲线暗带的"色边"是由反射旋转色散(DR_r)和非均质旋转色散(DA_r)叠加而成的综合色散 $D(R_r+A_r)$作用造成的。这两种色散有时相同，有时相反，有时相抵消，因此叠加后的综合色散有时加强，有时减弱，有时相抵消。

图Ⅲ-6为非均质矿物的反射旋转色散及反射旋转和非均质旋转的综合色散示意图。图上半部的3个小图表示非均质矿物在"消光位"上显"黑十字"聚敛偏光图后转上偏光镜至 A_1 时，反射旋转色散符号(DR_r)为红>蓝($r>v$)，使得双曲线暗带凸边显蓝色色边，凹边显红色色边。图下半部的3个小图表示反射旋转和非均质旋转综合色散的3种类型，图中虚线 b 和 r 分别代表蓝光和红光反射旋转后反射光的振动方向，粗黑线 B 和 R 分别代表叠加非均质旋转后蓝光和红光的振动方向。

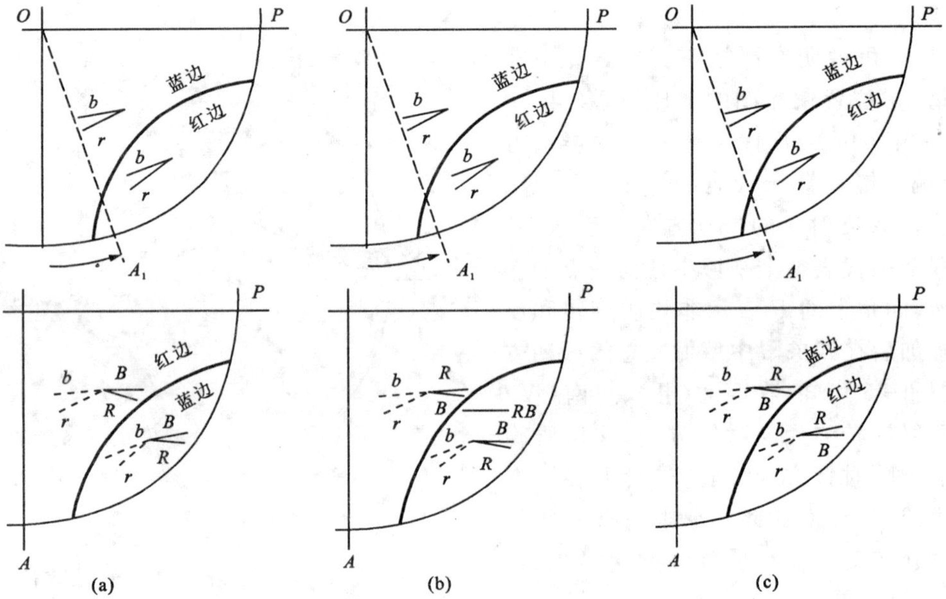

图Ⅲ-6　非均质矿物的反射旋转色散及反射旋转和非均质旋转综合色散示意图
(据 Calopin, Henry, 1972)

上半部3个小图表示反射旋转色散，细黑线代表经反射旋转后反射光的振动方向。下半部3个小图表示反射旋转和非均质旋转综合色散，虚线代表经反射旋转后反射光的振动方向，粗黑线代表叠加非均质旋转后的反射光总振动方向

反射旋转色散和非均质旋转色散的关系可由图Ⅲ-6来说明。

(1)非均质矿物位于消光位旋转上偏光镜而出现双曲线暗带的反射旋转色散色边符号与正交偏光下矿物处于45°位置出现双曲线暗带综合色散的色边符号相反时，非均质旋转色散符号与反射旋转色散符号相同。

如图Ⅲ-6(a)上半部所示，非均质矿物的反射旋转色散色边的凸面显蓝色，说明红光的振动方向 r 与 OA_1 垂直而不能通过，故显蓝光；同理，色边的凹面显红光，说明蓝光的振动方向 b 与 OA_1 垂直不能通过而显红光。由于反射旋转量由视域中心向视域边缘是逐渐增大的，因此反射旋转色散(DR_r)必定是红>蓝($r>v$)。

图Ⅲ-6(a)的下半部反映了反射旋转和非均质旋转的综合色散情况。矿物此时为顺时针方向旋转，在其45°位置上双曲线暗带凸面为红色色边，凹面为蓝色色边。在红色色边区内，蓝光的反射旋转和非均质旋转叠加的综合反射光总振动方向 B 与上偏光镜 OA_1 垂直，故能消掉蓝光而通过较多的红光形成红色色边。由于这一象限(Ⅱ、Ⅳ)中反射旋转与非均质旋转的方向相反，叠加后趋于减弱，此时凸面出现红边则说明蓝光的反射旋转量与非均质旋转量相等而被抵消。同理，在凹面的蓝色色边内红光的反射旋转与非均质旋转叠加的综合反射光总振动方向 R 与上偏光振动方向垂直，因而消去红光而通过较多的蓝光形成蓝色色边。这种凸红凹蓝的综合旋转色散符号为红>蓝($r>v$)。这是因为在同一色光下，矿物的非均质旋转量在整个视域内是相同的，而反射旋转量则由视域中心向边缘是逐渐增大的，因此，在凸边 DA_r(蓝)$=DR_r$(蓝)，则在凹边必定是 DR_r(蓝)$>DA_r$(蓝)，同时由于图Ⅲ-6(a)上半部的反射旋转色散为 $DR_r= r>v$，可推知非均质旋转色散亦为 $DA_r= r>v$。

(2)非均质矿物位于消光位旋转上偏光镜所出现的双曲线暗带具明显的色边图Ⅲ-6(a)上半部，而当非均质矿物处于45°位置时双曲线暗带不显色边[图Ⅲ-6(a)下半部]，这种情况的非均质旋转色散和反射旋转色散符号亦相同。

非均质矿物处于45°位置时呈双曲线暗带不显色边的这种情况，是由于红光和蓝光的反射旋转和非均质旋转叠加综合的反射光的振动方向都与上偏光振动方向垂直，致使双曲线暗带的色边消失所造成的。这种无色边的综合旋转色散符号为红≈蓝($r\approx v$)，同时由于图Ⅲ-6(b)上半部可知反射旋转色散的 $DR_r= r>v$，由此可推知该矿物的非均质旋转色散亦为 $DA_r=r>v$，但不如图Ⅲ-6(a)强。

(3)非均质矿物位于消光位旋转上偏光镜而出现双曲线暗带的反射旋转色散色边符号与正交偏光下矿物处于45°位置出现双曲线暗带综合色散的色边符号相同时，如图Ⅲ-6(c)所示。此时，非均质旋转色散符号为红>蓝(很弱)、红≈蓝或蓝>红(强)。要对这3种可能性作出准确的推断较为困难，读者作详细研究时，可参阅有关专门著作。

表Ⅲ-2列举了某些常见非均质不透明矿物几种旋转色散资料，供参考。

表Ⅲ-2 常见非均质不透明矿物的几种旋转色散分类表

色散符号类型 / 色散 / 矿物	反射旋转色散(DR_r)	反射旋转和非均质旋转综合色散 $D(R_r+A_r)$	非均质旋转色散(DA_r)
自然铋	蓝>红	蓝>红	蓝>红
石墨	红≈蓝	红>蓝	红>蓝
赤铁矿	红>蓝	蓝>红	红≈蓝
钛铁矿	蓝>红	蓝>红	蓝>红
软锰矿	红≈蓝	红>蓝	红>蓝
硬锰矿	红≈蓝	蓝>红	蓝>红
黑锰矿	红≈蓝	红>蓝	红>蓝
白铁矿	蓝>红	蓝>红	蓝>红

续表Ⅲ-2

色散符号类型 \ 色散 / 矿物	反射旋转色散(DR_r)	反射旋转和非均质旋转综合色散 $D(R_r+A_r)$	非均质旋转色散(DA_r)
磁黄铁矿	蓝＞红	蓝＞红	蓝＞红
辉钼矿	红≥蓝	红≈蓝	红＞蓝
铜蓝	红＞蓝	红＞蓝	红＞蓝
墨铜矿	蓝≥红	红＞蓝	红＞蓝
辉铜矿	红＞蓝	蓝＞红	红＞蓝
黄铜矿	蓝＞红	红＞蓝	红≈蓝
硫砷铜矿	蓝＞红	红＞蓝	红＞蓝
辉锑矿	红≈蓝	蓝＞红	蓝＞红
辉铋矿	红＞蓝	红＞蓝	红＞蓝
黝锡矿	蓝＞红	蓝＞红	蓝＞红
红砷镍矿	蓝＞红	蓝＞红	蓝＞红
毒矿	蓝＞红	蓝＞红	蓝＞红

(三)非均质矿物的椭圆偏化和偏光图像变化系列

应当说明,以上讨论中都只考虑由垂直、平行入射面的分振动 R_s、R_p 及最大、最小主反射率 R_1、R_2 振幅不同造成的反射旋转和非均质旋转效应,都未考虑由 R_s 和 R_p 以及 R_1 和 R_2 之间的周相差造成的椭圆偏化效应。从严密的角度看,以上所提到"黑十字"和"双曲线"消光带都可由"椭圆偏化作用"而呈"暗十字"、"暗双曲线",以及可由"椭圆偏化色散效应"而呈"色十字"、"色双曲线"。这种消光带不黑或带色的现象在消光带中段和视域中心部位比较明显。

非常明显,我们在第三章第四节中总结的在直射光下旋转物台一周非均质不透明矿物由严格正交偏光下的"正四明四暗"到不完全正交偏光下显示"歪四明四暗"进而显示"两明两暗"的光学效应,在聚敛光下同样会产生"正四合四分"到"歪四合四分"进而为"两合两分"的光学效应。即在直射光下显示的"明亮"于聚敛光下为"分离度大的双曲线暗带"偏光图像;在直射光下显示的"暗淡"于聚敛光下为"暗十字"或"分离度很小的双曲线暗带"偏光图像。

五、聚敛偏光图观测的操作步骤

(一)检查偏光镜是否正交和物镜有无应变

采用高倍物镜和玻片式反射器,置一均质矿物如黄铁矿于载物台上,在正交偏光下,转动物台,以视域完全黑暗为准。移去目镜(或加入勃氏镜),可见一"黑十字"。转动物台,"黑十字"不变不破碎,说明偏光镜完全正交及物镜和反射器等均无问题,可以观测偏光图。

(二)观测均质矿物和一轴晶底切面偏光图

(1)置未知矿物于载物台上,在完全正交偏光下,移去目镜(或加入勃氏镜),出现一"黑十字",转动物台,"黑十字"不变化,此为均质矿物或一轴晶矿物的底切面。

(2)转动上偏光镜到某一角度,使"黑十字"变成双曲线暗带,观测反射旋转色散(DR_r)和反射椭圆旋转色散(DE)的特征和色散符号类型。

(三)观测非均质矿物的偏光图

(1)置未知矿物于载物台上,在完全正交偏光下转动物台一周,可出现 4 次"黑十字",4 次双曲线暗带，其中两次双曲线在Ⅰ、Ⅲ象限，两次在Ⅱ、Ⅳ象限，此为非均质矿物偏光图。

(2)置非均质矿物于消光位，转动上偏光镜，使原“黑十字”分离成双曲线暗带，观测反射旋转色散(DR_r)的特征和色散符号类型。

(3)置非均质矿物于消光位，即将上偏光镜恢复正交位置(黑十字形成)后，转动物台45°(矿物处于45°位置)，出现双曲线暗带，观察双曲线暗带综合旋转色散[$D(R_r+A_r)$]色边配置情况，确定综合旋转色散类型和强度。

(4)根据反射旋转色散(DR_r)和综合旋转色散[$D(R_r+A_r)$]的类型和强度，推测非均质旋转色散(DA_r)的类型和强度。非均质旋转色散类型在一轴晶矿物的各晶粒中一致，二轴晶矿物中则不同晶粒一部分为红＞蓝，一部分为蓝＞红。由此，可区分一轴晶和二轴晶矿物。

(5)置非均质矿物于45°位置，转动上偏光镜，使双曲线暗带回到“黑十字”偏光图，此时上偏光镜转动的角度即为非均质旋转角。若为一轴晶平行 c 轴或二轴晶平行光轴的切面，则此值为标准值，并记录此旋转方向与晶体延长、解理等的关系，均可作为鉴定矿物的特征。

六、聚敛偏光图的研究意义

偏光图的研究，一方面丰富了不透明矿物晶体光学的内容，促进了不透明矿物光性研究的发展，而且对矿物的鉴定工作具有实际意义。例如：

(1)均质矿物偏光图中的反射旋转色散类型、强度和椭圆旋转色散，对矿物具有特征性，许多光学性质类似的均质不透明矿物可借此区分。如表Ⅲ-1的黝铜矿和砷黝铜矿，二者的许多光学性质非常相似，但反射旋转色散类型不同，黝铜矿为“蓝＞红”型，砷黝铜矿为“红＞蓝”型。

(2)非均质矿物偏光图像对于观测矿物的反射旋转色散、反射旋转和非均质旋转色散叠加的综合色散特别有效。利用这些性质可以帮助进一步鉴定矿物，如表Ⅲ-2的软锰矿和硬锰矿。软锰矿在正交聚敛偏光下的双曲线暗带偏光图凹部显蓝色，凸部显红色；而硬锰矿则反之。一些具明显非均质性、高硬度的白色矿物，如铁镍钴的硫砷化合物，以往一般只能区分均质和非均质两大类，但非均质矿物进一步区分就很困难，而利用非均质矿物偏光图则可帮助鉴别。

附录Ⅳ 矿物的浸蚀鉴定

一、基本概念

1. 浸蚀鉴定

用一定浓度的化学试剂浸蚀矿物光面，根据矿物对不同试剂的反应特点来鉴定矿物的方法，称为浸蚀鉴定。一般规定，发生了反应，为正反应，用“＋”表示；不发生反应，为负反应，用“－”表示。

在20世纪40年代以前，这种鉴定金属不透明矿物的方法受到各国矿相学家如M. N. Short(1931)、А. Г. Бетехтин和Л. В. Радугина(1933)等的重视并在许多矿物鉴定表中起主导作用。但从20世纪40年代以来，由于物理方法测试技术的飞跃进展，特别是应用光电学原理定量测定矿物反射率方面的突破，使得用矿物的物理性质(特别是光学性质)在反光显微镜下鉴定金属矿物居主导地位。虽然如此，浸蚀鉴定在当前金属矿物鉴定中仍不失为一种重要辅助方法，尤其是某些对浸蚀有特征反应的矿物，效果更好。例如在光学物理性质方面很相似的硫锑铅矿和辉锑矿，用40%浓度的KOH溶液浸蚀这两种矿物，前者为负反应，后者产生桔红色沉淀，为正反应，凭此可迅速、简便地将二者区别开来。

2. 浸蚀鉴定的基本原理

矿石光面在抛光过程中，表面会产生一层非晶质薄膜，其厚度约为数十到数百纳米，这层薄膜不仅掩盖在矿物光面上，而且还填充了矿物的解理、裂隙及晶隙，使原来的矿物颗粒连成一片，看不出晶粒界限和晶粒内部的结构特点。

浸蚀反应所用的试剂，大部分为强酸、强碱、强氧化剂，具有强烈的腐蚀能力和化学反应能力，当试剂与矿物光面接触时，首先与试剂起作用的是上述该矿物的非晶质薄膜，进而才是矿物本身。不同的矿物与不同试剂反应的特点是不同的，根据这些特点可以帮助我们鉴定、鉴别矿物。

二、浸蚀后产生的反应现象

(一)正反应(＋)现象

1. 发泡

在浸蚀作用过程中由于化学反应产生气体，会出现发泡现象。如稀硝酸、稀盐酸浸蚀方解石放出无色无味的CO_2气体；硝酸浸蚀辉铜矿放出无色但腐臭气味很浓的H_2S气体。一般地说，反应迅速、剧烈起泡者称为沸腾；反应缓慢徐徐发泡称为慢泡。

2. 显结构

试剂溶解了非晶质薄膜而显现出矿物内部的结构特征，这些特征包括矿物颗粒界线、解理、裂隙、双晶、环带、包裹体等。如用硝酸浸蚀辉铜矿，会显现出颗粒界线和解理；用硝酸浸蚀毒砂，有时会出现环带。

3. 染黑

当试剂的浸蚀溶解作用更强烈时，不仅非晶质薄膜被溶解，矿物本身也被溶解，使得矿物光面变得粗糙不平，入射光反射成散射光，浸蚀部位变得很暗，呈黑灰色或黑色。如硝酸浸蚀方铅矿就会出现染黑的正反应现象。

4. 染色(污染)

浸蚀作用发生后浸蚀部位产生轻度沉淀，形成各种颜色的被膜，一般情况下这种被膜很薄。根据被膜颜色，染色又可分为：

①染褐：浸蚀部位产生褐色被膜。如三氯化铁浸蚀自然铜，可迅速染褐。

②染蓝：浸蚀部位产生蓝色沉淀。如辉铜矿被硝酸浸蚀染蓝，系沉淀了灰蓝绿色的硝酸铜薄膜造成。

③晕色(染彩)：浸蚀部位产生极薄的无色透明状被膜，光波进入薄膜内部再反射出来形成种种干涉色，颜色与彩虹相似，呈现黄、红、棕、蓝、绿等多种颜色，即为晕色，也称为染彩。如毒砂用硝酸浸蚀，可出现鲜艳的晕色。

5. 沉淀

当浸蚀作用特别强烈时，溶解和沉淀都比较显著，常在浸蚀部位形成比被膜厚的沉淀，即比染色的沉淀物厚得多并常带有一定颜色的沉淀物，以至于肉眼下就能清楚地看出来。如赤铜矿用盐酸浸蚀产生白色沉淀，辉锑矿用 KOH 浸蚀产生桔红色沉淀等。

6. 气散(薰污)

试剂滴在矿物光面上，其挥发产生的气体使液滴四周产生色变，形成一个带色的圈层(晕圈)，叫气散(薰污)。如用盐酸浸蚀硫铜银矿可在液滴四周产生气散。

浸蚀结束后，用蒸馏水冲洗浸蚀部位，如有以上 6 种反应中的任何一种或几种，都叫正反应(＋)。

(二)负反应(－)现象

(1)浸蚀部位经蒸馏水冲洗后，没有上述 6 种正反应中的任何一种。

(2)汗圈：试剂蒸发时在液滴周围遇矿物冷凝而形成一圈小雾珠。用滤纸吸干，经蒸馏水冲洗后不见留下任何一种正反应现象。

三、浸蚀鉴定的方法

(一)试剂

一般常用以下 6 种标准试剂：

(1)1∶1HNO_3；

(2)1∶1HCl；

(3)20％KCN(剧毒)；

(4)20％$FeCl_3$；

(5)5％$HgCl_2$；

(6)40％KOH。

有时还采用 3％H_2O_2和王水(3 份浓盐酸、1 份浓硝酸)等作为补充浸蚀试剂。

(二)工具

1. 白金丝滴棒

滴浸蚀试剂使用“白金丝滴棒”[图Ⅳ－1(a)]，白金丝直径约为 0.3mm，长度 25mm，一端固定在玻璃棒中，另一端弯成内径 0.4mm 的圆环。弯折圆环使圆环平面与白金丝成 30°角度倾斜[图Ⅳ－1(a)之上半部]。

2. 小滴瓶

试剂用小滴瓶保存，瓶塞与瓶盖都经过精细磨制，接触紧密，不致使气体外逸[图Ⅳ－1

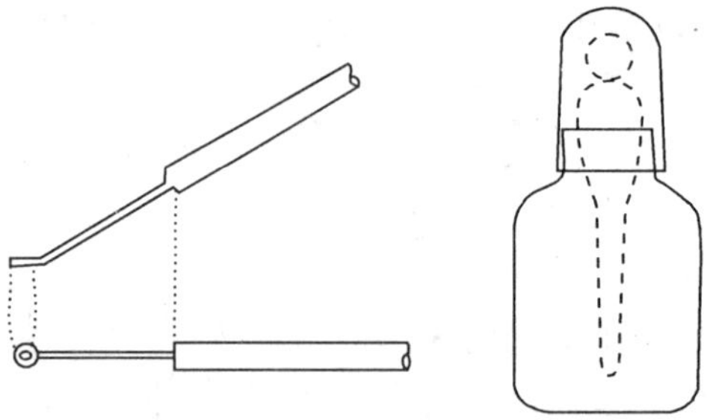

(a)　　(b)

图Ⅳ-1　白金丝滴棒及滴瓶

(b)]。但保存二氯化汞和氢氧化钾试剂的瓶子应采用带小玻璃棒的橡皮塞，以避免溶液结晶粘住瓶口。

3. 玻璃瓶

内装蒸馏水，用来冲洗白金丝滴棒和浸蚀部位。

4. 滤纸

用作吸干白金丝滴棒及浸蚀部位的水分和试液。

(三)操作步骤

浸蚀鉴定的操作步骤如下：

(1)将光片擦净，除掉光片表面的尘埃、油污及氧化膜；

(2)将光片置于镜下(最好装在机械台上)，使用中、低倍物镜，找好具有一定大小的待测矿物；

(3)将试剂用小滴瓶中的滴棒滴在用蒸馏水冲洗过的白金丝圆环上；

(4)略提升镜筒(或降低物台)，将试剂滴在欲试矿物颗粒上，立即准焦观察液滴内部及周围的情况；

(5)在1min的时限内，观察有无发泡、气散薰污、汗圈等现象；

(6)1min后马上用蒸馏水冲洗光片被浸蚀部位(有机械台时则用机械台的任何一个移动尺将光片移出冲洗、擦干后再移回原位置)，用滤纸吸干观察有、无显结构、染黑、染色、沉淀、气散薰污等现象，以确定有、无浸蚀反应发生。

四、浸蚀鉴定的影响因素

为了正确进行矿物的浸蚀鉴定，必须注意以下影响因素：

(1)保持光面洁净：若光面不干净，即使用手指碰触也会产生油污，都将妨碍试剂与矿物的正常反应。

(2)试剂性质：氰化钾、三氯化铁、二氯化汞以及氢氧化钾易蒸发留下沉淀物，在显微镜下显示种种彩色以致被误认为正反应，但用蒸馏水冲洗后这些沉淀物薄膜即行消失。

(3)电化学作用：当一滴试剂同时覆盖两种矿物时，由于电位差产生电流，可使某一种矿物的反应加强，同时使另一种矿物的反应减弱。如方铅矿和斑铜矿接触，两矿物同时被一滴三氯化铁液滴浸盖时，斑铜矿的浸蚀反应较其单独存在时加剧，方铅矿则全无反应(纯方铅矿单独存在时浸蚀反应很剧烈)。因此挑选的预测矿物应比滴液面积大才比较合适。

(4)杂质和裂缝:若确系被试矿物发生浸蚀化学反应逸出气体“发泡”,则冒泡地点比较均匀。若被试矿物中包含有方解石的细脉,加酸后发泡方解石细脉成“带状泡”;另有些小气泡从矿物裂隙中冒出来,这也不是浸蚀反应的结果。应注意辨别。

(5)矿石产状:在氧化带产出的矿石受风化作用较易浸蚀,如黄铜矿和黝铜矿在原生矿石中不被硝酸浸蚀,而在氧化矿石中则常显正反应。

(6)化学成分:矿物中类质同象混入物的种类和含量不同会影响到同一种矿物的浸蚀鉴定结果(有时为正反应,有时为负反应)。如黝铜矿对硝酸和氰化钾就是由于所含成分不同而反应不同。

应当指出,浸蚀鉴定不仅比较麻烦、费时、易损伤光片,而且鉴定结果不甚可靠,故在鉴定金属矿物时只能起辅助性或验证性的作用。应以光学性质和其他物理性质作为鉴定金属矿物的主要依据,并置于优先地位首先加以利用。

附录Ⅴ　矿物的显微结晶化学分析

一、基本概念

矿物的显微结晶化学分析简称微化分析。它是利用微量的矿物粉末与化学试剂作用，在显微镜下观察反应产物的特征，确定矿物中含有某种化学元素的方法。

把矿物粉末制成溶液，溶液中即含有某种欲测元素。在溶液中再加入适当的试剂，使溶液中欲测元素与试剂作用，会发生以下的反应产物：

(1)具有一定形状、大小和颜色的结晶体；

(2)无定形沉淀；

(3)带有一定颜色的溶液。

根据这些反应产物的特征(晶形、颜色等)，可以帮助鉴定所含化学元素的种类。

微化分析区别于一般的化学分析具有以下4个特点：

(1)样品和试剂用量少，操作简便；

(2)化学反应在载玻璃片上进行；

(3)反应结果在显微镜下观察；

(4)分析结果是定性的而不是定量的。

微化分析通常是在观测了矿物光学物理性质和浸蚀鉴定之后，在大致定出未知矿物所属的大类可初步定名的情况下使用的一种方法。它的作用是用来验证鉴定结果及区分性质比较相似的矿物。例如黝铜矿[$(Cu,Fe)_{12}Sb_4S_{13}$]和砷黝铜矿[$(Cu,Fe)_{12}As_4S_{13}$]，二者的光学物理性质和浸蚀鉴定特征都很相似，单靠这些无法区分这两种矿物。比较两矿物的成分，黝铜矿含Sb，而砷黝铜矿含As，这样我们就可以利用它们化学成分上的差异做Sb、As的微化分析，那么有Sb的反应是黝铜矿，有As的反应就是砷黝铜矿了。

二、微化分析的方法

(一)试剂

1. 液体试剂

(1) 1∶1 HNO_3；

(2) 1∶1 HCl；

(3) 1∶7 HNO_3；

(4) 1∶5 HCl；

(5) 5% HCl；

(6) 1∶3 H_3PO_4；

(7)王水；

(8) 20% NH_3、H_2O(氨水)；

(9) 3% $K_2Hg(CNS)_4$(硫氰酸汞钾)。

2. 固体试剂

(1)碘化钾；

(2)氯化铯；

(3)铋酸钠；

(4)二甲基乙二醛肟；

(5)醋酸钙；

(6)钼酸铵等。

(二)工具及作用

(1)显微镜(用透光系统)：观察反应结果；

(2)金属刻针或金刚石刀：刻取样品；

(3)载玻璃片：在其上作化学反应；

(4)酒精灯：加热溶解样品；

(5)牙签：沾取矿物粉末和固体试剂，沟通试液；

(6)滴管：用于移取试液。

(三)操作步骤

微化分析的一般操作步骤为：

(1)取样：矿物连晶颗粒大用肉眼、颗粒细小在镜下用钢针或金刚石刀(对高硬度矿物)刻取少量矿物粉末。

(2)溶样：将1∶1硝酸或王水滴在清洁载玻片的一端，再把粘附有矿粉的牙签置于液滴中。用微焰酒精灯徐徐加热(火焰不要触及载玻片)，使液滴缓慢蒸发干。如残品中还有未被溶解的矿物粉末，则反复溶解几次直至完全溶解为止。等载玻片冷却后再用1∶7硝酸或其他稀酸溶液溶解残品。

(3)移液过滤：制成的稀酸溶液放置2～3min使沉淀物等杂质沉底，用吸液管(专用，勿污染)或自制毛细管吸出"清液"移到载玻片清洁处。

(4)加试剂：加固体试剂用湿润而清洁的牙签粘附目力所及最小的固体试剂颗粒(粉末)放在液滴中心；加液体试剂则采用"液滴交汇法"(将试剂液滴于"样品清液"附近2～3mm处，用牙签引通两个液滴)。

(5)观察反应结果：加试剂2～3min后在显微镜下观察反应产物的晶体大小、形态、颜色和在正交偏光下的光性，主要是晶体形态和颜色(图Ⅴ-1)。

三、重要元素的微化分析

显微结晶化学分析中有几种试剂能与多种元素发生反应，产生特征的沉淀或溶液，鉴定意义较大。如硫氰酸汞钾对于铜、锌、钴、镍、银、金、硒等元素，碘化钾加氯化铯对于锑、砷、铋、锡、铅、铜等元素都有鉴定意义。另有些试剂对某种元素有特效，如铋酸钠对于锰，二甲基乙二醛肟对于镍等。现将若干重要元素的微化分析结果简介如下：

(1)锌：以王水溶解闪锌矿等含锌矿物，在残品上加1∶7硝酸后移液，再加一滴3%硫氰酸汞钾溶液，产生白色羽毛状、雪花状、毛十字状硫氰酸汞锌晶体[图Ⅴ-1中之1]。矿物含铁时溶液显血红色，会将硫氰酸汞锌染色。此时加一滴1∶3磷酸去铁，溶液立即褪色显出硫氰酸汞锌白色晶体。

(2)铜：以1∶1硝酸或王水溶解黄铜矿等含铜矿物，在残品上加较多的1∶7硝酸后移液，再加尽可能小的一滴3%硫氰酸汞钾溶液，产生黄绿色苔藓状(铜多)或叶片状(铜少)硫氰酸汞铜晶体[图Ⅴ-1中之2]。矿物含铁对硫氰酸汞铜晶体颜色观察有妨碍，仍可同上加稀磷酸消除影响。

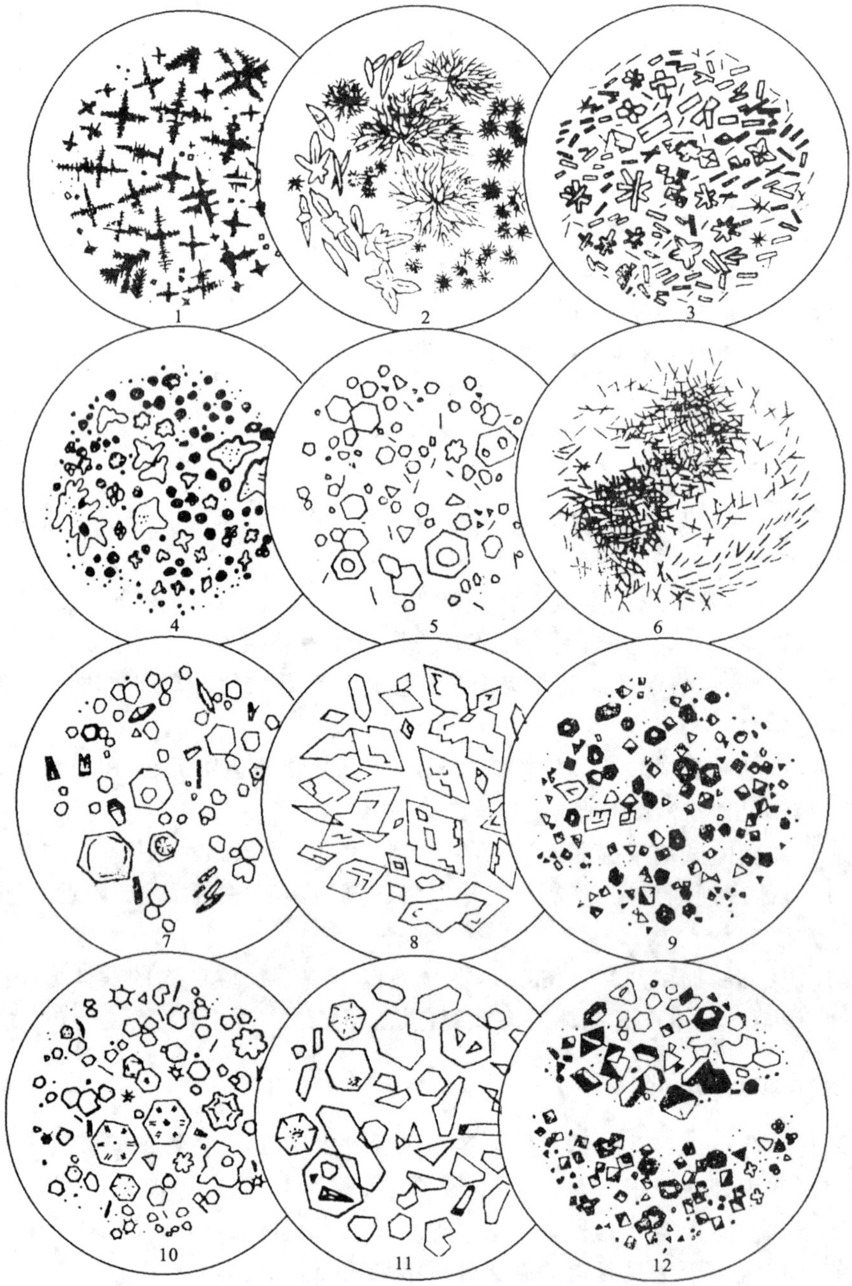

图Ⅴ-1　重要元素微化分析产物的结晶形态素描图

1. 白色硫氰酸汞锌；2. 黄绿色硫氰酸汞铜；3. 浅蓝色硫氰酸汞钴；4. 金黄色砷钼酸铵；5. 黄、黄绿色碘化砷；6. 粉红色二甲基乙二醛肟镍；7. 玫瑰红色碘化铋铯；8. 无色氯化铋铯；9. 淡黄色氯化碲铯；10. 橙黄色碘化锑铯；11. 无色氯化锑铯；12. 无色氯化锡铯

(3)钴：操作方法及试剂完全与铜相同，最后产生浅蓝色细长柱状硫氰酸汞钴晶体[图Ⅴ-1中之3]。当矿物中钴的含量少时可弹动载玻片或加入极少量锌粉，产生灰蓝色锌、钴类质同象混晶[$(Co,Zn)Hg(CNS)_4$]。

(4)砷:以1∶1硝酸溶矿(毒砂等),残品在加较多的1∶7硝酸微热后加钼酸铵粉末少许,在镜下可见金黄色球状集合体、立方体和小八面体砷钼酸铵晶体[图Ⅴ-1中之4]。或者以1∶1硝酸溶矿,残品加1∶1盐酸后移液,微热时加极少量碘化钾粉末,产生黄色六边形、近似六边形的碟状碘化砷(AsI_3)晶体[图Ⅴ-1中之5]。

(5)镍:以1∶1硝酸或王水溶解镍黄铁矿等含镍矿物,在干渣(残品)上撒上极少量二甲基乙二醛肟粉末,再加一滴20%的氨水,逐渐形成粉红细针状、针束状二甲基乙二醛肟镍晶体[图Ⅴ-1中之6]。

(6)铋:以1∶1硝酸溶矿(辉铋矿等),在残品上加1∶5盐酸移液后,加入一小粒碘化钾(溶液呈橙黄色),再加一小粒氯化铯,橙黄色溶液退为无色。在黄色溶液和无色溶液接触处产生玫瑰红色的碘化铋铯[$Cs_2(BiI_5)\cdot 2H_2O$]六边形晶体[图Ⅴ-1中之7]。锑也形成类似颜色、形状的产物,可用氯化铯法区别。氯化铯法是在上述1∶5盐酸"清液"边缘放一粒氯化铯,产生无色的菱形板状氯化铋铯(Cs_2BiCl_5)晶体[图Ⅴ-1中之8]。

(7)碲:以1∶1硝酸溶矿(辉碲铋矿等),在残品上加1∶5盐酸浸取(移液)后,加一小粒氯化铯,产生淡黄色八面体(碲多)、假六边形(碲少)氯化碲铯(Cs_2TeCl_6)晶体[图Ⅴ-1中之9]。

(8)锑:以1∶1硝酸溶矿(辉锑矿等),在残品上加1∶5盐酸移液后,加入一小粒碘化钾(溶液呈浅黄色),再加一小粒氯化铯,产生橙黄色星状或六边形片状的碘化锑铯晶体$Cs_2(SbI_5)\cdot 2.5H_2O$[图Ⅴ-1中之10]。进一步再在上述1∶5盐酸"清液"中加入一小粒氯化铯,则产生无色的六方片状(其中心为星状)氯化锑铯(Cs_2SbI_5)晶体[图Ⅴ-1中之11]。

(9)锡:以1∶1硝酸溶解黝(黄)锡矿等,在残品上加1∶1盐酸移液后,加一小粒氯化铯,产生无色透明的氯化锡铯(Cs_2SnCl_5)细小八面体晶体[图Ⅴ-1中之12]。

(10)锰:以1∶1硝酸或王水溶矿(硫锰矿等),在残品上加1∶7硝酸浸取"清液",加少量铋酸钠粉末,溶液立即显粉红色或红紫色(高锰酸$HMnO_4$为红紫色)。

(11)硫:以王水溶矿(硫化物),在残品上加一滴5%盐酸后移液,加一小粒醋酸钙,逐渐出现石膏($CaSO_4\cdot 2H_2O$)的无色针状或草束状晶体。

四、微化分析的影响因素

(1)样品纯净程度:由于刻取到连生的其他矿物粉末,使样品不纯,会直接影响分析结果的正确性。

(2)工具的清洁程度:保持分析工具清洁,如载玻璃片要洗净擦干,滴管不能混用等,否则会影响反应的正确进行。

(3)杂质影响:有时矿物含有某些杂质可形成各色畸形晶体,或者试剂加入量过多,试剂本身由于蒸发作用而自形结晶,常干扰正确判断反应结果。

参考文献

包相臣.1993,矿相学教程,成都:成都科技大学出版社。

北京地质学院矿床教研室.1961,矿相学,北京:中国工业出版社。

蔡绍周.1957,略谈显微镜下鉴定金属矿物,地质知识,1957 年第 7 期。

陈正、岳树勤、陈殿芬.1985,矿石学,北京:地质出版社。

陈正等.1979,金属矿物颜色指数研究,北京:地质出版社。

地质科学院地质矿产所、新疆维吾尔自治区地质局.1974,中国铬铁矿矿相图册,北京:地质出版社。

丰淑庄.1982,陕西某卡林型金矿床矿石结构特征,地质与勘探,1982 年第 2 期。

耿建民.1980,矿石光片抛光新法——橡胶盘抛光法,地球化学,1980 年第 1 期。

顾连兴、郑远川、汤晓茜等.2006,硫化物矿石若干结构及相关成矿理论研究进展,自然科学进展,2006 年第 16 卷第 2 期。

顾连兴等.2001,块状硫化物矿石中硫化物的压溶和增生及成矿意义,矿床地质,2001 年第 20 卷第 4 期。

广东省莲花山钨矿.1980,用细菌浸出法从含砷硫化物中提取钴的试验,矿产综合利用(第四辑),北京:地质出版社。

胡玲.1998,显微构造地质学概论,北京:地质出版社。

胡受奚等.1982,矿床学,北京:地质出版社。

湖南省地质局实验室、区测队.1974,重砂矿物化学鉴定法,北京:地质出版社。

江苏省地质局实验室.1980,矽卡岩型铁矿伴生低含量元素的综合利用,矿产综合利用(第四辑),北京:地质出版社。

荆其诚等.1979,色度学,北京:科学出版社。

刘孝善.1979,南京栖霞山硫化物矿床的矿石构造结构及其对矿石的成因意义,南京大学学报——自然科学版,1979 年第 4 期。

尚浚、卢静文、彭晓蕾等.2007,矿相学,北京:地质出版社。

石准立等.1981,湖北铁山"大冶式"铁矿床矿浆成矿问题,地球科学,1981 年第 2 期。

帅德权.1988,金属矿物的生物结构,成都:四川大学出版社。

王曙.1975,非均质矿物偏光图定量理论,地质学报,1975 年第 2 期。

王曙.1976,不透明矿物晶体光学,北京:地质出版社。

徐国风.1984,矿相学的新进展与 2000 年展望,地质与勘探,1984 年第 6 期。

徐国风.1985,金属矿物的旋转性研究,北京:科学出版社。

徐国风等.1980,黄铁矿的标型特征及其实际意义,地质论评,1980 年第 26 卷第 6 期。

徐国风等.1982,金及相关金属矿物的成因标型特征,地球科学,1981 年第 2 期。

徐国风等.1982,矿石组构特征在研究金属矿床方面的意义,地质与勘探,1982 年第 10 期。

徐国风等.1985,论金属矿物偏光色颜色指数的鉴定意义,岩石矿物及测试,1985 年第 2 期。

徐国风等．1986，矿相学教程，武汉：武汉地质学院出版社。

叶大年等．1981，岩矿实验室工作方法，北京：地质出版社。

叶德隆等．1995，岩石典型结构分析，武汉：中国地质大学出版社。

于长富．1980，岩矿制片工艺，北京：地质出版社。

袁见齐等．1985，矿床学，北京：地质出版社。

原地矿部《地质辞典》办公室．1986，地质辞典（矿床地质、应用地质分册），北京：地质出版社。

曾玖吾等．1981，白云鄂博铁矿磁铁矿成因矿物学的研究，矿物岩石，1981 年第 3～4 期。

赵玲玲．1986，光学，上海：上海科学技术文献出版社。

郑楚生．1981，不透明矿物的反射光谱鉴定，地球化学，1981 年第 3 期。

中国地质科学院．1977，砂矿物鉴定手册，北京：地质出版社。

中国地质科学院地质矿产所，1918，金属矿物显微镜鉴定，北京：地质出版社。

周剑雄．1980，矿物微区分析概论，北京：科学出版社。

Aklra, Yazawa. 1979, Thermodynamic Evaluation of Extractive Metallurgical Process. Mettra. B, 108.

Amstuta, C. 1960, Geometric Classification of Basic Intergrowth Patterns of Minerals. Amer. Geol. Institute, Data Sheet 21.

Blazek, Mark, C. 1979, Classification of Pseudomorphs. Rocks and Minerals 54(5).

Bowie, S. H., et al. 1975, Reflectance Measurements in Monochromatic Light on the Bowie-Taylor Suite of 103 Ore Minerals. Fortsche. Miner. 52.

Bowie, S. H. U., Simpson, P. R. 1977, Microscopy: Reflected Light. In: Zussman J. (Editor). Physical Methods in Determinative Mineralogy, Chap. 3. Second Edition, Academic Press, London, New York, San Francisco.

Cameron, E. N. 1961, Ore Microscopy. John Wiley and Sons, Inc. New York, London.

Craig, J. R., et al. 1981, Ore Microscopy and Ore Petrography. John Wiely & Sons, New York Chichoster, Brisbane, Toronto.

Durazzo, A. Taylor, L. A. 1982, Experimental Exsolation Textures in the System Bornite-Chalpyrite; Genetic Implication Concerning Natural Ores. Miner. Deposita 17.

Evans, A. M.. 1970, A micor-indentation hardness tester, Mining Mag. 123(1).

Galopin, R., Henry, N. F. M. 1972, Microscopic Study of the Opaque Minerals. W. Heffer and Sons Ltd., Cambridge.

Henry, N. F. M., Philips, R. 1977, Quantitative Color and its Use in Microscopic Mineralogy, McCrone Research Associates, London.

Hutchinson, C. S. 1974, Laboratory Handbook of Pctrographic Techniques. John Wiley and Sonsee Inc.

Paul G. Spry and Brian. 1987, Gedlinske Tables for the Determination of Common Opaque Minerals 1987 Economic Geology. The Economic Geology Publishing Company.

Simpson, P. R., Cope, M. J. 1975, Charts for the Identification of the Bowie-Taylor Suite of Ore Minerals by Reflectance Measurements in Monochromatic Light, with New

Data for Microindentation Hardness. Mineralogy Unit Report, 160. Institute of Geological Sciences, London.

Tarkian, M., Stumpft, E. F., Matthies, H. 1975, A New Miniphotometer for Teaching and Routiwork in Ore Microscopy. Miner. Mag. 40(3).

Taylor, G. R. 1982, A Mechanism for Framboid Formation as Illustrated by a Volcanic Exhalative Sediment. Miner. Deposita 17.

Uytenbogaardt, W., Burke, E. A. J. 1951, Tebles for Microscopic Identification of Ore Mierals. Elsevier Publishing Company. Amsterdam, London, New York.

Wright, W. D. 1969, The Measurement of Color. Adam Hilger Ltd. London.

Young, B. B., Millman, A. P. 1964, Microhardness and Deformation Characteristics of Ore Minerals, Trans, Instn. Min. Metall. 73.

Гинзбург, А. И., идр. 1981, Минерлогические исследования в практике геологоразведочных работ. М. Недра.

Любинедкая, А. В, и др. 1980, Природа и генетические особенности органических минералов и веществ славянского ртутного рудолроявления. Минер. сб. Львов 34(1).

Бетехтин, А. Г., идр. 1958, Текстуры и структуры руд. Гесгеолтехиздат.

Пщеничный, Г. Н. 1984, Текстуры и структуры руд месторождений колчеданной формации Южного урала. М. Наука.

Рябева, Е. Г., идр. 1982, Цвет как диагностическая характеристика рудных минералов. Геол. рудн. месторожд. (3).

Скрилченко, Н. С. 1980, Гидрогермально-осалочные лолиметаллические руды известко-восланцевых формаций. М. Недра.

Юшко, С. А., и др. 1980, О методике автоматической диагностики рудных минераловна зВМ. Изв. вюшс. учеб. завед. Геология и Разведка(11).

图版Ⅰ 岩浆矿石构造

5-1 块状构造

由磁铁矿和钛铁矿(含量>80%)及少量硅酸盐矿物(黑色)组成，矿物集合体分布无方向性，致密无空洞。 河北大庙

5-2 浸染状构造

铬铁矿集合体(黑色)形态不规则，大小相差不大，一般<0.3cm，均匀分布于蛇纹石化橄榄岩中。 内蒙锡盟

5-3 斑杂状构造

铬铁矿集合体（黑色）形态不规则，大小相差悬殊，且分布不均匀，某些部位呈团块状，某些部位呈浸染状。 内蒙锡盟

5-4 条带状构造

铬铁矿（黑色）在蛇纹石化橄榄岩中呈条带状分布。 陕西商南 据长院矿相学教材

5-5 豆状构造

铬铁矿集合体外形为圆形或椭圆形，形似豆粒，分布于蛇纹石化橄榄岩中，豆粒分布无固定规律，有时可相互连接。 青海三岔

5-6 气孔状构造

磁铁矿矿石中具有形态不规则的气孔，气孔大小不一，孔壁上布满磁铁矿的晶体。气孔有时被后期黄铁矿、石英或方解石充填。 湖北大冶

图版Ⅱ　气水热液矿石构造

5-7 脉状构造

含有黄铜矿（铜黄色）、黄铁矿（浅黄色）的石英脉（白色）沿围岩裂隙充填，脉壁平直，与围岩界线清楚。　辽宁夹山

5-8 交错脉状构造

石英-硫化物脉被石英脉（白色）穿插错动。　湖南桃林

5-9 角砾状构造

围岩的破碎角砾被含有辰砂的石英、方解石胶结。　贵州玉屏

5-10 环状构造

铅锌硫化物（黑色）和石英（白色）相间呈半环状沿脉壁分布。　湖南桃林

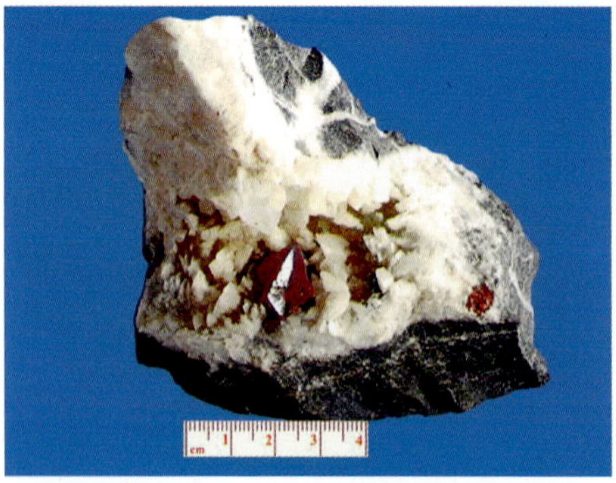

5-11 晶洞构造

在石英的自形晶组成的晶洞内生长着完好的辰砂晶体（红色）。　贵州万山

5-12 晶簇构造

辉锑矿的完好柱状自形晶集合体呈晶簇状。　湖南锡矿山

图版Ⅲ 气水热液矿石构造

5-13 胶状构造

铅锌硫化物（深色）和菱铁矿（浅色）充填于空洞中沉淀弯曲的胶状环带。 江西德兴

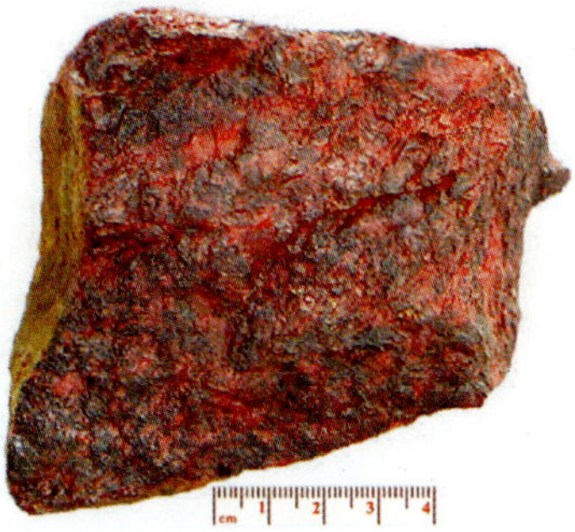

5-14 块状构造

雄黄（暗红色）集合体呈致密块状，边缘有雌黄（黄色）呈被膜状分布。 湖南

5-15 浸染状构造

黄铜矿、黄铁矿、闪锌矿、（辉钼矿）等硫化物集合体形态不规则、大小较均一，星散分布于斑岩中。 河南内乡板厂

5-16 条带状构造

铅锌硫化物（暗色）沿硅化大理岩（白色）的微层理交代，形成黑白相间的条带。 福建漳浦

5-17 脉状构造

锡石、闪锌矿等矿物集合体呈脉状沿黄铁矿化的围岩裂隙穿插充填交代。 广西大厂

5-18 脉状穿插构造

辉锑矿（黑色）集合体沿块状石英-白钨矿的网状裂隙穿插交代。 湖南沃溪

图版Ⅳ　风化矿石构造

5-19　蜂窝状构造

原生硫化物矿石经风化作用后，其中的易溶组分淋滤流失，难溶的褐铁矿残留下来形成孔洞。孔洞的规律分布显示原生矿石的纹层特点。　广东云浮

5-20　皮壳状构造

闪锌矿氧化后形成的菱锌矿、水锌矿等呈皮壳状（白色，部分已重结晶）覆盖在蜂窝状构造的表面。　广西泗顶厂

5-21　被膜状构造

含铜的赤铁矿、磁铁矿矿石，经表生氧化作用形成的孔雀石呈被膜状覆盖于原生矿石表面。　湖北铜录山

5-22　角砾状构造

围岩破碎成大小不等的角砾(白色)，被次生锰矿物(软锰矿、硬锰矿)胶结。　广西木圭

5-23　细脉穿插构造

含铜的赤铁矿、磁铁矿矿石，经表生氧化作用形成的孔雀石呈细脉沿矿石中的裂隙穿插交代。　湖北铜录山

5-24　团块状构造

在硫化矿床氧化带中呈团块状分布的蓝铜矿(蓝色)、孔雀石(绿色)。　某地

图版Ⅴ 沉积矿石构造

5-25 鲕状构造

赤铁矿在胶体溶液中围绕砂粒或其他碎屑沉淀成密集的鲕粒（粒径<2mm）。鲕粒由铁质、砂质胶结。 河北庞家堡

5-26 肾状构造

赤铁矿在胶体溶液中沉积而成，外表呈较大的圆形或椭圆形的凸面，形似肾状，内部常具层状构造。 河北庞家堡

5-27 结核状构造

赤铁矿在胶体溶液中沉淀呈球状，切面显示出明显的胶状同心环带以及凝胶收缩形成的放射状干裂纹。 新疆

5-28 纹层状构造

黄铁矿（浅色）与不纯的灰岩（黑色）、粉砂岩（灰色）相间分布。 广东云浮

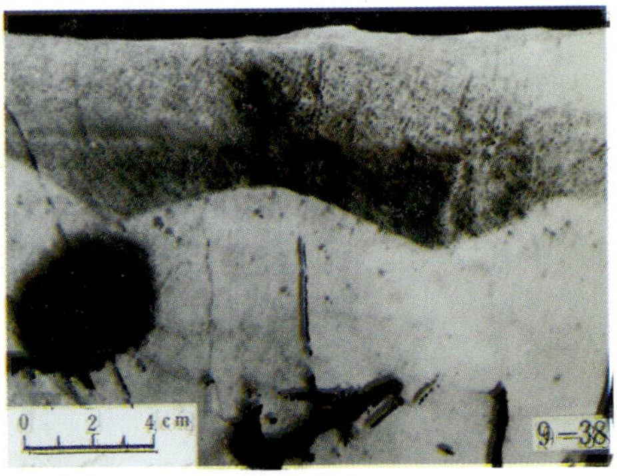

5-29 波纹构造

黑色微粒为斑铜矿，浅色为白云岩。白云岩显示明显的波状痕迹。 云南东川

5-30 纹层状构造

以黄铁矿、黄铜矿（黄色）为主的黄色纹层与以方铅矿、闪锌矿（黑色）为主的黑色纹层互层相向分布。

青海祁连

图版Ⅵ　变质矿石构造

5-31 皱纹状构造

原生沉积的条带状磁铁矿矿石经区域变质作用产生揉皱变形而形成。黑色为磁铁矿，白色为石英，灰色为磁铁矿和石英的混合层。

辽宁鞍山

5-32 皱纹状构造

互层的白云质条带和磷灰石条带经变质作用弯曲变形产生皱纹。　湖北荆襄磷矿

5-33 条带状构造

受动力变质作用，方铅矿（白色）集合体和闪锌矿（黑色）集合体拉长变形呈相间分布的条带。　广西泗顶厂

5-34 条带状构造

磁铁矿（黑色）、石英（灰白色）构成宽度不同的黑白相间的条带。　辽宁鞍山

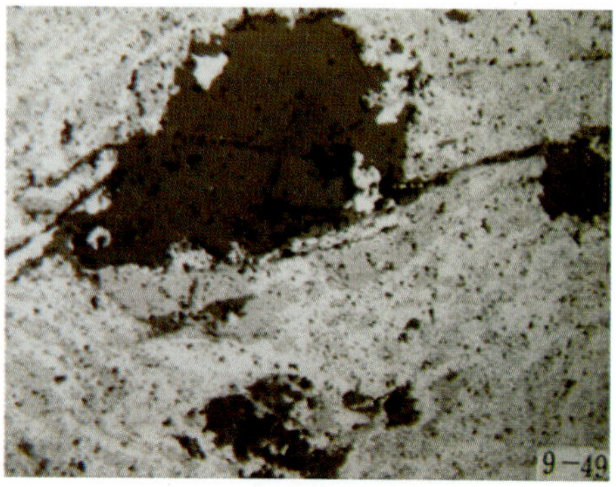

5-35 眼球状构造

细粒黄铜矿（白色）和闪锌矿（浅灰色）围绕石英角砾（深灰色）流动，显流动痕迹。

反光×45　辽宁红透山　周继微供

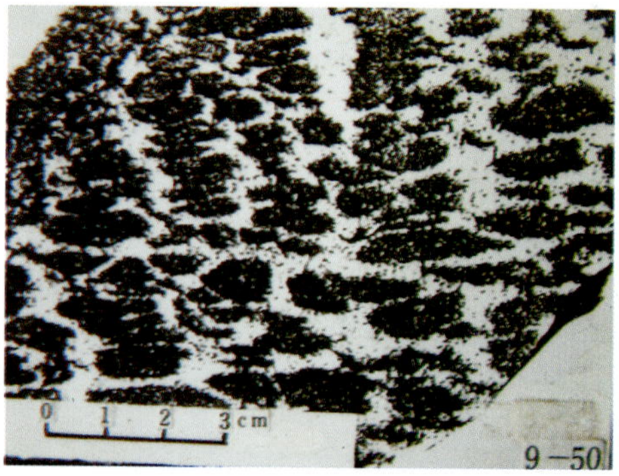

5-36 鳞片状构造

黑色为铜的硫化物，白色为大理岩。

云南东川

图版Ⅶ 结晶结构

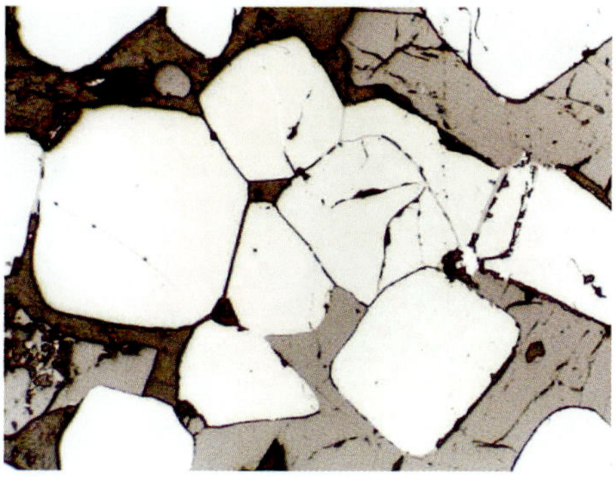

5-37 自形粒状结构

铬铁矿（白色）自熔体中结晶，早于硅酸盐矿物（已蛇纹石化）呈自形粒状，部分颗粒棱角被硅酸盐溶蚀，明显发生圆化。

d=1.2mm 甘肃小松山

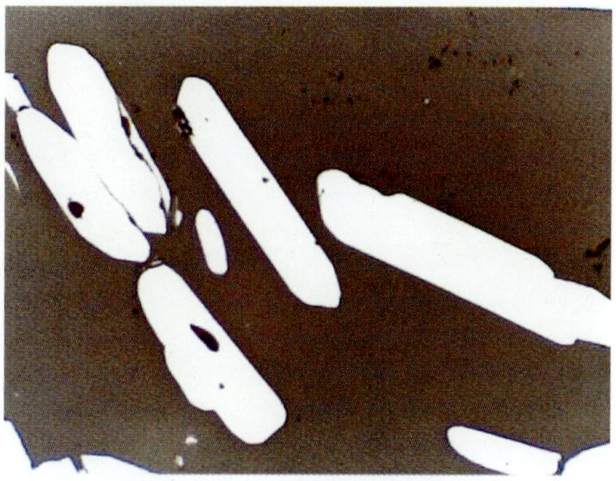

5-38 自形板状结构

镜铁矿(白色)自溶液中结晶，呈自形板状，黑色为非金属矿物。 d=1.2mm 青海镜铁山

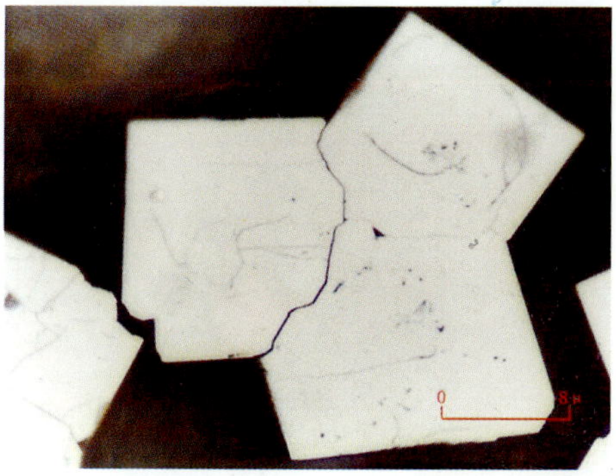

5-39 半自形粒状结构

黄铁矿部分晶面完整，部分晶面为无定形曲面。 d=0.048mm 四川南坪马脑壳

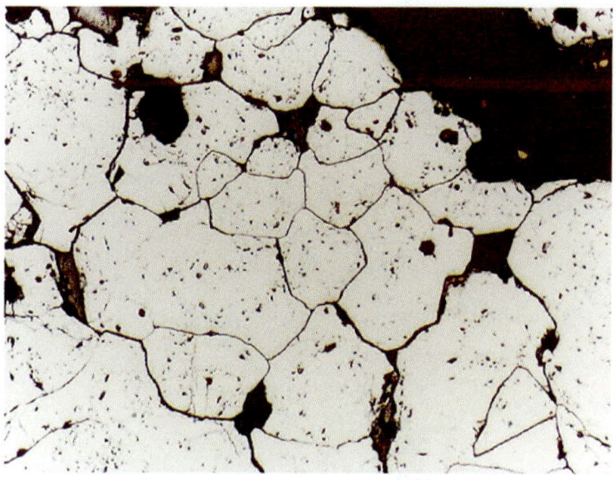

5-40 他形粒状结构

黄铁矿（黄白色）颗粒为不规则他形粒状分布，暗灰色为石英。 d=1.2mm 湖北铜录山

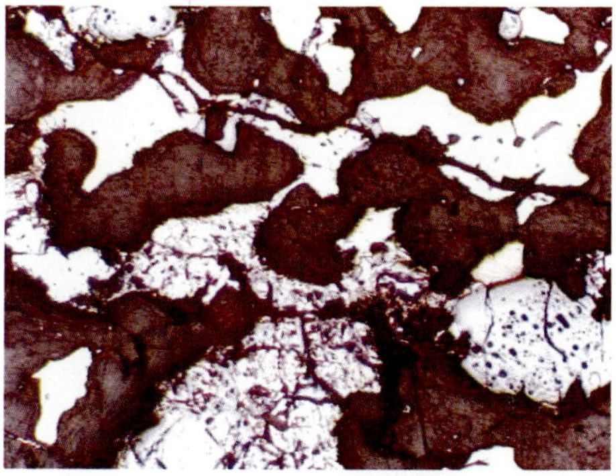

5-41 海绵陨铁结构

他形磁黄铁矿、黄铜矿、镍黄铁矿等铜镍硫化物（白色）呈他形粒状集合体包围在硅酸盐矿物（暗灰色）周围。 吉林红旗岭

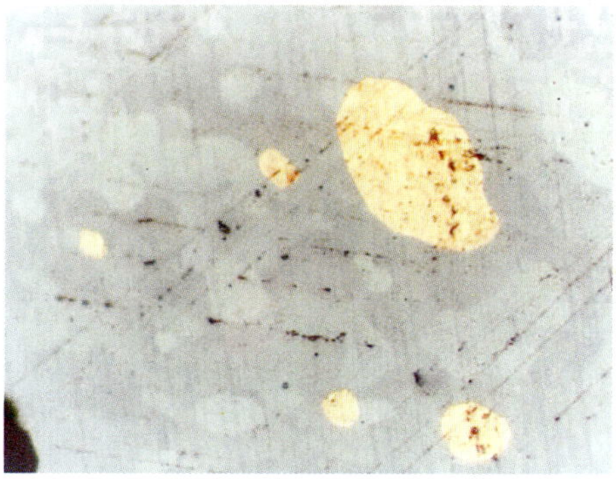

5-42 包含结构

椭圆型、圆形粒状自然金（金黄色）被包裹于辉锑矿（灰白色）中。

d=1.2mm 西藏马扎拉

图版Ⅷ 结晶结构和交代结构

5-43 共结边结构

辉银矿（灰白色带绿色色调）与方铅矿（白色）接触边界平直，无相互插入现象，周围暗灰色为透明矿物。

d=1.2mm 江西银山

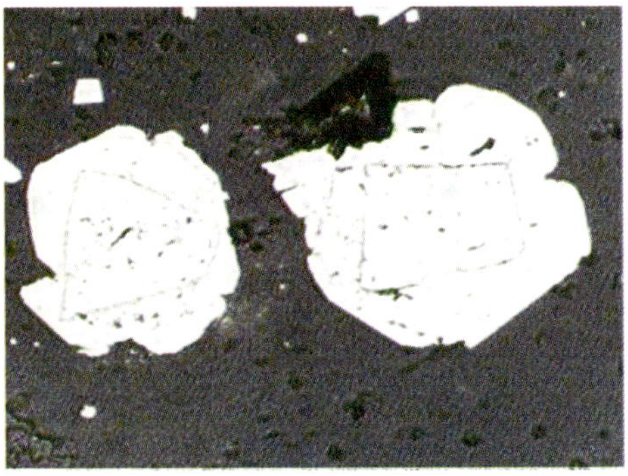

5-44 增生结构

自形黄铁矿外围因增生作用形成半自形黄铁矿，周围灰色为石英碎屑及泥质有机质。

d=0.3mm 广西田林县高龙乡

交代结构

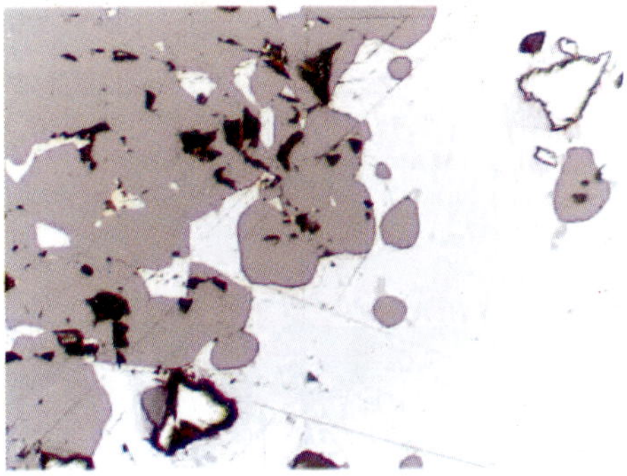

5-45 交代残余结构

方铅矿（白色）交代闪锌矿（灰色），闪锌矿集合体局部呈港湾状，其交代残余外形浑圆，呈孤岛状。 *d*=0.6mm 湖南水口山

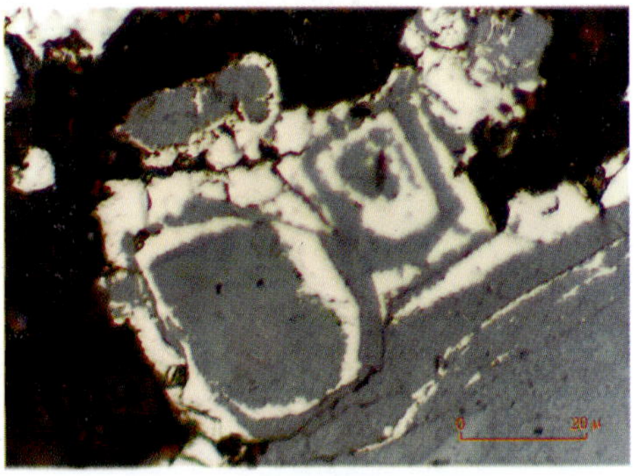

5-46 交代残余结构

黄铁矿（白色）被褐铁矿（灰色）交代，残余部分显示黄铁矿被交代前具有环带。

d=1.2mm 四川南坪县两河口

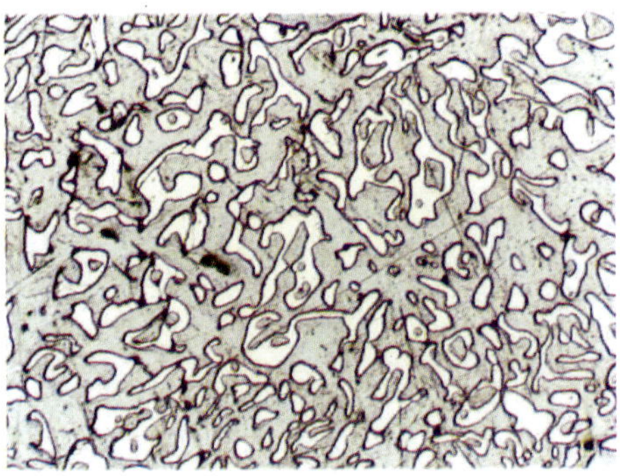

5-47 文象结构

黄铁矿（浅黄色）被方铅矿（白色）交代，交代残余似象形文字。

d=1.2mm 辽宁青城子

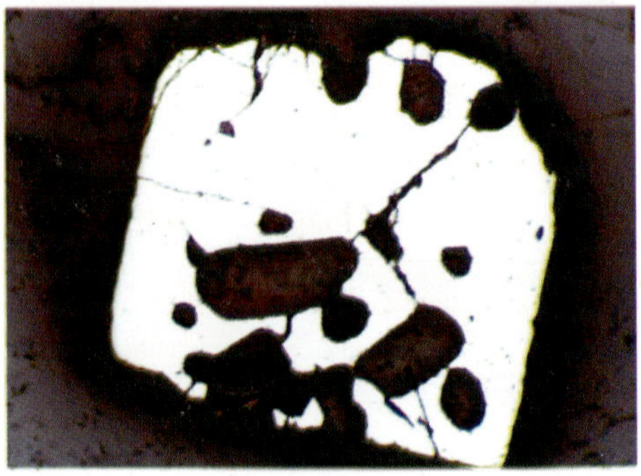

5-48 骸晶结构

自形（正方形切面）黄铁矿的内部和边缘被碳酸盐矿物溶蚀交代，仍基本保留黄铁矿的自形形态。 *d*=1.2mm 湖南水口山

图版Ⅸ 交代结构

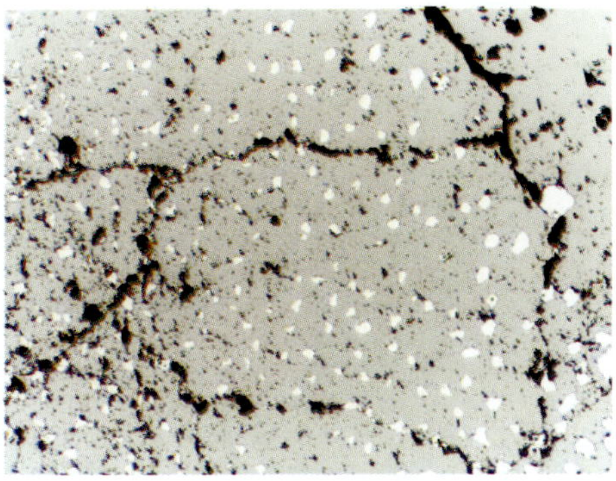

5-49 乳浊状结构

方铅矿（白色）交代闪锌矿（灰色）呈乳滴状分布，二者接触边缘不平滑呈锯齿状。

d=1.2mm 广西泗顶厂

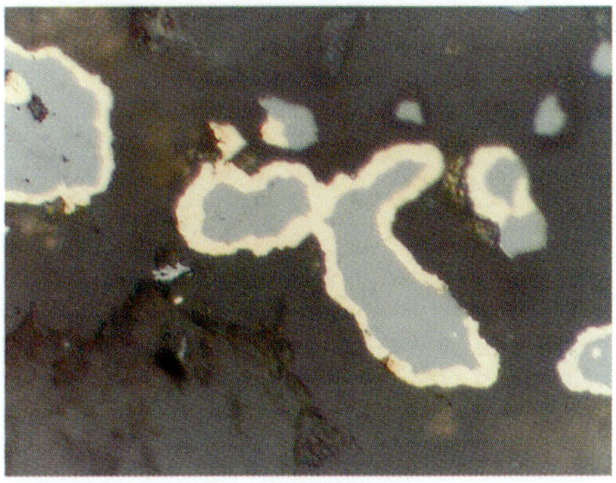

5-50 镶边结构

黄铜矿（铜黄色）沿磁铁矿（灰白色）集合体边缘交代呈镶边状。暗灰色为脉石矿物。

d=1.2mm 湖北铜录山

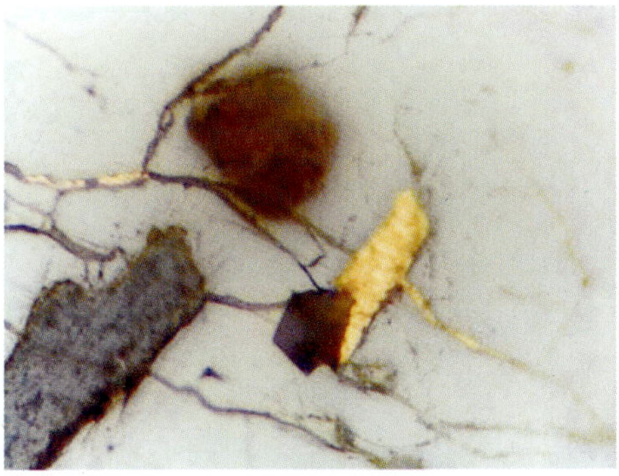

5-51 脉粒状结构

自然金（金黄色）呈细脉状、粒状沿辉锑矿（灰白色）裂隙穿插交代。

d=0.16mm 西藏马扎拉

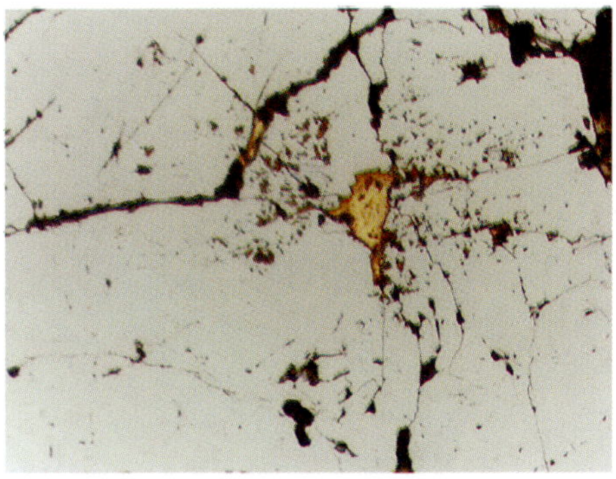

5-52 脉粒状结构

自然金（金黄色）沿黄铁矿（黄白色）的裂隙充填交代，裂隙交汇处成粒状金。

d=0.6mm 江西金山

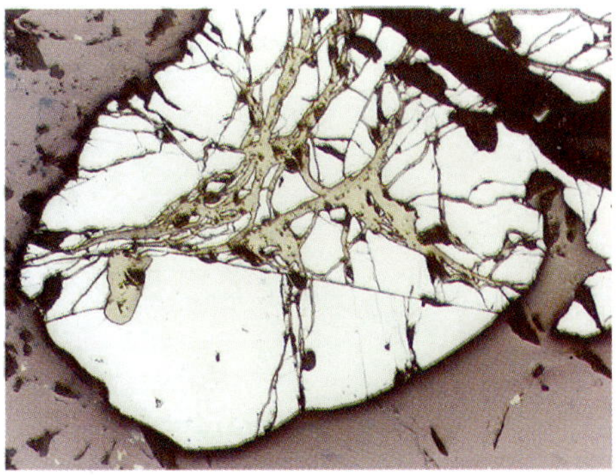

5-53 网状结构

黄铜矿（铜黄色）沿黄铁矿（浅黄色）网脉裂隙充填交代，紫红色为斑铜矿。

d=1.2mm 安徽月山

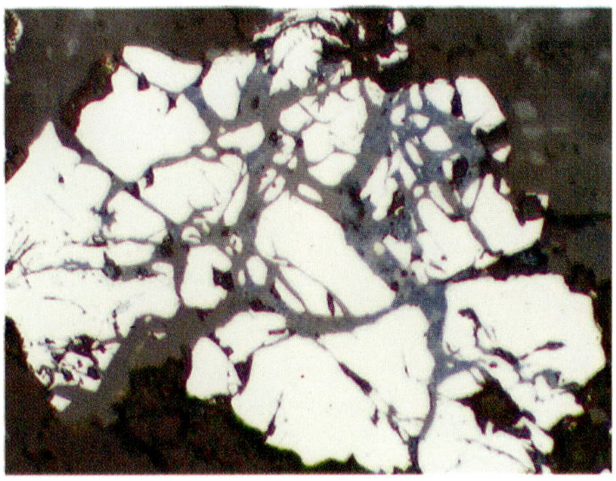

5-54 网状结构

铜蓝及透明矿物沿黄铁矿（浅黄色）的网状裂隙充填交代。深灰色为透明矿物。

d=0.3mm 云南云县

图版X　交代结构、固溶体分解结构

5-55 放射状穿插结构

板状毒砂(白色)呈放射状穿插交代黄铁矿(浅黄色)。　d=0.048mm　四川哲波山

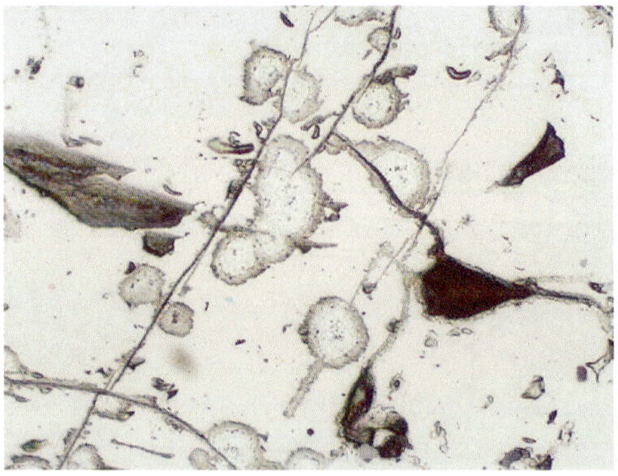

5-56 鸟眼结构

白铁矿(黄白色)交代磁黄铁矿(玫瑰色)，形似鸟眼。　d=0.4mm　西藏洞中松

固溶体分解结构

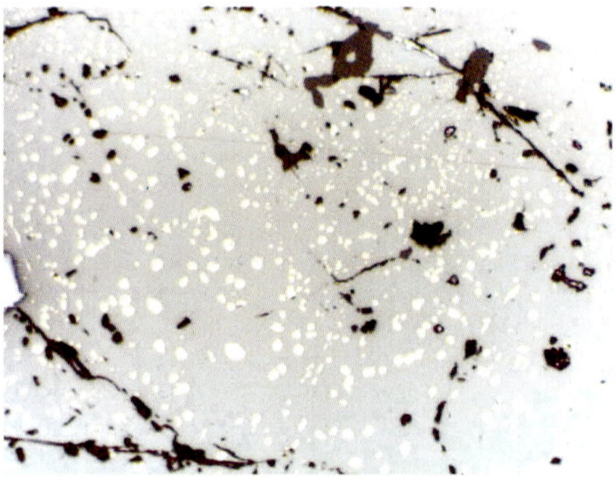

5-57 乳浊状结构

黄铜矿（黄色）呈乳滴状分布于闪锌矿(灰色)中，二者接触界线平滑。

d=0.6mm　湖南水口山

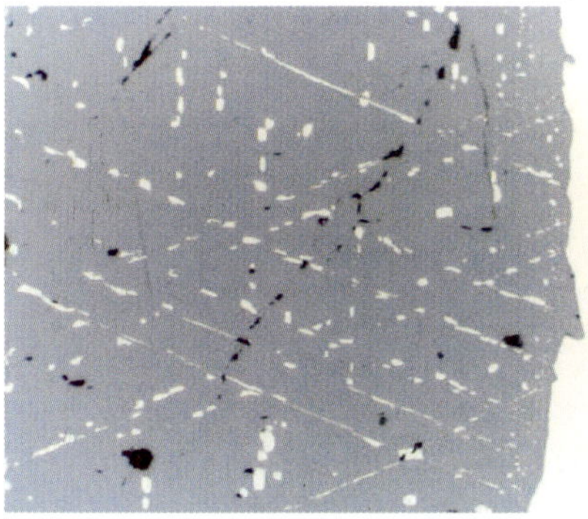

5-58 定向乳浊状结构

黄铜矿（铜黄色）的固溶体分解物呈乳浊状沿闪锌矿（灰色）的两组解理定向分布，右边黄色者为粒状黄铜矿。

d=0.3mm　湖南水口山

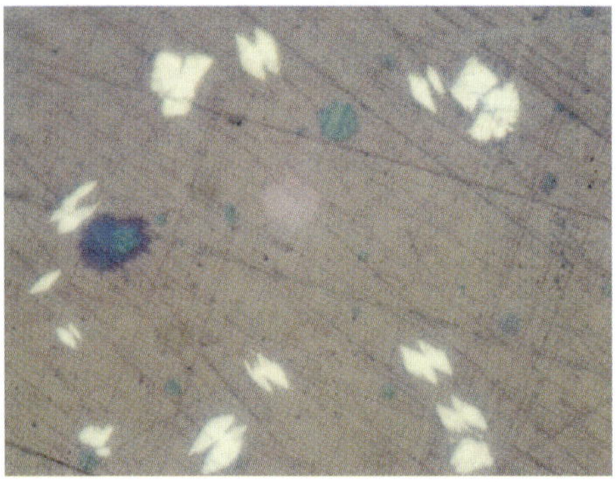

5-59 双菱形结构

黄铜矿（黄色）的出溶物呈规则双菱形分布于斑铜矿（玫瑰色）中。

d=0.3mm　云南云县栗官房

5-60 叶片-格状结构

黄铜矿（黄色）的固溶体出溶物呈叶片状或格状分布于斑铜矿（紫红色）中，二者接触边缘平直，格状交叉部位无变宽现象。周围灰色为透明矿物。

d=0.3mm　云南东川

图版XI 固溶体分解结构

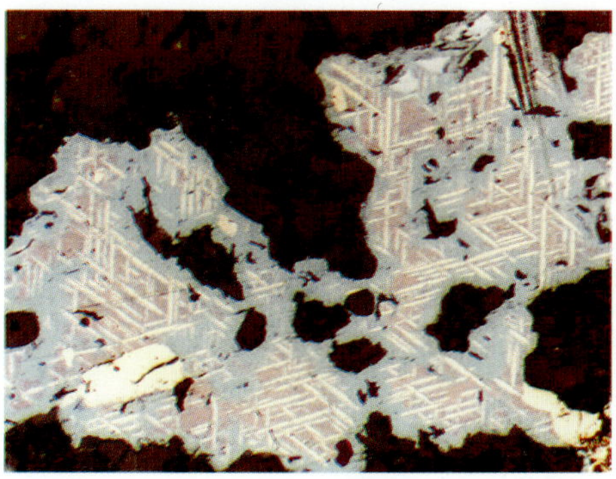

5-61 格状结构

黄铜矿（铜黄色）的固溶体分解物呈格状分布于斑铜矿（玫瑰色）中，二者均被铜蓝（蓝色）或褐铁矿交代呈残余状。暗灰色为脉石矿物。 *d*=0.12mm **西藏驱龙**

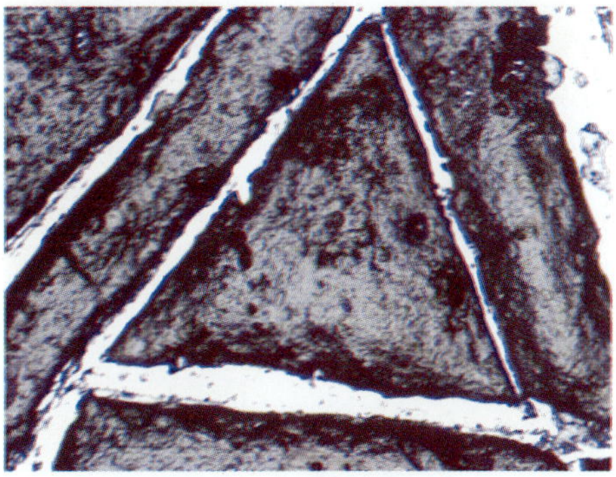

5-62 格状结构

由固溶体分解作用形成的钛铁矿（白色）沿磁铁矿（黑灰色）[111]裂理分布呈格状。(光片表面经浓盐酸浸蚀) *d*=1.2mm **河北大庙**

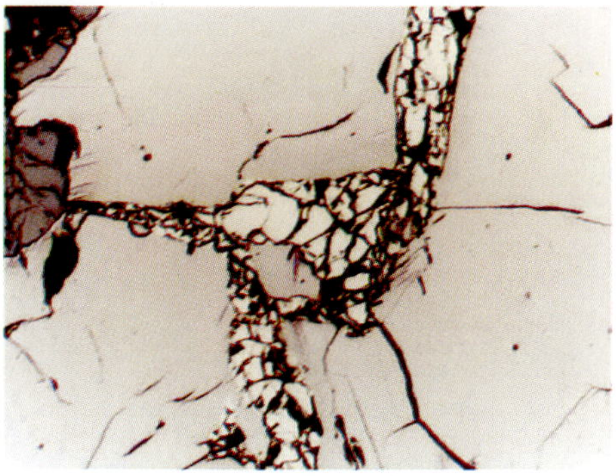

5-63 结状结构

镍黄铁矿（浅黄色）的固溶体出溶物呈环结状包围在磁黄铁矿（紫红色）颗粒周围。

d=1.2mm **四川力马河**

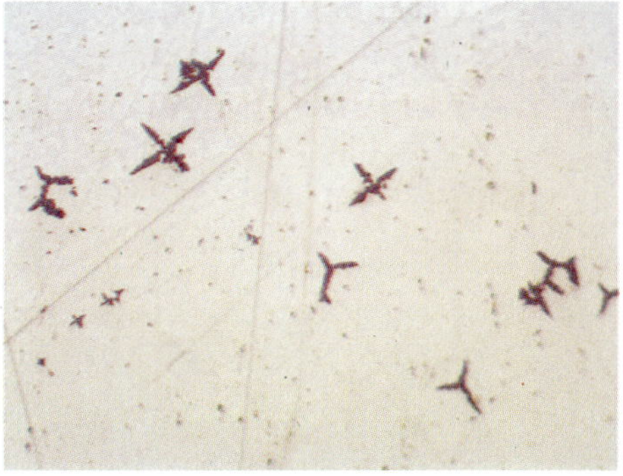

5-64 星状结构

闪锌矿（灰色）的固溶体分解物呈星状在黄铜矿（黄色）中分布。 *d*=0.3mm **湖北铜录山**

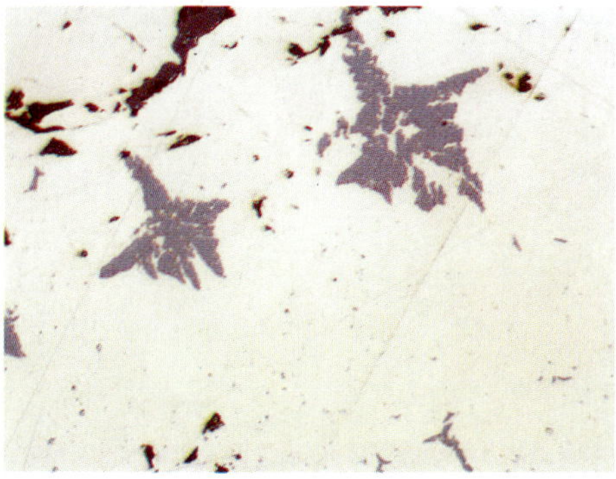

5-65 雪花状结构

闪锌矿（灰色）的出溶物呈雪花状在黄铜矿（铜黄色）中分布。 *d*=0.3mm **湖北铜录山**

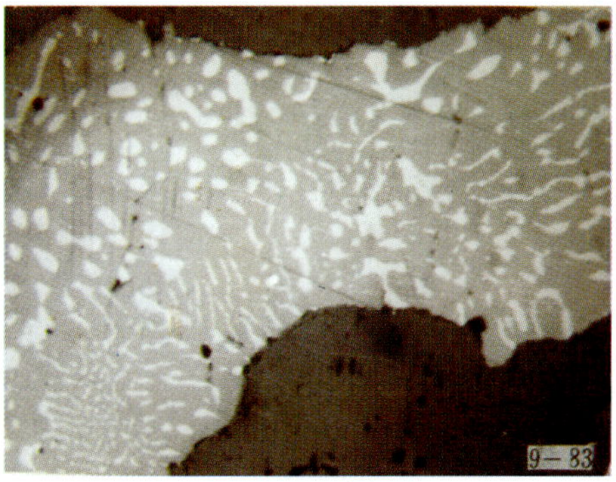

5-66 文象结构

黄铜矿（白色）呈蠕虫状分布在闪锌矿（灰色）中。 *d*=1.6mm **河北平泉**

图版Ⅻ　重结晶结构

5-67 自形变晶结构

菱铁矿的自形变晶内残留有胶状同心环带。

110×　俄罗斯

5-68 针状变晶结构

胶状孔雀石经重结晶作用而成的孔雀石针状变晶呈放射状排列，尚残留有凝胶沉淀的同心环带。（斜照光）

d=1.2mm 云南个旧

5-69 花岗变晶结构

由胶状黄铁矿经重结晶作用形成的黄铁矿变晶呈等粒状，边缘呈放射状，保留有凝胶沉淀的胶状同心环带和凝缩而成的干裂纹。

d=0.4mm 广西武宣县

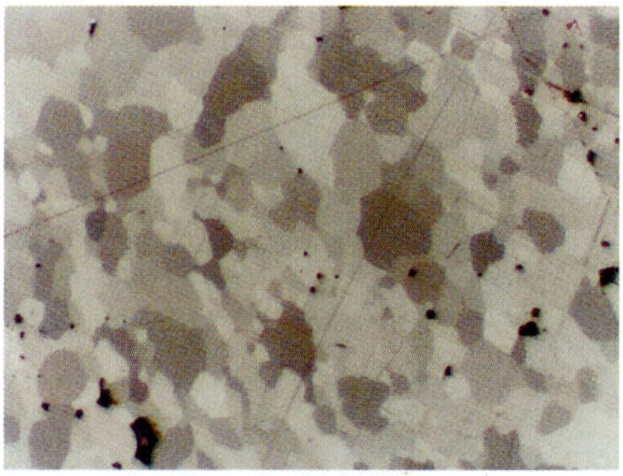

5-70 花岗变晶结构

辉锑矿（灰白色）经变质作用形成，显示颗粒大小近于相等。（正交偏光）

d=0.6mm 西藏马扎拉

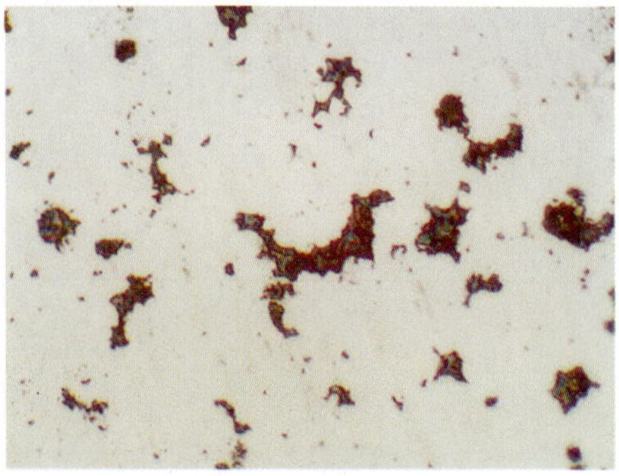

5-71 变余草莓结构

铁矿集合体的空隙中，显示出由细粒自形铁矿的晶面堆砌的边缘，局部可清楚辨认草莓黄铁矿的球状形态。

d=0.12mm 云南思茅

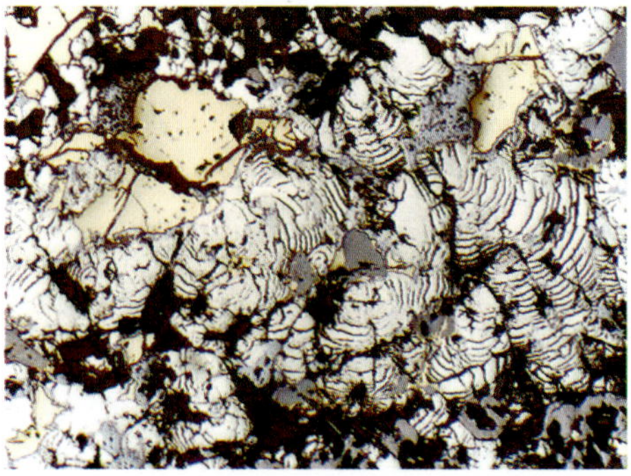

5-72 变胶状（指纹状）结构

变胶状黄铁矿 (黄白色) 的条纹呈环状分布，形似指纹。

d=1.2mm 湖北铜录山

图版XIII 沉积结构

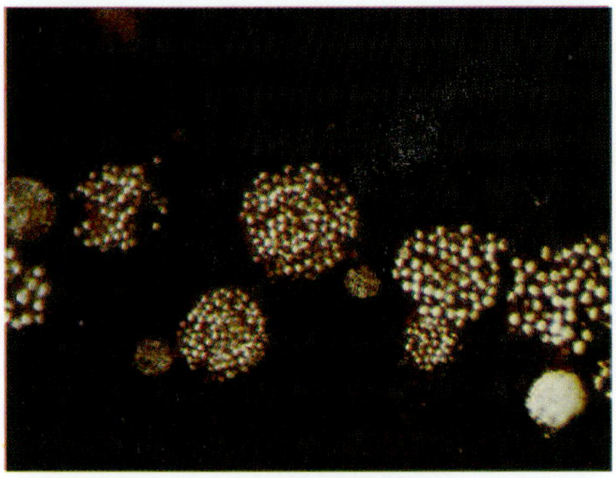

5-73 草莓结构

由十几至几十粒自形黄铁矿莓子组成的莓粒，外形为球状。黑色为透明矿物。

d=0.08mm 南京栖霞山

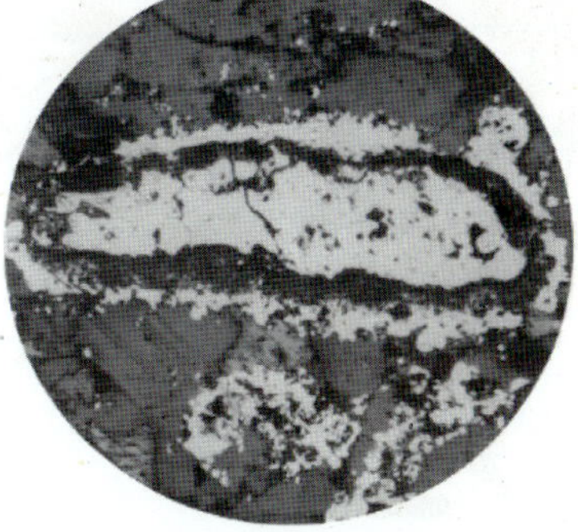

5-74 棘皮结构

黄铁矿呈棘皮动物假象，表皮和内体分离的结构特征清晰可见。

160× 四川汉源 据帅德权

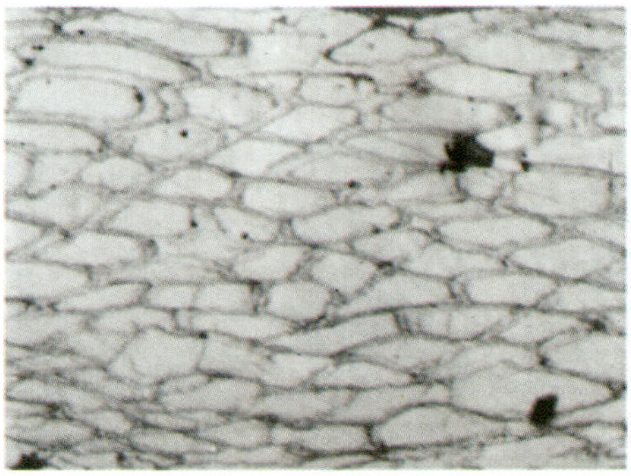

5-75 木质细胞结构

蓝辉铜矿和辉铜矿的木质细胞结构，照片左上角可见细胞壁和细胞核假象。

200× 四川龙池 据帅德权

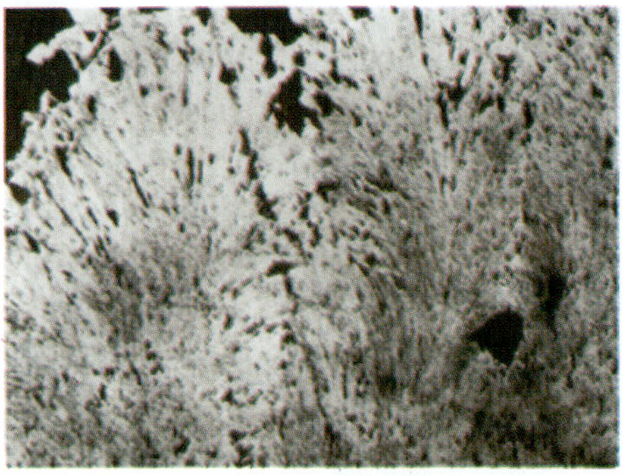

5-76 红藻结构

黄铁矿呈红藻假象，黄铁矿化红藻纵切面呈花絮状，花瓣间尚可见细胞结构。

100× 广东红岩 据帅德权

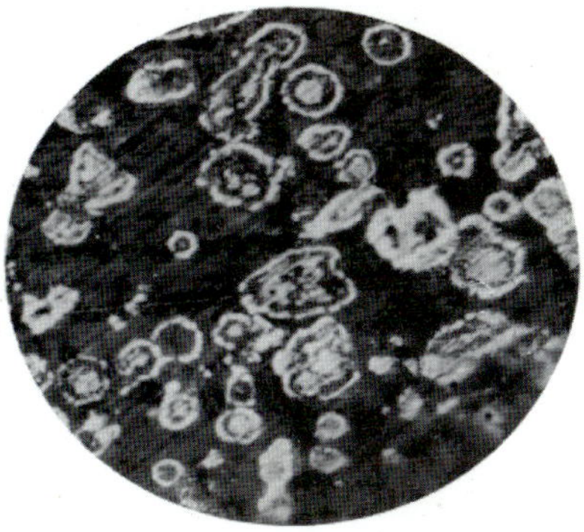

5-77 细菌结构

黄铜矿的细球菌结构，以圆形包裹为主。黑色为透明矿物。

200× 四川汉源 据帅德权

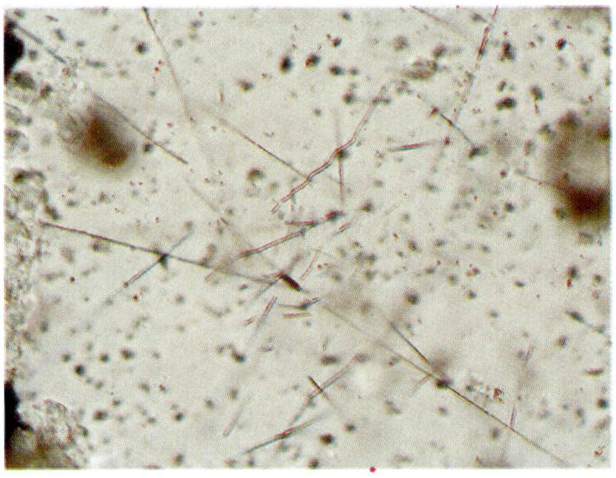

5-78 线状结构

石英中的放射性裂变径迹呈细线状分布。

d=0.3mm 新疆吐哈

图版XIV　变质结构

5-79 压碎结构

黄铁矿（黄白色）受动力作用发生破碎，碎块呈棱角状。　d=1.2mm 湖北铜录山

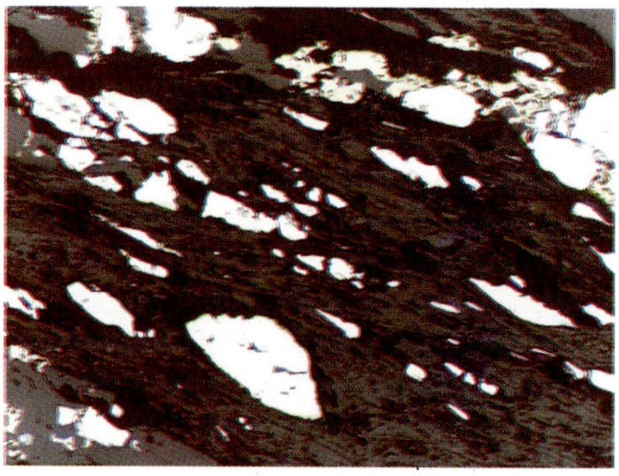

5-80 定向变形结构

受应力作用，黄铁矿（黄白色）颗粒拉长变形成纺锤状，并呈定向排列。

d=1.2mm 青海祁连

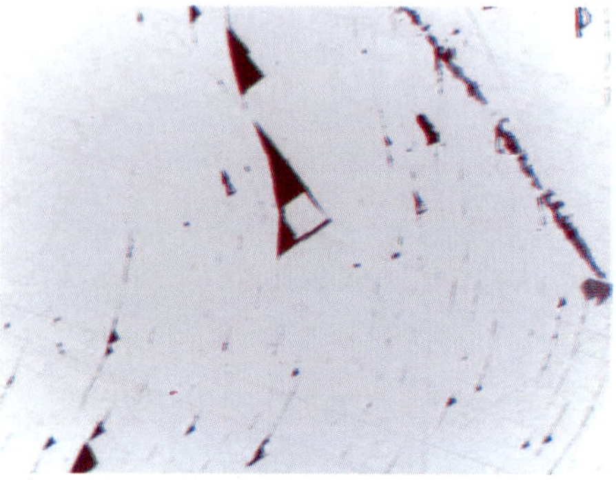

5-81 揉皱结构

方铅矿具塑性，受动力作用产生小揉皱，由解理的弯曲分布显示出揉皱形态。

d=0.6mm 湖南水口山

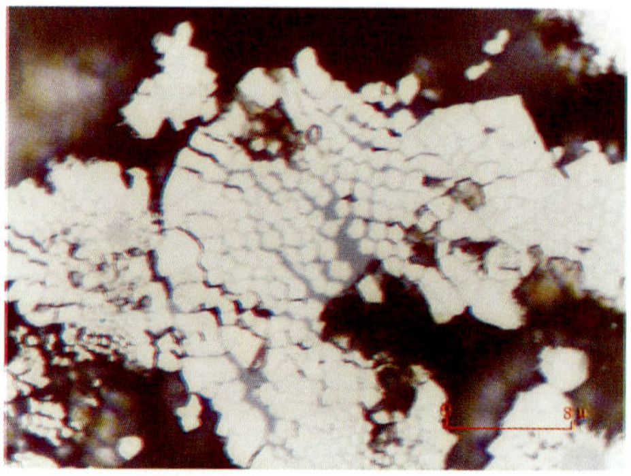

5-82 错散结构

草莓状黄铁矿受到挤压，莓子沿接触面裂开，裂隙被石英充填。d=0.048mm 四川壤塘

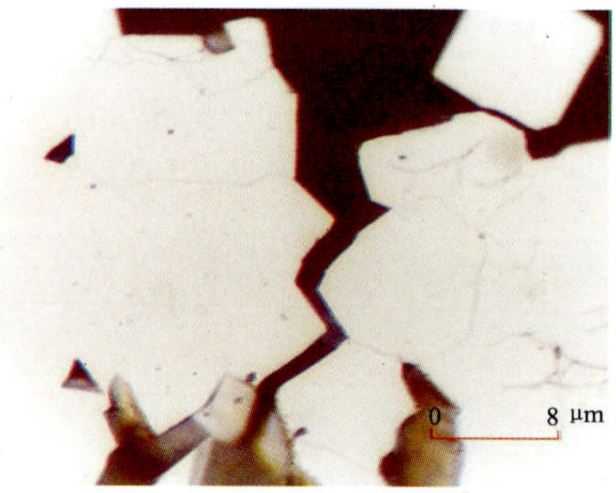

5-83 压溶结构

铁矿集合体受到压力作用产生裂隙，裂隙呈锯齿状，沿裂隙面有石英交代充填。

d=0.048mm 四川壤塘

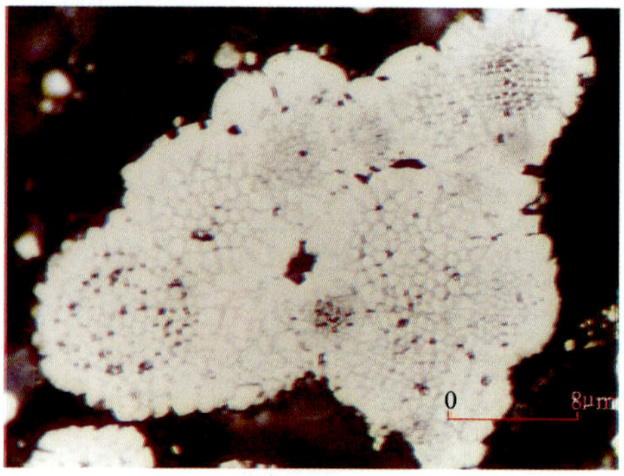

5-84 压溶结构

草莓状黄铁矿集合体受到挤压，莓粒之间接触面发生溶解（照片右上角和左下角）。

d=0.048mm 四川壤塘

图版XV 矿物晶粒内部结构

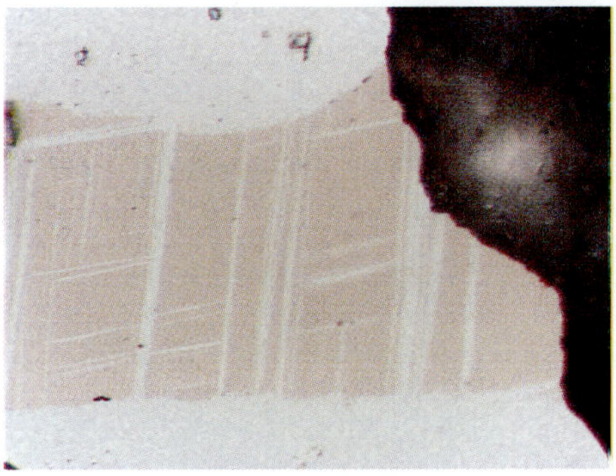

5-85 格状双晶结构

红砷镍矿（棕红色）中的两组聚片成双晶交叉，呈格状。 d=0.12mm 某地

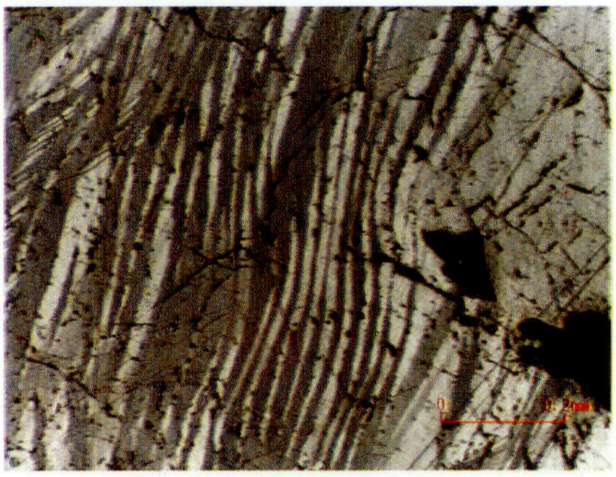

5-86 聚片双晶结构

辉锑矿中的聚片双晶，双晶纹呈纺锤状并发生弯曲。 d=1.2mm 四川壤塘南木达

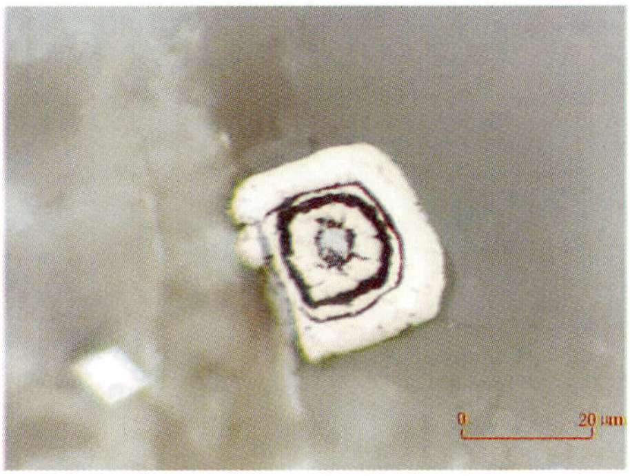

5-87 环带结构

黄铁矿的环带结构，中心被毒砂交代。

d=0.12mm 四川哲波山

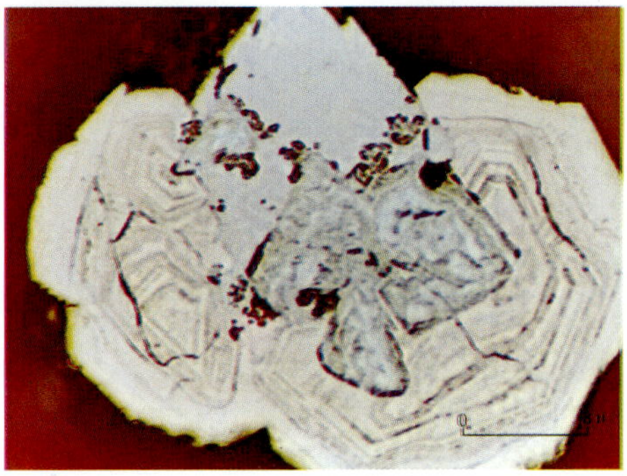

5-88 环带结构

黄铁矿（黄白色）的环带结构，中心为白铁矿（带蓝色色调），边部有毒砂（亮白色），四周暗色为透明矿物。

d=0.048mm 四川哲波山

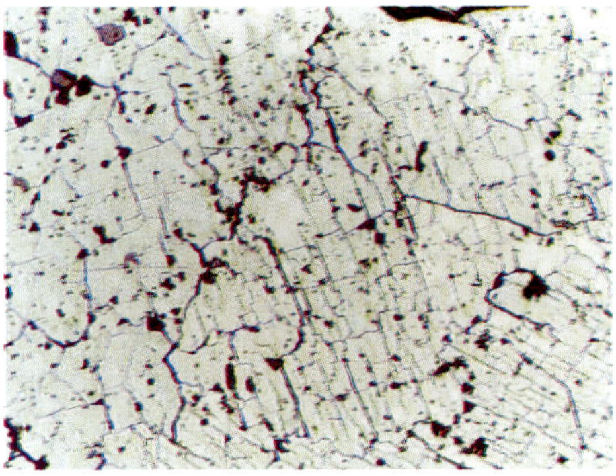

5-89 解理结构

辉铜矿具两组解理，一组明显，一组短小，不甚清晰(1∶1 HNO_3侵蚀)。 d=0.8mm 云南东川

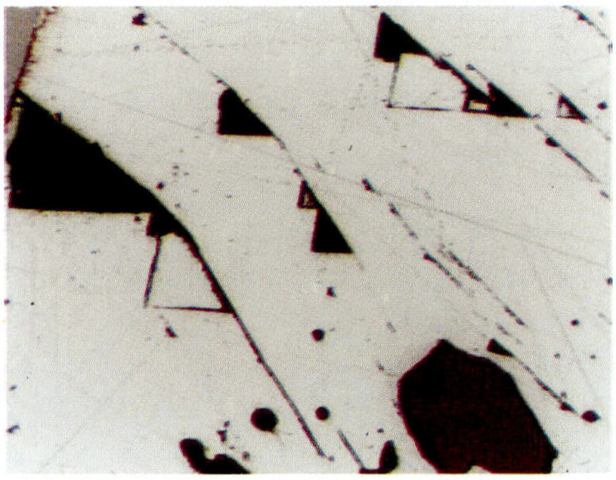

5-90 解理结构

方铅矿的3组解理组成三角形，三角形脱落可显示出黑三角孔。 d=0.8mm 湖南水口山

图版XVI　矿化期、矿化阶段、矿物生成顺序

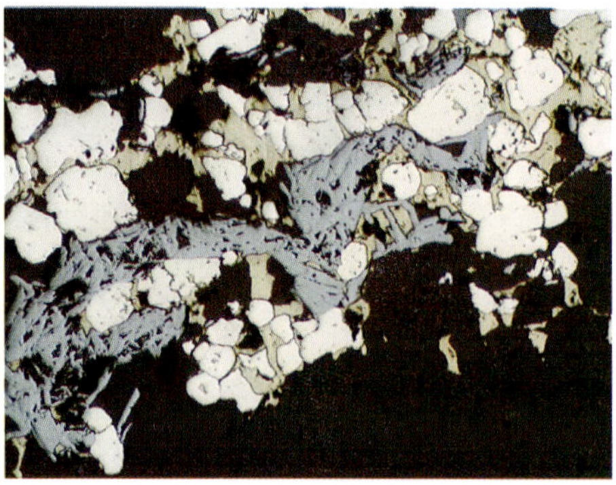

6-1 脉状穿插构造

赤铁矿（灰色）柱状晶体，集合体定向排列，沿裂隙穿插黄铁矿（浅黄色）、黄铜矿（铜黄色）、石英（深灰色）等。

d=1.6mm　四川坪武茶树坝

6-2 脉状构造

区域变质作用形成的皱纹状磁铁矿矿石被后期热液作用而成的黄铁矿-石英脉穿插交代，表明矿石经过两个矿化期。　辽宁鞍山

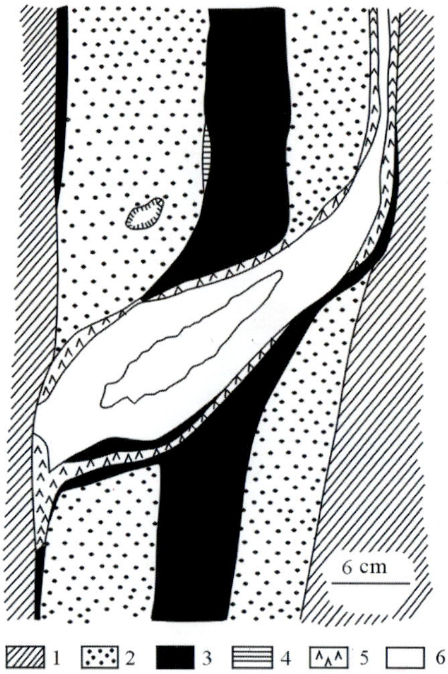

6-3 矿脉的穿插

早阶段的石英-菱铁矿矿脉被晚阶段的方解石-闪锌矿脉穿插。1. 围岩；2. 含矿石英；3. 菱铁矿；4. 黄铜矿；5. 闪锌矿；6. 具晶洞的方解石。　据别捷赫琴等

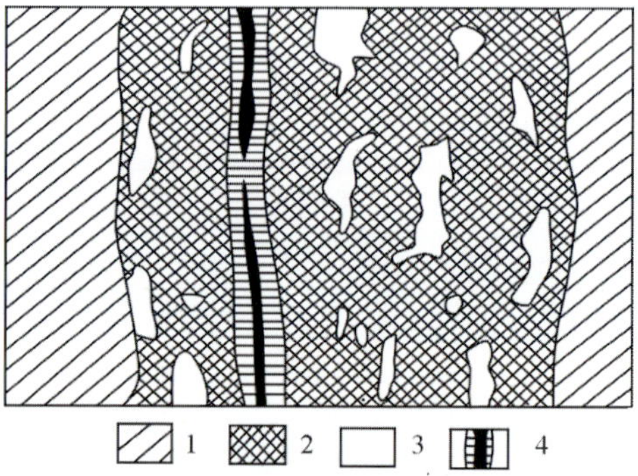

6-4 矿脉的内部构造

早阶段铅锌矿脉内部，被晚阶段铅锑硫盐-石英脉沿脉穿插。1.围岩；2.铜铅锌硫化物；3.含有碳酸盐和硫化物浸染的石英；4.中部铅锑硫盐及梳状石英。　据别捷赫琴等

6-5 斑杂状构造

早阶段形成的黑钨矿-石英组合被晚阶段的黄铜矿闪锌矿组合交代呈斑杂状，反映不同成矿阶段产物的叠加。　某地